KB080183

향모를 땋으며

헌사

불의 수호자인

우리 부모님

우리 딸

그리고 이 아름다운 곳에 아직 찾아오지 않은

우리 손자 손녀에게

향모를 땋으며

BRAIDING
SWEETGRASS

토박이 지혜와 과학 그리고 식물이 가르쳐준 것들

로빈 월 키머러 지음
노승영 옮김

에이도스

Published in the English language
in the United States of America by

Milkweed Editions
1011 Washington Avenue South, Suite 300
Minneapolis, Minnesota 55415
milkweed.org

설명

식물명 처리에 대한 설명

우리는 사람 이름의 첫 글자를 대문자로 써야 한다는 것을 전혀 의심하지 않고 받아들인다. 조지 워싱턴을 'george washington'이라고 쓰는 것은 그에게서 인간으로서의 특별한 지위를 박탈하는 셈이다. 대문자 '모기Mosquito'는 날아다니는 곤충을 가리킬 때는 우스꽝스럽지만 보트 브랜드를 일컬을 때는 그럭저럭 받아들여진다. 첫 글자를 대문자로 쓰면 뭔가 다르다는, 인간과 그 창조물이 존재의 서열에서 높은 위치에 있다는 인상을 준다. 생물학자들은 동식물의 일반명에 사람 이름이나 공식 지명이 포함되지 않을 경우 첫 글자를 대문자로 하지 않는다는 관례를 널리 채택했다. 그리하여 봄숲의 첫 꽃은 '혈근초bloodroot'로 표기되고 캘리포니아 삼림지의 분홍 별꽃은 '켈로그참나리Kellogg's tiger lily'로 표기된다. 이것은 사소한 문법적 규칙으로 보이지만 실은 인간 예외주의라는 뿌리 깊은 통념을 드러낸다. 그것은 우리가 주변의 다른 종들과 뭔가 다르고 실제로는 더 낫다는 통념이다. 반면에 토착적 사고방식에서는 모든 존재의 사람됨이 똑같이 중요하며 서열이 아니라 원으로 구성된다고 여긴다. 그래서 (내 삶에서와 마찬가지로) 이 책에서는 문법적 안대를 벗어버리고 인간이든 아니든 사람을 뜻할 때는 'Maple', 'Heron', 'Wally'라고 자유롭게 쓰되 범주나 개념을 뜻할 때는 'maple', 'heron', 'human'으로 표기한다(한국어판에서는 첫 글자를 대문자로 쓴 동식물명 뒤에 '님'을 붙였다_옮긴이).

토착어 처리에 대한 설명

포타와토미어와 아니시나베어에는 그 땅과 부족의 모습이 담겨 있다. 이 언어들은 살아 있는 구전 전통이며 그들의 오랜 역사에서 한 번도 (비교적 최근까지도) 문자로 기록되지 않았다. 언어를 규격화된 맞춤법에 끼워맞추겠다며 여러 표기법이 등장했지만 거대하고 살아 있는 언어의 많은 변종들 사이에서 어느 것도 뚜렷한 우위를 차지하지 못했다. 포타와토미족 연장자이며 포타와토미어를 유창하게 구사하고 가르치는 스튜어트 킹은 나의 초보적인 언어 사용을 바로잡아 의미를 명확히 하고 철자와 용법의 일관성을 살렸다. 내가 언어와 문화를 이해하도록 이끌어준 것에 감사한다. 모음 두 개로 장모음을 표현하는 피에로 체계Fiero system의 철자법은 많은 아니시나베어 화자들에게 널리 받아들여졌다. 하지만 대부분의 포타와토미어 화자―'모음을 빼먹는 사람'이라고 불린다―는 피에로를 쓰지 않는다. 관점이 서로 다른 화자와 선생을 존중하기 위해 나는 단어들을 내가 처음 접한 표기대로 쓰고자 했다.

토착 이야기에 대한 설명

나는 듣는 사람이며 내가 아는 것보다 더 오래전부터 주위에서 해주는 이야기를 들었다. 나의 스승들이 전해준 이야기를 다시 전하는 것은 그들에게 존경을 표하는 것이다.

이야기는 살아 있는 존재라고 한다. 이야기는 성장하고 발달하고 기억하며 본질은 변하지 않지만 겉모습은 이따금 변한다. 땅과 문화와 이야기꾼이 이야기를 공유하고 다듬기에 한 이야기가 널리 전파되고 다르게 표현될 수 있다. 이따금 한 대목만 공유되어 목적에 따라서는 여러 면을 가진 이야기의 한 면만이 나타나기도 한다. 이 책에서 나누는 이야기도 마찬가지다.

전통적인 이야기들은 부족의 집단적 보물이기에 인용 출처를 어느 하나로 딱 꼬집을 수 없다. 일반인에게 공개해서는 안 되는 이야기들이 많지만—그런 이야기는 책에 싣지 않았다—더 넓은 세상에서 임무를 다하도록 자유롭게 유포할 수 있는 이야기도 많다. 이런 이야기들은 여러 판본으로 전해지기에 나는 출판된 문헌을 출처로 삼았다. 단, 내가 인용하는 판본은 이야기를 저마다 다른 상황에서 여러 번 들으면서 풍성해졌음을 밝힌다. 구두로 전하는 이야기에 대해서는 출판된 문헌 출처를 알 수 없는 경우도 있다. 이야기꾼들에게 **치 메그웨치**^{Chi megwech}(감사합니다).

차례

머리말

손을 내밀어보세요. 갓 뜯어 마치 방금 감은 머리카락처럼 하늘거리는 향모 한 다발을 올려드릴게요. 윗부분은 황금빛 감도는 반짝거리는 초록이고, 땅과 만나는 줄기는 자주색과 흰색 띠를 둘렀어요. 향모 다발을 코에 대보세요. 강물과 검은 흙의 내음에 얹힌 꿀 바른 바닐라 향을 맡아보세요. 그러면 향모의 학명이 왜 *Hierochloe odorata*(향기롭고 성스러운 풀)인지 알 수 있을 거예요. 저희 말로는 **윙가슈크**^{wiingaashk}라고 해요. 감미로운 향기가 나는 어머니 대지님의 머리카락이라는 뜻이에요. 향모에 코를 대고 숨을 들이마시면, 잊은 줄도 몰랐던 것들이 기억나기 시작하죠.

향모 한 다발을 가져다 끝을 묶고 세 갈래로 갈랐으니 땋을 준비가 다 됐어요. 매끈하고 윤기가 나고 선물로 제격인 향모를 땋으려면 약간의 긴장이 필요해요. 단단하게 땋은 향모를 가진 소녀에게 물어보세요. 다들 조금 세게 잡아당겨야 한다고 말할 거예요. 물론 한쪽을 의자에 묶거나, 이로 물고 바깥쪽으로 땋으면 혼자서도 할 수 있지만 가장 멋진 방법은 딴 사람에게 끄트머리를 잡아달라고 하고 둘이서 살짝 잡아당기면서 서로에게 몸을 숙여 머리를 맞댄 채 수다와 웃음을 나누고, 서로의 손을 바라보고, 한번은 당신이 향모 다발을 잡고 상대방이 땋았다면 한번은 상대방이 향모 다발을 잡고 당신이 땋는 거예요. 여러분 사이에는 향모로 맺어진 주고받음의 관계가 있어요. 잡고 있는 사람도 땋는 사람만큼 중요하죠. 드림('여러 가닥의 실이나 끈을 하나로 땋거나 꼬다'라는 뜻의 '드리다'를 활용한 신조어로, '땋은 다발'을 일컫는다_옮긴이)은 끝으로 갈수록 얇고 가늘어져요. 삐져나온 낱잎은 묶어주면 돼요.

제가 땋을 수 있도록 끄트머리를 잡아주시겠어요? 풀을 사이에 두고 손을 맞잡은 채 함께 머리를 숙여 대지를 찬미하는 드림을 만들 수 있을까요? 이번엔 제가 붙들 테니 당신이 땋으세요.

우리 할머니의 등에 드리운 댕기머리처럼 굵고 윤기 나는 향모 드림을 당신에게 드릴 수 있어요. 하지만 제 것이어서 드리는 것이 아니고 당신 것이어서 받는 것도 아니에요. 윙가슈크의 주인은 윙가슈크 자신이에요. 그 대신 우리와 세상의 관계를 치유할 이야기 한 드림을 드릴게요. 이 드림은 세 가닥으로 엮었어요. 한 가닥은 토박이 지식, 한 가닥은 과학 지식, 한 가닥은 둘을 한데 모아 가장 중요한 일에 기여하려 애쓰는 **아니시나베크웨**^{Anishinabekwe} 과학자의 이야기랍니다. 이 책에서는 과학과 영성과 이야기가 서로 얽혀 있어요. 하나로 어우러진 옛 이야기와 새 이야기는 우리와 대지의 부서진 관계를 치료하며, 치유 이야기의 처방전은 다른 관계를, 사람과 땅이 서로에게 좋은 약이 되는 관계를 상상하게 해준답니다.

향모 심기

향모를 심는 가장 좋은 방법은

씨앗을 뿌리는 것이 아니라 뿌리를 땅에 직접 묻는 것이다.

그러면 이 식물은 세월과 세대를 가로질러

손에서 대지로 전해진다. 향모는 볕이 잘 들고

물이 풍부한 초원을 좋아하며

풀숲 사이 빈 땅에서 무성하게 자란다.

하늘여인 떨어지다

초록의 대지가 눈의 담요를 덮고 쉬는 겨울은 이야기의 계절이다. 맨 먼저 이야기꾼은 오래전 우리에게 이야기를 전해준 사람들을 불러낸다. 우리는 전달자일 뿐이므로.

태초에 하늘세상이 있었다.

여인은 단풍나무 씨앗처럼, 가을바람을 타고 빙글빙글 돌면서 떨어졌다.* 하늘세상의 구멍에서 빛기둥이 내려와 어둠 속에서 여인의 길을 밝혔다. 여인은 한참을 떨어졌다. 두려움 때문이었는지 희망 때문이었는지 여인은 다발을 꽉 붙들었다.

추락하는 여인에게 보이는 것은 아래쪽의 시커먼 물뿐이었다. 하지만 그 공허 속에서 많은 눈이 난데없는 빛줄기를 올려다보고 있었

---

* 구비 전승과 Shenandoah and George, 1998을 다듬었다.

다. 처음에는 작은 물체로 보였다. 빛살 속의 먼지 알갱이 하나에 지나지 않았다. 물체는 점점 커지더니 이제 여자로 보였다. 팔을 활짝 벌린 채 길고 검은 머리카락을 펄럭거리며 그들을 향해 맴돌며 떨어지는.

기러기들이 서로 고개를 끄덕이더니 '기러기의 노래'가 물결치는 가운데 물 위로 솟구쳤다. 여인은 추락하는 자신을 받아주려고 날아오른 기러기들의 날갯짓을 느낄 수 있었다. 자신이 알던 유일한 집에서 아득히 멀어진 채, 여인은 자신을 살며시 내려주는 기러기들의 보송보송한 깃털에 포근하게 안긴 채 숨을 가다듬었다. 그렇게 시작되었다.

기러기들은 여인을 물 위에 오랫동안 띄워둘 수 없었기에 대책을 마련하려고 회의를 소집했다. 여인은 기러기들의 날개에 앉은 채 아비, 수달, 고니, 비버, 온갖 물고기가 모여드는 광경을 바라보았다. 커다란 거북 한 마리가 무리 한가운데를 가르며 헤엄쳐 오더니 여인에게 등을 내밀었다. 여인은 고마워하며 기러기 날개에서 거북 등딱지로 발을 내디뎠다. 짐승들은 여인이 보금자리로 삼을 땅이 필요하다는 사실을 알고서 어떻게 도와줄 수 있을지 논의했다. 물속 깊이 잠수할 수 있는 짐승들이 물 바닥에 진흙이 있다는 얘기를 듣고서 찾으러 가기로 했다.

아비님이 맨 먼저 뛰어들었지만 수심이 하도 깊어서 한참 뒤에 빈손으로 올라오고 말았다. 수달님, 비버님, 철갑상어님 등 다른 짐승들도 하나씩 나섰지만 수심과 어둠과 수압은 아무리 헤엄을 잘 치는 이에게도 버거웠다. 다들 머리가 띵하고 숨이 찬 채로 돌아왔다. 영영 돌아오지 못한 이도 있었다. 얼마 지나지 않아 잠수 짐승 중에서 가장 약골인 꼬마 사향뒤쥐님만 남았다. 그가 내려가겠다고 나서자 다른 짐승들은 의심의 눈초리를 보냈다. 사향뒤쥐님은 작은 다리를 바동대며 아래로 헤엄치더니 아주 오랫동안 보이지 않았다.

모두들 최악의 상황이 벌어졌을까봐 걱정하며 사향뒤쥐님이 돌아오기를 기다리고 또 기다렸다. 머지않아 보글거리는 거품과 함께 작고 흐느적거리는 몸뚱이가 떠올랐다. 이 무력한 인간을 도우려다 목숨을 잃은 것이었다. 그때 다른 이들이 사향뒤쥐님의 주둥이가 꽉 다물려 있는 것을 보았다. 주둥이를 열자 진흙 한 줌이 들어 있었다. 거북이 말했다.

"진흙이 쏟아지지 않게 내 등에 얹어줘."

하늘여인이 몸을 숙여 진흙을 거북 등딱지에 펴 발랐다. 여인은 짐승들의 특별한 선물에 감동받아 감사의 노래를 부른 뒤에 발로 흙을 어루만지며 춤을 추기 시작했다. 여인이 감사의 춤을 추는 동안 거북님 등딱지의 한 줌 진흙이 점점 커지더니 온 대지가 창조되었다. 하늘여인 혼자서 한 것이 아니라 뭇 짐승의 선물과 그녀의 깊은 감사가 어우러진 연금술의 결과였다. 그렇게 해서 오늘날 거북섬(북아메리카 대륙을 가리킨다_옮긴이)으로 알려진 우리 보금자리가 생겨났다.

여느 반가운 손님처럼 하늘여인은 빈손으로 오지 않았다. 여인은 그때까지도 꾸러미를 꽉 쥐고 있었다. 하늘세상 구멍에서 떨어질 때 그곳에서 자라는 생명 나무를 붙잡으려고 손을 뻗었는데, 여인의 손에 잡힌 것은 온갖 식물의 열매와 씨앗이 달린 가지들이었다. 여인은 열매와 씨앗을 새 땅에 뿌리고 하나씩 정성스레 돌봤다. 이윽고 세상은 갈색에서 초록으로 물들었다. 하늘세상 구멍에서 햇빛이 쏟아져 내려와 씨앗을 무럭무럭 자라게 했다. 들풀, 꽃, 나무, 약초가 온 사방에 퍼졌다. 먹이가 많아지자 많은 짐승이 거북섬에 찾아와 여인과 더불어 살았다.

우리 이야기에서는 모든 식물 중에서 **윙가슈크**라고 하는 향모가 대지에서 가장 먼저 자랐다고 한다. 그 향기는 하늘여인의 손에 대한 감미로운 기억을 떠올리게 한다. 그래서 우리 부족은 향모를 네 가지 성스러운 식물 중 하나로 떠받든다. 향모에 코를 대고 냄새를 맡으면, 잊은 줄도 몰랐던 것들이 기억나기 시작한다. 우리의 연장자들은 제의祭儀가 '기억하기를 기억하는 방법'이라고 말한다. 그렇기에 향모는 많은 토착민 네이션(일종의 자치 공화국으로, 독립된 국가에 속하면서 대내적으로 한정된 자치권을 가지는 '국가 내 국가' 형태의 공화국_옮긴이)이 귀하게 여기는 중요한 제의용 식물이다. 아름다운 바구니를 만드는 데도 쓰인다. 약초이기도 하고 우리의 친척이기도 한 향모의 가치는 물질적인 동시에 영적이다.

사랑하는 이의 머리를 땋을 때 우리는 애정을 듬뿍 쏟는다. 다정함과 그 이상의 감정이 두 사람 사이를 흐르며 둘은 드림의 끈으로 연결된다. 물결치는 윙가슈크 가닥들은 갓 감은 여인의 머리카락처럼 길고 윤기가 난다. 그래서 우리는 향모를 어머니 대지님의 하늘거리는 머리카락이라고 부른다. 향모를 땋는 것은 어머니 대지님의 머리카락을 땋는 것이다. 우리의 애정 어린 관심을 보여주는 것이자, 우리에게 베푼 모든 것에 감사하며 그녀의 아름다움과 안녕을 바라는 염원을 드러내는 것이다. 날 때부터 하늘여인 이야기를 듣는 아이들은 인간과 대지 사이에 책임이 흐르고 있음을 뼛속까지 안다.

하늘여인의 강림 이야기는 어찌나 풍성하고 화려한지 내게는 마셔도 마셔도 줄지 않는 천상의 푸르름을 간직한 깊은 사발 같다. 여기에 우리의 믿음, 우리의 역사, 우리의 관계가 담겨 있다. 저 별빛 반짝이는 사발을 들여다보면 이미지들이 아련하게 소용돌이치며 과거와 현재가 하나로 어우러진다. 하늘여인의 이미지들은 우리가 어디서 왔는가뿐 아니라 어떻게 앞으로 나아갈 수 있는지도 알려준다.

내 연구실에는 브루스 킹$^{Bruce King}$이 그린 하늘여인 초상화 〈하늘을 나는 순간$^{Moment\ in\ Flight}$〉이 걸려 있다. 그녀는 씨앗과 꽃을 손에 든 채 대지 위에 떠 있으면서 내 현미경과 데이터 기록계를 내려다본다. 어울리지 않는 조합처럼 보일지도 모르겠지만 내게는 그녀가 여기 속해 있다고 느껴진다. 작가이자 과학자이자 하늘여인 이야기의 전달자로서 나는 스승들의 발치에 앉아 그들의 노래를 듣는다.

매주 월요일, 수요일, 금요일 오전 9시 35분에 나는 대학교 강의실에서 식물학과 생태학을 가르친다. 한마디로 (어떤 사람들은 '지구 생태계'라고 부르는) 하늘여인의 텃밭이 어떻게 돌아가는지 학생들에게 설명하는 게 내 일이다. 특별한 것 없는 어느 날 아침 일반생태학 수업을 듣는 우리 학생들에게 자료 조사 과제를 내줬다. 무엇보다 인간과 환경의 부정적 상호 작용에 대해 얼마나 알고 있는지 평가하도록 했다. 200명의 학생 거의 모두가 인간과 자연의 조합에 문제가 있다고 단언했다. 환경을 보호하는 직업을 선택한 3학년 학생들이 이렇게 답한 것은 어떤 의미에서 별로 놀랍지 않았다. 기후 변화의 역학, 토양과 물의 독성, 서식처 유실의 위기에 대해 속속들이 배웠을 테니 말이다. 그러다 조사 후반부에 인간과 땅의 긍정적 상호 작용에 대해서는 얼마나 알고 있는지 평가하도록 했다. 학생들이 내놓은 평가의 중간값은 '없음'이었다.

어안이 벙벙했다. 20년간 교육을 받고도 어떻게 인간과 환경 사이의 이로운 관계를 하나도 생각해내지 못할 수 있을까? 오염된 폐허, 공장식 축사, 문어발식 교외 확장과 같은 부정적 사례를 매일같이 접한 탓에 인간과 대지의 관계에서 좋은 것을 보는 능력을 잃었는지도 모르겠다. 땅이 황폐해지면 우리의 시야도 황폐해진다. 수업이 끝나고 대화를 나누다가 학생들이 인간과 나머지 자연의 이로운 관계가 어떤 모습일지 상상조차 하지 못한다는 사실을 깨달았다. 생태적·문화적 지속 가능성에 이르는 길을 상상조차 못한다면, 기러기의 너그러움을 상상하지 못한다면, 어떻게 첫발을 내디딜 수 있을까? 학생들은 하늘여인 이야기를 들으면서 자라지 못했다.

세상의 한쪽에는 뭇 생명의 행복을 위해 텃밭을 만든 하늘여인을 통해 생명의 세계와 관계를 맺은 사람들이 있었다. 다른 한쪽에는 또 다른 여인이 있었는데, 그녀에게도 텃밭과 나무가 있었다. 하지만 그녀는 열매를 맛보려다 텃밭에서 쫓겨났으며 그녀의 뒤로 철컹 하고 문이 닫혔다. 이 인류의 어머니는 예전에는 가지가 휠 정도로 매달린 달콤하고 촉촉한 열매로 입안을 채울 수 있었으나 이제는 황무지를 돌아다니며 이마에 땀을 흘려야 배를 채울 수 있었다. 그녀는 배를 채우려면 황무지를 정복해야 한다는 사실을 배웠다.

사람도 같고 대지도 같았지만 이야기는 달랐다. 창조 이야기는 우리에게 정체성의 원천이자 세상을 대하는 방향을 가리키는 나침반이다. 창조 이야기는 우리가 누구인지 알려준다. 아무리 의식意識에서 멀어졌다 해도 우리는 창조 이야기를 통해 빚어질 수밖에 없다. 한 이야기에서 우리는 살아 있는 세상의 너그러운 품에 안기고, 다른 이야기에서는 그 세상에서 추방된다. 한 여인은 우리 농부의 조상이요, 후손의 보금자리가 될 선한 초록 세상의 공동 창조자다. 다른 여인은 추방당한 자로, 울퉁불퉁한 길을 따라 낯선 세상을 통과할 뿐 그녀의 진짜 보금자리는 하늘에 있다.

그러다 하늘여인의 후손과 이브의 후손이 만났다. 우리 주위의 땅에는 그 만남의 흉터, 우리 이야기의 메아리가 남아 있다. 괄시받는 여인의 노여움은 지옥보다 더하다고들 말한다. 하늘여인이 이브에게 말하는 소리가 들리는 듯하다.

"자매여, 어쩌다 그런 일을 겪게 되었나요⋯."

하늘여인 이야기는 오대호 전역의 토착민들에게 전파되었으며, 우리가 '으뜸명령Original Instructions'이라 부르는 가르침의 별무리에 단단히 자리 잡은 항성이다. 하지만 으뜸명령은 십계명 같은 '명령'이나 규칙이 아니다. 지도가 아니라 방향을 알려주는 나침반에 가깝다. 살아 있는 존재의 임무는 스스로 지도를 만들어내는 것이다. 으뜸명령을 따르는 방법은 사람마다 시대마다 다를 수 있다.

하늘여인의 첫 사람들은 으뜸명령을 자신들이 이해한 대로 지키며 살았다. 그들의 으뜸명령은 존중이 깃든 사냥, 가족생활, 세계에 의미를 부여하는 제의 등을 규정하는 윤리적 지침이었다. 하지만 이런 돌봄의 방식은 오늘날 도시 생활에는 맞지 않는지도 모르겠다. 이곳에서 '그린green'은 초원이 아니라 광고 문구를 뜻하니 말이다. 버팔로는 사라졌고 세상은 앞으로 나아갔다. 연어를 강에 돌아오게 할 수는 없다. 엘크를 위해 목초지를 만들겠다며 우리 집 마당에 불을 놓으면 이웃집에서는 화재경보기가 울릴 것이다.

첫 인간을 환대하던 시절, 대지는 새로웠다. 하지만 이제는 낡아버렸다. 우리가 으뜸명령을 내팽개치면서 환대의 효력이 다했다고 믿는 사람들도 있다. 세상의 첫 시작부터 나머지 종들은 인간의 구명정이었다. 이제 우리가 그들의 구명정이 되어야 한다. 하지만 우리를 이끌어줄 이야기는—그런 이야기가 아직도 들려온다면—기억에서 점차 희미해진다. 오늘날 그 이야기는 어떤 의미일까? 세상의 처음에 있던 이야기들을 끝이 머지않은 이 시간에 어떻게 번역할 수 있을까? 풍경은 변했지만 이야기는 남아 있다. 내가 이야기에 귀를 기울일 때마다 하늘여인이 내 눈을 쳐다보며 이렇게 묻는 것 같다. 거북 등 위의 세상이라는 선물의 대가로 무엇을 줄 수 있겠느냐고.

첫 여인 또한 이민자였음을 기억하는 것은 유익한 일이다. 여인은 하늘세상의 보금자리를 멀리 떠나오면서 자신을 알던, 자신을 아끼던 모든 이와 이별했다. 다시는 돌아갈 수 없었다. 1492년 이후로 이곳에 살던 사람들도 대부분 이민자다. 엘리스섬에 도착한 사람들은 거북섬이 발 아래 있다는 사실조차 몰랐을 것이다. 우리 조상 중에는 하늘여인 사람들이 있으며 나도 그중 하나다. 그런가 하면 우리 조상 중에는 프랑스 모피상, 아일랜드 목수, 웨일스 농부처럼 새로 들어온 이민자도 있다. 이곳 거북섬에서 우리 모두는 보금자리를 만들려고 애쓴다. 주머니는 텅 비고 희망이 유일한 재산이던 그 이민자들의 이야기가 하늘여인의 이야기와 어우러진다. 여인은 씨앗 한 줌과 "그대의 선물과 꿈을 좋은 곳에 쓰라"라는 소박하기 그지없는 명령만 지닌 채 이곳에 왔다. 우리도 모두 같은 명령을 간직하고 있다. 여인은 너그러운 짐승들이 베푼 선물을 기꺼이 받아들여 존중하는 마음으로 이용했다. 그리고 하늘세상에서 가져온 선물을 나누며 초목을 키우고 보금자리를 만드는 일을 시작했다.

하늘여인 이야기가 잊히지 않는 이유는 우리 또한 떨어지고 있기 때문인지도 모르겠다. 우리의 삶은, 개인적 삶과 집단적 삶 둘 다 그녀의 궤적을 따른다. 우리가 도약하든 밀려나든, 아니면 우리가 아는 세상의 모서리가 우리 발치에서 부서지든, 우리는 빙글빙글 돌며 새롭고 예상 못할 어딘가로 떨어진다. 떨어지는 것은 두렵지만 세상의 선물이 우리를 잡아주려고 기다린다.

이 명령들을 생각할 때 명심할 것이 있다. 그것은 하늘여인이 이곳에 왔을 때 홀몸이 아니었다는 것이다. 여인은 아기를 배고 있었다. 자신이 떠나면 손자 손녀가 세상을 물려받을 것임을 알았기에 여인은 자신의 풍요를 위해서만 일하지 않았다. 본디 이민자이던 여인이 토박이가 된 것은 호혜의 행위, 주고받음의 행위를 땅과 나눴기 때문이다. 어떤 장소에 토박이가 된다는 것은 자녀들의 미래가 여기 달린 것처럼 살아가는 것, 우리의 물질적·정신적 삶이 여기 달린 것처럼 땅을 돌보는 것을 의미한다.

나는 하늘여인 이야기가 다채로운 '민간전승'의 싸구려 장식물처럼 대중들에게 전달되는 것을 들었다. 하지만 오독될 때조차도 이 이야기에는 힘이 있다. 우리 학생들은 자신이 태어난 이 땅의 창조 이야기를 한 번도 듣지 못했지만, 내가 말해주면 이내 눈에서 불꽃이 일기 시작한다. 학생들은, 우리 모두는 하늘여인 이야기를 과거에서 온 유물이 아니라 미래를 위한 명령으로 이해할 수 있을까? 이민자 네이션이 다시 한번 여인을 본받아 토박이가 되고 보금자리를 만들 수 있을까?

에덴에서 쫓겨난 가련한 이브의 유산을 보라. 땅은 착취적 관계로 멍들어 있다. 부서진 것은 땅만이 아니다. 더 중요한 것은 우리와 땅의 관계가 부서졌다는 사실이다. 게리 냅핸Gary Nabhan 말마따나 우리는 '다시 이야기하기re-story-ation' 없이는 회복restoration을, 의미 있는 치유를 해나갈 수 없다. 말하자면 땅의 이야기에 귀를 기울이지 않고서는 땅과의 관계를 치유할 수 없다. 하지만 누가 이야기를 들려줄까?

서구 전통에서는 모든 존재가 서열이 있다고 믿는다. 당연히 진화의 정점이자 창조의 총아인 인간이 꼭대기에 있고 식물은 밑바닥에 있다. 하지만 토박이 지식에서는 인간을 곧잘 '창조의 동생'으로 일컫는다. 우리는 말한다. 인간은 삶의 경험이 가장 적기 때문에 배울 것이 가장 많다고. 우리는 다른 종들에게서 스승을 찾아 가르침을 청해야 한다. 그들의 지혜는 살아가는 방식에서 뚜렷이 드러난다. 그들은 본보기로 우리를 가르친다. 그들은 우리보다 훨씬 오래 대지에 머물렀으며 세상을 파악할 시간이 있었다. 그들은 땅 위와 아래에서 살며 하늘세상을 대지와 연결한다. 식물은 빛과 물로 식량과 약을 만드는 법을 알며 그렇게 만든 것을 대가 없이 내어준다.

나는 하늘여인이 거북섬에 씨앗을 뿌리면서 몸뿐 아니라 마음과 정서와 영혼의 양식을 준비했다고 상상하고 싶다. 우리에게 스승을 남겨두었다고. 식물은 우리에게 그녀의 이야기를 들려줄 수 있다. 우리는 귀를 기울이는 법을 배워야 한다.

피칸 회의

열파가 풀 위를 일렁인다. 공기는 무겁고 희뿌옇다. 매미 울음소리
가 진동한다. 그들은 여름내 맨발로 지냈지만, '풀의 춤'(아메리카 원주
민의 전통 춤_옮긴이)을 추듯 뒤꿈치를 들고서 볕에 그을린 프레리를
가로질러 종종걸음 치는 그들의 발을 1895년의 건조한 9월 풀 그루
터기가 찔러댄다. 어린 버드나무 가지처럼 호리호리한 그들이 해진
멜빵바지만 걸치고 갈색의 좁은 가슴 아래로 갈비뼈를 드러낸 채 달
린다. 그들은 발밑의 풀이 부드럽고 서늘한 응달진 숲으로 방향을 틀
어 소년다운 유연한 몸놀림으로 키 큰 풀 속에 털썩 누웠다. 그늘에
서 잠시 쉬는가 싶더니 벌떡 일어나 미끼로 쓸 메뚜기를 잡는다.

낚싯대는 두고 온 그 자리 늙은 미루나무에 기댄 채 서 있다. 소년
들이 메뚜기의 등에 낚시를 꿰어 낚싯줄을 던지는 동안 개울 바닥의
시원한 고운모래가 발가락 사이로 삐져나온다. 하지만 개울이 가뭄
으로 거의 말라버려 수면이 좀처럼 들썩이지 않는다. 입질하는 것은

모기 몇 마리뿐이다. 시간이 흐르자 저녁에 생선을 먹을 가망은 끈으로 묶은 해진 데님 바지 안쪽의 배만큼 홀쭉해진다. 오늘은 비스킷과 레드아이 그레이비소스로 때워야 할 모양이다. 다시 낚시를 던진다. 빈손으로 집에 돌아가 엄마를 실망시키기는 싫지만, 마른 비스킷으로도 배는 채울 수 있다.

캐나디안 강을 따라 인디언 특별보호구 한가운데에 자리 잡은 이곳은 구릉지 사바나로, 저지대에는 나무 숲이 우거졌다. 쟁기질로 파헤친 곳은 거의 없다. 아무도 쟁기가 없으니까. 소년들은 숲에서 숲으로 개울을 따라 할당지의 주택 쪽으로 올라간다. 깊은 웅덩이가 있으면 좋겠지만 하나도 안 보인다. 그러다 소년 하나가 키 큰 풀 속에 숨겨진 딱딱하고 둥근 물체에 발가락을 부딪힌다.

하나, 또 하나, 다시 또 하나. 하도 많아서 걷기가 힘들 지경이다. 소년은 딱딱하고 둥근 초록색 물체를 주워 마치 야구공처럼 나무 사이로 동생에게 던지며 외친다. "**피가넥**이다! 집에 가져가자!" 갓 익기 시작한 열매들이 떨어져 풀밭을 덮는다. 소년들은 금세 호주머니를 채우고 옆에도 잔뜩 쌓아 올린다. 피칸은 먹기엔 좋지만 나르기가 힘들다. 테니스공을 한 아름 안고 가는 것 같아서, 많이 들수록 땅에 떨어지는 것도 많아진다. 빈손으로 집에 가기는 싫다. 피칸을 보면 엄마가 좋아하실 테지만, 한 움큼 이상 가져갈 방법이 없다.

해가 낮게 깔리고 저녁 공기가 저지대에 내려앉자 열기가 한풀 꺾인다. 저녁 시간에 맞춰 집까지 달려갈 수 있을 만큼 서늘하다. 소년들은 엄마가 부르는 소리를 들으며 달린다. 깡마른 다리가 경중댈 때마다 저무는 햇빛 속에 팬티가 하얗게 반짝인다. 각자 커다란 Y자 나무를 멍에처럼 어깨에 걸치고 있는 모양이다. 득의양양한 웃음을 지으며 '나무'를 발치에 팽개친다. 자세히 보니 낡아빠진 바지 두 벌 이다. 발목 부분을 끈으로 묶어 열매를 불룩하게 채웠다.

깡마른 소년 중 하나가 우리 할아버지다. 하도 배가 고파서 식량 이 보이는 족족 모아들이던 시절에, 오클라호마가 아직 '인디언 특별 보호구'이던 시절에 프레리의 오두막에서 살았다. 얼마 안 가서 깡그 리 무너졌지만. 변화무쌍한 삶처럼, 우리가 떠난 뒤에 사람들이 우리 에 대해 뭐라고 이야기할지는 우리 소관이 아니다. 증손자가 자신을 1차 대전 참전 용사나 숙련된 신형 자동차 정비사가 아니라 바지에 피칸을 채운 채 팬티 바람으로 집에 달려오는 맨발의 보호구역 소년 으로 알고 있다는 얘길 들으면 우리 할아버지는 얼마나 웃으실까.

피칸히커리나무*Carya illinoensis*의 열매를 일컫는 '피칸'이라는 단어는 토 박이말에서 영어로 유입되었다. **피간**pigan은 견과면 무엇이든 가리킨 다. 북부의 우리 고향에서 자라는 히커리, 흑호두나무black walnut, 버 터넛은 저마다 이름이 있다. 하지만 우리는 그 나무들을 잃었다. 우 리 고향을 잃었듯. 정착민들이 미시간호 주변의 우리 땅을 탐냈기에 우리는 길게 줄지어 서서 군인들에게 둘러싸인 채 총구로 위협받으 며 훗날 '죽음의 길Trail of Death'로 알려진 길을 따라 걸어갔다. 군인들은 우리 호수와 숲으로부터 멀리 떨어진 새로운 장소로 우리를 데려 갔다. 하지만 그곳도 탐내는 사람이 있어서 다시 침낭을 챙겨야 했 다. 이번에는 짐이 가벼웠다. 우리 조상들은 한 세대 만에 위스콘신 에서 중간 지점들을 거쳐 캔자스로, 다시 오클라호마로 세 번 쫓겨났 다. 그들은 신기루처럼 반짝거리는 호수의 마지막 풍경을 돌아보았을 까? 갈수록 듬성듬성해지다가 마침내 풀에게 자리를 전부 빼앗긴 나 무들을 가슴에 담아두려고 어루만졌을까?

그 길에는 수많은 것들이 널브러진 채 남았다. 사람들의 절반이 묻힌 무덤들. 언어. 지식. 이름들. 우리 증조할머니의 이름은 '스쳐 지 나가는 바람'이라는 뜻의 샤노테에서 샬럿으로 바뀌었다. 군인이나 선교사가 발음하지 못하는 이름은 금지되었다.

캔자스에 이르렀을 때 사람들은 강을 따라 서 있는 견과 나무 숲 을 보고 안도했을 것이다. 모르는 종류였지만 맛있고 풍성했으니까. 새 식량을 일컫는 이름이 없어서 그들은 그냥 견과—'피칸'—라고 불렀는데, 이것이 영어의 '피칸'이 되었다.

나는 피칸 파이를 추수 감사절에만 만든다. 그때는 피칸 파이를 다 먹어줄 사람들이 곁에 있기 때문이다. 피칸을 유난히 좋아하지는 않지만, 피칸나무에 경의를 표하고 싶어서 파이를 굽는다. 커다란 식 탁에 둘러앉은 손님들에게 피칸 열매를 대접할 때면, 고향을 멀리 떠 나 외롭고 지친 우리 조상들을 환대한 피칸나무가 떠오른다.

소년들은 생선을 잡지 못한 채 집에 왔을지는 모르지만, 메기 한 꿰미 못지않은 단백질을 가지고 왔다. 견과는 숲의 튀김 생선으로,

단백질과 (특히) 지방으로 가득한 '가난뱅이의 고기'였다. 하긴 소년들은 가난뱅이였다. 오늘날은 피칸을 먹을 때 껍데기를 벗기고 굽는 등 공을 들이지만 예전에는 포리지(곡물과 귀리, 오트밀 등을 잘게 빻은 뒤 물과 우유를 넣어 끓인 죽_옮긴이)에 넣고 끓였다. 닭고기 수프처럼 지방이 둥둥 뜨면 걷어내어 보관했는데, 이 견과 버터는 겨울 식량으로 요긴했다. 견과 버터에는 생명을 유지하는 데 필요한 모든 것인 열량과 비타민이 가득 들어 있었다. 하긴 그게 견과의 존재 이유이니까. 배아가 새로운 삶을 시작하는 데 필요한 모든 것을 공급하는 것.

버터넛, 흑호두나무, 히커리, 피칸은 모두 호두나무과^{Juglandaceae}라는 같은 과에 속하는 근연종이다. 우리네 사람들은 어디로 이주하든 이 열매들을 가지고 갔다. 바지보다는 바구니에 담는 경우가 많았지만. 오늘날 피칸은 강을 따라 프레리 전역에 퍼져 있으며 사람들이 정착한 기름진 저지대에 풍부하다. 우리 **하우데노사우니**^{Haudenosaunee}('긴 집에 사는 사람들'이라는 뜻으로, 오나이다족을 일컫는다_옮긴이) 이웃들은 자기네 조상이 버터넛을 하도 좋아해서 오늘날에도 버터넛만 보이면 그곳이 옛 마을 터임을 알 수 있다고 말한다. 아니나 다를까 우리 집 옆의 샘 위쪽 언덕에도 ('야생' 숲에는 흔치 않은) 버터넛 숲이 있다. 해마다 어린 나무 주변의 잡풀을 뽑고 비 소식이 늦을 때는 물을 한 통 끼얹는다. 과거를 기억하면서.

오클라호마 할당지에 있는 우리 가족의 옛집 터에서는 피칸나무가 가옥 잔해에 그늘을 드리우고 있다. 할머니가 피칸을 다듬으려고 쏟아 붓던 장면, 그중 하나가 앞마당 문간으로 굴러가던 장면을 상상한다. 어쩌면 바로 그때 피칸 한 줌을 뜰에 뿌려서 나무에게 빚을 갚은 건지도 모르겠다.

옛 이야기를 다시 떠올려보면 소년들이 숲에서 피칸을 가져올 수 있는 만큼 가져온 것은 매우 슬기로운 선택이었다는 생각이 든다. 견과는 해마다 열매를 맺지 않고 번식철이 들쭉날쭉하기 때문이다. 몇 해는 풍년이고 대부분의 해는 흉년이다. 이런 호경기와 불경기의 순환을 '물량공세 열매맺기mast fruiting'라 한다('mast'는 바닥에 떨어져 돼지 먹이가 되는 견과를 일컫는데, 이렇게 대량으로 열매를 떨어뜨려 일부가 열매를 맺도록 하는 번식 방법_옮긴이). 과일과 베리는 상하기 전에 먹어달라고 우리를 유혹하지만 견과는 돌처럼 딱딱한 껍데기와 가죽처럼 질긴 초록색 겉껍질로 스스로를 보호한다. 견과는 과즙을 턱에 흘리면서 지금 당장 먹어야 하는 과일이 아니라, 몸을 데우는 고열량 영양소인 지방과 단백질이 필요한 겨울에 먹을 식량이다. 견과는 힘든 시기를 대비한 안전망이요 생존의 젖줄이다. 이 귀한 내용물은 상자 안에 또 상자가 있는 이중 금고 안에 모셔져 있다. 이것은 속에 있는 배아와 (배아를 위한) 식량을 보호하는 방법이지만, 우리가 견과를 안전한 장소에 고이 보관할 수 있는 이유이기도 하다.

껍데기를 쪼개는 데는 공이 많이 든다. 다람쥐가 공터에 앉아 견과 껍데기를 갉는 것은 현명한 일이 아니다. 견과에 정신이 팔려 있는 틈을 매가 놓칠 리 없으니 말이다. 견과는 나중을 위해 줄무늬다 람쥐의 은신처나 오클라호마 오두막의 지하 저장고에 들여놓아야 한다. 몽땅 저장하다보면 일부는 잊어버릴 수밖에 없는데, 여기서 나무가 태어난다.

물량공세 열매맺기로 새 숲을 만들려면 나무 한 그루 한 그루가 열매를 아주 많이 내야 한다. 씨앗을 노리는 약탈자들을 압도할 만큼 많이. 나무가 해마다 조금씩 꾸준히 열매를 맺으면 죄다 약탈자의 배 속에 들어가 다음 세대를 하나도 낳지 못할 것이다. 하지만 견과는 열량이 높아서 해마다 듬뿍 쏟아낼 수 없으므로, 가정에서 큰일을 대비해 저축을 하듯 모아두어야 한다. 물량공세 열매맺기를 하는 나무는 몇 년에 걸쳐 당을 만드는데, 이 당을 찔끔찔끔 써버리지 않고 매트리스 밑에 넣어둔다. 열량을 녹말 형태로 뿌리에 저축하는 것이다. 이 수지가 흑자일 때에만 우리 할아버지는 견과를 한 아름 집에 가져올 수 있었다.

이 호경기와 불경기의 순환을 두고 수목생리학자와 진화생물학자는 여전히 가설을 쏟아내고 있다. 숲생태학자들은 물량공세 열매맺기가 '여력이 있을 때만 열매를 맺으라'라는 에너지 방정식의 간단한 결과라고 추측한다. 말이 된다. 하지만 견과 나무는 생장 속도와 열량 축적 속도가 서식처에 따라 다르다. 그러면 운 좋은 나무들은 기름진 농지에 자리 잡은 정착민처럼 금세 부자가 되어 자주 열매를 맺는 반면에 웅덩에 자리 잡은 이웃 나무들은 고생을 겪고 이따금씩만 풍요를 맛보기에 번식하려면 몇 년을 기다려야 한다. 이것이 사실이라면 각각의 나무는 나름의 일정표에 따라 열매를 맺으며 녹말 저장량으로 이를 예측할 수 있어야 한다. 하지만 그렇지 않다. 한 그루가 열매를 맺으면 나머지도 모두 열매를 맺는다. 독불장군은 하나도 없다. 작은숲grove의 나무 한 그루가 아니라 작은숲 전체가, 큰숲forest의 작은숲 하나가 아니라 모든 작은숲, 카운티 전체와 주 전체가 한꺼번에 번식한다. 나무는 개체로서가 아니라 집단으로 행동한다. 정확히 어떻게 그러는지는 아직 모른다. 하지만 여기서 우리는 단결의 힘을 목격한다. 하나에게 일어나는 일은 모두에게 일어난다. 굶어도 함께 굶고 배를 채워도 함께 채운다. 모든 번영은 상호적이다.

1895년 여름 인디언 특별보호구 전역의 지하 저장고가 피칸으로 가득 찼다. 소년들과 다람쥐의 배도 마찬가지였다. 사람들에게 풍요의 시기는 선물처럼 느껴졌다. 땅에서 줍기만 하면 식량을 얼마든지 구할 수 있었다. 다람쥐보다 먼저 도착하기만 한다면. 하지만 그러지 못했더라도 그해 겨울에 다람쥐 스튜는 실컷 먹을 수 있었을 것이다. 피칸 숲은 베풀고 또 베푼다. 이런 집단적 너그러움은 개체의 생존을 중시하는 진화 과정과 모순되는 것처럼 보인다. 하지만 개체의 안녕을 전체의 건강과 분리하려 드는 것은 크나큰 잘못이다. 피칸이 베푸는 풍요의 선물은 자신에게 주는 선물이기도 하다. 다람쥐와 인간의 배를 불리는 것은 곧 자신의 생존을 도모하는 것이다. 물량공세 열매 맺기를 하는 유전자는 진화의 조류를 따라 다음 세대로 흘러가지만, 여기에 동참하지 못하는 유전자는 먹혀서 진화의 막다른 골목에 가로막힌다. 이와 마찬가지로 땅에서 견과의 흔적을 읽어내고 안전하게 집에 가져가는 법을 아는 사람은 2월의 눈보라를 이겨내고 살아남아 그 행동을 후손에게 전해준다. 유전적 전달이 아니라 문화적 관습을 통해.

임학자는 물량공세 열매맺기의 너그러움을 '포식捕食자 포식飽食시키기 가설predator-satiation hypothesis'로 설명한다. 말하자면 이렇다. 나무는 다람쥐가 먹을 수 있는 것보다 많은 열매를 맺는데, 그러면 일부는 먹히는 신세를 면한다. 마찬가지로 다람쥐의 곡간이 견과로 가득 차면 새끼를 밴 포동포동한 어미들은 새끼를 더 많이 낳으며 다람쥐 개체 수가 치솟는다. 이 말은 어미 매가 새끼를 더 많이 낳고 여우 굴도 만원이 된다는 뜻이다.

하지만 이듬해 가을이 되면 호시절은 안녕이다. 나무가 더는 열매를 맺지 않기 때문이다. 이제 다람쥐는 곡간을 채울 것이 거의 없어서—빈손으로 집에 돌아가게 됐으니—더 열심히 먹이를 찾아다녀야 한다. 다람쥐를 호시탐탐 노리는 매와 굶주린 여우도 개체 수가 늘었는데, 녀석들에게 발각될 위험이 커진 것이다. 포식자 대 피식자 비율은 다람쥐에게 유리하지 않다. 굶주리고 잡아먹히느라 다람쥐의 개체 수가 급락하고 다람쥐 재잘대는 소리가 그친 숲은 적막하다. 이 시점에 나무들이 서로 속삭이는 소리가 들리는 듯하다.

"다람쥐가 몇 마리밖에 안 남았어. 열매를 맺을 때가 되지 않았을까?"

피칸 꽃이 핀다. 다시 풍성한 열매를 맺을 준비가 되었다. 나무들은 함께 살아남고 함께 번성한다.

연방 정부의 인디언 이주 정책으로 많은 원주민들이 고향에서 쫓겨났다. 우리는 전통 지식과 생활 방식으로부터, 우리 조상의 뼈와 우리를 먹여살리는 식물로부터 격리되었다. 하지만 이런 조치로도 정체성을 말살할 수는 없었다. 그래서 정부는 새로운 수단을 동원했다. 아이들을 가족과 문화로부터 격리하여 멀리 떨어진 학교에 보낸 것이다. 아주 오랫동안. 자신이 누구인지 잊어버리게 하는 것이 정부의 속셈이었다.

인디언 특별보호구 어디에서나 인디언 모집책들이 아이들을 모아서 정부 기숙 학교에 보내는 대가로 사례금을 받았다는 기록을 찾아볼 수 있다. 그 뒤에 부모들은 이것이 '자의'에 의한 것임을 입증하기 위해, 자녀를 '합법적으로' 보냈다는 서류에 서명해야 했다. 서명을 거부한 부모는 감옥에 갔다. 자신의 자녀에게 메마른 농장보다 나은 미래를 주고 싶어 한 부모도 있었을 것이다. 서명할 때까지 연방 식량 배급이 끊기기도 했다(버팔로 대신 배급된 식량은 벌레가 꾄 밀가루와 변질된 돼지기름이었다). 아마도 피칸이 풍년인 해에는 모집책들이 한 철을 더 기다려야 했을 것이다. 어린 소년이 발가벗다시피 한 채로 바지에 피칸을 가득 채워 집으로 달음질한 것은 타향으로 보내지는 것이 두려워서였으려나. 피칸이 흉년이면 인디언 모집책이 다시 찾아와 저녁을 곯게 생긴 깡마른 갈색 아이들을 찾아다녔는지도 모르겠다. 어쩌면 그해에 할머니가 서류에 서명했는지도.

아이, 언어, 땅. 거의 모든 것을 빼앗겼다. 살아남으려고 시선을 돌린 사이에 없어져버렸다. 이런 상실을 겪은 뒤로 우리 부족이 결코 포기할 수 없었던 것은 땅의 의미였다. 백인 정착민들은 땅을 소유물로, 부동산, 자본, 천연자원으로 여겼다. 하지만 우리 부족에게 땅은 모든 것이었다. 정체성, 조상과의 연결, 인간 아닌 우리 친척의 보금자리, 우리의 약, 우리의 도서관, 우리를 먹여살리는 모든 것의 원천이었다. 우리의 땅은 우리가 세상에 대한 책임을 이행하는 장소다. 땅은 자신에게 속한다. 땅은 상품이 아니라 선물이므로 결코 사고팔 수 없다. 옛 고향에서 새로운 지역으로 강제 이주 당하면서 사람들이 간직한 것은 바로 이 의미였다. 고향이든 그들에게 강요된 새로운 땅이든, 공동으로 소유한 땅은 사람들에게 힘을, 싸워서 지켜야 할 무언가를 선사했다. 따라서 연방 정부가 보기에 믿음은 위협이었다.

그리하여 수천 킬로미터에 걸친 이주와 상실을 겪고 마침내 캔자스에 정착한 우리에게 연방 정부가 다시 찾아와 또 다른 이주를 제안했다. 이번에는 영원히 우리의 땅이 될 거라고, 마지막 이주가 될 거라고 말했다. 게다가 미국 시민이 될 기회를 주겠다고 했다. 우리를 에워싼 위대한 나라의 일원이 되어 그 힘의 보호를 받게 해주겠다고. 우리의 지도자들은—우리 할아버지의 할아버지도 그중 한 명이었다—제안을 뜯어보고 논의하고 워싱턴에 자문단을 보냈다. 미국 헌법은 원주민의 고향을 보호할 힘이 전혀 없었다. 강제 이주가 이를 똑똑히 보여주었다. 하지만 헌법은 재산권을 가진 시민의 토지 소유권만큼은 철석같이 보호했다. 어쩌면 그것이 부족의 영원한 보금자리를 확보하는 길이었는지도 모르겠다.

지도자들은 아메리칸 드림을 제안받았다. 그것은 오락가락하는 인디언 정책에 휘둘리지 않고 개인으로서 자신의 재산을 소유할 권리였다. 다시는 자신의 땅에서 쫓겨나지 않을 터였다. 더는 흙먼지 날리는 길가에 무덤을 파지 않아도 될 것 같았다. 유일한 조건은 공동 소유를 포기하고 사적 소유에 동의하라는 것이었다. 지도자들은 무거운 가슴으로 여름내 회의장에 앉아 많지 않은 선택지를 요모조모 견주어보았다. 가문과 가문이 맞섰다. 캔자스의 집단 토지에 머물며 모든 것을 잃을 위험을 감수하든지 인디언 특별보호구에서 법률로 보장받는 개인 지주가 되든지 둘 중 하나를 선택해야 했다. 이 역사적 회의는 훗날 '피칸 숲'으로 알려진 그늘진 장소에서 뜨거운 여름 내내 계속되었다.

우리는 식물과 동물에게 나름의 회의와 공통의 언어가 있다는 것을 언제나 알고 있었다. 특히 나무를 스승으로 대접한다. 하지만 그해 여름 한데 뭉쳐 하나처럼 행동하라는 피칸님의 조언에는 아무도 귀를 기울이지 않은 것 같다. "우리 피칸은 단결에 힘이 있음을, 외로운 개인은 때아닌 철에 열매를 맺은 나무처럼 도태될 수 있음을 배웠어요." 하지만 사람들은 피칸님의 가르침을 외면했다.

그리하여 우리 가문은 포타와토미 주민이 되기 위해 다시 한번 짐을 꾸려 인디언 특별보호구 서쪽으로, 약속된 땅으로 이주했다. 지치고 흙투성이였지만 미래에 대한 희망을 품었다. 새 땅에서 맞은 첫날 밤에 옛 친구를 만났는데, 그것은 피칸 숲이었다. 조상들은 피칸

나무 가지의 보금자리 아래에 수레를 부리고 새로 시작했다. 모든 부족원들은—심지어 아기를 품에 안은 우리 할아버지까지도—땅을 할당받았는데, 농사꾼으로 먹고살기에 충분하다고 연방 정부가 판단한 만큼 받았다. 시민권을 받아들이면 할당지를 빼앗기지 않으리라는 보장을 받을 수 있었다. 물론 세금을 내지 못하면 그마저도 장담할 수 없었지만. 한 농장주는 '정당한 대가'라며 위스키 한 통과 두둑한 자금을 내밀었다. 할당되지 않은 토지는 굶주린 다람쥐가 피칸을 낚아채듯 인디언 아닌 정착민들이 차지했다. 할당 시기에 보호구역의 3분의 2 이상이 사라졌다. 공유지가 사적 소유로 전환되면서, 토지가 '보장'된 지 한 세대도 채 지나지 않아 대부분이 자취를 감췄다.

피칸나무와 그 일족은 일사불란한 행동의 역량을, 개별 나무를 초월하는 단일한 목표의 힘을 보여준다. 이 나무들은 모두가 하나로 뭉쳐 어떻게든 살아남는다. 어떻게 그럴 수 있는지는 아직 수수께끼지만 유난히 습한 봄이나 긴 생장기 같은 주변 환경의 어떤 실마리가 열매 맺기를 촉발할 수도 있다는 일부 증거가 있다. 이런 유리한 물리적 조건하에서 모든 나무는 열매에 쓸 잉여 에너지를 얻는다. 하지만 서식처의 개별적 차이를 감안하면 환경만으로 이런 통일적 효과가 난다고 보기는 힘들다.

연장자들 말로는 옛날에는 나무들이 서로 대화를 나눴다고 한다. 나름의 회의를 소집하여 계획을 세웠다는 것이다. 하지만 과학자들은 오래전부터 식물이 귀머거리에 벙어리이며 고립되어 소통하지 못한다고 결론 내렸다. 대화 가능성은 일언지하에 일축되었다. 과학은 전적으로 합리적이고 완전히 중립적인, 관찰자로부터 독립적으로 관찰하는 지식 획득 체계를 표방한다. 하지만 식물이 소통하지 못한다는 결론이 도출된 것은 '동물'이 말하는 데 쓰는 메커니즘을 식물에게서 찾아볼 수 없다는 이유에서였다. 식물의 잠재력은 오로지 동물의 능력이라는 렌즈를 통해서만 인식되었다. 최근까지도 식물이 서로 '말'을 할 수 있다는 가능성을 진지하게 탐구한 사람은 아무도 없었다. 하지만 꽃가루는 영겁의 시간 동안 어김없이 수꽃에서 암꽃으로 전달되어 열매를 맺었다. 바람이 꽃가루를 어김없이 날라준다면 메시지가 그렇게 못할 이유가 어디 있을까?

연장자들이 옳았다는, 나무들이 정말로 서로 이야기한다는 확실한 증거가 있다. 나무들은 페로몬을 통해 소통한다. 페로몬은 호르몬을 닮은 화합물로, 의미를 품은 채 바람을 타고 퍼진다. 과학자들은 곤충에게 공격받아—매미나방이 잎을 뜯어 먹거나 나무좀이 나무껍질에 파고들어—스트레스를 받았을 때 나무가 방출하는 특별한 화합물의 정체를 밝혀냈다. 나무들은 이런 조난 신호를 보내는 셈이다. "이봐요, 거기 아무도 없어요? 제가 공격을 받고 있어요. 길목을 막아서 적이 침투하지 못하게 하세요." 바람을 맞는 쪽의 나무들은 경고 신호를 전달하는 소수의 화합물을 감지하여 위험을 알아차린다. 이는 방어용 화학 물질을 만들 시간을 벌어준다. 유비무환이니까. 나무들이 경고를 주고받고 침입자는 퇴치된다. 이는 개체뿐 아니라 숲 전체에도 유익하다. 나무는 상호 방위를 논의하는 것처럼 보인다. 그렇다면 나무들은 물량공세 열매맺기 시기를 맞추기 위해서도 서로 소통할까? 우리의 제한된 능력으로는 아직 감지할 수 없는 것이 너무나 많다. 나무의 대화는 우리가 이해할 수 있는 범위를 훌쩍 넘어선다.

물량공세 열매맺기에 대한 몇몇 연구에 따르면 동조 메커니즘은 공기 중에서가 아니라 땅속에서 전개되는 듯하다. 숲의 나무들은 나무뿌리에 서식하는 균류 가닥인 균근의 지하 그물망으로 연결된다. 균근 공생 덕에 균류는 흙의 광물 영양분을 나무의 탄수화물과 교환한다. 균근은 나무와 나무를 잇는 균류 다리가 되어 숲의 모든 나무를 연결한다. 이 균류 그물망은 풍부한 탄수화물을 이 나무에서 저 나무로 재분배한다. 마치 로빈 후드처럼 부자에게서 영양분을 빼앗아 가난한 사람들에게 나눠줌으로써 모든 나무가 같은 시기에 같은 탄소 비축량에 도달하도록 한다. 균근은 주고받음의 호혜적 그물을 잣는다. 이렇듯 균류로 연결된 나무들은 모두가 하나인 것처럼 행동한다. 뭉치면 산다. 모든 번영은 상호적이다. 흙, 균류, 나무, 다람쥐, 소년. 모두가 호혜성의 수혜자다.

자연은 우리에게 식량을 아낌없이 베풀어준다. 말 그대로 우리가 살 수 있도록 자신을 내어준다. 하지만 베풂은 자신의 생명을 보장하는 방법이기도 하다. 생명이 생명을 만드는 순환, 곧 호혜성의 사슬 속에서 우리가 선물을 받는 것은 자연에 유익이 된다. '받는 거둠Honorable Harvest'의 수칙에 따라 사는 것, 즉 주어진 것만을 취하고 함부로 낭비하지 않고 선물에 감사하고 선물에 보답하는 것은 피칸 숲에서는 쉬운 일이다. 우리는 선물을 받은 대가로 숲을 돌보고 피해를 입지 않도록 보호하고 새 숲이 프레리에 그늘을 드리우고 다람쥐를 먹이도록 씨앗을 심는다.

✲

　이제 두 세대 뒤에, 이주와 할당과 기숙 학교와 디아스포라를 겪은 뒤에 우리 가족은 오클라호마로 돌아간다. 우리 할아버지가 받은 할당지에서 마지막 남은 곳으로. 아직도 언덕배기에 서면 강을 따라 우거진 피칸 숲이 보인다. 밤이면 우리는 옛 **파우와우**^powwow(인디언의 집회_옮긴이) 터에서 춤춘다. 고대의 제의가 해돋이를 맞이한다. 옥수수 수프의 냄새와 북소리가 공기를 채우고 이주의 역사로 인해 곳곳에 흩어진 포타와토미 아홉 부족이 해마다 며칠간 다시 모여 소속감을 다진다. '포타와토미 네이션 회합'은 부족민을 재결합하며, 우리를 서로에게서 또한 고향으로부터 격리한 분리 정책에 대한 해독제다. 회합 날짜를 정하는 것은 지도자들이지만, 더 중요한 사실은 우리를 하나로 묶는 일종의 균근 그물망이 있다는 것이다. 이것은 역사와 가족의 보이지 않는 연결이자 우리 조상과 자녀에 대한 책임이다. 우리는 한 네이션으로서 연장자들의 인도를 따라, 피칸을 따라 모두의 유익을 위해 하나가 된다. 우리는 그들이 말한 것을, 모든 번영은 상호적임을 기억한다.

　올해는 우리 가족의 물량공세 열매맺기 해다. 미래를 준비하는 씨앗처럼 모두가 회합에 참여했다. 딱딱한 껍데기에 겹겹이 싸여 보호

받는 배아처럼 우리는 흉년을 이겨냈으며 함께 꽃을 피운다. 나는 피칸 숲을 걷는다. 이곳에서 우리 할아버지가 바지에 열매를 가득 채웠을 것이다. 우리 모두가 이곳에 둘러서서 춤을 추면서 피칸을 기리는 것을 보면 할아버지는 얼마나 놀라실까.

딸기의 선물

한때 에번 피터^{Evon Peter}가 자신을 '강이 키운 소년'으로 짧게 소개하는 것을 들었다(에번은 그위친족으로, 아버지이자 남편이자 환경운동가이며 알래스카 북동부의 작은 마을 아크틱 빌리지 촌장이다). 그가 자신을 소개한 말은 강바닥의 돌멩이만큼이나 매끄럽고 미끌미끌했다. 그 말의 뜻은 그저 자신이 강 유역에서 자랐다는 것일까? 아니면 그를 키우는 데, 삶에 필요한 것들을 가르치는 데 강이 한몫했다는 말일까? 강은 그를 먹였을까? 몸과 영혼을? 내 생각에 강이 키운다는 말에는 두 가지 의미가 다 있다. 하나가 없이는 다른 하나도 가지기 힘들다.

어떤 면에서 나는 딸기가 키웠다. 아니, 딸기밭이라고 해야 하려나. 단풍나무, 솔송나무, 스트로브잣나무, 미역취, 참취, 제비꽃, 뉴욕 교외의 이끼가 나를 키우지 않았다는 말은 아니지만, 내게 세상에 대한 감각을, 세상 속에 나의 자리를 선사한 것은 여름내 아침마다 이슬 맺힌 잎 아래에 열린 야생 딸기였다. 우리 집 뒤쪽에는 돌벽으로 구획된 옛 건초밭이 있었는데, 경작하지 않은 지 오래됐지만 아직 숲으로 바뀌지는 않았었다. 통학 버스가 털털거리며 언덕 위로 올라오면 나는 빨간색 격자무늬 책가방을 내던지고 옷을 갈아입은 다음 엄마가 심부름거리를 생각해내기 전에 개울을 폴짝폴짝 건너 미역취 사이를 헤매고 다녔다. 우리 머릿속 지도에는 애들에게 필요한 지형이 모두 들어 있었다. 옻나무 아래의 요새, 돌무더기, 강, 가지가 하도 일정하게 뻗어 있어서 사다리처럼 타고 꼭대기까지 올라갈 수 있는 커다란 소나무, 그리고 딸기밭까지.

작은 야생 장미처럼 가운데가 노란 흰색 꽃잎들이 5월 **와비그와니기지스**waabigwanigiizis, 즉 꽃의 달에 수천 평의 곱슬곱슬한 풀밭에 점점이 박혀 있었다. 우리는 꽃잎을 유심히 살폈다. 개구리를 잡으러 가는 길에 세겹잎을 들춰 진도를 점검했다. 마침내 꽃잎이 떨어지면 작은 초록색 돌기가 그 자리에 돋아나서 날이 길고 따뜻해지면 작은 흰색 열매로 부풀었다. 맛이 시었지만, 진짜배기를 기다릴 인내심이 없어서 입에 넣곤 했다.

딸기가 익으면 모양보다 냄새로 먼저 알 수 있다. 딸기 향은 축축한 땅 위에서 햇볕 냄새와 섞인다. 6월 끝자락, 마지막 등교일이었다. 자유를 얻는 날이자 **오데미니기지스**ode'mini-giizis, 즉 딸기의 달이었다. 나는 좋아하는 장소에 엎드려 딸기가 잎 밑에서 점점 커지고 달콤해지는 것을 지켜보았다. 조그만 야생 딸기는 고작 빗방울만 하며 잎 모자 아래로 씨앗이 쏙쏙 박혀 있다. 나는 그 시점에 가장 빨간 것만 딸 수 있었다. 분홍색은 내일을 위해 남겨두었다.

딸기의 달을 쉰 번 겪은 지금도 야생 딸기밭을 보면 경이로움을 느낀다. 온통 빨간색과 초록색으로 감싼 뜻밖의 선물이 베푸는 너그러움과 다정함에 겸손과 감사를 느끼는 것이다.

"정말이야? 나를 위해서? 내게 그런 자격이 있을까."

50년이 지났는데도 딸기의 너그러움에 어떻게 보답하면 좋을까 하고 생각한다. 가끔은 바보 같은 질문처럼 느껴질 때도 있다. 답은 간단하니까. 먹어.

하지만 다른 누군가도 같은 궁금증을 품었음을 안다. 우리의 창조 이야기에서는 딸기의 기원이 중요하다. 하늘여인이 하늘세상에서 태내에 품고 내려온 아름다운 딸은 선한 초록 대지에서 모든 존재들과 사랑하고 사랑받으면서 자랐다. 하지만 안타깝게도 쌍둥이 플린트와 새플링을 낳다가 목숨을 잃고 말았다. 하늘여인은 사랑하는 딸을 찢어지는 가슴으로 땅에 묻었다. 마지막 선물들, 우리가 가장 아끼는 식물들이 딸의 몸에서 자라났다. 딸기는 그녀의 심장에서 올라왔다. 포타와토미어에서는 딸기를 **오데 민**^{ode min}, 즉 심장 베리라고 한다. 우리는 딸기를 베리의 지도자요 최초의 열매 맺는 식물로 여긴다.

'선물이 발치에 한가득 뿌려져 있는 세상'이라는 나의 세계관을 처음 빚어낸 것은 딸기였다. 선물은 나의 행위를 통해서가 아니라 공짜로 온다. 내가 손짓하지 않았는데도 내게로 온다. 선물은 보상이 아니다. 우리는 선물을 제 힘으로 얻을 수 없으며 자신의 것이라고 부를 수 없다. 선물을 받을 자격조차 없다. 그런데도 선물은 내게 찾아온다. 우리가 할 일은 눈을 뜨고 그 자리에 있는 것뿐이다. 선물은 겸손과 신비의 영역에, 우연한 선행으로서 존재한다. 우리는 선물이 어디서 오는지 알지 못한다.

어릴 적 들판은 우리에게 딸기, 나무딸기, 검은딸기, 가을의 피칸, 그리고 우리 엄마가 받은 들꽃 꽃다발을 아낌없이 베풀었으며 일요일 오후 우리 가족의 산책길이 되어주었다. 들판은 우리의 놀이터, 은신처, 야생 보호구역, 생태학 교실, 돌벽에 세운 깡통 맞히는 법을 배운 장소였다. 모든 것이 공짜였다. 내가 생각하기엔 그랬다.

당시에 나는 세상을 선물 경제로 경험했다. '재화와 용역'은 돈 주고 사는 것이 아니라 대지에게 선물로 받는 것이라고 생각했다. 물론 이 들판과 멀리 떨어진 곳을 지배하던 임금 경제 아래에서 우리 부모님이 생계비를 벌려고 얼마나 분투하는지는 다행히도 몰랐다.

우리 가족이 서로 주고받는 선물은 거의 언제나 손수 만든 것이었다. 나는 그것이 선물의 정의라고, 선물은 '누군가를 위해 만든 무언가'라고 생각했다. 우리는 모두 성탄절 선물을 만들었다. 낡은 클로락스 병으로 돼지 저금통을, 부서진 빨래집게로 냄비 받침을, 안 신는 양말로 꼭두각시 인형을 만들었다. 우리 엄마는 가게에서 선물을 살 돈이 없어서 그랬다고 말한다. 하지만 선물 만들기는 내게 고생스러운 일이 아니라 특별한 일이었다.

우리 아빠는 야생 딸기를 좋아한다. 그래서 아버지날(아버지를 기념하는 날로, 미국에서는 6월의 세 번째 일요일_옮긴이)이 되면 엄마는 늘 딸기 쇼트케이크(카스텔라를 겹친 사이나 위에 크림, 과일, 초콜릿 따위를 얹은 케이크_옮긴이)를 만들었다. 엄마는 겉이 딱딱한 쇼트케이크를 굽고 생크림을 단단하게 저었지만 딸기를 조달하는 것은 우리 일이었다. 우리는 오래된 병을 한두 개씩 들고서 아버지날 전날인 토요일을 들판에서 보냈는데, 병은 좀처럼 채워지지 않았다. 우리 입으로 들어가는 딸기가 더 많았으니까. 마침내 집에 돌아와 부엌 식탁에 딸기를 쏟아놓고 벌레를 잡았다. 틀림없이 몇 마리 놓쳤을 텐데도 아빠는 첨가된 단백질을 한 번도 거론하지 않았다.

사실 아빠는 야생 딸기 쇼트케이크가 최고의 선물이라고 생각했다. 적어도 우리는 그렇게 믿었다. 결코 살 수 없는 선물. 딸기가 키운 아이인 우리는 딸기의 선물이 우리에게서가 아니라 들판 자체에서 왔음을 몰랐던 것 같다. 우리의 선물은 시간과 관심과 정성과 빨갛게 물든 손가락이었다. 그야말로 하트(심장)의 베리였다.

대지가 주는 선물, 또는 우리가 서로 주고받는 선물은 특별한 관계를 확립한다. 이것은 주고받고 보답하는 일종의 의무다. 들판은 우리에게 주었고 우리는 아빠에게 주었다. 우리는 딸기에게 보답하려고 노력했다. 딸기철이 지나면 딸기는 빨갛고 가느다란 덩굴을 뻗어 번식한다. 뿌리 내릴 좋은 장소를 찾아 딸기 덩굴이 땅 위를 기어다니는 광경에 매혹된 나는 덩굴이 닿는 곳의 잡풀을 뽑아 작은 맨땅을 만들어주었다. 덩굴에서는 어김없이 작고 귀여운 뿌리가 돋아났으며 계절의 끝 무렵에는 더 많은 줄기가 생겨났다. 이듬해 딸기의 달에 꽃을 피울 채비가 끝났다. 이것은 누구에게 배운 것이 아니다. 딸기가 우리에게 보여준 것이다. 딸기는 우리에게 선물을, 우리 사이에 열린 지속적 관계를 베풀었으므로.

주변 농부들은 딸기를 많이 재배했으며 아이들을 고용하여 딸기 따는 일을 시킬 때도 많았다. 나는 형제 자매들과 자전거를 타고 멀리 크랜들 농장까지 가서 딸기 따는 일로 용돈을 벌었다. 한 되(2쿼트)당 20센트를 받았다. 하지만 크랜들 아주머니는 우리를 깐깐하게 감시했다. 앞치마를 두른 채 딸기밭 가에 서서 딸기 따는 법을 지시하고 하나도 으깨면 안 된다고 경고했다. 규칙은 또 있었다. 아주머니는 이렇게 말했다. "이 딸기는 내 것이야. 너희 것이 아니라고. 네 녀석들이 내 딸기를 먹는 꼴은 못 본다." 나는 그 차이를 알았다. 우리 집 뒤의 들판에 있는 딸기는 딸기 자신의 소유였다. 하지만 아주머니는 길가에 가판대를 놓고 딸기를 한 되당 1달러 20센트에 팔았다.

우리는 경제학 공부를 단단히 했다. 딸기를 자전거 바구니에 싣고 집에 가져가려면 임금의 대부분을 써야 했다. 물론 우리 야생 딸기보다 열 배는 컸지만 맛은 그만 못했다. 그 농장 딸기를 아빠 쇼트케이크에 넣은 적은 한 번도 없을 것이다. 그래선 안 될 것 같았다.

✳

선물로 받느냐 상품으로 구입하느냐에 따라 대상(이를테면 딸기 한 알이나 양말 한 켤레)의 성질이 바뀐다니 우습다. 내가 가게에서 사는 빨간색과 회색 줄무늬가 있는 모직 양말 한 켤레는 따스하고 보드랍다. 양털을 만든 양과 뜨개틀로 양말을 짠 직공에게 고마울 것도 같다. 그랬으면 좋겠다. 하지만 내게는 상품으로서의, 사유 재산으로서의 이 양말에 대해 '본질적' 의무가 전혀 없다. 점원과 '고마워요'라는 예의 바른 인사를 주고받는 것 말고는 어떤 유대 관계도 없다. 나는 대가를 지불했으며 우리의 호혜성은 내가 돈을 건네는 순간 종결되었다. 교환은 동등함이 확립되면 종료되는데, 이것이 등가 교환이다. 그러면 물건은 내 소유가 된다. 누구도 JC페니(미국의 백화점_옮긴이)에 감사 편지를 쓰지 않는다.

하지만 빨간색과 회색 줄무늬가 있는 바로 그 양말을 우리 할머니가 떠서 내게 선물로 준다면 어떻게 될까? 그러면 모든 것이 달라진다. 선물은 진행형의 관계를 만들어낸다. 나는 감사 편지를 쓸 것이다. 양말을 소중히 간직할 테고, (아주 착한 손녀라면) 양말이 맘에 들지 않아도 할머니가 오실 때면 그 양말을 신을 것이다. 할머니 생신이 되면 틀림없이 답례로 나도 선물을 할 것이다. 학자이자 작가 루이스 하이드$^{Lewis\ Hyde}$가 말한다. "선물이 두 사람 사이에 감정의 유대 관계를 확립한다는 것은 선물과 상품 교환의 결정적 차이다."

야생 딸기는 선물의 정의에 들어맞지만 식료품점의 딸기는 그렇지 않다. 생산자와 소비자의 관계가 모든 것을 바꾼다. 선물에 대해 생각하는 사람으로서 나는 식료품점에서 야생 딸기를 보면 무척 속이 상한다. 전부 쓸어 오고 싶다. 야생 딸기는 파는 것이 아니라 오로지 주는 것이다. 하이드가 상기시키듯 선물 경제에서는 누군가가 공짜로 준 선물이 다른 누군가의 자본이 될 수 없다. 이런 신문 기사 제목이 눈앞에 떠오른다. "상점에서 절도하던 여인 체포. 딸기해방전선에서는 자신의 소행이라고 주장."

우리가 향모를 팔지 않는 것도 같은 이유에서다. 우리에게 그냥 주어진 것이기에 남들에게도 그냥 줘야만 한다. 나의 친한 친구 월리 '곰' 메시고드는 우리 부족의 제의에서 불을 지키는 불지기로, 우리를 대신해 향모를 많이 사용한다. 그를 위해 향모를 뜯어 가져다주는 사람들이 있지만, 그래도 큰 회합에서는 향모가 바닥날 때가 있다. 파우와우에서와 장터에서는 우리 부족이 향모를 한 드럼에 10달러씩 파는 광경을 볼 수 있다. 월리는 제의에 쓸 윙가슈크가 정말로 필요할 때는 프라이브레드^{frybread}(기름에 튀긴 뒤 꿀이나 잼을 발라 먹는 빵_옮긴이)나 구슬 꾸리를 파는 부스들 사이에 있는 향모 부스에 찾아가서는 부스 주인에게 자신을 소개하고 향모가 필요하다고 말한 뒤에 초지에서 하듯 향모를 쓰게 해달라고 청한다. 돈을 지불할 수는 없다. 돈이 없어서가 아니라 향모를 사거나 팔면 제의적 성격을 잃기 때문이다.

월리는 주인이 향모를 두둑이 주리라 기대하지만 그러지 않을 때도 있다. 주인은 연장자가 자신에게 향모를 뜯어낸다고 생각하여 이렇게 말한다. "이봐요, 공짜로 가져가실 순 없다고요." 하지만 그게 바로 요점이다. (다른 의무가 결부되지 않은 이상) 선물은 공짜로 주는 것이다. 성스러운 식물이기에 팔 수는 없다. 떨떠름한 점포 주인들은 월리에게서 가르침을 얻겠지만 돈은 결코 받아내지 못할 것이다.

향모는 어머니 대지님에게 속한다. 향모를 뜯는 사람은 자신의 필요와 공동체의 필요에 따라 온당하고 공손하게 처신한다. 대지에 선물로 보답하고 윙가슈크를 보살핀다. 드림은 선물로, 존경을 표하려고, 감사를 전하려고, 치유하고 힘을 불어넣으려고 준다. 향모는 가만히 있는 법이 없다. 윌리가 향모를 불에 바칠 때 이 향모는 손에서 손으로 전해지며 그때마다 존중받아 더 풍성해지는 선물이다.

이것이 선물의 본질이다. 선물은 이동하며 그때마다 가치가 커진다. 들판은 우리에게 딸기를 선물로 주었고 우리는 아빠에게 선물로 주었다. 많이 나눌수록 가치가 커진다. 사유 재산 개념에 물든 사회에서는 이것을 이해하기 힘들다. 다른 사람을 나눔에서 배제하는 것이야말로 사유 재산의 정의이니 말이다. 이를테면 땅의 무단출입을 금지하는 관습은 재산 경제에서는 예상되고 용인되지만 땅을 모두의 선물로 보는 경제에서는 용납되지 않는다.

루이스 하이드는 '인디언 증여자Indian giver'를 탐구하면서 이 부조화를 근사하게 그려낸다. 오늘날 '인디언 증여자'라는 말은 무언가를 주고 나서 돌려받기를 원하는 사람을 경멸적으로 일컫는 부정적 의미로 쓰이지만, 실은 선물 경제에서 작동하는 토착 문화와 사유 재산 관념에 근거한 식민지 문화 사이의 흥미로운 간間문화적 오역에서 비롯했다. 정착민은 원주민에게서 선물을 받으면 이것을 귀하게 간직해야 한다고 생각했다. 그 선물을 남에게 주는 것은 선물 준 사람을 모욕하는 것이라고 여겼다. 하지만 원주민은 선물의 가치를 호혜성에 두었으며 선물이 돌고 돌아 자신에게 오지 않으면 모욕을 느꼈다. 우리의 옛 가르침 중 상당수는 무엇을 받든 다시 주어야 한다고 말한다.

사유 재산 경제의 관점에서 '선물'이 '공짜'인 것은 대가를 치르지 않고 무료로 받기 때문이다. 하지만 선물 경제에서 선물은 공짜가 아니다. 선물의 본질은 관계들을 창조한다는 것이다. 선물 경제의 바탕에 놓인 화폐는 호혜성이다. 서구적 사유에서는 사유지를 '권리'로 이해하지만 선물 경제에서는 재산에 '책임'이 결부된다.

나는 운 좋게도 한때 안데스 산맥에서 생태학을 연구했다. 광장이 상인으로 가득 찬 시골 장날이 특히 맘에 들었다. 탁자에는 '플라타노^{platano}'(플랜틴)가 진열되어 있었고 수레에는 신선한 파파야가 실려 있었으며 가판대에는 화려한 색깔의 토마토가 피라미드처럼 쌓여 있었고 들통에는 수염 난 유카 뿌리가 들어 있었다. 또 다른 상인들은 바닥에 좌판을 깔고 쪼리에서 밀짚모자까지 사람들에게 필요한 온갖 물건을 팔았다. 줄무늬 숄을 걸치고 남색 중산모를 쓴 여인이 자신만큼 아름답게 주름진 약용 뿌리를 빨간색 좌판에 늘어놓은 채 쪼그려 앉아 있었다. 모닥불과 톡 쏘는 라임으로 구운 옥수수의 색깔과 냄새가 기억 속에서 온갖 목소리와 경이롭게 어우러진다. 내가 좋아하는 노점에서는 주인 에디타가 매일 나를 기다렸다. 그녀는 낯선 재료로 요리하는 법을 자상하게 설명해줬으며 가장 달콤한 파인애플을 탁자 밑에 숨겨두었다가 꺼내서 주었다. 한번은 딸기를 내놓기까지 했다. 내가 바가지를 썼다는 걸 알았지만, 넉넉함과 선의의 경험은 억만금의 값어치가 있었다.

얼마 전에 장터 꿈을 꿨다. 장면 하나하나가 생생했다. 여느 때처럼 바구니를 든 채 가판대 사이를 걸어 곧장 에디타에게 갔다. 신선한 고수를 한 다발 살 작정이었다. 우리는 수다를 떨고 웃음꽃을 피웠다. 내가 동전을 내밀자 그녀는 손사래를 치더니 내 팔을 톡톡 치며 그냥 가라고 했다. 그녀는, 선물이라고 말했다. 나는 이렇게 대답했다. "무차스 그라시아스 세뇨라^{Muchas gracias, señora}"(정말 고마워요). 내가 좋아하는 '파나데라^{panadera}'(빵 장수)에게 가니 둥근 빵에 깨끗한 천이 덮여 있었다. 나는 몇 덩이를 고르고 지갑을 열었다. 그런데 빵 장수도 돈을 치르는 것이 무례한 짓이라도 되는 듯 돈을 넣어두라고 손짓했다. 나는 당황스러워서 주위를 둘러보았다. 내게 친숙한 장터가 맞았지만 모든 것이 달라져 있었다. 나만 그런 게 아니었다. 어떤 손님도 값을 치르지 않았다. 나는 희열을 느끼며 장터를 돌아다녔다. 이곳에서 받는 유일한 화폐는 감사뿐이었다. 모든 것이 선물이었다. 마치 우리 들판에서 딸기를 따는 것 같았다. 상인들은 대지의 선물을 전달하는 중재자에 지나지 않았다.

나는 바구니를 들여다보았다. 주키니호박 두 개, 양파 한 개, 토마토, 빵, 고수 한 다발이 들어 있었다. 아직 반쯤 비어 있었지만 가득 찬 느낌이었다. 내게 필요한 것은 모두 있었다. 치즈를 좀 사려고 가판대를 곁눈질했지만, 팔지 않고 그냥 줄 것을 알았기에 안 먹기로 했다. 우스웠다. 장터의 물건이 전부 헐값이었다면 나는 담을 수 있는 만큼 쓸어 담았을 것이다. 하지만 전부 선물이 되자 스스로 자제심을 발휘하게 되었다. 나는 필요 이상으로 취하고 싶지 않았다. 내일

상인들에게 어떤 작은 선물을 줄까 하고 궁리하기 시작했다.

물론 꿈은 희미해졌지만, 희열과 자제심의 느낌은 아직 남아 있다. 종종 꿈에 대해 생각했는데, 이제는 내가 그곳에서 시장 경제가 선물 경제로 전환되는 것을, 사유 재산이 공동의 부로 전환되는 것을 목격했음을 깨달았다. 그 전환에서는 관계들이 내가 얻은 식료품만큼 풍성해졌다. 가판대와 좌판 어디에서나 사람들이 온기와 공감을 주고받고 있었다. 사람들은 자신들이 받은 모든 것의 풍요를 함께 찬미했다. 시장 바구니마다 식료품이 담겨 있었다. 정의가 살아 있었다.

나는 식물학자여서 정확한 언어를 쓰고 싶어 하지만, 시인이기도 하다. 세상은 내게 은유로 말한다. 내가 말한 딸기의 선물 이야기는 프라가리아 비르기니아나*Fragaria virginiana*(북아메리카의 야생종 딸기_옮긴이)가 여름날 오전 내가 무엇을 좋아할지 궁리하여 나만을 위해 밤새도록 선물을 만들었다는 뜻이 아니다. 우리가 아는 한 그런 일은 일어나지 않는다. 하지만 과학자로서 나는 우리가 아는 것이 얼마나 적은지 잘 안다. 실제로 식물은 당과 씨앗과 향기와 색깔의 작은 꾸러미를 밤새도록 싸고 있었다. 그렇게 하면 진화적 적합도가 높아지기 때문이다. 식물이 나 같은 동물을 유혹하여 씨앗을 퍼뜨리는 데 성공하면, 맛있는 열매를 만드는 유전자가 맛없는 열매를 만드는 유전자보다 더 큰 확률로 후대에 전달된다. 식물이 만드는 열매는 씨앗을 퍼뜨리는 동물의 행동을 변화시켜 적응적 결과를 낳는다.

물론 내 말은 우리가 어떤 관점을 택하느냐에 따라 인간과 딸기의 관계가 달라진다는 뜻이다. 세상을 선물로 보는 것은 인간의 생각이다. 우리가 이런 식으로 세상을 보면 딸기와 인간 둘 다 변화된다. 이렇게 발달한 감사와 호혜성의 관계는 식물과 동물 둘 다의 진화적 적합도를 높일 수 있다. 자연을 존중과 호혜성으로 대하는 종과 문화의 유전자는 자연을 파괴하는 문화보다 더 큰 확률로 후대에 전달될 것이다. 우리가 선택하는 이야기는 우리의 행동을 바꾸며 적응적 결과를 낳는다.

루이스 하이드는 선물 경제를 두루 연구했다. 그는 "대상이 계속해서 풍요로운 것은 우리가 선물로 대하기 **때문**"임을 깨달았다. 자연과의 선물 관계는 "자연의 증식에 우리가 참여하고 의존한다는 사실을 인정하는 공식적 주고받기다. 우리는 자연을 우리가 착취해도 좋은 이방인이나 외부인이 아니라 우리 자신의 일부로 대한다. 선물 교환은 선호되는 교환 형태다. [자연의] 증식 과정을 조화시키거나 거기에 참여하는 교환이기 때문"이다.

사람들의 삶이 땅에 직접적으로 매여 있던 오래전에는 세상을 선물로 이해하기가 수월했다. 가을이 오면 "우리 여기 있어요"라고 울어대는 기러기 떼가 하늘을 덮는다. 그러면 사람들의 머릿속에는 기러기들이 하늘여인을 구하러 온 창조 이야기가 떠오른다. 사람들은 굶주리고 겨울이 머지않았다. 기러기들은 습지를 음식으로 채운다. 기러기는 선물이며 사람들은 감사와 사랑과 존경심을 품고서 그 선물을 받아들인다.

하지만 음식이 하늘의 무리에게서 오지 않는다면, 따스한 깃털을 손으로 느끼지 않는다면, 우리가 다른 생명을 나 자신의 소유라고 여긴다면, 감사의 보답이 없다면, 식량은 만족을 주지 못할지도 모른다. 배는 채워도 영혼은 여전히 굶주릴지도 모른다. 미끌미끌한 비닐로 싼 스티로폼 접시에 음식—평생을 비좁은 우리에서 살아야 했던 동물의 사체—이 담겨 나오면 무언가가 부서진다. 그것은 생명의 선물이 아니다. 도둑질이다.

우리의 현대 세계에서 대지를 다시금 선물로 이해하고 세상과의 관계를 다시금 성스럽게 하는 길을 찾으려면 어떻게 해야 할까? 모두가 수렵·채집인이 될 수 없다는 것을 알지만—지구가 우리의 무게를 지탱하지 못할 것이다—시장 경제에서도 '마치' 생명의 세계가 선물인 것처럼 행동할 순 없을까?

우선 월리에게 귀를 기울여보자. 선물을 팔려 드는 사람들이 있지만, 월리가 판매용 향모를 놓고 말하듯 "사지 말라." 참여 거부는 도덕적 선택이다. 물은 모두를 위한 선물이지 사고파는 물건이 아니다. 사지 말라. 땅심을 고갈시키고 수확량 증대라는 명분으로 우리의 친척들을 중독시키며 대지를 쥐어짜낸 식량이라면 사지 말라.

중요한 사실은 딸기가 딸기 자신에게만 속한다는 것이다. 우리가 선택하는 교환 관계는 우리가 그들을 공통의 선물로 나눌 것인가 사적 상품으로 팔 것인가를 결정한다. 그 선택에 많은 것이 달렸다. 인류 역사의 대부분 기간 동안은—오늘날 세계 방방곡곡에서도—자원을 공유하는 것이 규칙이었다. 하지만 몇몇 사람들이 다른 이야기, 다른 사회 구조를 생각해냈다. 그곳에서는 모든 것이 사고팔 수 있는 상품이다. 시장 경제의 이야기는 들불처럼 번졌으며 인간에게는 불평등을, 자연에는 참화를 가져왔다. 하지만 이것은 우리가 스스로에게 말한 이야기에 불과하다. 우리는 다른 이야기를 하고 옛 이야기를 복원할 자유가 있다.

이 이야기 중 하나는 우리가 의존하는 생명의 체계를 지탱한다. 이 이야기 중 하나는 세상의 풍요와 너그러움에 감사하고 감탄하며 살아가는 길을 열어준다. 이 이야기 중 하나는 받은 선물을 똑같이 베풀라고, 세상과의 관계를 찬미하라고 요청한다. 우리는 선택할 수 있다. 온 세상이 상품이라면 우리는 얼마나 가난해지겠는가. 온 세상이 끊임없이 움직이는 선물이라면 우리는 얼마나 부유해지겠는가.

어릴 적 들판에서 딸기가 익길 기다리면서 아직 익지 않아 하얗고 신 딸기를 먹곤 했다. 배고파서 그랬을 때도 있었지만 대부분은 참지 못해서였다. 근시안적 탐욕이 어떤 장기적 결과를 낳는지 알면서도 먹어치우고 말았다. 다행히도 잎 아래의 딸기처럼 내 자제력이 커지고 발달하면서 나는 기다리는 법을 배웠다. 약간은. 들판에 누워 구름이 떠가는 모습을 보며 이따금 몸을 굴려 딸기를 살펴본 기억이 난다. 어릴 적에는 변화가 그렇게 빨리 일어나는 줄 알았다. 나이를 먹은 지금은 변화가 느린 과정임을 안다. 상품 경제는 400년간 이곳 거북섬에서 흰 딸기를 비롯한 모든 것을 집어삼켰다. 하지만 사람들은 입안의 신맛에 신물이 나기 시작했다. 거대한 갈망이, 선물로 이루어진 세상에서 다시 살고 싶다는 바람이 우리에게 다가왔다. 냄새로 알 수 있다. 산들바람에 실려 오는 익어가는 딸기의 향기처럼.

바침

우리 부족은 카누의 부족이었다. 그들이 우리를 걷게 하기 전에는. 호숫
가 주택을 빼앗기고 판잣집과 흙바닥 신세가 되기 전에는. 우리 부족은
원이었다. 뿔뿔이 흩어지기 전에는. 우리 부족은 하루하루에 감사하는
언어를 공유했다. 그들이 우리로 하여금 잊게 하기 전에는. 하지만 우리
는 잊지 않았다. 전부 다는.

어릴 적 여름날 아침이면 바깥채 문 소리에 잠을 깼다. 경첩이 끼
익 하더니 문이 텅 하고 닫히는 소리가 들렸다. 비레오새와 지빠귀의
어렴풋한 노랫소리에, 호수가 찰싹거리는 소리에, 마지막으로 우리 아
빠가 콜맨 버너에 기름을 채우려고 펌프질하는 소리에 정신이 들었
다. 형제자매들과 침낭에서 기어나오면 해가 동쪽 호숫가에 우뚝 솟
아 호수의 안개를 길고 하얀 고리 모양으로 잡아당겼다. 닳아빠진 알
루미늄으로 만든 조그만 4인용 커피포트가 수많은 불의 연기에 그을

린 채 이미 쉭쉭 김을 내뿜고 있었다. 우리 가족은 애디론댁 산맥에서 카누 야영을 하며 여름을 보냈는데, 매일 하루가 이렇게 시작되었다.

우리 아빠가 빨간 체크무늬 모직 셔츠 차림으로 바위 꼭대기에 서서 호수를 내려다보던 장면이 아직도 눈에 선하다. 아빠가 버너에서 커피포트를 들어 올리면 아침의 소동이 잠잠해진다. 아무 말 없어도 우리는 집중할 때가 되었음을 안다. 천막 가장자리에 선 아빠의 손에 커피포트가 들려 있다. 접은 냄비 받침으로 뚜껑이 빠지지 않도록 누르고 있다. 아빠가 커피를 땅에 붓는다. 갈색의 굵은 물줄기가 흘러내린다. 커피 줄기는 차가운 아침 공기 속으로 김을 내뿜으며 땅에 떨어지면서 햇빛을 받아 호박색과 갈색과 검은색 줄무늬로 빛난다. 아빠는 얼굴을 아침 해 쪽으로 돌린 채 커피를 따르며 정적을 깨고 말한다. "타하와스Tahawus의 신들께 바칩니다." 커피 줄기는 매끄러운 화강암 위를 흘러 커피만큼 투명한 갈색의 호숫물과 섞인다. 커피가 똑똑 떨어지며 창백한 지의류를 몇 조각 집고 작은 이끼 덩어리를 적시며 물줄기를 따라 물가로 흘러가는 광경을 바라본다. 이끼는 물에 부푼 채 해를 향해 잎을 펼친다. 그러고 나서—그러고 나서야—아빠는 버너 옆에서 팬케이크를 만드는 엄마와 당신이 마실 커피를 컵에 따른다. 그렇게 북부 숲에서의 매일 아침이 시작된다. '모든 것에 앞서는 말'과 함께.

내가 아는 어떤 가족도 이런 식으로 하루를 시작하지는 않을 것 같았지만, 그 말이 어디서 왔는지 한 번도 묻지 않았으며 아빠도 결코 설명해주지 않았다. 그 말은 그저 호숫가 삶의 한 부분이었다. 하지만 그 장단을 들으면 맘이 편해졌으며 그 제의는 우리 가족을 하나로 뭉치게 했다. 축문의 뜻은 '우리 왔어요'다. 나는 땅이 우리 말을 듣고 이렇게 혼잣말을 한다고 상상했다. '오, 고맙다고 말할 줄 아는 사람들이 '여기' 있구나.'

타하와스는 애디론댁 산맥에서 가장 높은 봉우리인 마시 산을 알공킨어로 일컫는 명칭이다. 마시 산Mount Marcy이라는 이름은 윌리엄 L. 마시William L. Marcy 주지사를 기리기 위한 것인데, 정작 그는 한 번도 그 야생의 비탈에 발을 디딘 적이 없었다. '구름을 가르는 자'라는 뜻의 '타하와스'야말로 그 본질에 맞는 진짜 이름이다. 우리 포타와토미 부족에게는 공식 이름과 진짜 이름이 따로 있다. 진짜 이름은 친한 사이에서와 제의에서만 쓴다. 우리 아빠는 타하와스 정상에 여러 번 올라갔기에 이름을 부를 만큼 그곳을 잘 알았다. 여러 번 그 장소에 대해, 앞서 간 사람들에 대해 친밀하게 이야기했다. 어떤 장소를 이름으로 부르면 그곳은 황무지에서 고장으로 바뀐다. 내가 사랑하는 이 장소가 내 진짜 이름도 알고 있다는―심지어 내가 몰라도―상상을 했다.

이따금 우리 아빠는 포크트 호수나 사우스 못이나 브랜디 개울에 하룻밤 묵을 천막을 치면 그곳 신들의 이름을 불렀다. 나는 모든 장소에 정령이 깃들어 있으며 우리가 도착하기 전, 우리가 떠나기 오래전에 그곳이 다른 존재의 보금자리였음을 알게 되었다. 아빠는 신들의 이름을 부르고 첫 커피를 선물로 드리면서 우리가 다른 존재에게 빚진 것을 존중하는 법과 여름날 아침에 대한 감사를 표현하는 법을 우리에게 조용히 가르쳤다.

나는 오래전에 우리 부족도 아침 노래와 기도와 성스러운 담배를 바치며 감사드렸음을 알게 되었다. 하지만 그 시절 우리 가족에게는 성스러운 담배가 없었으며 우리는 노래도 몰랐다. 우리 할아버지가 기숙 학교 문간에서 빼앗겼다. 하지만 역사는 돌고 돌며 다음 세대인 우리는 아비새로 가득한 우리 조상의 호수로, 카누로 돌아왔다.

우리 엄마에게는 존중의 실용적인 제의가 하나 더 있었는데, 그것은 존경과 목적을 행위로 번역하는 것이었다. 엄마는 우리가 카누를 저어 야영장을 떠나기 전에 주변을 샅샅이 치우도록 했다. 타고 남은 성냥개비나 종잇조각 하나도 엄마의 눈길을 피하지 못했다. 엄마는 이렇게 당부했다. "올 때보다 갈 때 더 좋은 곳이 되게 하렴." 우리는 그렇게 했다. 또한 다음 사람이 불을 피울 수 있도록 땔나무를 남겨두어야 했으며 부싯깃과 불쏘시개가 비에 젖지 않도록 자작나무 껍질로 조심스럽게 덮어야 했다. 우리 뒤에 카누를 타러 온 사람들이 어두워진 뒤에 도착하여 저녁 식사를 데울 연료가 준비되어 있는 것을 보고 기뻐할 것을 상상하면 기분이 좋았다. 엄마의 제의는 우리를 그들과도 연결했다.

바침은 한데露地에서만 이루어졌으며 우리가 사는 마을에서는 한 번도 벌어지지 않았다. 일요일에 다른 아이들이 교회에 갈 때 부모님은 우리를 강에 데리고 가서 왜가리와 사향뒤쥐를 찾게 하거나 숲에 데리고 가서 봄꽃을 보여주거나 함께 소풍을 갔다. 물론 축문도 함께. 겨울 소풍 때는 설피를 신고 오전 내내 걸어가 물갈퀴 발로 눈을 동그랗게 다지고 한가운데에 불을 피웠다. 이번에는 냄비가 보글보글 끓는 토마토 수프로 가득했으며 첫 모금은 눈에게 바쳤다. "타하와스의 신들께 바칩니다." 그런 뒤에야 벙어리장갑 낀 손으로 김이 모락모락 나는 컵을 감쌀 수 있었다.

그러나 청소년기가 되면서 나는 바침에 화가 나거나 슬퍼졌다. 우리에게 소속감을 선사하던 원은 안팎이 뒤집혔다. 축문을 들으며 나는 우리가 유배지의 언어를 말하는 탓에 소속되어 있지 않음을 실감했다. 우리의 제의는 짝퉁 제의였다. 어딘가에 올바른 제의를 아는 사람들이 있다고 했다. 그들은 잃어버린 언어를 알았으며 진짜 이름을—내 이름을 비롯하여—말했다.

그럼에도 매일 아침 나는 커피가 마치 스스로에게 돌아가듯 포슬포슬한 갈색 부식토에 스며드는 광경을 바라보았다. 바위 아래로 흘러내리는 커피의 물줄기가 이끼의 잎을 벌렸듯 제의는 움직이지 않는 것에 다시 생명을 불어넣었으며 내가 알았으나 잊어버린 것에 나의 마음과 심장을 열었다. 축문과 커피는 이 숲과 호수가 선물임을 일깨웠다. 크든 작든 제의는 세상에서 깨어 살아가는 방법에 집중하도록 하는 힘이 있다. 보이는 것은 보이지 않는 것이 되어 흙과 하나가 되었다. 그것이 짝퉁 제의였을지도 모르지만, 혼란 속에서도 대지가 마치 올바른 제의에서처럼 커피를 마시고 있다는 생각이 들었다. 땅은 나를 안다. 내가 길을 잃었을 때에도.

부족의 이야기는 물살에 휩쓸린 카누처럼 우리가 시작된 곳으로 가까이 더 가까이 거슬러 올라간다. 내가 자라면서 우리 가족은 역사에 의해 해어진, 하지만 결코 끊어지지 않은 부족적 연결을 다시 발견했다. 우리의 진짜 이름을 아는 사람들을 발견했다. 오클라호마의 해맞이 오두막에서 동서남북으로 감사의 말을 보내는 소리—성스러운 담배의 옛 언어로 된 바침—를 처음 들었을 때 그것은 마치 우리 아빠 목소리 같았다. 언어는 달랐지만 심장은 같았다.

우리 제의는 고독한 제의였지만, 땅과의 똑같은—존중과 감사에 토대한—유대에서 자양분을 얻었다. 이제 우리를 둘러싼 원이 더 커졌다. 우리는 이 원에 둘러싸인 부족 전체에 다시 속하게 되었다. 하지만 축문은 여전히 "우리 왔어요"라고 말한다. 축문이 끝나면 땅이 이렇게 중얼거리는 소리가 여전히 들린다. "오, 고맙다고 말할 줄 아는 사람들이 '여기' 있구나." 이제 우리 아빠는 기도문을 우리 언어로 읊을 수 있다. 하지만 내게 처음 찾아온 것은 '타하와스의 신들께 바칩니다'였다. 내가 늘 듣게 될 목소리로.

나는 옛 제의를 경험하면서 비로소 우리의 커피 제물이 짝퉁이 아니라 우리의 것임을 깨달았다.

나의 존재와 행위는 대부분 우리 아빠가 호숫가에서 행한 바침으로 감싸여 있다. 지금도 '타하와스의 신들께 바칩니다'라는 감사의 말로 하루하루를 시작한다. 생태학자, 작가, 엄마, 과학 지식과 토박이 지식을 넘나드는 여행자로서의 내 임무는 이 축문의 힘에서 자라난다. 이 축문은 우리가 누구인지 떠올리게 한다. 우리가 받은 선물과 이 선물에 대한 우리의 책임을 떠올리게 한다. 제의는 속함의 매체다. 우리가 가족에게, 부족에게, 땅에 속해 있음을 일깨워주는.

마침내 타하와스의 신들에게 바치는 제물의 의미를 이해했다는 생각이 들었다. 내게 그것은 잊히지 않은, 역사가 빼앗지 못한 '단 하나'의 것이었다. 그것은 우리가 땅에 속했다는 사실을, 우리가 감사하는 법을 아는 부족이라는 사실을 아는 것이었다. 그 얇은 땅과 호수와 정령이 우리를 위해 간직한 핏속 깊숙한 기억에서 솟아올랐다. 하지만 여러 해가 지나 나 스스로 답을 찾았다고 생각했을 때 아빠에게 물었다. "그 제의는 어디서 왔어요? 할아버지에게 배우셨나요? 할아버지는 증조할아버지에게 배우신 거고요? 그렇게 해서 카누의 시대까지 거슬러 올라가나요?"

아빠는 한참 생각에 잠기더니 이렇게 대답했다. "아니, 그렇진 않은 것 같구나. 그냥 그렇게 했어. 그게 옳은 것 같았단다."

그게 전부였다.

하지만 몇 주가 지나 다시 얘길 꺼냈을 때 아빠는 이렇게 말했다. "커피에 대해, 어떻게 해서 커피를 땅에 쏟기 시작했는지에 대해 생각해봤다. 알다시피 원두를 넣고 끓인 커피였잖니. 필터가 없어서 너무 팔팔 끓이면 바닥에 가루가 엉겨 주둥이가 막힌단다. 그래서 첫 잔을 엉긴 가루와 함께 부어서 버리는 거야. 처음에는 주둥이를 뚫으려고 그렇게 한 것 같구나."

마치 물이 포도주로 바뀐 게 아니었다는 얘길 들은 심정이었다. 그 모든 감사의 그물망, 그 모든 기억의 이야기가 땅에 오물을 버리는 것에 지나지 않았단 말인가?

아빠가 말했다. "그건 그렇고 늘 주둥이가 막힌 건 아니었단다. 시작은 그런 식이었지만 뭔가 다른 게 됐어. 생각이랄까. 그건 일종의 존중, 일종의 감사였단다. 아름다운 여름날 아침이라면 '기쁨'이라고 불러도 좋겠구나."

그것이야말로 제의의 힘이라고 생각한다. 세속적인 것을 성스러운 것과 맺어주는 것. 물은 포도주가 되고 커피는 기도가 된다. 물질과 정신은 커피 가루와 부식토처럼 섞여 마치 커피 잔에서 아침 안개 속으로 피어오르는 김처럼 변화된다.

그것 말고 대지에게 무엇을 바칠 수 있겠는가? 모든 것을 가진 대지에게. 여러분 자신의 무언가 말고 무엇을 줄 수 있겠는가? 우리가 바칠 수 있는 것은 손수 만든 제의, 보금자리를 만드는 제의뿐이다.

참취와 미역취

사진 속 소녀는 자기 이름과 '1975년 수업'이 분필로 쓰인 딱따기를 들고 있다. 사슴가죽 색깔의 살갗과 길고 검은 머리카락. 속내가 드러나지 않는 새카만 눈동자가 당신을 외면하지 않고 정면으로 쳐다본다. 나는 그날을 기억한다. 부모님이 사준 새 격자무늬 셔츠를 입고 있다. 영락없는 산림 감시원 복장이다. 훗날 사진을 다시 들여다보면 이해가 안 되는 게 하나 있다. 대학에 가게 되어 기뻤던 기억이 나는데, 사진 속 소녀의 얼굴에는 기쁜 흔적을 전혀 찾아볼 수 없다.

나는 학교에 도착하기 전부터 신입생 면접에서 대답할 말을 전부 준비해뒀다. 좋은 첫인상을 남기고 싶었다. 당시에 임학과에는 여학생이 거의 없었으며 나처럼 생긴 여자는 틀림없이 하나도 없었을 것이다. 지도교수는 안경 너머로 나를 뜯어보며 말했다. "그런데 왜 식물학을 전공하려는 건가요?" 그의 연필이 학적부 위에 놓여 있었다.

어떻게 대답해야 하나? 내가 식물학자로 태어났다는 걸, 신발통에

든 씨앗과 차곡차곡 쌓은 누름잎^{壓葉}이 내 침대 밑에 있다는 걸, 자전거를 타고 가다 처음 보는 종을 확인하려고 길가에 멈춰서곤 했다는 걸, 식물이 나의 꿈을 채색했다는 걸, 식물이 나를 선택했다는 걸 어떻게 그에게 설명할 수 있을까? 그래서 사실대로 말했다. 나는 답변을 훌륭하게 준비하고 신입생으로서 남다른 지적 수준을 드러낸 것이 뿌듯했다. 식물과 서식처를 이미 알고 있다는 사실, 식물의 성질에 대해 깊이 생각했으며 대학에서 공부할 준비를 갖췄다는 사실이 자랑스러웠다. 내가 식물을 선택한 이유는 참취와 미역취가 함께 있을 때 왜 그리도 아름답게 보이는지 알고 싶어서라고 그에게 말했다. 그때 나는 틀림없이 빨간색 격자무늬 셔츠 차림으로 미소 짓고 있었을 것이다.

하지만 지도교수는 미소 짓지 않았다. 마치 내 말을 하나도 적을 필요가 없다는 듯 연필을 내려놓았다. 그는 실망 가득한 미소로 나를 쳐다보며 말했다. "월 양, '그건' 과학이 아니라는 말을 꼭 해주고 싶군요. 그건 결코 식물학자가 하는 일이 아니에요." 그러고는 내 생각을 바로잡아주겠다고 장담했다. "식물학이 뭔지 배울 수 있게 일반 식물학 수업에 등록시켜줄게요." 그렇게 해서 시작되었다.

✳

나는 그것이 내가 우리 엄마 어깨 너머로 본 최초의 꽃이었다고 상상하기를 좋아한다. 분홍색 담요가 내 얼굴에서 벗겨지고 꽃들의 색깔이 내 의식에 밀려들던 그날. 초창기의 경험은 뇌를 특정 자극에 친숙하게 하여 더 빠르고 확실하게 처리되도록 한다는 얘기를 들었다. 그러면 그 자극을 다시 또 다시 이용하여 기억할 수 있다는 것이다. 첫눈에 반한 사랑. 신생아의 뿌연 눈으로 들어온 빛은 분홍빛 얼굴의 어렴풋한 다정함밖에 접한 적 없던 나의 말똥말똥한 신생아 뇌에 최초의 식물학적 시냅스를 형성했다. 모든 시선이 포대기에 꽁꽁 싸인 작고 동글동글한 아기인 나를 향하고 있었을 테지만, 내 시선은 참취님과 미역취님에게 쏠려 있었다. 나는 두 꽃과 함께 태어났다. 해마다 내 생일이면, 다시 찾아온 이 꽃들과 나는 서로를 축하했다.

사람들은 10월의 불타는 들판을 보려고 우리 언덕에 모이지만, 9월의 근사한 서곡은 종종 놓치고 만다. 복숭아, 포도, 옥수수, 호박이 영그는 수확철인 것으로 부족하다는 듯 황금빛 꽃 무리와 가장 진한 자주색 웅덩이로 장식된 들판은 걸작이 따로 없다.

크롬빛 감도는 노란색의 꽃차례가 국화 불꽃놀이처럼 찬란한 아치를 그리며 분출되고 있으면, 그것이 양미역취님Canada Goldenrod일 것이다. 길이가 1미터인 각각의 줄기는 작은 황금색 데이지를 뿜어내는 간헐 온천이다. 꽃은 자그마한 숙녀 같고 일제히 화려함을 뽐낸다. 흙이 충분히 축축하면 완벽한 짝인 뉴잉글랜드참취님New England Aster이 옆에 나란히 서 있다. 다년생 식물의 길들여진 창백함, 바랜 라벤더색, 하늘색 따위가 아니라 제비꽃을 무색하게 하는 완연한 왕의 자주색이다. 데이지처럼 생긴 자주색 꽃잎 가장자리가 정오의 태양만큼 밝은 원반, 황금빛 주황색 웅덩이를 둘러쌌는데, 주변의 미역취보다 살짝 진한 색깔이다. 따로 놓고 보면 한 송이 한 송이가 식물학적으로 완벽하지만, 함께 놓고 보면 시각적 효과가 아찔하다. 자주색과 황금색은 초원의 왕과 왕비를 나타내는 문장敍章 색깔로, 어우러진 두 보색은 왕의 행차와도 같다. 왜 그런지 궁금했다.

왜 참취와 미역취는 혼자 자랄 수도 있는데 나란히 자랄까? 왜 둘이 짝을 이룰까? 분홍색과 흰색과 파란색이 들판에 점점이 박힌 걸 보면 기품 있는 자주색과 황금색이 나란히 놓인 것은 순전히 우연일까? 아인슈타인은 "신은 우주를 가지고 주사위 놀이를 하지 않는다"라고 말하지 않았던가. 이 패턴은 어디서 왔을까? 세상은 왜 이토록 아름다울까? 그러지 않을 수도 있었을 텐데. 우리 눈에 추하게 보이면서도 제 목표를 얼마든지 달성할 수 있었을 텐데. 그런데도 그러지 않았다. 내게는 좋은 질문 같았다.

하지만 지도교수는 "그건 과학이 아니에요"라고 말했다. 식물학은 그런 게 아니라고. 왜 어떤 줄기는 쉽게 구부러져 바구니가 되고 어떤 줄기는 부러지는지, 왜 가장 큰 베리는 그늘에서 자라는지, 왜 식물에 약효가 있는지, 먹어도 되는 식물은 어떤 것인지, 왜 저 조그만 분홍색 난초는 소나무 아래에서만 자라는지 알고 싶었다. "과학이 아니"라고 그는 말했다. 연구실에 앉은 박식한 식물학 교수의 말이 틀릴 리가 없다. "아름다움을 공부하고 싶으면 미대에 가야죠." 그의 말을 들으니 어느 대학을 갈지 고민하던 것이 떠올랐다. 나는 식물학을 공부할지 시를 공부할지 생각이 갈팡질팡했다. 다들 내게 둘 다 할 순 없다고 말해서 나는 식물을 선택했다. 그는 과학이란 아름다움에 대한 것이 아니라고, 식물과 인간의 포옹에 대한 것도 아니라고 말했다.

대꾸할 말이 없었다. 나는 실수를 저질렀다. 투지는 전혀 일지 않았다. 내 잘못이 당황스러웠을 뿐. 뭐라 항변할 말이 없었다. 그는 나의 수업 계획서에 서명했으며 나는 신청서에 붙일 사진을 찍으려고 일어났다. 그때는 미처 생각 못했지만, 그날은 우리 할아버지가 학교에 입학한 첫날, 모든 것—언어와 문화와 가족—을 버리라고 명령받은 그날의 완벽한 재연이었다. 교수는 나로 하여금 내가 어디서 왔는지, 무엇을 아는지 의심하게 했으며 자신의 사고방식이 '옳다'고 주장했다. 내 머리카락을 자르지만 않았을 뿐.

어린 시절의 숲에서 나와 대학교에 들어가면서 나도 모르게 세계관이 달라졌다. 식물을 나와 상호적 책임으로 연결된 스승이자 동반자로 여기는 경험의 자연사를 벗어나 과학의 영역에 들어선 것이다. 과학자들이 묻는 질문은 "당신은 누구인가요?"가 아니라 "저건 뭐지?"다. 아무도 식물에게 "우리에게 무슨 말을 해줄 수 있나요?"라고 묻지 않았다. 주로 묻는 질문은 "저건 원리가 뭘까?"였다. 내가 배운 식물학은 환원주의적이고 기계론적이고 엄격히 객관적인 학문이었다. 식물은 주체가 아닌 대상으로 환원되었다. 식물학을 상상하고 가르치는 방식은 나처럼 생각하는 사람에게 많은 여지를 남기지 않았다. 내가 그 상황을 이해할 수 있는 유일한 방법은 식물에 대해 늘 믿어온 것들이 사실일 리 없다고 결론 내리는 것이었다.

첫 식물학 수업은 재앙이었다. 간신히 C를 받았으며 식물의 필수 영양소를 암기하는 일은 별로 흥미롭지 않았다. 그만두고 싶을 때도 있었지만, 공부를 하면 할수록 잎을 이루는 복잡한 구조와 광합성의 연금술에 점점 빠져들었다. 참취와 미역취의 동거는 한 번도 거론되지 않았지만, 나는 식물학 라틴어를 마치 시처럼 외웠다. '미역취'라는 이름은 던져버리고 '솔리다고 카나덴시스Solidago canadensis'를 열심히 암송했다. 나는 식물의 생태, 진화, 분류, 생리, 토양, 균류에 매혹되었다. 주위의 모든 것, 모든 식물이 내게 좋은 스승이었다. 좋은 멘토도 만났다. 온화하고 다정한 교수들은 (스스로 인정하든 하지 않든) 가슴에서 시작되는 과학을 했다. 그들도 나의 스승이었다. 그럼에도 무언가가 늘 내 어깨를 두드렸다. 돌아보기를 바라는 듯. 나는 뒤를 돌아보았지만 눈앞에 있는 것이 무엇인지 알아볼 수 없었다.

나는 관계를 보고, 세상을 연결하는 끈을 찾고, (가르는 게 아니라) 합치는 성향을 타고났다. 하지만 과학은 관찰자를 관찰 대상으로부터, 관찰 대상을 관찰자로부터 엄격하게 분리했다. 함께 있어 아름다운 두 꽃은 (객관성에 필요한) 분리 원칙에 어긋난다.

나는 과학적 사유가 우위에 있다는 것을 좀처럼 의심하지 않았다. 과학의 길을 따르면서 나는 분리하는 법, 지각을 물질적 현실과 구별하는 법, 복잡한 대상을 가장 작은 성분으로 원자화하는 법, 증거와 논리의 사슬을 우러러보는 법, 이것과 저것을 구분하는 법, 정확성의 기쁨을 맛보는 법을 훈련했다. 훈련할수록 실력이 늘었으며, 나는 세계적인 식물학 프로그램의 대학원 과정에 합격했다. 지도교수의 추천서가 한몫한 것은 의심할 여지가 없는데, 거기에는 이런 문장이 쓰여 있었다.

"인디언 여자 치고는 공부를 꽤 잘했습니다."

뒤이어 석사 학위를 따고 박사가 되고 연구원이 되었다. 나는 내가 얻은 지식에 감사한다. 세상에 참여하는 방식으로서 과학이라는 강력한 연장을 손에 넣은 것은 내게 대단한 특권이다. 그 덕에 참취와 미역취와 동떨어진 다른 식물 공동체를 접하게 되었다. 신입 연구원일 때 마침내 식물을 이해했다고 느낀 기억이 난다. 그러고는 내가 배운 방법을 모방하여 식물의 역학을 가르치기 시작했다.

내 친구 홀리 영베어 티베츠가 들려준 이야기가 생각난다. 한 식물학자가 수첩과 장비로 무장한 채 새로운 식물을 찾으려고 우림을 탐사하고 있다. 그는 원주민 가이드를 길잡이로 고용했다. 젊은 가이드는 식물학자의 관심사를 알기에 흥미로운 종을 알려준다. 식물학자는 가이드의 능력에 놀라 그를 찬찬히 뜯어본다.

"이보게, 젊은이. 자네는 이 많은 식물들의 이름을 아는군."

가이드는 고개를 끄덕이고는 눈을 내리깐 채 대답한다.

"네, 모든 숲속 식물의 이름은 배웠습니다만, 그들의 노래는 아직 못 배웠습니다."

나는 노래를 외면한 채 이름만 가르치고 있었다.

위스콘신에서 대학원에 있을 때 당시 남편과 나는 운 좋게도 대학 수목원 관리하는 일을 맡았다. 프레리 귀퉁이에 작은 집을 얻는 대가는 야간 순찰을 돌고 (어둠을 귀뚜라미에게 넘겨주기 전에) 출입문이 잠겨 있는지 확인하는 것뿐이었다. 원예 창고의 등불을 끄지 않고 문단속을 깜박한 적이 딱 한 번 있었다. 악의는 전혀 없었다. 남편이 순찰을 도는 동안 나는 멍하니 서서 게시판을 훑어보고 있었다. 오려 붙인 신문 기사에는 거대한 아메리카느릅나무^{American elm}의 사진이 있었다. 아메리카느릅나무 종 중에서 가장 큰 나무로 방금 선정되었다고 했다. 나무에게는 이름이 있었다. 그는 루이 비외 느릅나무님^{Louis Vieux Elm}이었다.

심장이 쿵쾅거리기 시작했다. 바야흐로 나의 세계가 바뀔 것임을 알았다. 루이 비외라는 이름을 평생 알고 있었는데, 그의 얼굴이 신문 기사에서 나를 쳐다보고 있었으니 말이다. 그는 우리 포타와토미 족 할아버지로, 우리 할머니 샤노테와 함께 위스콘신 숲에서 캔자스 프레리까지 걸어갔다. 그는 지도자였으며 고난 속에서 부족을 돌봤다. 창고 문이 열려 있었고 등불은 계속 타고 있었으며 그 빛은 내게 고향으로 돌아가는 길을 비췄다. 그것은 우리 부족에게 돌아가는 길고 느린 여정의 시작이었다. 그들의 뼈 위에 서 있던 나무가 나를 불러냈다.

나는 과학의 길을 걸으면서 토박이 지식의 길에서 벗어나 있었다.

하지만 세상은 발걸음을 인도하는 방법을 가지고 있다. 원주민 연장자들의 소규모 회합에 참석하여 전통 식물 지식에 대해 이야기해달라는 초대장이 난데없이 날아왔다. 결코 잊지 못할 연사―대학교에서 식물학을 공부한 적은 단 한 번도 없는 나바호족 여인―가 몇 시간 동안 이야기를 했으며 나는 단어 하나하나에 귀를 기울였다. 그녀는 자신의 지역에 사는 식물을 하나하나 이름을 불러가며 언급했다. 각 식물이 어디 사는지, 언제 꽃을 피우는지, 누구와 가까이 살고 싶어 하는지, 어떤 관계를 맺는지, 누가 그 식물을 먹는지, 누가 옆에 둥지를 짓는지, 어떤 약효가 있는지 말해주었다. 식물들이 간직한 사연, 식물들의 기원 설화, 어떻게 그 이름을 가지게 되었는지, 우리에게 어떤 이야기를 들려주는지도 알려주었다. 그녀는 아름다움에 대해 이야기했다.

그녀의 말은 각성제처럼 나를 깨워, 딸기를 따던 시절 내가 알던 곳으로 나를 데려갔다. 나는 나의 이해가 얼마나 얕은지 깨달았다. 그녀의 지식은 훨씬 깊고 넓었으며 인간의 모든 이해 방식을 아울렀다. 그녀는 참취와 미역취도 설명할 수 있었다. 신참 박사는 기가 죽었다. 그것은 무력하게 과학에 넘겨준 다른 방식의 앎을 되찾는 과정의 출발이었다. 영양실조에 걸린 피난민이 만찬에 초대받은 심정이었다. 음식에서는 고향의 나물 향내가 났다.

돌고 돌아 내가 도착한 곳은 처음 출발한 곳, 아름다움에 대한 물음이었다. 그것은 과학이 묻지 않는 물음이었다. 중요하지 않아서가 아니라, 앎의 방식으로서의 과학은 너무 편협해서 그런 식의 물음을 감당할 수 없기 때문이다. 지도교수가 더 훌륭한 학자였다면 내 질문을 묵살하지 않고 칭찬했을 것이다. 그는 아름다움이란 보는 사람의 눈에 있을 뿐이며 과학은 관찰자와 관찰 대상을 분리하므로 정의에 따라 아름다움은 유효한 과학적 질문이 될 수 없다고 주장했다. 하지만 내가 들었어야 할 대답은 내 질문이 과학의 범위보다 크다는 말이었다.

아름다움이 보는 사람의 눈에 있다는 그의 말은 옳았다. 자주색과 노란색에 대해서라면 더더욱. 인간의 색 지각은 특수한 수용체 세포인 망막의 막대세포와 원뿔 세포에 의존한다. 원뿔 세포가 하는 일은 저마다 다른 파장의 빛을 흡수하여 뇌의 시각 피질로 전달하여 해석되도록 하는 것이다. 무지개색의 가시광선 스펙트럼은 범위가 넓기 때문에, 색을 구분하는 가장 효과적인 수단은 만능 팔방미인 원뿔 세포 하나가 아니라 특정 파장을 흡수하는 일에 완벽하게 조정된 전문가 집단이다. 인간의 눈에는 세 종류의 전문가가 있다. 하나는 빨간색과 관련 파장을 감지하는 데 빼어나다. 다른 하나는 파란색에 특화되어 있다. 나머지 하나는 자주색과 노란색을 감지하는 데 최적화되어 있다.

인간의 눈은 이 색깔을 감지하는 실력이 뛰어나며, 신호 펄스를 뇌로 보낸다. 내가 왜 그 색깔을 아름답다고 지각하는지 설명하지는 못하지만, 그 조합이 내 눈길을 사로잡는 이유는 설명할 수 있다. 예술가 친구들에게 자주색과 황금색의 힘에 대해 물었더니 그들은 대뜸 색상환을 보여주었다. 두 색은 보색으로, 자연에서 최대한 서로 다르다. 색을 조합할 때 보색을 쓰면 각각의 색깔이 더 선명해지는데, 한 색을 살짝만 넣어도 다른 색이 두드러진다. 과학자이자 시인인 괴테는 색 지각에 대한 논문(1890년)에서 이렇게 썼다. "서로 대칭을 이루고 있는 색들은 눈 속에서 번갈아 가며 서로를 유도하는 색들이다." 자주색과 노란색은 이런 짝이다.

우리의 눈은 이 파장에 하도 민감해서 원뿔 세포가 과포화되어 자극이 다른 세포에까지 넘친다. 내가 아는 판화가가 알려준 사실인데, 노란색 덩어리를 오랫동안 쳐다본 뒤에 흰색 종이로 시선을 돌리면 잠깐 동안 종이가 보라색으로 보인다고 한다. 이러한 '색 잔상' 현상이 일어나는 이유는 자주색 색소와 노란색 색소 사이에 활기찬 상호 작용이 일어나기 때문이다. 참취와 미역취는 이 사실을 우리보다 훨씬 먼저 알고 있었다.

내 지도교수가 옳았다면 나 같은 사람에게 이토록 즐거움을 선사하는 시각 효과는 꽃과 아무 상관이 없다. 꽃이 시선을 사로잡고 싶어 하는 진짜 관객은 꽃가루받이를 해줄 벌이다. 벌은 많은 꽃을 사람과 다르게 지각하는데, 그 이유는 가시광선 밖의 스펙트럼—이를테면 자외선 복사—을 지각하기 때문이다. 하지만, 알고 보면 참취와 미역취는 벌의 눈에나 사람의 눈에나 매우 비슷하게 보인다. 벌과 사람 둘 다 두 꽃을 아름답다고 생각한다. 두 꽃은 함께 자랄 때 선명한 대비를 이룸으로써 초원 전체에서 가장 매력적인 표적, 즉 벌의 유도등이 된다. 함께 자라는 덕에 꽃가루받이 곤충의 방문을 따로 자랄 때보다 더 많이 받는다. 이것은 검증해볼 수 있는 가설이다. 과학의 문제, 예술의 문제, 아름다움의 문제다.

왜 참취와 미역취는 함께 있을 때 아름다울까? 그것은 물질적인 동시에 영적인 현상이다. 이를 위해 우리는 모든 파장이 필요하며 깊이 지각이 필요하다. 세상을 과학의 눈으로 아주 오랫동안 쳐다보면 전통 지식의 잔상이 보인다. 어쩌면 과학과 전통 지식은 서로에게 자주색과 노란색일까, 참취와 미역취일까? 세상을 더 온전히 보려면 두 지식을 다 활용해야 한다.

물론 참취와 미역취의 문제는 내가 정말로 알고 싶었던 문제의 한 예일 뿐이다. 내가 간절히 이해하고 싶었던 것은 관계의, 연결의 구조였다. 모든 것을 하나로 묶는 아렴풋한 끈을 보고 싶었다. 왜 내가 세상을 사랑하는지, 왜 초원의 가장 평범한 구석이 우리를 뒤흔들어 경외감에 빠지게 하는지 알고 싶었다.

식물학자들이 식물을 찾아서 숲과 들판을 돌아다니는 것을 '포레이foray'('습격', '약탈'이라는 뜻_옮긴이)라고 한다. 작가가 똑같은 일을 하면 그것은 '메타포레이metaphoray'라고 불러야 할 것이다. 땅은 두 가지 다 풍부하다. 우리에게는 두 가지 다 필요하다. 과학자이자 시인 제프리 버턴 러셀Jeffrey Burton Russell은 이렇게 썼다. "더 심오한 진리의 징표로서 은유는 성례전聖禮典에 가까웠다. 실재의 광대함과 풍부함은 진술만의 공공연한 의미로는 표현할 수 없기 때문이다."

원주민 학자 그레그 카제테Greg Cajete는 토착적 앎의 방식에서는 존재의 네 가지 측면인 마음, 몸, 감정, 영혼으로 사물을 이해해야 비로소 이해한 것이라고 썼다. 나는 과학자로서 훈련을 시작하면서 과학이 네 가지 앎의 방식 중에서 오로지 한 가지—어쩌면 마음과 몸의 두 가지—만 우대한다는 사실을 뼈저리게 깨달았다. 나는 식물에 대해 모든 것을 알고 싶은 젊은이였기에 여기에 의문을 제기하지 않았다. 하지만 아름다움에 이르는 길을 찾는 것은 인간 존재의 한 측면이 아니라 존재 전체다.

과학적 세계와 토착적 세계 양쪽에 어정쩡하게 양다리를 디디고 아슬아슬하게 비틀거리던 시절이 있었다. 하지만 그 뒤에 하늘을 나는 법을 배웠다. 적어도 시도는 해봤다. 두 꽃 사이를 오가는 법을 내게 보여준 것은 벌들이었다. 벌들은 두 꽃 모두에서 꽃꿀을 마시고 꽃가루를 모았다. 이 타가 수분의 춤이야말로 새로운 종류의 지식, 세상에서 존재하는 새로운 방식을 만들어낼 수 있다. 어쨌든 세계는 둘이 아니다. 이 선한 초록 대지 하나가 있을 뿐이다.

그해 9월 자주색과 황금색의 짝은 호혜성을 살아냈다. 그 지혜는 하나의 아름다움이 나머지 하나의 빛을 받아 더욱 빛난다는 것이다. 과학과 예술, 물질과 정신, 토박이 지식과 서구 과학이 서로에게 참취와 미역취가 될 수 있을까? 참취와 미역취 곁에 있으면 그 아름다움은 내게 호혜성을 요구한다. 보색이 되라고, 자신이 베푼 아름다움의 대가로 너도 무언가 아름다운 것을 만들라고.

유정성의 문법

어떤 장소에 토박이가 되려면 그 언어를 배워야 한다.

내가 여기 온 것은 귀를 기울이고 뿌리의 곡선과 솔잎 속의 부드러운 공간을 보금자리로 삼고 내 뼈를 스트로브잣나무 기둥에 기대고 내 머릿속의 목소리를 끈 채 바깥의 목소리를 듣기 위해서다. 솔잎을 스치는 바람 소리, 바위에 떨어지는 물소리, 동고비가 나무줄기 두드리는 소리, 줄무늬다람쥐가 땅 파는 소리, 너도밤나무 열매 떨어지는 소리, 귓가의 모기 소리—내가 아닌 소리, 표현할 언어가 없는 소리, 우리가 결코 외롭지 않음을 알려주는 언어 없는 존재들의 소리를. 우리 엄마의 심장 박동 이후로 나의 첫 언어는 '이 소리들'이었다.

온종일 들어도 지루하지 않았다. 밤새도록이라도 들을 수 있었다. 아침이면, 아무 소리도 듣지 못했는데 간밤에 없던 버섯이 돋아 있을지도 모른다. 크림 같은 하얀색이 솔잎 더미에서, 어둠에서 빛으로 솟아오르고 버섯이 지나온 자리의 물기가 아직 반짝이고 있을지도 모른다. **퍼퍼위.**

야생의 장소에서 귀를 기울이면 우리 것이 아닌 언어로 이루어지는 대화의 관객이 된다. 지금 생각해보면 나를 과학으로 이끈 것은, 식물학을 유창하게 말하는 법을 오랫동안 배우도록 이끈 것은 숲에서 들리는 이 언어를 이해하려는 갈망이었다. 그나저나 식물학의 언어를 식물의 언어와 혼동해서는 안 된다. 하지만 나는 과학에서 또다른 언어를 배웠다. 그것은 꼼꼼한 관찰의 언어이자 작은 부분을 일일이 명명하는 친밀한 어휘를 가진 언어다. 명명하고 기술하려면 우선 보아야 한다. 과학은 '봄'이라는 선물을 윤이 나도록 다듬는다. 나는 내게 제2의 언어가 된 말의 힘을 존경한다. 하지만 어휘와 묘사력은 풍성해도 그 아래에는 뭔가 빠진 게 있다. 그것은 세상에 귀를 기울일 때 여러분 주위에서, 여러분 내면에서 부풀어 오르는 바로 그것이다. 과학은 존재를 구성 요소로 환원하는 분리의 언어이자 대상의 언어다. 과학자가 말하는 언어는 아무리 정확하더라도 심각한 문법 오류가 바탕에 깔려 있다. 그 누락은 이 호숫가 토박이말들을 번역할 때 중대한 손실을 낳는다.

잃어버린 언어를 내가 처음 맛본 것은 **퍼퍼위**Puhpowee라는 단어가 혀끝에 감도는 순간이었다. 이 단어를 처음 접한 것은 아니시나베 민속식물학자 키웨이디노퀘이Keewaydinoquay가 쓴 책에서였다. 그 책은 우리 부족의 전통적 균류 사용법에 대한 것이었다. 그녀는 '퍼퍼위'가 "버섯을 밤중에 땅에서 밀어올리는 힘"으로 번역된다고 설명한다. 나는 생물학자로서 그런 단어가 있다는 사실에 충격을 받았다. 서구 과학은 온갖 전문 용어를 가지고 있지만 그런 용어는, 이런 신비를 간직한 단어는 하나도 없다. 여러분은 하고많은 사람 중에도 생물학자만은 생명에 대한 단어들을 가지고 있으리라 생각할지도 모르겠다. 하지만 과학의 언어에서 우리의 용어는 지식의 테두리를 정의하는 데 쓰인다. 우리의 테두리 밖에 있는 것들은 여전히 명명되지 않은 채다.

이 새로운 단어의 세 음절에서는 축축한 아침 숲에서 행해지는 꼼꼼한 관찰의 전 과정을, 이론이 형성되는 과정을 볼 수 있다. 영어에는 이를 일컬을 수 있는 말이 없다. 이 단어를 만든 사람들은 존재의 세계, 보이지 않지만 만물에 생명력을 불어넣는 에너지로 가득한 세계를 이해했다. 나는 이 단어를 부적으로서 오랫동안 소중히 간직했으며 버섯의 생명력에 이름을 붙인 사람들과 만날 수 있길 갈망했다. '퍼퍼위'라는 단어를 가진 언어로 말하고 싶었다. 그래서 솟아오름과 출현을 나타내는 그 단어가 우리 조상의 언어에 속한 것임을 알았을 때 그것은 내게 이정표가 되었다.

역사가 다르게 전개되었으면 나는 (아니시나베어 계통인) 보데와드밈원어(또는 포타와토미어)를 구사하고 있을지도 모른다. 하지만 아메리카 대륙의 350개 토박이말 중 상당수와 마찬가지로 포타와토미어는 사멸 위기에 처해 있으며 나는 여러분이 읽고 있는 언어(영어)로 말한다. 원주민 동화 계획은 위력을 발휘했으며 내가 그 언어를, 또한 당신의 언어를 들을 기회는 토박이말 사용이 금지된 정부 기숙 학교에 보내진 인디언 아이들의 입에서 씻겨 사라졌다.

우리 할아버지도 그런 아이 중 하나였다. 할아버지는 고작 아홉 살에 가족과 헤어져야 했다. 이 역사는 우리 말뿐 아니라 우리 부족까지도 뿔뿔이 흩어놓았다. 오늘날 나는 우리 보호구역에서 멀리 떨어진 곳에 산다. 그래서 언어를 구사할 수 있다 하더라도 대화할 사람이 아무도 없을 것이다. 하지만 몇 해 전 여름 우리 부족의 연중 회합에서 언어 교실이 열렸을 때, 나는 한번 들어보려고 슬며시 천막에 들어갔다.

수업은 열기가 대단했다. 우리 언어를 유창하게 구사하는 부족 사람들이라면 누구나 교사가 될 수 있었기 때문이다. 언어 구사자들은 지팡이를 짚거나 보행 보조기를 밀거나 휠체어를 탄 채 둥글게 배치된 야외용 의자를 향해 느릿느릿 움직였다. 온전히 제 힘으로 걸을 수 있는 사람은 몇 명 없었다. 나는 의자를 채운 사람의 수를 세어보았다. 아홉 명이었다. 우리 언어를 유창하게 구사하는 사람은 전 세계에서 아홉 명뿐이었다. 만들어진 지 1000년 된 우리 언어가 저 의자 아홉 개에 앉아 있다. 창조를 찬미하고 옛 이야기를 들려주고 우리 조상을 자장자장 재운 말들은 앞으로 살날이 얼마 남지 않은 노인 아홉 명의 혀에 깃들어 있다. 노인들이 차례로 소규모의 학생 지망자들에게 말을 꺼낸다.

회색 머리카락을 길게 땋은 남자는 인디언 모집책이 아이들을 데리러 왔을 때 어머니가 자신을 피신시킨 이야기를 들려준다. 그는 기숙 학교에 들어가지 않으려고 처마처럼 튀어나온 둑 아래에 숨었는데, 개울물 소리가 그의 울음소리를 가렸다. 나머지 아이들은 모두 끌려갔으며 그들의 입은 비누로, 더 나쁘게는 "그 더러운 인디언 말을 한다"라는 이유로 세척되었다. 그만이 집에 남아 식물과 동물을 조물주가 준 이름으로 부르며 자랐기에 오늘 언어의 전달자로서 이곳에 나올 수 있었다. 동화^{同化}의 엔진은 순조롭게 작동했다. 남자가 눈을 빛내며 우리에게 말한다. "우리는 길의 끝에 있습니다. 남은 건 우리뿐입니다. 젊은이들이 배우지 않으면 우리 언어는 죽을 겁니다. 선교사와 미국 정부가 끝내 승리할 것입니다." 증조할머니뻘 되는 여인이 의자의 원에서 일어나 보행 보조기를 밀며 마이크 쪽으로 나온다. 그녀가 말한다. "사라지는 것은 말만이 아니에요. 언어는 우리 문화의 심장이에요. 우리의 생각이, 세상을 바라보는 방법이 언어에 담겨 있죠. 그것은 영어로 설명하기엔 너무 아름다워요." 퍼퍼위.

일흔다섯 살로 교사 중에서 가장 젊은 짐 선더^{Jim Thunder}는 체구가 둥글둥글하고 살빛이 갈색이며 점잖은 남자였는데, 포타와토미어로만 말했다. 그는 엄숙하게 말문을 열었지만, 긴장이 풀리자 자작나무를 스치는 산들바람처럼 목소리가 높아졌으며 손으로도 이야기를 들려주기 시작했다. 그는 점점 몸짓이 커지더니 자리에서 일어섰다. 우리는 거의 대부분 한 마디도 못 알아들었지만 넋을 잃은 채 경청했다. 그는 이야기의 절정에 도달한 듯 말을 멈추고는 기대감에 눈빛을 반짝이며 청중을 둘러보았다. 그의 뒤에 있던 할머니 한 분이 입을 가린 채 킥킥 웃었다. 그러자 그의 굳은 얼굴이 수박 쪼개지듯 크고 달콤한 미소를 지었다. 그는 허리가 숙여질 정도로 웃었으며 할머니들은 옆구리를 부여잡고 눈물을 찔끔 흘렸다. 나머지 사람들은 어리둥절한 채 쳐다보기만 했다. 웃음이 잦아들자 그가 마침내 영어로 말했다. "아무도 들을 수 없는 농담은 어떻게 될까요? 말의 힘이 떠나가면 그 말은 얼마나 쓸쓸할까요. 그 말들은 어디로 갈까요? 다시는 들려줄 수 없는 이야기와 함께 사라질 테죠."

그래서 요즘 우리 집에는 마치 외국을 여행하려고 언어를 공부하듯 다른 언어가 적힌 포스트잇 쪽지가 사방에 붙어 있다. 하지만 나는 떠나는 게 아니라 고향으로 돌아가는 것이다.

뒷문에 붙은 노란색의 작은 쪽지에는 이런 질문이 쓰여 있다. "니 피 제 에자이옌Ni pi je ezhyayen?" 양손에 가방을 들었고 차에 시동이 걸려 있지만, 나는 가방을 반대편 엉덩이에 올린 채 한참을 골똘히 생각하다 이렇게 대답한다. "오다네크 느데 지야Odanek nde zhya." 시내에 가요. 일하러 갈 때, 수업 갈 때, 회의 갈 때, 은행 갈 때, 장 보러 갈 때에도 꼬박꼬박 대답한다. 나는 아름다운 모국어로 온종일 말하고 때로는 저녁 내내 글을 쓴다. 그것은 전 세계 인구의 70퍼센트가 사용하고 현대 세계에서 가장 풍부한 어휘를 자랑하며 가장 쓸모 있다고 간주되는 바로 그 언어, 바로 영어다. 하지만 밤에 나의 고요한 집에 돌아오면 가장 가까운 문에 믿음직한 포스트잇 쪽지가 붙어 있다. "기스켄 이 그비스케와겐^{Gisken I gbiskewagen}!" 그래서 나는 코트를 벗는다.

저녁을 요리하고 찬장에서 '엠크와넨, 나겐^{emkwanen, nagen}'이라는 이름표가 붙어 있는 식기를 꺼낸다. 나는 집안 물건들에게 포타와토미어로 말하는 여인이 되었다. 전화벨이 울리면 포스트잇을 거의 보지 않고도 '기크토간^{giktogan}'을 '도프넨^{dopnen}'한다. 전화 판촉 사원이든 친구이든 그들은 영어를 쓴다. 서해안에 사는 나의 자매가 일주일에 한 번꼴로 "보조. 모크테웬크웨 느다^{Bozho. Moktthewenkwe nda}"라고 말한다. 마치 신분을 밝혀야 한다는 듯. 포타와토미어를 하는 사람이 또 누가 있겠는가? 그걸 말이라고 하긴 민망하다. 사실 우리가 하는 것이라고는 대화를 한답시고 요령부득의 문구를 서로에게 내뱉는 것에 불과하다. 어떻게 지내? 잘 지내지. 시내에 간다. 새를 본다. 빨간색. 프라이브레드 좋다. 마치 할리우드의 토론토 쪽에 사는 사람이 론 레인저(미국 서부를 배경으로 한 라디오 드라마 〈론 레인저〉의 주인공_옮긴이)와 대화를 나누는 것처럼 들릴 것이다. "나 좋은 인전[인디언] 말투로 말하기 노력해." 드문 경우에 반쯤 일관된 생각을 엮어내기도 하는데, 빈틈을 메우려고 고등학교에서 배운 스페인어 단어를 맘대로 끼워넣는다. 우리는 이 언어를 '스페이나와토미어^{Spanawatomi}'라고 부른다.

오클라호마 시각으로 화요일과 목요일 12시 15분에는 포타와토미어 점심 언어 교실에 참가한다. 부족 본부에서 인터넷으로 진행하는 강좌다. 미국 전역에서 열 명가량이 수업을 듣는다. 우리는 숫자를 세고 "소금 주세요"라고 말하는 법을 배운다. 누군가 묻는다. "'부디 소금 좀 주시겠어요?'라고 말하려면 어떻게 해야 하나요?" 언어 부흥에 매진하는 젊은 선생님 저스틴 닐리^{Justin Neely}는 '감사합니다'를 뜻하는 단어는 여러 개가 있지만 '부디^{please}'를 가리키는 단어는 없다고 설명한다. 음식은 본디 나누는 것이므로 예의를 더 갖출 필요가 없다는 것이다. 정중한 물음은 문화적으로 이미 전제되어 있으니 말이다. 선교사들은 '부디'라는 단어가 없다는 것을 상스러움의 또 다른 증거로 내세웠다.

보고서를 채점하고 고지서를 납부해야 할 많은 밤에 나는 컴퓨터 앞에 앉아 포타와토미어를 연습한다. 몇 달이 지나자 유치원 수준 어휘를 떼었으며 동물 그림을 보면 토박이말로 자신 있게 이름을 맞힐 수 있게 되었다. 우리 아이들에게 그림책 읽어주던 광경이 떠오른다. "다람쥐 짚어볼래? 토끼는 어딨지?" 그러면서도, 지금 이럴 시간이 아닌데 하는 생각이 들었다. 게다가 '배스'와 '여우'를 가리키는 단어는 어차피 알 필요가 없으니까. 우리 부족의 디아스포라는 우리를 사방으로 흩었다. 그러니 누구와 이야기할 수 있겠는가?

내가 배우고 있는 간단한 구절은 우리 개한테 써먹기에 제격이다. 앉아! 먹어! 이리 와! 조용히 해! 하지만 녀석은 영어 명령도 잘 알아듣지 못하니 이중 언어로 훈련시키기 꺼려진다. 한번은 나를 존경하는 학생 하나가 내게 원주민 언어를 할 줄 아느냐고 물었다. 하마터면 이렇게 대답할 뻔했다. "그럼요, 집에서 포타와토미어를 한답니다." 나와 우리 개와 포스트잇 쪽지끼리. 우리 선생님은 실망하지 말라고 당부하고 우리가 단어를 말할 때마다 고맙다고 한다. 비록 단어 하나를 말했을 뿐이지만 언어에 숨결을 불어넣은 것이라며. 내가 불평한다. "하지만 이야기를 나눌 사람이 없어요." 그가 나를 위로한다. "누구나 마찬가지예요. 하지만 언젠가는 생길 거예요."

그래서 나는 열심히 어휘를 배우지만, '침대'와 '개수대'를 포타와 토미어로 번역하면서 "우리 문화의 정수"를 들여다본다고 자부하기란 쉬운 일이 아니다. 체언을 배우는 것은 꽤 쉬웠다. 이래봬도 식물의 라틴어 이름과 학명을 수천 개나 배운 몸이니까. 이번에도 별반 다르지 않을 것 같았다. 일대일 대응으로 암기하면 충분할 거라고 생각했다. 적어도 종이 위에서는, 글자를 볼 수 있을 때는 그 말이 옳다. 하지만 언어를 듣는 것은 별개 문제다. 우리 알파벳은 글자 개수가 적어서 초심자는 단어의 미묘한 차이를 구별하기가 쉽지 않다. 우리 언어에는 '즈^{zh}', '음브^{mb}', '슈웨^{shwe}', '크웨^{kwe}', '음슈크^{mshk}' 같은 아름다운 자음군이 있기에 소나무를 스치는 바람 소리나 바위 위를 흐르는 물소리처럼 들린다. 예전에는 우리 귀가 이 소리에 더 예민하게 조절되었을지도 모르지만 이젠 아니다. 다시 배우려면 정말로 들어야 한다.

물론 실제로 말을 하려면 용언이 필요하다. 유치원 수준의 이름 맞히기 실력은 여기서 약발이 다한다. 영어는 체언 중심의 언어여서 사물에 집착하는 문화에 알맞다. 영어 단어는 용언이 30퍼센트밖에 안 되지만 포타와토미어는 70퍼센트나 된다. 그 말은 단어의 70퍼센트를 활용해야 한다는 뜻이다. 그 70퍼센트는 일일이 시제와 격을 외워야 한다.

유럽어는 종종 체언에 성별을 부여하지만 포타와토미어는 세상을 남성과 여성으로 나누지 않는다. 체언과 용언 둘 다 유정과 무정으로 나뉜다. 사람에게 쓰는 말은 비행기에 쓰는 말과 전혀 다르다. 대명사, 관사, 복수, 지시사, 용언 등 내가 고등학교 영어 시간에 한 번도 철저히 습득하지 못한 문법 개념들이 포타와토미어에서는 생물의 세계에 대해 말할 때와 무생물의 세계에 대해 말할 때 모두 다르게 사용된다. 내가 말하는 것이 살아 있는지 아닌지에 따라 용언 형태도 달라지고 복수도 달라지고 모든 것이 달라진다.

포타와토미어를 할 줄 아는 사람이 아홉 명밖에 안 남았을 만도 하다! 안간힘을 써보지만, 복잡한 문법에 머리가 터질 지경이고 내 귀는 완전히 다른 사물을 뜻하는 단어를 좀처럼 구별하지 못한다. 우리 선생님은 연습하면 좋아질 거라고 장담하지만, 또 다른 연장자는 이런 유사성이 포타와토미어의 본디 성질이라고 털어놓는다. 지식의 수호자이자 위대한 스승인 스튜어트 킹^{Stewart King} 말마따나 조물주는 우리가 웃기를 바라기에 일부러 문법에 유머를 집어넣었다. 말이 살짝 헛나오기만 해도 "땔나무가 더 필요해"가 "옷을 벗어"로 바뀔 수 있다. 실제로 나는 신비로운 단어 '퍼퍼위'가 버섯에만 쓰이는 것이 아니라 밤에 신비롭게 일어서는 또 다른 막대기에도 쓰일 수 있음을 알게 되었다.

나의 자매가 준 성탄절 선물 중에 냉장고에 붙이는 자석 타일 세트가 있는데, 포타와토미어와 밀접하게 연관된 오지브와어('아니시나베모윈어'라고도 한다)가 쓰여 있었다. 타일을 식탁에 늘어놓고 친숙한 단어를 찾아봤지만, 볼수록 걱정만 더해갔다. 100여 개의 타일 중에서 내가 아는 단어는 '메그웨치^{megwech}'(고맙습니다) 하나뿐이었다. 몇 달간 공부해서 얻은 작은 성취감이 한순간에 날아가버렸다.

자매가 준 오지브와어 사전을 넘겨보며 타일을 해독하려던 기억이 난다. 하지만 철자가 다를 때가 있고 글자가 너무 작은데다 한 단어에도 변이형이 너무 많아서 이런 식으로는 힘들 것 같았다. 뇌에서 끈이 묶여버렸다. 풀려 할수록 매듭은 더 단단해졌다. 페이지들이 가물가물해지다 내 눈이 단어 하나에 안착했다. 물론 용언이었는데, "토요일이다"라는 뜻이었다. 어라? 나는 사전을 내팽개쳤다. 언제부터 '토요일'이 용언이었담? '토요일'이 체언이라는 건 누구나 안다. 사전을 집어들고 더 뒤적이며 용언처럼 보이는 온갖 단어를 찾아보았다. "언덕이다", "빨갛다", "바닷가의 기다란 모래사장이다." 그러다 내 손가락이 '위크웨가마^{wiikwegamaa}'(만灣이다)를 가리켰다. "말도 안 돼!"라는 소리가 머릿속에서 울려 퍼졌다. "이렇게 복잡하게 만들 이유가 없잖아. 이 언어를 아무도 안 쓰는 게 놀랍지 않군. 어쩌나 복잡한지 배우는 게 불가능한 언어야. 게다가 다 틀렸어. '만'은 분명히 사람이나 장소나 사물을 가리키는 체언이지 용언이 아니라고." 다 집어치우고 싶었다. 나는 단어를 몇 개 배웠으며, 할아버지가 빼앗긴 언어에 대한 의무를 다했다. 기숙 학교 선교사들의 유령이 좌절하는 나를 고소해하는 모습이 눈에 선했다. 그들이 말했다. "저 여자 곧 포기하겠군."

그때 맹세컨대 시냅스가 번쩍하고 발화되는 소리가 들렸다. 전류가 팔과 손가락을 타고 내려와 내가 짚고 있던 페이지를 말 그대로 그슬렸다. 그 순간 만의 냄새가 풍기고 물이 호안선에 부딪치는 광경이 보이고 모래를 스치는 소리가 들렸다. '만'이 체언인 것은 물이 죽었을 때뿐이다. 체언으로서의 '만'은 인간의 뜻풀이다. 이 만은 호안선 사이에 붙들려 있고 단어에 갇혀 있다. 하지만 용언 '위크웨가마'는 물을 해방시키고 생명을 선사한다. '만이다'라는 의미에는 살아 있는 물이 지금 이 순간 호안선 사이를 보금자리 삼고서 개잎갈나무 뿌리와, 새끼 비오리 떼와 대화를 나누기로 마음먹었다는 경이로움이 담겨 있다. 물은 만 대신 개울이나 바다나 폭포가 될 수도 있었기 때문이다. 거기에 대해서도 해당 용언이 있다. '언덕이다', '모래사장이다', '토요일이다'는 만물이 살아 있는 세상에서는 전부 용언이 될 수 있다. 언어는 물, 땅, 심지어 날에 이르기까지 세상의 유정성을 보는, 만물에서—소나무와 동고비와 버섯에서—맥박 치는 생명을 보는 거울이다. 이것이야말로 내가 숲에서 듣는 언어, 우리의 사방에서 솟아오르는 것에 대해 말할 수 있게 해주는 언어다. 기숙 학교의 잔재, 비누를 휘두르던 선교사의 유령은 패배하여 고개를 떨군다.

이것은 유정성의 문법이다. 여러분이 자신의 할머니가 앞치마 차림으로 오븐 앞에 서 있는 것을 보면서 이렇게 말한다고 상상해보라. "저기 좀 봐. 저것이 수프를 만들고 있어. 저것은 머리가 은발이야." 우리는 그런 실수를 목격하면 낄낄거리고 웃을지 모르지만 그와 더불어 소름이 끼칠 것이다. 영어에서는 가족을—아니 어떤 사람이든

─결코 '저것^{it}'으로 지칭하지 않는다. 그건 이만저만한 결례가 아니다. '저것'은 사람에게서 자아와 친족성을 빼앗아 그를 단순한 사물로 전락시킨다. 그래서 포타와토미어를 비롯한 대다수 토박이말에서는 살아 있는 세계를 가리키는 단어와 가족을 가리키는 단어가 같다. 그들도 우리 가족이기 때문이다.

우리 언어의 유정성 문법은 누구에게까지 확장될까? 식물과 동물은 당연히 유정물이지만, 나는 공부를 하면서 포타와토미어에서 이해하는 유정성이 생물학 개론에서 배운 생물의 특징 목록과 다르다는 것을 발견한다. 포타와토미어 개론에서는 바위가 유정물이다. 산, 물, 불, 장소도 마찬가지다. 정령이 깃든 존재, 우리의 성스러운 약, 우리의 노래, 북, 심지어 이야기도 모두 유정물이다. 무정물의 목록은 그보다 적은데, 대부분 사람이 만든 물건이다. 탁자 같은 무정물에 대해서는 이렇게 묻고 답한다. "이것은 **무엇**입니까?" "도프웬 예웨^{Dopwen yewe}"(그것은 탁자입니다). 하지만 사과에 대해서는 이렇게 묻고 답해야 한다. "저 존재는 **누구**입니까?" "므시민 야웨^{Mshimin yawe}"(저 존재는 사과입니다).

'야웨'는 나, 너, 그/그녀 같은 유정물에 쓰는 계사^{繫辭}다. 생명과 영혼이 있는 존재에 대해서는 '야웨'라고 말해야 한다. 구약 성경의 '야웨^{Yahweh}'와 신대륙의 '야웨^{yawe}'가 둘 다 경건한 사람의 입에서 나오는 것은 어떤 언어적 공통점 때문일까? 어쩌면 그것은 단지 의미 때문 아닐까? 존재한다는 것, 생명의 호흡을 품는다는 것, 조물주의 자식이라는 것 때문 아닐까? 언어는 우리가 유정물 세계의 모두와 친족임을 모든 문장에서 상기시킨다.

영어는 유정성을 존중할 수단이 많지 않다. 영어에서는 인간 아니면 사물이다. 영어 문법에서는 인간 아닌 존재를 '그것'으로 전락시키거나 부적절하게도 '그'나 '그녀'처럼 성별을 부여하는 수밖에 없다. 다른 살아 있는 존재의 있음을 군더더기 없이 일컫는 영어 단어는 어디에 있을까? 영어의 '야웨'는 어디 있을까? 내 친구 마이클 넬슨Michael Nelson은 도덕적 포섭moral inclusion에 관심이 많은 윤리학자인데, 인간 아닌 동물을 연구하는 현장생물학자 이야기를 내게 들려주었다. 그 생물학자의 친구들은 대부분 다리가 둘이 아니기 때문에 그녀는 자신의 관계에 맞게 언어를 변화시켰다. 그녀는 말코손바닥사슴 발자국을 조사하다가 무릎을 꿇은 채 이렇게 말한다. "오늘 아침에 누군가 이미 여기 있었어요." 그런가 하면 "누군가 제 모자 안에 있어요"라며 고개를 흔들어 대모등에를 떨쳐낸다. '무언가'가 아니라 '누군가'가.

나는 학생들과 숲에 가서 식물의 선물과 이름에 대해 가르칠 때 과학의 어휘와 유정성의 문법을 오가며 이중 언어를 구사하려고 노력한다. 학생들은 여전히 식물의 과학적 기능과 라틴어 학명을 배워야 하지만, 나는 학생들이 세상을 '인간 아닌 이웃들과 더불어 사는 곳'으로 바라보고 생태신학자 토머스 베리Thomas Berry 말마따나 "우주가 대상의 집합이 아니라 주체의 연합이라고 말해야 함"을 알도록 가르치고 싶다.

어느 날 오후에 위크웨가마(만) 근처에서 현장생태학 학생들과 함께 앉아 유정성 언어 개념에 대해 이야기를 나눴다. 앤디라는 학생이 맑은 물에 발을 담그고 첨벙거리며 거창한 질문을 던졌다. 그는 이 언어적 차이를 이해한 뒤에 이렇게 물었다. "잠깐만요. 그 말은 영어로 말하고 영어로 생각하는 것이 자연을 멸시할 권한을 우리에게 부여한다는 뜻 아닌가요? 그건 사람으로 대우받을 권리를 나머지 모든 존재에게서 빼앗는 것 아닌가요? (이 책에서는 'person'을 '사람'으로, 'personhood'를 '사람됨'으로 번역한다_옮긴이.) 무엇도 '그것'이 아니라면 세상이 달라지지 않을까요?"

그는 이 개념에 흠뻑 빠졌으며 마치 깨달음을 얻은 것 같다고 말했다. 내가 보기에는 기억을 되찾은 것에 더 가까운 듯하지만. 세상의 유정성은 우리가 이미 아는 것이지만, 유정성의 언어는 사멸의 기로에 서 있다. 원주민에게만 그런 게 아니라 모두에게 그렇다. 걸음마를 하는 아이는 동식물을 마치 사람인 것처럼 지칭하며 자아와 의도와 공감을 확장한다. 그러지 말라고 가르칠 때까지는. 우리는 재빨리 아이들을 재교육하고 잊어버리게 한다. 나무가 '사람'이 아니라 '그것'이라고 말하는 것은 단풍나무를 대상으로 만드는 일이다. 우리는 우리 사이에 벽을 세우고는 도덕적 책임을 방기하고 착취의 문을 연다. 살아 있는 땅을 '그것'이라고 말하면 땅은 '천연자원'이 된다. 단풍나무가 '그것'이면 우리는 사슬톱을 들이댈 수 있다. 하지만 단풍나무가 '그녀'라면 한 번 더 생각할 것이다.

칼라라는 학생이 앤디의 주장에 이의를 제기했다. "하지만 우리는 '그'나 '그녀'라고 말할 수 없어요. 그건 의인화일 테니까요." 우리 학생들은 교육을 잘 받았는데, 그 교육은 연구 대상인 다른 종에 인간적 특징을 결코 부여해서는 안 된다는 것이었다. 그것은 객관성 상실로 이어지는 대죄다. 칼라는 이렇게 꼬집었다. "그건 동물에게도 실례가 되는 일이에요. 우리의 인식을 동식물에 투사해서는 안 돼요. 동식물에는 나름의 방식이 있어요. 털옷을 입은 사람이 아니라고요." 앤디가 응수했다. "하지만 그들을 인간으로 여기지 않는다고 해서 존재도 아닌 것은 아니잖아요. 우리가 '사람'으로 간주되는 유일한 종이라고 가정하는 게 더 경멸적이지 않나요?" 영어의 오만은 오직 인간만이 유정물로서 존경과 도덕적 고려를 받을 가치가 있다고 간주한다는 것이다.

내가 아는 어학 교사는 문법이란 언어적 관계를 나타내는 방법에 불과하다고 설명했다. 하지만 어쩌면 문법은 서로와의 관계 또한 반영하는지도 모른다. 어쩌면 유정성의 문법은 세상을 살아가는 전혀 새로운 방법으로 우리를 인도할 수 있을지도 모른다. 다른 종을 주권자로 대우하고 하나의 독재가 아니라 종의 민주주의를 실현하는 세상, 물과 늑대에게 도덕적 책무를 지는 세상, 다른 종의 처지를 고려하는 법률 체계를 가진 세상 말이다. 그런 세상에서는 모두가 대명사다.

앤디 말이 맞다. 유정성의 문법을 배우면 땅을 무분별하게 착취하지 못하도록 제한을 가할 수 있다. 하지만 그것만이 아니다. 나는 연장자들이 "서 있는 사람들standing people (인디언들이 식물을 이르는 말_옮긴이) 가운데 있어야 한다"라거나 "비버 사람들과 시간을 보내라"라고 충고하는 것을 들었다. 그들은 우리의 스승으로서, 지식의 보유자로서, 인도자로서 다른 존재들이 어떤 능력을 가지고 있는지 떠올리게 한다. 자작나무 사람들, 곰 사람들, 바위 사람들, 존중을 받을 자격과 사람 세상에 포함될 자격이 있는 인격체로 간주되고 (따라서) 인격체로 지칭되는 존재가 풍성하게 거주하는 세상을 거닌다고 상상해보라. 미국인은 다른 종은 고사하고 같은 종의 외국어조차 배우려 들지 않는다. 하지만 가능성을 상상해보라. 다른 관점을 가지는 방법을, 다른 눈으로 보는 것들을, 우리를 둘러싼 지혜를 상상해보라. 모든 것을 스스로 이해할 필요는 없다. 우리 말고도 지성이 있다. 어디에나 스승이 있다. 그러면 세상이 얼마나 덜 외로울지 상상해보라.

단어 하나를 배울 때마다 이 언어를 보전하고 그 시를 전해준 우리 연장자들에게 감사하는 마음을 품게 된다. 용언은 여전히 고역이고 말은 거의 못하며 가장 잘하는 것은 여전히 유치원 어휘뿐이다. 그래도 아침에 풀밭에 나가 걸으며 동식물 이웃들을 이름으로 부르고 인사를 건네는 것이 즐겁다. 까마귀님이 산울타리에서 까악까악 하고 나를 부르면 나는 "므노 기지겟 안두슈크웨Mno gizhget andushukwe!" 하고 대답한다. 여린 풀을 쓰다듬으며 "보조 미슈코스Bozho mishkos" 하고 속삭인다. 이렇게 소소한 것으로도 행복해진다.

모든 사람에게 포타와토미어나 호피어나 세미놀어를 배우라고— 설령 그럴 수 있더라도—조언하는 것은 아니다. 이주민들은 언어의 유산을 간직한 채 이 호안에 당도했다. 그것들은 소중히 지켜야 할 유산이다. 하지만 이 장소에 토박이가 되려면, 이곳에서 우리와 이웃들이 살아남으려면, 유정성의 문법을 배워야 한다. 그래야만 이곳에 진정으로 뿌리 내릴 수 있다.

　샤이엔족 연장자 빌 톨 불Bill Tall Bull이 한 말이 기억난다. 젊은 시절에 나는 사랑하는 식물과 장소에 말을 걸 토박이말이 없음을 무거운 가슴으로 그에게 한탄했다. 그가 말했다. "그들은 옛 언어를 듣고 싶어 하지. 그건 사실이야. 하지만…." 그가 손가락을 입술에 갖다 대며 말했다. "여기로 말하지 않아도 돼." 그는 가슴을 두드리며 말했다. "여기로 말하면 그들이 들을 거란다."

향모 돌보기

야생 들향모는 사람이 보살필 때 쑥쑥 자라고 향기가 난다.

김을 매고 땅과 주변 식물을 보살펴주면 무럭무럭 자란다.

단풍당의 달

아니시나베족의 으뜸사람이자 우리의 스승이자 반은 사람이요 반은 마니도manido(영적 존재_옮긴이)인 나나보조는 세상을 거닐며 누가 번성하고 누가 쇠퇴하는지, 누가 으뜸명령을 마음에 새기고 누가 무시하는지 눈여겨보았다. 그는 텃밭이 간수되지 않고 그물이 수선되지 않고 아이들이 살아가는 법을 배우지 못하는 마을에 이르면 낙심했다. 땔나무 더미와 옥수수 곡간은 볼 수 없었다. 사람들은 입을 활짝 벌린 채 단풍나무 아래에 누워 너그러운 나무의 진하고 달짝지근한 시럽을 받아먹고 있었다. 그들은 게을렀으며 조물주의 선물을 당연한 것으로 여겼다. 제의를 올리지도, 서로를 돌보지도 않았다. 나나보조는 자신의 책무를 알았기에 강에 가서 들통 여러 개를 물에 담갔다. 그는 단풍나무에 물을 부어 시럽을 희석했다. 오늘날 단풍나무 수액은 물줄기처럼 흐르며 단맛은 기미밖에 남지 않았다. 이는 사람들에게 가능성과 책임을 둘 다 떠올리게 한다. 그래서 시럽 1리터를 만들려면 수액 40리터가 필요하다.*

똑똑. 늦겨울의 해가 힘을 내기 시작하면서 하루에 약 1도씩 북쪽으로 이동하는 3월의 어느 오후, 수액이 힘차게 떨어진다. 똑똑. 뉴욕주 페이비어스에 있는 우리의 옛 농장 마당에는 우람한 단풍나무님 일곱 그루가 서 있다. 집에 그늘을 드리우려고 거의 200년 전에 심었다. 가장 큰 나무는 밑동 너비가 피크닉 테이블 길이만 하다.

이곳에 처음 이사 왔을 때 우리 딸들은 오래된 마구간 위의 다락을 신나게 뒤지고 다녔다. 다락에는 우리보다 먼저 여기 살았던 가족들이 남긴, 거의 두 세기에 걸친 잡동사니가 잔뜩 들어 있었다. 어느 날은 딸들이 나무 아래 작은 금속제 소형 텐트들을 죄다 쳐놓고 노는 광경을 목격했다. "캠핑 할 거예요." 은신처 바깥으로 삐져나온 온갖 사람 인형과 동물 봉제 인형을 두고 하는 말이었다. 다락은 그런 '천막'으로 가득했다. 오래전 수액 채취 기간마다 비와 눈을 막으려고 수액 들통에 치던 것들이었다. 물론 딸들은 이 작은 천막들의 쓰임새를 알아내자 메이플 시럽을 만들고 싶어 했다. 우리는 봄에 들통을 쓸 수 있도록 쥐똥을 씻어내고 준비를 마쳤다.

첫 겨울에는 전체 과정을 공부했다. 들통과 덮개는 있었지만 스파일spile(나무에 꽂아 수액이 흘러나오게 하는 관)이 없었다. 그래도 명색이 '단풍나무 네이션'이어서 근처 잡화점에 단풍나무 수액 채취용 연장

---

* 구비 전승과 Ritzenthaler and Ritzenthaler, 1983을 다듬었다.

이 모두 구비되어 있었다. '모두'라 함은 단풍나무 잎 모양 틀, 각종 크기의 증발기, 수 킬로미터 길이의 고무관, 액체 비중계, 주전자, 거르개, 병을 말하는데, 이것들을 장만할 여력은 전혀 없었다. 하지만 다락 구석에 (아무도 쓰고 싶어 하지 않을 법한) 구식 스파일이 처박혀 있었다. 나는 온전한 상자를 개당 75센트에 장만했다.

세월이 흐르면서 수액 채취 방법도 달라졌다. 들통을 비우고 수액 통을 썰매에 실어 눈 덮인 숲을 달리던 시절은 지나갔다. 플라스틱 관을 나무에서 제당소製糖所까지 곧장 연결한 시설도 많다. 하지만 똑똑 떨어지는 수액을 금속 들통에 받는 순수주의자들도 있다. 그러려면 스파일이 있어야 한다. 스파일은 한쪽 끝이 빨대처럼 생겼는데, 나무에 뚫은 구멍에 이 부분을 꽂는다. 스파일의 반대쪽에는 10센티미터 길이의 홈통이 있으며 아래쪽에는 들통을 걸 수 있는 고리가 있다. 나는 수액을 담을 커다란 쓰레기통을 샀다. 이제 준비가 다 됐다. 저장 공간이 그렇게 많이 필요하지는 않을 것 같았지만, 대비는 해두는 게 좋을 테니까.

겨울이 6개월간 이어지는 기후에서는 봄소식을 간절하게 기다리는 법이지만, 시럽을 만들기로 마음먹었을 때만큼 애간장을 태운 적은 없었다. 딸들은 매일같이 "이제 시작해도 돼요?"라고 물었다. 하지만 시작일은 오로지 계절에 달려 있었다. 수액이 흘러나오려면 낮이 따뜻하고 밤이 쌀쌀해야 한다. 물론 '따뜻하다'는 상대적 표현으로, 1도에서 6도까지를 말한다. 그래야 햇볕이 나무줄기를 녹여 안에 있는 수액을 흐르게 할 수 있다. 우리가 달력과 온도계를 보고 있을 때

라킨이 묻는다. "나무들은 온도계도 안 보고서 어떻게 때가 된 걸 알아?" 하긴 어떻게 눈도 코도 신경도 없는 존재가 무엇을 하고 언제 할지 아는 걸까? 햇빛을 감지할 잎조차 없는데. 눈芽을 제외한 나무의 모든 부위는 두꺼운 죽은 껍질에 둘러싸여 있다. 그런데도 나무는 한겨울 반짝 해동에 속지 않는다.

사실 단풍나무님이 봄을 감지하는 시스템은 우리보다 훨씬 정교하다. 눈마다 광센서가 수백 개 있는데, 여기에는 피토크롬이라는 광흡수 색소가 잔뜩 들어 있다. 광센서가 하는 일은 매일 빛의 양을 측정하는 것이다. 적갈색 비늘조각에 덮인 채 단단히 말려 있는 각각의 눈에는 단풍나무 가지의 배아 사본이 들어 있으며, 각 눈은 언젠가 온전한 가지가 되어 바람에 잎을 바스락거리고 햇빛을 흠뻑 받아들일 날을 간절히 바란다. 하지만 눈이 너무 일찍 돋으면 얼어 죽고 너무 늦게 돋으면 봄을 놓친다. 그래서 눈은 달력을 가지고 있다. 하지만 이 어린눈이 가지로 생장하려면 에너지가 필요하다. 눈은 여느 신생아처럼 굶주린다.

우리는 그런 정교한 센서가 없으므로 다른 표시를 찾는다. 나무 밑동 둘레의 눈에 구멍이 뚫리면 수액 채취 철이 얼마 안 남았구나, 하고 생각한다. 어두운 색의 껍질이 점차 따스해지는 햇볕을 흡수했다가 다시 방출하여 겨우내 쌓여 있던 눈을 천천히 녹인다. 밑동 주위로 맨땅의 원이 드러나면 우듬지의 부러진 가지에서 첫 수액 방울이 머리에 떨어진다.

그리하여 우리는 드릴을 들고 나무 주위를 돌며 알맞은 지점을 물색했다. 그곳은 지면에서 1미터 높이의 매끄러운 표면이었다. 오래전에 아문 지난날 채취의 흉터가 보인다. 우리 집 다락에 수액 들통을 남겨둔 사람이 그랬을 것이다. 그들의 이름이나 얼굴은 모르지만, 우리의 손가락이 놓인 곳에 그들의 손가락이 있었을 것이다. 우리는 오래전 4월 어느 아침에 그들이 무엇을 하고 있었는지 안다. 팬케이크에 무엇을 넣었는지도 안다. 우리의 이야기들은 이 수액 줄기 속에서 얽힌다. 우리의 나무들은 지금 우리를 알듯 예전에 그들을 알았다.

스파일을 꽂자마자 수액이 떨어지기 시작한다. 첫 방울이 들통 바닥에 닿자 딸랑 소리가 난다. 딸들이 천막 덮개를 걷자 소리가 더 크게 울려 퍼진다. 이 정도 굵기의 나무면 수액을 여섯 군데서 채취해도 멀쩡하지만, 욕심을 부리고 싶지는 않아서 세 군데만 스파일을 꽂는다. 스파일을 다 꽂을 즈음 첫 들통에서 벌써 다른 음이 울린다. 1센티미터 높이로 찬 수액에 또 다른 방울이 똑똑 떨어지는 소리다. 들통이 차면서 온종일 음높이가 달라진다. 마치 유리잔 연주를 듣는 것 같다. 똑똑, 뚝뚝, 딱딱. 수액 방울이 떨어질 때마다 양철 들통과 덮개가 덩달아 울리고 마당이 노래한다. 이것은 홍관조의 멋진 휘파람 소리 못지않은 봄 음악이다.

딸들은 넋을 잃고 바라본다. 수액 방울은 물처럼 맑지만 어딘지 더 진해 보인다. 빛을 받은 채 스파일 끝에서 1초간 매달려 있으면서 크기가 점점 커진다. 딸들이 혀를 내밀어 기쁨에 찬 표정으로 수액을 마신다. 내 눈에서는 영문 모를 눈물이 흘러내린다. 나 혼자서 딸들을 먹이던 생각이 난다. 이제 딸들은 튼튼한 어린 다리로 선 채 단풍나무에게서 양분을 공급받는다. 어머니 대지님의 젖을 빠는 모습이 이와 같지 않을까.

온종일 들통을 달아뒀더니 저녁에는 찰랑찰랑 가득 찼다. 딸들과 함께 들통 스물한 개를 전부 끌고 와 커다란 쓰레기통이 거의 차도록 부었다. 그렇게 많을 줄은 생각도 못 했다. 딸들이 들통을 다시 걸고 나는 불을 피운다. 우리의 증발기는 나의 오래된 통조림용 주전자다. 헛간에서 주워 온 콘크리트 블록을 쌓아 만든 오븐 선반에 주전자를 올린다. 수액 주전자를 데우려면 시간이 오래 걸린다. 딸들은 금세 흥미를 잃는다. 나는 집을 들락날락하며 양쪽에서 불이 꺼지지 않도록 점검한다. 그날 밤 딸들을 침대에 누이는데, 다들 아침에 시럽을 맛볼 기대감에 들떠 있다.

불 옆 다져진 눈밭에 야외용 의자를 놓고 영하의 밤 기온에 수액이 잘 끓도록 땔나무를 계속 넣어준다. 주전자에서 김이 모락모락 피어올라 춥고 건조한 하늘의 달을 가렸다 보였다 한다.

졸아드는 수액을 맛본다. 시간이 지날수록 확연히 달아지지만, 이 15리터짜리 주전자에서 나오는 양은 프라이팬 바닥에 한 번 바르는 것이 고작일 것이다. 팬케이크 하나 만들면 그만이다. 그래서 수액이 졸아들 때 쓰레기통에 있는 새 수액을 붓는다. 아침에 시럽이 한 컵이라도 더 많아지길 바라면서. 땔나무를 더 넣은 뒤에 의자로 돌아와 담요를 덮고 나무나 수액을 더 넣어야 할 때까지 눈을 붙인다.

몇 시에 깨었는지 모르겠지만, 야외용 의자에 누운 몸이 으슬으슬하고 뻣뻣했다. 불은 숯이 되었으며 수액은 미지근했다. 나는 파김치가 된 채 침대에 누웠다.

아침에 돌아와보니 쓰레기통 속 수액이 꽁꽁 얼어 있었다. 다시 불을 지피다 우리 조상들이 단풍당 만들던 방법에 대해 들었던 게 기억났다. 표면의 얼음은 순수한 물이었으므로, 깨진 유리창 버리듯 쪼개서 땅바닥에 던졌다.

단풍나무 네이션 사람들은 수액을 끓일 전용 주전자가 등장하기 오래전에도 단풍당을 만들었다. 그들은 자작나무 껍질로 만든 들통에 수액을 받아 배스우드 나무의 속을 파서 만든 통나무 홈통에 부었다. 홈통은 표면적이 넓고 깊이가 얕아서 얼음이 생기기에 이상적이었다. 매일 아침 얼음을 제거할 때마다 수액의 당 농도가 점점 높아졌다. 그러고 나면 농축된 수액을 훨씬 적은 에너지로 끓여서 당을 얻을 수 있었다. 영하의 밤은 땔나무 몇 아름의 일을 대신했는데, 이는 근사한 연결을 상기시킨다. 단풍나무 수액은 이 방법을 쓸 수 있는 계절에 흐르니 말이다.

사람들은 나무로 만든 증발용 접시를 납작한 돌 위에 올려놓고는 밤낮으로 석탄불을 땠다. 옛날에는 '슈거 캠프'로 가족 모두가 거처를 옮겼는데, 그곳에는 전해에 쓴 땔나무와 장비가 보관되어 있었다. 모두가 작업을 거들었다. 할머니와 가장 어린 아이는 말랑말랑해진 눈 위로 터보건 썰매를 끌었다. 단풍당을 만들려면 모든 지식과 모든 수단을 동원해야 했다. 대부분의 시간은 수액을 젓느라 보냈는데, 여기저기 흩어진 겨울 캠프에서 사람들이 모여드는 이때는 이야기를 들려주기에 제격이었다. 하지만 격렬하게 움직일 때도 있었다. 시럽이 딱 알맞은 농도에 도달하면 두드려서 부드러운 케이크, 딱딱한 사탕, 알갱이 설탕 등 원하는 모양으로 굳힐 수 있었다. 여인들은 자작나무 껍질로 만든 상자인 **마카크**^{makak}에 단풍당을 넣고 가문비나무 뿌리로 질끈 동였다. 자작나무 껍질은 천연 항균제로, 방부 효과가 있어서 당을 여러 해 동안 보관할 수 있다.

우리 부족은 단풍당 만드는 법을 다람쥐에게 배웠다고 전해진다. 늦겨울, 모아둔 견과가 바닥난 굶주림의 시기에 다람쥐는 나무 꼭대기로 올라가 설탕단풍나무의 가지를 쏠아댄다. 껍질을 벗기면 잔가지에서 수액이 스며 나오는데 이걸 마시는 것이다. 하지만 진미는 이튿날 아침에 나온다. 다람쥐들은 전날과 똑같은 경로를 돌며 밤새 껍질에 맺힌 당 결정을 핥아 먹는다. 영하의 기온에서는 수액 속의 물이 승화되어 얼음사탕 같은 달짝지근한 결정질 껍질이 남는다. 이것만 있으면 일 년 중 가장 굶주린 시기를 무사히 넘길 수 있다.

우리 부족은 이 시기를 '단풍당의 달^{Maple Sugar Moon}'(**지지바스궤트 기지스**^{Zizibaskwet Giizis})이라 부르는데, 그 앞의 달은 '눈 달 위의 딱딱한 껍질^{Hard Crust on Snow Moon}'이라고 한다. 자급자족 생활을 하는 사람들은 '굶주림의 달^{Hunger Moon}'이라고 부르기도 한다. 저장된 식량이 바닥나고 사냥감이 부족하기 때문이다. 하지만 단풍나무는 가장 필요한 시기에 식량을 공급하여 사람들을 먹여살렸다. 사람들은 어머니 대지님이 한겨울에도 자신들을 먹일 방법을 찾아낼 것이라는 믿음에 매달려야 했다. 하지만 어머니란 원래 그런 존재다. 그 대가로, 수액이 흐르기 시작할 때면 감사의 제의가 열린다.

단풍나무는 자신이 받은 으뜸명령을 해마다 수행한다. 그것은 사람들을 돌보라는 명령이다. 하지만 그와 동시에 자신의 생존도 도모한다. 계절의 변화가 시작되었음을 감지한 눈[芽]은 굶주림에 시달린다. 1밀리미터밖에 안 되는 싹은 어엿한 잎이 되기를 갈망하기에 식량이 필요하다. 그래서 눈은 봄을 감지하면 줄기를 따라 뿌리에 호르몬 신호를 보낸다. 이것은 빛의 세계에서 지하 세계로 타전하는 모닝콜이다. 호르몬은 아밀라아제의 형성을 자극하는데, 이 효소는 뿌리에 저장된 커다란 녹말 분자를 작은 당 분자로 쪼갠다. 뿌리의 당 농도가 높아지기 시작하면 삼투 작용이 일어나 흙으로부터 물을 빨아들인다. 당은 축축한 봄 흙에서 뽑아낸 물에 녹은 채 줄기를 따라 위로 올라가며, 이렇게 솟아오른 수액은 눈에 영양을 공급한다. 사람과 눈을 먹이려면 당이 무척 많이 필요하기에 나무는 물관부^{xylem}(영어로는 '수액 목부^{sapwood}'라고도 한다)를 수도관으로 이용한다. 여느 때는 껍질 아래의 얇은 층인 체관부^{phloem} 조직에서만 당이 운반되지만, 잎이 스스로 당을 만들기 전인 봄에는 당의 수요가 하도 커서 물관부도 운반 작업에 동원된다. 당을 이런 식으로 나르는 것은 일 년 중 이때, 그럴 필요가 있을 때뿐이다. 당은 봄철 몇 주 동안 이렇게 솟아오른다. 하지만 눈이 터지고 잎이 돋으면 스스로 당을 만들기 때문에 물관부는 물을 나르는 원래 임무로 돌아간다.

다 자란 잎은 다 쓰고도 남을 만큼 당을 만들기 때문에, 이제는 당이 방향을 바꿔 잎에서 뿌리로 체관부를 통해 흐르기 시작한다. 그리하여 눈을 먹이던 뿌리가 이제는 여름 내내 잎으로부터 영양을 공급받는다. 당은 녹말로 바뀌어 원조 '지하 저장고root cellar'에 저장된다. 우리가 겨울날 아침에 팬케이크에 시럽을 끼얹었을 때면 여름날 햇살이 황금빛 물줄기로 접시에 흘러내려 웅덩이를 만드는 셈이다.

✻

나는 밤마다 불을 지키며 우리의 작은 수액 주전자를 끓였다. 수액은 온종일 똑똑 똑똑 똑똑 떨어지며 들통을 채웠으며 나는 방과 후에 딸들과 함께 수액을 시럽 통에 부었다. 내가 수액을 끓이는 속도보다 나무가 수액을 내는 속도가 빨랐기에 우리는 남는 수액을 담으려고 쓰레기통을 하나 더 샀다. 그러고 하나 더. 결국은 당을 허비하지 않기 위해 스파일을 뽑아서 수액 채취를 중단했다. 최종 결과는 3월 주택 진입로의 야외용 의자에서 자다가 얻은 지독한 기관지염과 나뭇재 때문에 살짝 회색이 되어버린 시럽 3리터였다.

우리 딸들은 단풍당 채취 모험을 떠올릴 때면 눈을 희번덕거리며 투덜댄다. "그때 너무 힘들었어." 딸들은 땔감으로 쓸 가지를 끌고 오던 일, 무거운 들통을 나르다 겉옷에 수액이 튄 일을 기억한다. 자식들을 땅과 연결시키겠다며 강제 노동을 시킨 비정한 엄마라고 나를 놀린다. 하긴 딸들은 단풍당 작업에 동원되기에는 너무 어렸다. 하지만 딸들은 나무에서 직접 수액을 받아 마시던 경이로움도 기억한다. 시럽이 아니라 수액이긴 했지만. 나나보조는 일이 너무 쉬워서는 안 된다고 잘라 말했다. 그의 가르침이 일깨우듯 진실의 절반은 대지가 우리에게 위대한 선물을 베푼다는 것이지만 나머지 절반은 그 선물로는 충분하지 않다는 것이다. 책임은 단풍나무만 지는 것이 아니다. 나머지 절반의 책임은 우리에게 있다. 단풍나무의 변화에는 우리도 한몫한다. 단맛을 증류해내는 것은 우리의 일이자 감사를 표현하는 방법이다.

나는 밤마다 불 가에 앉아 있었으며, 딸들은 탁탁 불꽃 튀는 소리와 보글보글 수액 끓는 소리를 자장가 삼아 침대에서 곤히 잠들어 있었다. 나는 불에 매료되어 단풍당의 달이 동쪽으로 떠오르면서 하늘이 은빛으로 물든 것도 알아차리지 못했다. 화창하고 쌀쌀한 밤하늘이 어찌나 밝던지 나무 그림자가 집에 드리웠다. 우리 딸들이 자는 방의 창문을 선명한 검은색으로 장식한 것은 쌍둥이 나무의 그림자였다. 두 나무는 둘레와 형태가 똑같았으며 우리 집 정면으로 길가에 서 있었다. 그림자에 둘러싸인 현관은 단풍나무 포티코(열주랑이 있는 포치_옮긴이)처럼 보였다. 나무는 가지 하나 없이 나란히 쭉 뻗었다가 처맛기슭에 이르러 우산처럼 가지를 펼쳤다. 나무는 이 집과 함께 자랐으며 이 집의 보호 아래 몸매를 다듬었다.

1800년대 중엽에는 결혼과 집들이를 축하하려고 쌍둥이 나무를 심는 풍습이 있었다. 두 나무가 고작 3미터 떨어져 서 있는 것을 보면 부부가 손을 맞잡고 포치에 서 있는 광경이 떠오른다. 나무의 그림자는 앞쪽 포치를 길 건너 헛간과 연결하여 젊은 부부가 오갈 수 있는 응달 길을 만들어준다.

이 집에 처음 산 사람들이 응달의 혜택을 누리지 못했음을 깨달는다. 적어도 젊은 부부일 때는. 나무는 두 사람의 뒤를 이어 이곳에 머물 사람들을 위한 것이었다. 두 사람은 응달이 도로를 가로지르기 오래전에 묘지에 잠들었을 것이다. 오늘날 나는 그들이 상상한 응달진 미래를 살아가며 그들의 혼인 서약과 함께 식수된 나무의 수액을 마신다. 그들은 몇 세대 뒤에 내가 여기 살게 되리라 상상하지 못했겠지만, 그럼에도 나는 그들이 정성껏 보살핀 선물을 누리며 산다. 그들은 우리 딸 린든이 결혼했을 때 단풍나무 잎 모양 단풍당을 하객 선물로 고르리라고 상상할 수 있었을까?

나에게, 쌍둥이 나무의 보호 아래 신체적이고 정서적이고 영적인 유대를 맺으며 살아가게 된 이름 모를 존재인 나에게 남겨진 그 사람들과 이 나무들에 내가 져야 할 책임은 얼마나 큰가. 나는 그들에게 되갚을 길이 없다. 그들이 내게 준 선물은 내가 갚을 능력보다 훨씬 크다. 내가 온전히 돌보지 못할 만큼 크다. 이따금 나무의 발치에 비료를 뿌려주고 가문 여름에 호스로 물을 뿌려주기는 하지만. 내가 할 수 있는 일은 사랑하는 것뿐인지도 모르겠다. 내가 할 줄 아는 것은 그들과 미래를 위해, 이곳에서 살아갈 다음번 이름 모를 이들을 위해 또 다른 선물을 남기는 것뿐이다. 마오리족은 아름다운 나무 조각을 만들어 멀리 숲 속으로 가져가서는 나무에게 선물로 두고 온다고 한다. 그래서 나도 단풍나무님 아래 양지바른 곳에 수선화님 수백 송이를 심는다. 나무의 아름다움에 경의를 보내고 나무의 선물에 보답하기 위해.

지금도, 수액이 올라올 때면 수선화님들이 발치에서 솟아오른다.

위치헤이즐

우리 딸의 눈을 통해 말해진 대로.

11월은 꽃을 위한 시기가 아니다. 낮은 짧고 쌀쌀하다. 무겁게 드리운 구름에 기분이 무거워지고 나지막이 읊조리는 욕설 같은 진눈깨비가 나를 집 안에 가둔다. 다시 밖에 나가볼 엄두가 안 난다. 그래도 드물게 해가 나서 세상이 노랗게 물들면—어쩌면 눈 내리기 전 마지막으로—밖에 나가야 한다. 이맘때 숲은 잎도 새도 없어서 적막하기에 벌의 웅웅거리는 소리가 유난히 요란하게 들린다. 나는 궁금해져서 벌의 자취를 쫓는다. 무슨 일이 있었기에 11월에 밖에 나왔을까? 벌은 앙상한 가지로 곧장 날아간다. 자세히 들여다보니 노란 꽃이 흩뿌려져 있다. 위치헤이즐님^{Witch Hazel}(풍년화)이다. 꽃은 기다란 꽃잎이 다섯 장인데, 각각이 바람에 갈가리 찢긴 채 빛바랜 노란색 헝겊처럼 가지에 걸쳐 있다. 하지만, 오, 그들은 환영받는다. 몇 달간 회색만 보아야 할 판에 색깔 있는 점이니 말이다. 겨울이 찾아오기 전의 마지막 안간힘. 느닷없이 오래전 11월이 생각난다.

※

그녀가 떠난 뒤로 집은 텅 비어 있었다. 그녀가 키 큰 창문에 붙인 골판지 산타 할아버지는 여름 햇살에 바랬으며 식탁 위의 플라스틱 포인세티아에는 거미줄이 늘어졌다. 생쥐가 식료품 저장고를 뒤지고 다닌 냄새가 났다. 전기가 나간 아이스박스 속 성탄절용 햄은 곰팡이 덩어리가 되었다. 집 밖 포치에서는 굴뚝새가 도시락 통에 둥지를 지어놓고 그녀의 귀환을 기다렸다. 회색 카디건이 여전히 빨래집게로 걸려 있는 채, 축 늘어진 빨랫줄 아래로 참취가 흐드러지게 피었다.

헤이즐 바넷을 처음 만난 것은 엄마와 켄터키 들판을 거닐며 검은딸기를 찾을 때였다. 허리를 숙여 검은딸기를 따고 있는데 산울타리에서 새된 목소리가 들려 왔다. "안녕하세요. 안녕하세요." 울타리 옆에는 이제껏 본 사람 중에서 가장 나이 많은 여인이 서 있었다. 살짝 겁이 나서 엄마 손을 잡은 채 인사에 답하려고 걸어갔다. 그녀는 분홍색과 포도주색 제비꽃 사이로 울타리에 몸을 기대고 있었다. 진회색 머리카락은 목덜미에서 쪽을 쪘으며 합죽이 얼굴 주위로 흰 빛줄기의 후광이 햇살처럼 뻗어 나갔다.

그녀가 말했다. "밤에 당신네 불을 보는 게 좋아요. 이웃이 있다는 생각이 들어서 말이지. 당신네가 걸어다니고 인사하는 거 다 봤어요." 엄마가 자신을 소개하고는 우리가 몇 달 전에 이사 왔다고 설명했다. 그녀가 가시철조망에 기댄 채 내 뺨을 꼬집으며 물었다. "이 어여쁜 백합 송이는 누구신가?" 울타리는 그녀가 걸친 실내복의 헐렁한 가슴 부위를 누르고 있었는데, 접시꽃을 닮은 분홍색과 자주색 꽃들은 오랫동안 빨아서 색이 바랬다. 그녀는 침실용 슬리퍼를 정원에서 신고 있었다. 우리 엄마라면 결코 허락하지 않았을 것이다. 그녀는 주름진 늙은 손으로 울타리를 잡고 있었다. 핏줄이 드러나고 구부러진 약손가락에는 가느다란 금반지가 끼워져 있었다. 헤이즐이라는 사람 이름은 한 번도 들어보지 못했지만, '위치헤이즐Witch Hazel'은 들어봤기에 이 사람은 마녀witch가 틀림없다고 생각했다. 나는 엄마 손을 더 꽉 쥐었다.

그녀가 식물과 함께 있는 모습으로 보건대 언젠가 '마녀'라고 불렸을지도 모르겠다. 철이 훌쩍 지났는데 꽃을 피우고는 6미터 아래 고요한 가을 숲바닥에 요정 발자국 같은 소리를 내며 씨앗—한밤처럼 까맣게 빛나는 진주—을 내뱉는 나무에는 뭔가 으스스한 게 있다.

그녀는 엄마와 뜻밖의 친구가 되어 요리법과 식물 키우는 법을 주고받았다. 엄마는 낮에는 시내 대학에서 교수로 일하면서 현미경을 들여다보고 학술 논문을 썼다. 하지만 봄에 땅거미가 깔리면 맨발로 텃밭에 나가 콩을 심었으며 당신 삽질에 동강 난 지렁이를 내가 양동이에 담도록 도와주었다. 나는 붓꽃 밑에 지은 벌레 병원에서 지렁이를 치료해주면 다시 건강해질 거라고 생각했다. 엄마는 늘 이렇게 말하며 내게 용기를 북돋웠다.

"사랑으로 치유하지 못하는 상처는 없단다."

여러 날 동안 저녁마다 어두워지기 전에 목초지를 거닐다가 울타리로 가 헤이즐을 만났다. 그녀가 말했다. "창문에 당신네 불빛이 비치는 게 좋아요. 훌륭한 이웃보다 좋은 것은 아무것도 없지." 두 사람은 거세미나방을 쫓으려면 토마토 밑동에 난로 재를 뿌리는 게 좋다는 얘길 나눴으며 엄마는 내가 읽기를 아주 빨리 배운다고 자랑했다. 나는 두 사람의 대화에 귀를 기울였다. 헤이즐이 말했다. "어머나, 애는 머리가 비상하구나. 우리 작은 꿀벌아, 그렇지 않니?" 이따금 그녀는 내게 주려고 페퍼민트를 낡고 부드러운 셀로판지에 싸서 실내복 주머니에 넣어 가지고 왔다.

방문 장소는 울타리에서 현관 포치로 옮겨 갔다. 빵을 구우면 그녀의 축 처진 현관 층층대에서 쿠키와 레모네이드를 먹었다. 나는 그집에 가고 싶었던 적이 한 번도 없다. 그곳은 잡동사니, 쓰레기봉투, 담배 연기, 그리고 (이제야 알게 된 것이지만) 가난의 냄새로 꽉 차 있었다. 헤이즐은 작은 샷건 하우스(방이 일렬로 배치된 주택_옮긴이)에서 아들 샘, 딸 제이니와 함께 살았다. 제이니는 그녀의 엄마 말로는 '순박'했다. 늦게 낳은 막내여서 그렇다고 한다. 제이니는 상냥하고 다정했으며 언제나 내 자매와 나를 자신의 깊고 포근한 품에 꼭 안아주고 싶어 했다.

샘은 장애인이어서 일을 할 수 없었지만 제대 군인 연금과 석탄 회사 연금을 받았는데 그걸로 온 가족이 먹고 살았다. 생활은 빠듯했다. 샘은 몸이 좋아져서 낚시를 가면 강에서 잡은 커다란 메기를 우리에게 가져다주었다. 기침을 심하게 했지만, 반짝이는 푸른 눈을 가졌으며 해외 참전에서 겪은 이야깃거리가 풍성했다. 한번은 철로변에서 딴 검은딸기를 한 통 가득 가져다주기도 했다. 우리 엄마는 큼지막한 양동이가 선물로는 과하다고 여겨 받지 않으려 했다. 헤이즐이 말했다. "그건 말도 안 돼요. 이건 제 검은딸기가 아니에요. 주님께서 검은딸기를 만드신 것은 저희가 나누길 바라시기 때문이에요."

우리 엄마는 일을 사랑했다. 엄마가 좋아하는 시간은 돌벽을 쌓거나 덤불을 개간할 때였다. 이따금 헤이즐이 찾아와서는 엄마가 돌을 쌓거나 불쏘시개를 쪼개는 동안 참나무 아래 야외용 의자에 앉아 있었다. 두 사람은 이런저런 담소를 나눴으며 헤이즐은 잘 마른 장작 더미가 얼마나 좋은지—특히 부수입을 벌려고 빨래품을 팔 때—이야기했다. 빨랫대야를 데우려면 좋은 땔나무가 필요했다. 그녀는 강 아래쪽에서 요리사로 일했으며 접시를 한 번에 몇 장씩 날랐는 줄 아느냐며 고개를 절레절레 저었다. 엄마는 학생들이나 여행에 대해 이야기했는데, 헤이즐은 비행기를 타고 난다는 생각만으로도 놀라워했다.

헤이즐은 눈보라를 뚫고 아기를 받으러 간 얘기, 사람들이 약초를 얻으려고 집에 찾아온 얘기를 들려주었다. 어떤 여교수가 헤이즐의 옛 지식을 책에 담겠다며 테이프 녹음기를 가지고 찾아왔다고도 말했다. 하지만 여교수는 그 뒤로 다시는 방문하지 않았으며 헤이즐은 결코 책을 보지 못했다. 커다란 나무 아래서 피칸을 주운 얘기, 강가 아래쪽 양조장에서 통 만드는 일을 하는 아버지에게 도시락 가져다

드린 얘기는 듣는 둥 마는 둥 했지만 우리 엄마는 헤이즐의 이야기에 푹 빠졌다.

엄마는 과학자가 된 걸 후회하지 않았지만, 당신이 너무 늦게 태어났다고 늘 말했다. 당신의 진정한 소명은 19세기의 농사꾼 아내가 되는 것이라고 했다. 엄마는 노래를 부르며 토마토 통조림을 만들고 복숭아를 졸이고 빵 반죽을 치댔으며 내게도 요리하는 법을 배우라고 채근했다. 엄마와 헤이즐의 우정을 돌이켜 보면 두 사람이 서로에게 깊은 존경심을 품은 바탕에는 이런 것들이 있었던 것 같다. 둘 다 대지 깊숙이 발을 디딘 여인이었으며 둘 다 남들을 위해 짐을 짊어질 만큼 억센 등을 가진 것에 자부심을 느꼈다.

내가 듣던 얘기는 대부분 어른들의 한가로운 잡담이었지만, 한번은 엄마가 나무를 한 아름 안고 마당을 가로질러 올 때 헤이즐이 얼굴을 손에 파묻고 우는 광경을 보았다. 헤이즐이 말했다. "내가 집에 살 땐 그런 짐을 나를 수 있었지. 한쪽 엉덩이에는 복숭아 두 말을 지고 다른 쪽 엉덩이에는 아기를 업고도 거뜬했어. 하지만 이젠 다 옛일이야. 바람과 함께 사라져버렸어."

헤이즐은 도로 바로 아래에 있는 켄터키주 재스민군에서 나고 자랐다. 하지만 말투는 몇백 킬로미터 떨어진 곳에 사는 사람 같았다. 그녀도, 제이니와 샘도 운전을 못 했기에 그녀의 오래된 집은 마치 산맥 너머 오지에 있는 듯했다.

그녀가 샘과 살려고 여기 온 것은 성탄절 전날 샘이 심장 발작을 일으켰을 때였다. 그녀는 성탄절을, 사람들을 초대하고 성대한 요리를 준비하는 것을 좋아했지만, 그해 성탄절에는 모든 것을 포기한 채 문을 걸어잠그고는 아들 곁으로 와서 그를 돌봤다. 그녀는 그 뒤로 고향에 돌아간 적이 없었지만, 그리움에 가슴이 미어지는 것을 알 수 있었다. 집 얘기를 할 때면 그녀의 눈에는 아련한 빛이 감돌았다.

우리 엄마는 고향에 대한 갈망이 어떤 느낌인지 알았다. 엄마는 애디론댁 산맥의 북부 응달에서 태어난 북부 소녀였다. 대학원과 연구 활동 때문에 여러 곳을 전전했지만 늘 언젠가는 고향에 돌아갈 거라고 생각했다. 엄마가 붉은단풍나무의 광채를 그리워하며 울던 가을이 기억난다. 엄마는 좋은 일자리와 아빠의 경력을 위해 켄터키로 이사했지만, 나는 엄마가 고향의 사람들과 숲을 그리워했음을 안다. 추방의 쓴맛은 헤이즐뿐 아니라 우리 엄마의 입안에도 감돌았다.

헤이즐은 나이가 들면서 점점 우울해졌으며 옛 시절에 대해, 다시는 볼 수 없는 것들에 대해—남편 롤리가 얼마나 훤칠하고 잘생겼는지, 정원이 얼마나 아름다웠는지—더 많이 이야기했다. 한번은 우리 엄마가 헤이즐에게 고향에 데려다주겠다고 했지만 그녀는 고개를 저었다. "고맙지만 신세를 질 순 없어요. 어쨌든 지난 일이니까요. 다 지나가버렸어요." 하지만 해가 길고 금빛이던 어느 가을 오후 그녀에게서 전화가 왔다.

"자기, 눈코 뜰 새 없이 바쁜 거 알지만 나를 고향에 태워다줄 수 있다면 무척 고맙겠어요. 눈발이 날리기 전에 그 지붕을 꼭 봐야겠어요." 우리 엄마와 나는 헤이즐을 태우고 니컬러스빌 로드를 따라 강을 향해 올라갔다. 4차로가 켄터키강을 넓게 가로질렀는데, 다리가 하도 높아서 아래에 진흙탕이 흐르고 있다는 게 실감 나지 않았다. 판자가 쳐진 채 버려진 옛 양조장 앞에서 고속도로를 벗어나 좁은 흙길을 따라 강 반대편으로 달렸다. 차가 방향을 바꾸는 순간 헤이즐이 뒷자리에서 울기 시작했다.

그녀는 "우리 옛 길이에요"라고 말했다. 나는 그녀의 손을 어루만졌다. 내가 어떻게 위로해야 할지 알았던 것은 엄마가 나를 데리고 당신이 자란 집 앞을 지날 때 꼭 이렇게 울었기 때문이다. 엄마는 헤이즐이 가리키는 대로 쓰러져가는 작은 집들과 구멍 뚫린 트레일러, 헛간의 잔해를 지나쳤다. 우리가 멈춘 곳은 울창한 검은아까시나무 숲 아래의 습한 풀밭이었다. 헤이즐이 말했다. "여기가 즐거운 나의 집이에요." 그녀는 마치 그곳이 책에 나오는 장소인 것처럼 말했다. 우리 앞에 있는 것은 오래된 학교 건물이었다. 사방에 기다란 예배당 창문이 있고 앞에는 출입문이 남학생용, 여학생용 두 개가 있었다. 건물은 은회색이었다. 군데군데 판자가 하얗게 색이 바랬을 뿐.

헤이즐은 차에서 나왔다. 나는 그녀가 키 큰 풀밭에서 비틀거리다 쓰러지기 전에 서둘러 보행 보조기를 가져와야 했다. 그녀는 창고로 쓰이는 오래된 닭장을 가리키며 엄마와 나를 옆문 포치로 안내했다. 커다란 지갑을 더듬거려 열쇠를 찾았지만 손이 떨려서 못 열겠다며 내게 대신 열어달라고 부탁했다. 나는 낡아빠진 덧문을 열었다. 열쇠는 맹꽁이자물쇠에 쑥 들어갔다. 내가 문을 잡고 있는 동안 그녀는 터벅터벅 안으로 들어가더니 걸음을 멈췄다. 그저 멈춰서 바라볼 뿐이었다. 교회처럼 고요했다. 내부 공기는 서늘했으며 나를 스쳐 온화한 11월 오후로 불어 나갔다. 나는 안으로 발을 디뎠지만 엄마가 내 팔을 잡고 만류했다. '할머니 혼자 계시게 두렴'이라는 표정이었다.

우리 앞에 있는 방은 옛 시절을 그린 그림책 같았다. 크고 오래된 장작 난로가 뒷벽에 놓여 있었는데, 옆에 주물 프라이팬이 걸려 있었다. 행주는 마른 개수대 위에 반듯하게 걸려 있었으며 한때 흰색이었을 커튼 사이로 바깥의 숲 풍경이 보였다. 천장은 옛 학교 건물에 걸맞게 높았으며 검은색과 은색의 반짝이 화환으로 장식되었다. 열린 문으로 불어든 산들바람에 화환이 반짝거렸다. 문틀 옆에 성탄 카드가 붙어 있었으며 스카치테이프는 누렇게 색이 변했다. 부엌은 온통 성탄절 장식이었다. 명절 무늬 유포油布가 식탁을 덮었으며 한가운데에는 거미줄에 덮인 플라스틱 포인세티아가 잼 병에 꽂혀 있었다. 식탁에는 여섯 사람의 자리가 마련되어 있었다. 접시에는 아직 음식이 놓여 있었고, 병원 전화 때문에 식사가 중단되었을 그 순간처럼 의자가 뒤로 밀려 있었다. 그녀가 말했다.

"이게 다 뭐람. 전부 정돈해야겠어."

헤이즐은 외식하고 방금 집에 돌아왔는데 집 안 꼴이 맘에 안 드는 주부처럼 집안일 태세로 전환했다. 보행 보조기를 치우고 기다란 식탁에서 접시를 걷어 개수대에 가져가기 시작했다. 우리 엄마는 정리 정돈은 다음에 하고 우선 실내 구경을 시켜달라며 그녀를 진정시켰다. 헤이즐은 우리를 응접실로 데려갔다. 말라비틀어진 크리스마스 트리가 서 있었으며 바닥에는 솔잎이 수북이 쌓여 있었다. 장식물들은 앙상한 가지에 고아처럼 매달려 있었다. 빨간색의 작은 북 하나와

은색의 플라스틱 새 인형들이 있었다. 페인트는 벗겨지고 꼬리는 몽당꼬리가 되었다. 예전에는 아늑한 방이었을 것이다. 흔들의자 몇 개와 소파 하나, 작은 물렛가락 다리 탁자 하나, 가스등 몇 개가 놓여 있었다. 오래된 참나무 사이드보드(식사에 필요한 소도구를 보관하는 가구_옮긴이)에는 도자기 주전자와 장미 그림 그릇이 들어 있었다. 분홍색과 파랑색으로 십자수를 뜬 스카프가 사이드보드 위에 길게 놓여 있었다. 헤이즐이 두텁게 쌓인 먼지를 실내복 끄트머리로 닦아 내며 말했다. "어머나. 여기 먼지 좀 털어야겠네."

헤이즐과 엄마가 사이드보드의 예쁜 접시를 구경하는 동안 나는 여기저기를 탐험했다. 문 하나를 열자 커다란 침대가 정돈되지 않은 채 놓여 있었다. 위에는 담요가 널브러진 채 쌓여 있었다. 침대 옆에는 유아용 변기 의자처럼 생긴 물건이 있었는데, 크기는 성인용만 했다. 냄새가 별로 좋지 않아서 잽싸게 퇴각했다. 집 안 기웃거리는 걸 들키고 싶지는 않았다. 다른 문을 열었더니 아름다운 퀼트로 장식된 침실이 있었다. 화장대 위 거울에는 반짝이 화환이 늘어져 있었으며 방풍 램프에는 숯검정이 온통 말라붙어 있었다.

헤이즐이 엄마의 팔에 기댄 채 우리는 바깥의 빈터를 돌았다. 헤이즐은 자신이 심은 나무와 웃자란 화단을 가리켰다. 집 뒤편 참나무 아래에는 앙상한 회색 가지 덩어리에서 실 같은 노란색 꽃이 몽글몽글 돋아났다. 헤이즐은 "이것 좀 봐요. 오래된 약초가 저를 반기네요"라고 말하며 손을 내밀어 마치 악수하듯 가지를 붙잡았다. "이 오래된 위치헤이즐 다발을 많이 만들었어요. 사람들이 얻으러 왔죠.

특별한 약초였으니까요. 저는 가을에 껍질을 삶아서 겨우내 통증, 화상, 발진에 발랐답니다. 다들 원했어요. 어떤 상처든 숲에는 치료약이 있어요."

그녀가 말했다. "위치헤이즐은 우리 몸뿐 아니라 마음에도 유익해요. 놀랍게도 11월에 꽃이 핀답니다. 선하신 주님께서 우리에게 위치헤이즐을 주신 것은 언제나 좋은 것이 있음을—없는 것처럼 보일 때에도—일깨우기 위해서예요. 그러면 마음이 한결 가벼워져요." 첫 방문 이후 헤이즐은 종종 일요일 오후에 찾아와 이렇게 물었다. "드라이브 안 가실라우?" 엄마는 우리도 따라가야 한다고 생각했다. 빵 굽고 콩 심는 법을 배우라고 채근한 것과 마찬가지로, 그때는 중요해 보이지 않았지만 이제는 그렇지 않음을 안다. 엄마와 헤이즐이 포치에 앉아 이야기하는 동안 우리는 낡은 집 뒤편에서 피칸을 줍고 기울어진 바깥채에서 코를 찡그리고 보물을 찾아 헛간을 뒤졌다. 문 바로 옆에 박힌 못에는 오래된 검은색의 금속제 도시락이 걸려 있었는데, 뚜껑이 열린 채 종이 같은 것이 들어 있었다. 안에는 새 둥지의 흔적이 있었다. 헤이즐은 크래커 부스러기가 가득 든 작은 비닐봉지를 가져와 포치 난간에 뿌렸다.

"롤리가 세상을 떠난 뒤에 이 조그만 굴뚝새가 해마다 여기 집을 지었다우. 여기 이게 그의 도시락이었어요. 이제 굴뚝새 보금자리가 되었으니 그대로 둘 수밖에요." 헤이즐은 젊고 튼튼할 때는 많은 사람들에게 도움을 줬을 것이다. 그녀가 가리키는 대로 길을 따라 내려가면서 집집마다 차를 세웠다. 한 집만 빼고. 그녀는 "몹쓸 사람들이야"라고 말하며 고개를 돌렸다. 나머지 사람들은 헤이즐을 다시 만나 무척 기뻐했다. 엄마와 헤이즐이 이웃집을 방문하는 동안 자매와 나는 닭을 쫓아다니거나 사냥개를 어루만졌다.

이곳 사람들은 학교에서나 대학교 파티에서 만난 사람들과 사뭇 달랐다. 어떤 여인은 손을 뻗어 내 치아를 두드리며 말했다. "이빨이 튼튼하고 예쁘구나." 치아가 칭찬의 대상이 될 수 있다는 생각을 한 번도 못 한 것은 그 전까지는 치아가 거의 다 빠진 사람을 한 번도 못 만났기 때문이었다. 하지만 대부분의 기억은 그들의 친절에 대한 것이다. 그들은 소나무 아래 작고 하얀 교회에서 헤이즐과 함께 성가대에서 노래하던 여인들이었다. 헤이즐과는 어릴 적부터 알고 지낸 사이였다. 그들은 강가에서 함께 춤추던 기억을 떠올리며 깔깔 웃었고 장성하여 출가한 자식들을 생각하며 서글프게 고개를 내저었다. 우리는 오후에는 신선한 달걀 한 바구니나 케이크 조각 하나씩을 가지고 집에 갔다. 헤이즐의 눈에서는 광채가 났다.

겨울이 시작되자 우리는 방문 횟수가 줄었으며 헤이즐의 눈에서는 광채가 사라진 것 같았다. 어느 날 헤이즐은 우리 집 식탁에 앉아서 이렇게 말했다. "난 이미 가진 게 많으니 선하신 주님께 더 바라선 안 된다는 거 알아. 하지만 나의 옛 집에서 성탄절을 한 번만 더 지내보고 싶구나. 하지만 이젠 다 옛일이야. 바람과 함께 사라져버렸어." 그녀의 아픔은 숲의 어떤 약으로도 치료할 수 없었다.

우리는 그해 성탄절에 북부의 할아버지 할머니 댁에 가지 않기로 했다. 엄마는 이 때문에 속상해 했다. 성탄절까지는 몇 주가 남았지만 벌써부터 맹렬히 빵을 구워댔는데, 그동안 우리는 팝콘과 크랜베리를 나무에 매달았다. 엄마는 눈雪이 얼마나 보고 싶은지, 발삼의 냄새와 친정 가족이 얼마나 그리운지 이야기했다. 그때 아이디어가 떠올랐다.

완벽한 깜짝 파티를 연다는 계획이었다. 엄마는 샘에게서 집 열쇠를 빌려서는 낡은 학교 건물에 들어가 무슨 일을 하면 좋을지 둘러보았다. 루럴 일렉트릭 전기 회사에 전화하여 헤이즐네 전기를 며칠만 다시 연결해달라고 했다. 불이 들어오자 집 안이 얼마나 더러운지 실감 났다. 수도가 나오지 않아서 우리 집에서 물병을 가져가 물건을 말끔히 훔쳤다. 우리 힘으로는 역부족이어서 엄마는 지역 봉사 점수를 따야 하는 대학교 남학생 제자들에게 도움을 요청했다. 틀림없는 봉사거리가 하나 있었으니, 그것은 미생물학 실험을 방불케 하는 냉장고 청소였다.

우리는 헤이즐네 도로를 오르락내리락했으며 나는 그녀의 옛 친구들을 찾아다니며 손수 쓴 초대장을 건넸다. 수가 많지는 않아서 엄마는 대학생 제자들과 당신 친구들도 초대했다. 그 집에는 성탄절 장식이 남아 있었지만, 우리는 두루마리 휴지 심으로 종이 사슬과 종이 초를 만들었다. 아빠는 나무를 한 그루 베어 거실에 가져와서는 전에 있던 말라비틀어진 트리에서 떼어낸 조명을 달았다. 우리는 뾰족뾰족한 붉은개잎갈나무red cedar('적삼목', '붉은삼나무'라고도 불리지만, 이 책에서는 일관성을 위해 '붉은개잎갈나무'로 표기한다_옮긴이) 가지를 한 아름 가져와 테이블을 장식했으며 지팡이 사탕을 트리에 매달

왔다. 며칠 전까지만 해도 곰팡이 냄새와 쥐똥 냄새가 진동하던 곳이 붉은개잎갈나무와 박하의 향기로 가득 찼다. 엄마와 친구들은 쿠키를 구웠다.

성탄절 아침, 벽난로에 불을 지피고 트리 조명을 켰으며 현관 포치 계단을 쿵쿵거리며 사람들이 하나둘 도착하기 시작했다. 자매와 나는 손님을 맞이했고 엄마는 주빈을 모시러 차를 몰고 나갔다. 엄마는 "저기 드라이브 하고 싶은 사람 있어요?"라고 말하며 헤이즐에게 따뜻한 코트를 걸쳐주었다. 헤이즐이 물었다. "좋지. 어디 가게요?"

조명과 친구로 가득한 '즐거운 나의 집'에 발을 디디는 순간 헤이즐의 얼굴이 양초처럼 빛났다. 엄마는 성탄절 코르사주 장식─옷장 서랍에서 발견한, 반짝거리는 금색 플라스틱 종─을 헤이즐의 드레스에 꽂았다. 헤이즐은 그날 자기 집을 여왕처럼 누비고 다녔다. 아빠와 자매는 거실에서 〈고요한 밤 거룩한 밤〉과 〈기쁘다 구주 오셨네〉를 바이올린으로 연주했으며 나는 달짝지근한 레드 펀치를 사람들에게 대접했다. 파티에 대해 더 기억나는 것은 돌아오는 길에 헤이즐이 잠들었다는 것뿐이다.

몇 해 뒤에 우리는 켄터키를 떠나 북부로 돌아갔다. 엄마는 고향에 돌아가 참나무 대신 단풍나무를 보게 되어 기뻤지만 헤이즐에게 작별 인사를 하기란 쉬운 일이 아니었다. 그래서 마지막까지 미뤄두었다. 헤이즐은 작별 선물로 흔들의자와 성탄절 장식품이 두 개 든 작은 상자를 줬다. 상자에는 셀룰로이드 북鼓과 꼬리 깃털이 달아난 은색 플라스틱 새가 들어 있었다. 엄마는 아직도 해마다 이 장식품을 트리에 걸면서 그해 파티가 생애 최고의 성탄절 파티였다고 말한다. 우리가 이사한 지 한두 해 뒤에 헤이즐이 세상을 떠났다는 소식을 들었다. 그녀는 이렇게 말했을 것이다.

"다 옛일이야. 바람과 함께 사라져버렸어."

위치헤이즐로도 가라앉힐 수 없는 아픔이 있다. 그런 아픔을 치유하려면 서로가 필요하다. 엄마와 헤이즐 바넷은 언뜻 보기에는 어울리지 않는 자매였지만, 자신들이 사랑하는 식물에게서 좋은 가르침을 얻은 것 같다. 두 사람은 외로움을 달랠 연고를 함께 만들었으며 원기를 북돋워 그리움의 고통을 덜어줄 차를 끓였다.

이제 단풍이 모두 떨어지고 기러기도 날아가면 나는 위치헤이즐을 찾으러 나간다. 위치헤이즐은 한 번도 나를 실망시키는 법이 없다. 그해 성탄절의 기억, 엄마와 헤이즐의 우정이 서로를 치유했던 일이 언제나 떠오른다. 온 사방에 겨울이 닥칠 때면 위치헤이즐의 날을 소중히 간직한다. 노란색 꽃잎 조각과 창문에 비치던 불빛을.

엄마의 일

좋은 엄마가 되고 싶었다. 그게 전부다. 하늘여인 같은 엄마가 되고 싶었는지도 모르겠다. 때로는 갈색 물이 가득 찬 바지 장화(허리까지 올라오게 하여 신는 장화_옮긴이)를 입어야 했다. 한때는 연못 물이 들어오지 못하게 막아주던 바지 장화에 이제는 연못 물이 담겨 있다. 나도 들어 있다. 그리고 올챙이 한 마리도. 반대쪽 오금에서 팔딱거리는 움직임이 느껴진다. 두 마리다.

뉴욕 교외에서 집을 구하려고 켄터키를 떠났을 때 어린 두 딸은 새 집에 바라는 것들을 내게 꼬치꼬치 알려주었다. 나무 요새를 지을 수 있을 만큼 커다란 나무 두 그루, 자기들이 좋아하는 필립 라킨의 책에서처럼 팬지가 늘어선 돌길, 붉은 헛간, 헤엄칠 수 있는 연못, 자주색 침실. 마지막 요구 사항은 내게 위안이 되었다. 애들 아빠는 삶이 지긋지긋하다며 얼마 전 이 나라를, 그리고 우리를 떠났다. 그는 책임질 것이 너무 많은 삶을 더는 원하지 않는다고 말했다. 그래서 책임은 전부 내 몫이 되었다. 나는 감사했다. 어쨌든 침실을 자주 색으로 칠할 수는 있었으니까.

겨우내 이 집 저 집을 둘러봤지만 전부 너무 비싸거나 기대에 못 미쳤다. '침실 3, 욕실 2, 복층, 전망' 같은 매물 설명은 '나무 위의 집'으로 쓸 만한 나무가 있는지 같은 필수 정보가 턱없이 부족하다. 고백건대 내 관심사는 주택 담보 대출과 학군, 트레일러 주택 단지가 인접해 있는가 등이었다. 하지만 부동산 중개인이 오래된 농장 주택으로 나를 데려갔을 때 딸들의 희망 사항이 떠올랐다. 우람한 설탕 단풍나무가 집을 둘러싸고 있었는데 가지를 낮게 드리운 두 그루는 나무 위의 집을 짓기에 제격이었다. 후보 자격이 있었다. 하지만 너덜너덜해진 셔터와 바닥을 못 본 지 반 세기가 된 포치가 문제였다. 장점은 대지 면적이 8000평이라는 것이었는데, 그중에는 송어 연못이라는 곳도 있었다. 당시에는 나무로 둘러싸인 맨들맨들한 빙판이었지만. 집은 텅 비고 춥고 버려진 채였으나, 방문을 열고 퀴퀴한 방에 들어서자 상상도 못한 놀라운 광경이 펼쳐졌다. 구석 침실이 봄 제비꽃 색깔이었다. 그것은 계시였다. 이곳은 평생을 함께할 거처가 될 터였다.

우리는 그해 봄에 이사했다. 얼마 안 가서 아이들과 함께 단풍나무에 나무 요새를 지었다. 한 명에 하나씩. 눈이 녹았을 때 잡풀 우거진 판석길이 현관까지 이어진 것을 보고서 우리가 얼마나 놀랐을지 상상해보라. 우리는 이웃을 만나고 언덕 꼭대기에 소풍을 가고 팬지를 심고 행복을 뿌리 내리기 시작했다. 좋은 엄마가 될 수 있을 것 같았다. 혼자서 부모 몫을 해낼 수 있을 것 같았다. 아이들의 희망 사항 중에서 아직 못 이룬 것은 헤엄칠 수 있는 연못뿐이었다.

부동산 양도 증서에는 샘물이 공급되는 깊은 연못이라고 나와 있었는데, 100년 전에는 꼭 그랬을지도 모르겠다. 대대로 여기서 산 이웃 말로는 마을에서 제일 인기 있는 연못이라고 했다. 여름이면 소년들이 꼴을 벤 뒤에 수레를 세워두고 연못에서 헤엄을 쳤다고 했다. 이웃이 말했다. "옷을 벗어 던지고 물에 뛰어들었죠. 여자애들이 엿볼 수 없는 지형이어서 홀딱 발가벗었답니다. 물은 또 얼마나 차가웠다고요! 샘물 덕분에 얼음장처럼 차가워서, 꼴 베고 난 뒤에 상쾌하기 이를 데 없었죠. 헤엄 다 치고 나면 풀밭에 누워서 몸을 데웠어요."

우리 호수는 집 뒤켠 언덕 위쪽에 있다. 삼면이 위로 경사져 있고 한쪽 면은 사과나무가 우거져 있어서 시선이 완전히 차단된다. 그 뒤는 석회암 절벽인데, 200년도 더 전에 여기서 돌을 캐내어 이 집을 지었다. 이제는 아무도 연못에 발가락 하나 담그려 들지 않을 것 같았다. 우리 딸들은 어림도 없었다. 온통 녹색이어서 어디서 물풀이 끝나고 물이 시작되는지 알 수 없을 지경이었다.

오리도 한몫했다. 녀석들은 점잖게 말해서 영양 염류의 주 공급원이라고 부를 만했다. 사료 가게에서 처음 봤을 때는 보송보송한 노란색 솜털에 커다란 부리가 비죽 나온 채 거대한 주황색 발로 목재 칩 채운 우리를 아장아장 돌아다니는 모습이 얼마나 귀여웠는지 모른다. 부활절이 며칠 남지 않은 봄날이었다. 녀석들을 집에 들이지 말아야 할 온갖 이유들은 아이들의 기쁨에 사르르 녹아버렸다. 좋은 엄마라면 새끼 오리를 들여야 하지 않을까? 안 그러면 연못이 왜 필요하겠는가?

우리는 차고에서 골판지 상자에 새끼 오리들을 넣고 적외선램프를 켜고는 상자나 새끼 오리에 불이 붙지 않도록 감시했다. 아이들은 오리 돌보는 일을 기꺼이 전담했으며 열심히 먹이고 씻겼다. 어느 오후 일 끝나고 집에 돌아와보니 오리들이 부엌 개수대에 떠 있었다. 아이들은 오리들이 꽥꽥거리고 물장구치는 광경을 환한 표정으로 지켜보고 있었다. 개수대의 상태를 보면서 나는 앞으로 벌어질 일을 예감할 수 있었다. 그 뒤로 몇 주 동안 오리들은 열심히 먹고 그만큼 열심히 쌌다. 하지만 한 달이 채 지나지 않아 우리는 윤기 나는 흰색 오리 여섯 마리를 상자째 연못에 가지고 가서 풀어주었다.

녀석들은 몸치장을 하고 물에 첨벙 뛰어들었다. 처음 며칠간은 아무 문제 없었지만, 자신들을 보호하고 가르칠 좋은 오리 엄마가 없어서 상자 밖 세상에서 살아남을 필수적인 생존 기술을 연마하지 못했다. 매일 한 마리씩 줄었다. 다섯 마리, 네 마리, 마침내 세 마리가 남았다. 우리는 여우와 늑대거북snapping turtle을 몰아내고 연못가를 정찰하는 개구리매를 쫓아냈다. 세 마리는 무럭무럭 자랐다. 녀석들이 연못 위를 미끄러지는 모습은 평온하고 목가적이었다. 하지만 연못은 전보다 더 녹색으로 물들기 시작했다.

오리들은 완벽한 애완동물이었지만, 겨울이 되자 청소년기의 반항심이 드러났다. 녀석들을 위해 작은 오두막—둘레에 포치가 있는 A자 모양의 수상 가옥—을 지어주고 옥수수를 색종이 조각처럼 뿌려주었지만 불만은 가라앉지 않았다. 녀석들은 개 사료와 우리 집 뒤쪽 포치의 따스함에 끌리기 시작했다. 1월의 어느 아침에 나와 보니 개 사료 그릇이 비어 있고 개는 바깥에 웅크리고 있는데 새하얀 오리 세 마리가 벤치에 나란히 앉아 만족스러운 듯 꼬리를 흔들고 있었다.

내가 사는 곳은 날씨가 춥다. 아주아주 춥다. 오리 똥은 만들다 만 찰흙 그릇처럼 돌돌 말린 덩어리로 얼어붙은 채 포치 바닥에 달라붙어 있었다. 얼음송곳으로 겨우 떼어냈다. 나는 녀석들을 휘이 쫓아내고 포치 문을 닫은 뒤에 옥수수를 바닥에 뿌려 연못까지 길을 만들었다. 녀석들은 꽥꽥 울면서 연못으로 갔다. 하지만 이튿날 아침이 되자 다시 돌아와 있었다.

겨울에 매일같이 오리 똥을 치우다보면 동물에 공감하는 뇌 부위가 얼어붙기 마련이다. 녀석들이 죽기를 바라는 마음이 들기 시작했다. 애석하게도 직접 처리할 배짱은 없었다. 나의 시골 친구들 중에서 한겨울에 미심쩍은 오리 선물을 달가워할 사람이 누가 있겠는가? 매실 소스를 함께 주더라도 말이지. 여우 미끼를 녀석들에게 바를까 몰래 생각하기도 했다. 아니면 다리에 소고기 구이를 매달아서 산꼭대기에서 울부짖는 코요테를 꾀는 방법도 있었다. 하지만 나는 어쩔 수 없는 좋은 엄마였다. 녀석들을 먹이고 포치 바닥에 딱딱하게 굳은 똥 덩어리를 삽으로 긁으며 봄이 오기를 기다렸다. 어느 따스한 날 녀석들은 연못으로 터덜터덜 돌아가더니 한 달이 지나지 않아 자취를 감췄다. 연못가에 쌓인 늦겨울 눈 더미 같은 깃털 더미만 남긴 채.

오리는 갔지만 녀석들의 자취는 여전히 남아 있었다. 5월이 되자 연못은 녹조 곤죽이 되었다. 캐나다기러기 한 쌍이 자리를 잡고는 버드나무 아래에서 새끼를 키웠다. 어느 날 오후에 새끼 기러기들에게 솜털이 났는지 보려고 가는데 고통에 겨워 꽥꽥거리는 소리가 들렸다. 복슬복슬한 갈색 새끼 기러기 한 마리가 헤엄치러 나왔다가 녹조 덩어리에 갇혀버린 것이다. 녀석은 빠져나오려고 날개를 퍼덕이며 꽥꽥거렸다. 어떻게 구해야 하나 궁리하는 사이에 녀석은 힘차게 발을 굴러 녹조 매트 표면으로 뛰어오르더니 성큼성큼 걸어서 나왔다.

그것은 내게 깨달음의 순간이었다. 연못에서 걸을 수 있어서는 안 된다. 연못은 야생 동물에게 덫이 아니라 초대장이 되어야 한다. 물론 연못을 헤엄칠 수 있는 곳으로 만들 가능성은, 심지어 기러기만 놓고 보더라도 희박했다. 하지만 나는 생태학자이므로 적어도 상황을 개선할 수는 있으리라 확신했다. '생태학^{ecology}'이라는 영어 단어는 집을 일컫는 그리스어 '오이코스^{oikos}'에서 왔다. 생태학을 이용하여 새끼 기러기와 우리 딸들에게 좋은 집을 마련해줄 생각이었다.

여느 오래된 농장 연못과 마찬가지로 우리 연못도 부영양화의 피해를 입고 있었다. 이것은 세월이 흐르면서 영양 염류가 쌓이는 자연적 과정이다. 조류^{藻類}와 연잎, 낙엽, 가을 사과가 해마다 연못에 떨어져 퇴적층을 형성한 탓에 연못 바닥은 깨끗한 자갈밭에서 오니 담요로 바뀌었다. 이 모든 영양 염류는 새로운 식물의 생장을 촉진하고

이는 또 다른 새로운 식물의 생장을 촉진하여 악순환을 부추겼다. 많은 연못이 같은 과정을 겪는다. 바닥이 점차 메워져 연못이 늪으로 바뀌고 언젠가는 풀밭이 되었다가 숲이 될지도 모른다. 연못은 늙는다. 물론 나도 늙겠지만, 노화를 점진적 상실보다는 점진적 풍부화로 보는 생태학적 발상이 맘에 든다.

이따금 인간 활동이 부영양화 과정을 가속화하기도 한다. 비료를 뿌린 밭이나 정화조에서 영양 염류가 풍부한 오수가 새어나와 물에 도달함으로써 조류의 기하급수적 성장에 일조하는 것이다. 우리 연못은 그런 영향으로부터 자유로웠다. 연못의 발원지는 언덕 너머에 있는 찬물샘이었으며 언덕 위쪽의 나무들이 질소 고정 거르개 역할을 하여 주변 목초지의 오수를 정화했다. 내 앞에 놓인 것은 오염과의 싸움이 아니라 시간과의 싸움이었다. 연못을 헤엄칠 수 있는 곳으로 만들려면 시간을 되돌려야 했다. 시간을 되돌리는 것은 내가 원하는 것이기도 했다. 우리 딸들은 너무 빨리 자라고 엄마로서의 내 시간은 획획 지나갔다. 연못에서 헤엄칠 수 있게 해주겠다는 나의 약속은 여전히 지켜지지 못했다.

좋은 엄마가 되려면 아이들을 위해 연못을 정비해야 했다. 고도로 생산적인 먹이 사슬은 개구리와 왜가리에게는 좋을지 몰라도 헤엄치기에는 안 좋다. 헤엄치기 가장 좋은 호수는 부영양호가 아니라 차고 맑은 빈영양호(영양 염류 농도가 낮은 호수)다.

나는 작은 일인용 카누를 떠다니는 조류 제거선으로 쓸 요량으로 연못에 끌고 갔다. 자루가 긴 갈퀴로 조류를 떠서 쓰레기 수거용 평저선처럼 카누에 채워 연못가에 버리면 근사하게 헤엄칠 수 있을 거라 상상했다. 하지만 헤엄을 칠 수 있어도 근사하게는 아니었다. 갈퀴로 떠내려고 보니 조류는 녹색 커튼처럼 물 아래까지 드리워 있었다. 가벼운 카누에서 몸을 한껏 내밀어 갈퀴 끝으로 무거운 조류 매트를 들어올리려다가는 물리 법칙 때문에 영락없이 헤엄치게 될 판이었다.

조류를 떠내려는 시도는 수포로 돌아갔다. 나는 오물의 원인이 아니라 증상만을 해결하려 하고 있었다. 연못 복원에 대한 책을 닥치는 대로 읽으며 여러 방안을 저울질했다. 시간과 오리가 저지른 일을 수습하려면 거품만 걷어낼 게 아니라 영양 염류를 연못에서 제거해야 했다. 연못의 얕은 가장자리에 발을 디디자 오니가 발가락 사이로 삐져나왔지만, 그 아래로 연못의 원래 바닥을 이루던 깨끗한 자갈을 느낄 수 있었다. 오니를 퍼내어 들통에 담아 버리면 될 것 같았다. 하지만 가장 넓은 눈삽을 가져와 진흙을 퍼 올렸는데, 눈삽이 수면까지 올라왔을 즈음에는 주위가 갈색으로 뿌옇게 물들더니 삽에는 흙이 한 줌밖에 안 남았다. 나는 물속에 서서 헛웃음을 쳤다. 삽으로 오니를 푸겠다는 것은 벌레그물로 바람을 잡으려는 꼴이었다.

다음으로는 오래된 방충망을 체로 이용하여 진흙 앙금을 퍼 올리기로 했다. 하지만 오니가 너무 고와서 방충망은 빈 채로 올라왔다. 오니는 예사 진흙이 아니었다. 진흙 앙금 속 유기물은 미세한 입자로, 용해된 영양 염류가 동물 플랑크톤의 먹이가 될 만큼 작은 알갱이로 뭉쳐 있는 것이다. 물에 들어 있는 영양 염류를 끄집어내는 것은 내게는 역부족이었다. 다행인 것은 식물에게는 그렇지 않았다는 것이다.

조류 매트는 용해된 인과 질소가 광합성의 연금술로 굳은 것에 불과하다. 영양 염류를 삽질로 없앨 수는 없었지만 이것이 식물의 몸에 고정되면 이두박근과 젖은 허리를 동원하여 물에서 끄집어내어 손수레로 실어 나를 수 있다.

농장 연못에 녹아 있던 인 분자가 식물의 살아 있는 조직에 흡수되고, 먹히거나 죽고, 분해되고, 또 다른 조류의 먹이로 재활용되는 기간은 평균적으로 두 주가 채 걸리지 않는다. 내 계획은 식물 속 영양 염류를 포획하여 이것들이 다시 한번 조류 속에 들어가기 전에 끌어냄으로써 이 무한 재활용을 차단하겠다는 것이었다. 그러면 연못에서 순환하는 영양 염류의 양을 느리지만 꾸준히 고갈시킬 수 있을 터였다.

나는 직업이 식물학자이므로, 당연히 이 조류가 누구인지 알아야 했다. 조류의 종류는 나무 종만큼 많으며, 그들이 누구인지 모른다면 그들의 삶과 나의 계획에 피해를 입힐 수도 있었다. 숲에 어떤 나무가 있는지 모르면서 숲을 복원하려 들지 않듯. 나는 녹색 점액을 한 병 떠서는 냄새가 새지 않도록 뚜껑을 꽉 닫아 현미경 있는 데로 가져갔다.

미끌미끌한 초록색 덩어리를 현미경 밑에 놓을 수 있는 작은 조각으로 갈랐다. 이 작은 다발 하나를 들여다보니 기다란 대마디말 (속)^{Cladophora} 가닥들이 새틴 리본처럼 반짝거리고 있었다. 대마디말 속 둘레에는 해캄(속)^{Spirogyra}의 반투명한 가닥들이 말려 있었으며, 그 속에는 엽록체가 초록색 계단처럼 나선을 이루고 있었다. 초록색 벌판 전체가 움직이고 있었는데, 볼복스(속)*Volvox*의 무지갯빛 회전 초tumbleweed와 박동하는 유글레나(강)euglenoid가 가닥들 사이로 몸을 뻗었다. 물 한 방울, 방금 전까지만 해도 병 속에 뜬 골마지 같던 물 한 방울에 이렇게 많은 생명이 들어 있다니. 여기에 나의 복원 파트너들이 있었다.

걸 스카우트 모임, 빵 바자회, 캠핑, 풀타임으로도 모자란 교수 일 등을 하는 틈틈이 짬을 내려니 연못 복원 작업은 지지부진했다. 모든 엄마들은 귀한 자투리 시간이 생기면 소파에 누워 책을 본다든지 바느질을 한다든지 하는 나름의 방법이 있지만, 나는 대부분 연못에 갔다. 내게 필요한 것은 새와 바람과 고요였으니까. 이곳은 문제를 해결할 수 있을 것 같은 느낌이 드는 곳이었다. 나는 학교에서는 생태학을 '교육'했지만 토요일 오후에 아이들이 친구네 집에 놀러가면 생태학을 '실천'했다.

카누 참사를 겪고 나니 그보다는 갈퀴를 들고 연못가에 서서 최대한 몸을 뻗는 게 더 현명하겠다는 생각이 들었다. 갈퀴에 딸려 올라온 대나무 모양 가지에 대마디말속이 늘어져 있었는데, 마치 기다란 초록색 머리카락이 빗에 엉겨 붙은 것 같았다. 갈퀴로 연못 바닥을 긁어내자 순식간에 둔덕이 쌓였다. 연못에서 언덕 아래로 실어 날라 물과 격리해야 했다. 만일 연못가에서 썩게 내버려두면 분해된 영양 염류가 배출되어 금세 연못으로 돌아갈 터였다. 조류 덩어리를 썰매—아이들의 작은 빨간색 플라스틱제 터보건—에 던져 넣고 가파른 언덕을 끌고 올라가 손수레에 실었다.

질척질척한 오니 가운데 서 있고 싶지는 않았기에 낡은 스니커즈 운동화를 신고 연못 가장자리에서 조심조심 작업했다. 몸만 뻗어서도 조류를 한 무더기 퍼낼 수 있었지만 팔이 닿지 않는 곳에 있는 것이 훨씬 많았다. 스니커즈가 웰링턴 장화로 진화하면서 활동 범위가 넓어졌으나 그걸로도 부족해서 웰링턴을 벗고 바지 장화를 입었다. 문제는 바지 장화를 입고 있으면 안전하다는 착각이 든다는 것이다. 얼마 안 가서 너무 깊숙이 들어가는 바람에 얼음장 같은 연못 물이 장화 위로 쏟아져 들어오는 것이 느껴졌다. 바지 장화는 물이 차면 지독하게 무겁다. 나는 진흙 속에서 옴짝달싹할 수 없었다. 좋은 엄마는 물에 빠져 죽으면 안 된다. 다음번에는 반바지만 입었다.

나는 복원 작업에 몰입했다. 난생 처음으로 허리 높이의 물속으로 걸어 들어가면서 느낀 해방감, 둥둥 뜬 티셔츠의 가벼움, 맨살에 닿는 물의 소용돌이가 기억난다. 마침내 편안함을 느꼈다. 다리를 간질이는 것은 해캄 가닥들이었고 쿡쿡 찌르는 것은 호기심 많은 퍼치였다. 이제 조류 커튼이 내 앞에 펼쳐진 게 보인다. 갈퀴 끝에 매달려 있을 때보다 훨씬 아름다웠다. 대마디말이 가지에서 피어난 모습이 보였다. 그 사이로 물방개가 헤엄치는 광경도 볼 수 있었다.

나는 진흙과 새로운 관계를 맺었다. 진흙으로부터 나를 보호하려 드는 게 아니라 아예 진흙을 의식하지 못하게 되었다. 집에 돌아가 머리카락에 조류 가닥이 달라붙은 것을 보거나 샤워하다가 물이 완연한 갈색으로 변하는 것을 볼 때 말고는 진흙의 존재를 알아차릴 수 없었다. 나는 오니 아래의 자갈 바닥, 부들 옆의 차진 진흙, 깊은 바닥의 시원한 고요함이 어떤 느낌인지 알게 되었다. 연못가에서 깨지락깨지락 시늉만 내서는 이런 변화를 성취할 수 없다.

어느 봄날 갈퀴에 딸려 올라온 조류 무더기가 하도 무거워서 대나무 자루가 휘었다. 나는 무게를 덜려고 물에 풀었다가 연못가로 휙 건져 올렸다. 한 무더기 더 끄집어내려는데 방금 건진 더미에서 찰싹찰싹 소리가 들렸다. 젖은 꼬리를 파닥거리는 소리였다. 수북이 쌓은 조류 표면 아래에서 덩어리 하나가 격렬하게 꿈틀대고 있었다. 몸부림치는 녀석의 정체가 궁금해서 조류 가닥을 집어 올려 틈새를 열어 보았다. 통통한 갈색 몸뚱이. 내 엄지손가락만 한 황소개구리 올챙이가 갇혀 있었다. 올챙이는 물속에 떠 있는 그물은 쉽게 통과할 수 있지만, 건착망처럼 그물을 졸라매면 꼼짝없이 잡히고 만다. 몽글몽글하고 차가운 몸뚱이를 엄지손가락과 집게손가락으로 집어 들어 연못에 퐁 하고 돌려보냈다. 녀석은 잠시 물에 뜬 채 가만히 있더니 헤엄쳐 떠났다. 다음번 갈퀴질에 딸려 온 조류에는 올챙이가 어찌나 많이 박혀 있던지 피넛브리틀(땅콩을 넣어 굳힌 사탕 과자_옮긴이)에 땅콩이 박혀 있는 것 같았다. 나는 허리를 숙여 녀석들을 하나하나 끄집어냈다.

이게 문제였다. 골라내야 할 게 너무 많았다. 조류를 퍼내어 수북이 쌓은 뒤에 내다버리는 방법도 있었다. 도덕적 딜레마에 빠져 올챙이를 일일이 집어내야 하지만 않았더라도 작업 속도가 훨씬 빨랐을 것이다. 녀석들을 다치게 할 생각은 아니라고 스스로에게 주문을 걸었다. 서식처를 개선하려는 것뿐이고 녀석들은 부수적 피해를 당하는 것일 뿐이라고. 하지만 두엄 더미에서 몸부림치다 죽는 올챙이들에게 나의 좋은 의도는 아무 소용이 없었다. 나는 한숨을 내쉬었지만, 이미 마음을 정했다. 이 일을 시작한 것은 아이들이 헤엄칠 수 있는 연못을 만들어주겠다는 모성적 욕구였다. 그 과정에서 다른 엄마의 아이들을 희생시킬 수는 없었다. 이미 연못에서 헤엄치고 있는 녀석들을.

이제 나는 연못 청소부일 뿐 아니라 올챙이 구조원이었다. 놀랍게도 조류 그물에서는 검고 날카로운 큰턱을 가진 물방개, 작은 물고기, 잠자리 유충이 발견되었다. 꼼지락거리는 놈을 풀어주려고 손가락을 집어넣었는데 벌에 쏘인 것처럼 따끔했다. 손을 잡아 뺐더니 커다란 가재가 손가락 끝에 달려 있었다. 내 갈퀴에는 먹이 사슬이 통째로 매달려 있었다. 눈에 보이는 곤충과 동물은 먹이 사슬의 꼭대기를 이루는 빙산의 일각에 불과했다. 현미경을 갖다 대자 조류의 그물에는 요각류, 물벼룩(속), 빙글빙글 도는 윤형동물 같은 무척추동물이 바글바글했으며 실처럼 생긴 벌레, 공 모양 녹조, 섬모를 일제히 흔드는 원생동물 등 훨씬 작은 것들도 보였다. 거기 있는 건 알지만 건져낼 방법이 없었다. 그래서 책임감의 사슬을 놓고 스스로와 타협하여 녀석들의 죽음이 더 큰 선善에 이바지할 거라고 자신을 설득했다.

연못을 갈퀴질하다 보면 철학적 사색에 잠길 정신적 여유 공간이 많아진다. 조류를 긁어내고 뽑아내면서 모든 생명이 귀중하다는 확신에 금이 갔다. 비단 원생동물만이 아니었다. 이론적으로는 그 확신이 참이라고 여기지만 현실적 차원에서는 애매한 구석이 있다. 영적인 생각과 현실적인 생각이 부딪치는 것이다. 나는 갈퀴질을 할 때마다 우선순위를 부여하는 셈이었다. 단세포 생물의 짧은 삶이 끝장난 것은 내가 깨끗한 연못을 원했기 때문이다. 나는 몸집이 더 크고 갈퀴를 가졌으니 승자는 나다. 이것은 내가 맘 편히 받아들일 수 있는 세계관이 아니다. 하지만 밤잠을 이루지 못하거나 작업을 중단할 정도는 아니었다. 나는 스스로 내린 선택을 있는 그대로 받아들였다. 내가 할 수 있는 최선은 작은 생명들을 존중하고 녀석들의 죽음을 헛되지 않게 하는 것이었다. 작은 벌레들을 최대한 건져냈지만, 나머지 벌레들은 두엄 더미 속에서 흙으로의 재순환을 시작했다.

처음에는 갓 퍼 올린 조류를 수레에 실어 날랐지만, 수백 킬로그램의 물을 운반하는 게 고역임을 금세 깨달았다. 나는 조류를 연못가에 쌓아두고 물기가 빠져 연못으로 돌아가도록 했다. 며칠이 지나자 조류는 햇볕에 바싹 말라 종잇장처럼 가벼워져 수월하게 손수레에 실을 수 있었다. 해캄과 대마디말 같은 실 모양 사상絲狀 조류는 영양소 함량이 고품질 사료 작물과 맞먹는다. 내가 나르고 있는 것은 영양소로 따지면 훌륭한 젖소용 건초 더미인 셈이었다. 조류는 두엄 더미에 쌓이고 또 쌓이면서 양질의 검은색 부식토가 되었다. 연못은 말 그대로 텃밭을 먹였으며 대마디말은 당근으로 다시 태어났다. 연못에서 차이가 나타나기 시작했다. 며칠간은 수면이 깨끗했다. 하지만 흐릿한 녹색 매트가 언제나 돌아왔다.

연못의 잉여 영양소를 빨아들이는 것은 조류만이 아니었다. 연못가를 빙 둘러 버드나무가 솜털 같은 빨간색 뿌리를 얕은 물속에 뻗어 질소와 인을 낚았다. 근계로 빨아들인 영양소는 잎과 버들가지가 되었다. 나는 전지가위를 들고 연못가를 따라 걸으면서 낭창거리는 버드나무 줄기를 잘랐다. 버드나무 줄기 더미를 나르는 것은 버드나무가 연못 바닥에서 빨아들여 저장한 영양소를 옮기는 셈이었다. 들판의 버들가지 더미는 점점 높아졌다. 머지않아 솜꼬리토끼가 먹고서 똥의 형태로 널리 멀리 나눠줄 터였다. 버드나무는 줄기를 자르면 격렬히 반응하여 길고 곧은 싹을 위로 뻗는데, 한 해 만에 내 머리 위까지 자라기도 한다. 물에서 떨어져 있는 덤불은 토끼와 명금을 위해 남겨두었지만 연못가에 있는 것들은 잘라서 바구니를 만들려고 묶었다. 굵은 줄기들은 강낭콩과 나팔꽃의 그물망으로 삼았다. 연못가 언덕에서 박하를 비롯한 허브도 뜯었다. 버드나무와 마찬가지로 많이 뜯을수록 많이 자라는 것 같았다. 무언가를 가져올 때마다 연못은 조금씩 맑아졌다. 박하차를 끓이는 것은 영양 염류 제거를 향한 한 걸음이었다.

버드나무 줄기를 자르는 것은 연못 정화에 실제로 효과가 있는 듯했다. 줄기를 자르면서 열정이 되살아났다. 전지가위를 무의식적인 리듬에 따라—짤깍 짤깍 짤깍—놀리며 연못가를 초토화할 때마다 버드나무 줄기가 발치에 떨어졌다. 그때 무언가가, 말 없는 애원이었는지도 모를 어떤 움직임이 시야 가장자리에서 번득이며 나의 걸음을 멈추게 했다. 마지막 남은 줄기에 작고 아름다운 둥지가 있었다. 골풀(속) 줄기와 실 모양 뿌리를 가장귀(나뭇가지의 갈라진 부분_옮긴이) 둘레에 컵 모양으로 근사하게 엮었다. 경이로운 건축술이었다. 안을 들여다보니 리마콩만 한 알 세 개가 솔잎 고리 안에 놓여 있었다. 서식처를 '개선'하려는 열정이 지나쳐 하마터면 귀한 보물을 망가뜨릴 뻔했다. 근처에서 어미가, 아메리카솔새 한 마리가 덤불 속을 부산하게 오가며 경고음을 발했다. 나는 일에 정신이 팔리고 서두르느라 바라보는 것을 깜박했다. 우리 아이들에게 만들어주고 싶은 보금자리를 만드느라 다른 어미의 보금자리를 위태롭게 할 수 있음을 미처 생각지 못했다. 그 어미의 의도 또한 나와 다르지 않았을 텐데.

아무리 선의에 의한 것이어도 서식처 복원에는 희생이 따를 수밖에 없음을 다시 한번 깨달았다. 우리는 선한 것의 결정권자를 자처하지만 선함을 판단하는 우리의 기준은 편협한 이익, 우리가 원하는 것에 휘둘리기 쉽다. 나는 잘라낸 줄기를 내가 망가뜨린 보호책保護柵과 비슷하게 둥지 근처에 쌓고는 연못 반대편에 감춰진 바위에 앉아 어미가 돌아오는지 지켜보았다. 어미는 내가 점점 가까이 다가오면서 자기가 정성껏 고른 보금자리를 쑥대밭으로 만들고 자기 가족을 위협하는 것을 보고서 무슨 생각을 했을까? 세상에 풀려난 억센 파괴의 힘은 아메리카솔새의 새끼와 우리 아이를 향해 거침없이 다가온다. 인간 거주지를 개선한다는 갸륵한 진보의 맹공은 내가 아메리카솔새의 보금자리를 위협하는 것만큼이나 확실하게 나의 보금자리를 위협한다. 좋은 엄마는 무엇을 할까?

조류를 계속해서 청소하고 고운모래를 가라앉히자 연못이 보기 좋아졌다. 하지만 일주일 뒤에 돌아갔더니 거품 낀 녹색 덩어리가 떠 있었다. 부엌 청소하는 심정이었다. 물건을 전부 치우고 조리대를 훔쳤는데도 나도 모르는 사이에 땅콩버터와 젤리 얼룩이 사방에 묻어 있어서 전부 처음부터 다시 치워야 한다. 생명은 덧붙인다. 생명은 부영양화한다. 하지만 나는 부엌이 너무 깨끗하면 어떤 모습일지 예상할 수 있었다. 그것은 빈영양 부엌일 것이다. 부엌을 어지르는 아이들이 없다면 나는 먹고 난 시리얼 그릇을, 부영양 부엌을 그리워할 것이다. 생명의 흔적을.

빨간색 터보건 썰매를 연못 반대쪽으로 끌고 가 얕은 곳에서 작업을 재개한다. 그런데 일을 시작하자마자 갈퀴가 무거운 물풀 더미에 박혀 꼼짝하지 않는다. 나는 물풀을 천천히 수면으로 끌어올린다. 앞서 파낸 미끌미끌한 대마디말과는 무게와 질감이 다르다. 조류 매트를 자세히 살펴보려고 풀밭에 내려놓은 다음 초록색 망사 스타킹처럼 보일 때까지 손가락으로 막을 펼친다. 물에 떠 있는 유자망처럼 촘촘한 망, 바로 그물말(속)*Hydrodictyon*이다.

손가락으로 문질러 펴자 번들거린다. 물기가 빠져나간 뒤에는 무게가 거의 느껴지지 않는다. 마구잡이로 뒤섞인 스튜처럼 보이는 연못에서 벌집처럼 질서 정연한 그물말의 형태는 기하학적으로 경이롭다. 그물말은 작은 그물들이 한데 뭉친 군집을 이룬 채 물속에 떠 있다.

현미경으로 들여다보면 그물말의 날씨(베의 날과 씨_옮긴이)는 작은 육각형으로, 초록색 세포의 망이 서로 연결되어 그물코를 둘러싼다. 독특한 클론 번식 수단이 있어서 급속히 증식하는데, 각 그물 세포 안에서 딸세포가 태어난다. 딸세포들은 어미 그물을 그대로 본떠 육각형으로 배열된다. 어미 세포가 자식을 퍼뜨리려면 분해되어 딸세포들을 물에 풀어주어야 한다. 갓 태어난 육각형들은 물속을 떠다니다가 서로 융합하여 새로운 연결을 짓고 새로운 그물을 잣는다.

표면 아래에서만 볼 수 있는 그물말의 팽창을 관찰한다. 새로운 세포의 해방은 딸들이 스스로 떨어져 나가는 것이라고 상상해본다. 자식을 품에서 떠나 보내야 할 때 좋은 엄마는 어떻게 할까? 물 가운데 서 있는 나의 눈가에서 짠 눈물이 흘러나와 발치의 민물에 떨어진다. 다행히 우리 딸들은 엄마의 클론이 아니며 나는 아이들에게 자유를 주기 위해 분해되지 않아도 된다. 하지만 딸들이 떠나면서 구멍이 뚫리면 우리의 날씨는 어떻게 바뀔지 궁금하다. 금방 회복될까, 아니면 빈자리가 언제까지나 남을까? 딸세포들은 어떻게 새로운 연결을 만들어낼까? 날씨는 어떻게 다시 짜일까?

그물말은 안전한 장소다. 물고기와 곤충에게는 어린이집이요, 포식자를 피하는 은신처요, 연못의 작은 것들에게는 안전망이다. '그물말Hydrodictyon'은 라틴어로 '물 그물'이라는 뜻이다. 어쩌나 신기한지. 고기잡이 그물은 고기를 잡고 벌레그물은 벌레를 잡지만, 물 그물은 아무것도 잡지 않는다. 품을 수 없는 것만 빼고. 엄마가 되는 것도 이와 같아서, 살아 있는 끈의 그물은 품을 수 없는 존재를, 언젠가는 떠나갈 존재를 다정하게 감싼다. 하지만 바로 그 순간 나의 할 일은 순서를 거꾸로 돌리는 것이었다. 시계태엽을 뒤로 감아 이 물을 우리 딸들이 헤엄칠 수 있도록 바꾸는 것. 그래서 눈물을 닦고 그물말의 가르침을 가슴 깊이 새긴 채 그물말을 연못가로 갈퀴질했다.

내 자매가 놀러왔을 때 캘리포니아의 건조한 구릉 지대에서 자란

조카들은 물에 홀딱 빠졌다. 내가 조류와 씨름하는 동안 아이들은 첨벙거리며 개구리를 쫓고 신나게 물장구를 쳤다. 자매의 남편이 그늘에서 이렇게 외쳤다. "여기서 제일 큰애가 누군가요?" 아니라고는 말 못하겠다. 진흙탕에서 놀고 싶은 욕구에서 아직도 못 벗어났으니까. 하지만 놀이는 세상에서 살아가기 위한 몸풀기 아닐까? 자매는 나의 연못 갈퀴질이 성스러운 유희라며 거들고 나섰다.

우리 포타와토미 부족에서 여성은 물의 수호자다. 우리는 제의에 쓸 신성한 물을 나르고 그 물을 대신해 행동한다. 자매가 말했다. "여자들이 물과 자연적 유대 관계를 맺는 것은 우리 둘 다 생명을 낳는 존재이기 때문이야. 우리는 몸속 연못에 아기를 품지. 아기는 물결을 타고 세상에 나와. 우리의 모든 관계를 위해 물을 지키는 것은 우리의 임무야." 좋은 엄마가 되기 위한 조건에는 물을 보살피는 것도 포함된다.

나는 해마다 토요일 오전과 일요일 오후에 고요한 연못에서 일했다. 초어(물 위의 나뭇잎과 잡초 등을 먹는 민물고기_옮긴이)와 보릿짚을 넣어보기도 했다. 변화가 생길 때마다 새로운 반응이 일어났다. 일은 끝날 줄을 몰랐다. 이 작업에서 저 작업으로 바뀔 뿐. 내 생각에 내가 추구하는 것은 균형인데, 균형은 움직이는 표적이다. 균형은 수동적인 안식처가 아니다. 균형은 일을 필요로 한다. 주고받는 것의 균형을 맞춰야 하고 갈퀴질해서 긁어내는 것과 넣어주는 것의 균형을 맞춰야 한다.

겨울에는 스케이트를 타고, 봄에는 청개구리가 울고, 여름에는 일광욕을 하고, 가을에는 모닥불을 태웠다. 헤엄을 칠 수 있든 없든 연못은 우리 집의 또 다른 방이 되었다. 나는 연못가에 향모를 심었다. 딸들은 친구들과 함께 연못가 평평한 풀밭에 모닥불을 지피고, 텐트에서 밤을 새우고, 피크닉 테이블에서 여름 만찬을 즐기고, 볕 좋은 긴 오후에 일광욕을 하다가 왜가리 날갯짓이 바람을 일으키면 한쪽 팔꿈치로 몸을 일으켰다.

이곳에서 얼마나 많은 시간을 보냈는지 헤아릴 수 없다. 나도 모르는 사이에 시時는 해年로 늘어났다. 우리 강아지는 나를 따라 언덕 위를 뛰어오르고 내가 일할 때면 호숫가를 왔다 갔다 했다. 연못이 맑아질수록 녀석은 점점 힘이 빠졌지만 늘 나와 함께 다니고 햇볕을 쬐며 자고 연못가에서 물을 마셨다. 우리는 녀석을 가까운 곳에 묻어주었다. 연못은 내 근육을 단련시키고 내 바구니를 짜고 내 텃밭에 바닥덮기를 하고 내 차를 만들고 내 나팔꽃의 그물망이 되었다. 우리의 삶은 물질적으로도 정신적으로도 서로 얽혔다. 이것은 균형잡힌 교환이었다. 나는 연못에 보탬이 되었고 연못은 내게 보탬이 되었으며 우리는 함께 멋진 보금자리를 지었다.

어느 봄날 토요일, 조류를 갈퀴질하고 있는데 시내에서 오논다가호 정화를 촉구하는 집회가 열렸다(우리가 사는 시러큐스시가 오논다가호 호안에 자리 잡고 있다). 오논다가 네이션은 호숫가에서 수천 년 동안 고기잡이와 채집을 했으며 이 호수를 성스럽게 여긴다. 위대한 하우데노사우니(이로쿼이) 연맹이 바로 이곳에서 결성되었다.

오늘날 오논다가호는 미국에서 가장 오염된 호수 중 하나로 악명을 떨치고 있다. 오논다가호의 문제는 생명이 너무 많다는 게 아니라 너무 적다는 것이다. 묵직한 곤죽을 또 한 갈퀴 퍼내면서 책임의 무게를 함께 느낀다. 한 번의 짧은 삶 어디에 책임이 놓여 있는 걸까? 나는 600평짜리 연못의 수질을 개선하느라 셀 수 없는 시간을 보낸다. 우리 아이들이 맑은 물에서 헤엄칠 수 있도록 여기 서서 조류를 갈퀴질하고 있지만, 아무도 헤엄칠 수 없는 오논다가호를 정화하는 문제에 대해서는 아무 일도 하지 않고 있다.

좋은 엄마가 된다는 것은 세상을 돌보는 법을 자녀에게 가르친다는 것을 뜻한다. 그래서 나는 딸들에게 텃밭 일구는 법과 사과나무 가지치는 법을 알려주었다. 사과나무는 물 위로 가지를 뻗어 그늘을 드리운다. 봄이면 분홍색과 흰색의 꽃 무리가 언덕 아래로 향기의 기둥을 내려보내고 물 위로 꽃잎 비를 뿌린다. 하늘하늘한 분홍색 꽃에서 꽃잎이 질 때 부드럽게 부푸는 씨방, 덜 익은 열매의 시디신 초록색 구슬, 황금빛으로 여문 9월의 사과에 이르는 사과나무의 계절을 오랫동안 지켜보았다. 사과나무는 좋은 엄마다. 해마다 세상의 에너지를 자신에게 모아들였다가 자식에게 전달하여 열매를 맺는다. 자식을 세상에 내보낼 때는 세상과 나눌 수 있도록 단맛이라는 여장을 단단히 챙겨 보낸다.

우리 딸들도 이곳에서 버드나무처럼 뿌리를 내리고 바람에 날리는 씨앗처럼 뛰놀며 예쁘고 튼튼하게 자랐다. 12년이 지난 지금 연못은 헤엄칠 수 있을 만큼 맑아졌다. 다리를 간질이는 물풀이 신경 쓰이지만 않는다면. 우리 큰딸은 연못이 맑아지기 오래전에 대학에 갔다. 나는 작은딸을 구슬려 콩자갈을 들통으로 날라 모래톱에 붓는 일을 돕도록 했다. 오니와 올챙이에 하도 익숙해져서 이따금 녹색 줄기가 팔을 감싸는 것은 아무렇지도 않다. 모래톱은 물을 탁하게 만들지 않고도 한가운데의 깊고 맑은 물속에 첨벙 뛰어들 수 있는 작은 진입로다. 후덥지근한 날에 얼음장처럼 차가운 샘물에 몸을 담그고 올챙이가 달아나는 광경을 구경하면 기분이 끝내준다. 덜덜 떨며 물에서 나오면 젖은 살갗에 달라붙은 조류 조각들을 떼어내야 한다. 딸들은 나를 기쁘게 하려고 몸을 잠깐 담그긴 하지만, 솔직히 말하자면 시간을 되돌리는 일은 별로 성공하지 못했다.

오늘은 노동절이자 여름 휴가 마지막 날이다. 은은한 햇볕을 음미할 시간. 올여름은 아이와 함께 지내는 마지막 여름이다. 물 위로 드리운 가지에서 노랑 사과가 퐁당 떨어진다. 연못의 시커먼 수면에 떨어진 노랑 사과에 매혹된다. 춤추고 회전하는 빛의 공. 언덕에서 불어오는 산들바람이 물을 출렁이게 한다. 바람은 서쪽에서 동쪽으로, 다시 서쪽으로 원을 그리며 연못을 희롱한다. 어쩌나 살며시 어루만지는지 사과의 움직임에서만 알아차릴 수 있다. 사과는 물살을 타고 연못가를 따라 일렬로 노란 뗏목을 이뤄 흘러간다. 사과나무 아래에서 잽싸게 움직여 느릅나무 아래를 휘돈다. 바람이 사과를 밀어내는 동안 나무에서 더 많은 사과가 떨어진다. 어두운 밤을 밝히는 노란 촛불의 행렬처럼 노란 원호의 행렬이 수면 위를 수놓으며 나아간다. 사과들은 나선이 커지듯 점점 주위로 퍼져 나간다.

폴라 건 앨런Paula Gunn Allen은 『빛의 할머니들Grandmothers of the Light』이라는 책에서 달의 모양이 바뀌듯 여성의 역할도 삶의 국면에 따라 달라진다고 말한다. 우리는 '딸의 길'을 걸으며 삶을 시작한다. 이때는 배우고 부모의 보호 아래서 경험을 쌓는 시기다. 그다음은 자립의 시기다. 이때 반드시 해내야 할 과제는 자신이 세상에서 어떤 존재인지 배우는 것이다. 이 길을 따라 우리는 '어머니의 길'에 이른다. 앨런에 따르면 이때는 "영적인 지식과 가치가 자녀를 위해 송두리째 요청되"는 시기다. 삶이 점점 커지는 나선형으로 전개되듯, 아이가 자신의 길을 걷기 시작하면 지식과 경험으로 충만한 어머니에게는 새로운 과제가 부여된다. 이제는 자녀보다 더 넓은 원, 즉 공동체의 안녕에 힘을 쏟을 시기라고 앨런은 말한다. 그물은 점점 넓어진다. 원은 다시 둥글게 휘어지고 할머니는 '선생의 길'을 걸으며 젊은 여인들에게 본보기가 된다. 앨런이 상기시키듯 노년에 이르러서도 우리의 일은 아직 끝나지 않는다. 나선은 점점 넓어져 슬기로운 여인의 영역은 자신을, 가족을, 인류 공동체를 넘어 지구를 끌어안고 대지를 보살핀다.

그리하여 이 연못에서는 우리 손자녀들과, 세월이 데려다줄 또 다른 아이들이 헤엄칠 것이다. 돌봄의 원은 점점 커지며 나의 작은 연못을 보살피는 일은 다른 물을 보살피는 일로 확장된다. 우리 연못에서 나온 물은 언덕 아래 우리 이웃의 연못으로 흘러든다. 내가 여기서 무슨 일을 하느냐가 이웃에게 영향을 미친다. 다들 하류에 산다. 우리 연못은 개울로, 시내로, 넓고 중요한 호수로 흘러든다. 물 그물이 우리 모두를 연결한다. 엄마 노릇이 끝난다는 생각에 흘렸던 눈물은 그 연결에 흘러들었다. 하지만 연못은 아이들이 무럭무럭 자랄 수 있는 보금자리를 만드는 것이 좋은 엄마의 전부가 아님을 보여주었다. 좋은 엄마는 영양이 풍부한 부영양 할머니로 자란다. 그녀는 뭇 생명이 무럭무럭 자랄 수 있는 보금자리를 만들 때까지 자신의 일이 끝나지 않음을 안다. 손자녀뿐 아니라 새끼 개구리, 새끼 새, 새끼 기러기, 아기나무(우리나라에서는 'seedling'과 'sapling'이 구분 없이 '묘목'으로 번역되나, 이 책에서는 전자를 '아기나무', 후자를 '어린나무'로 표기한다_옮긴이) 홀씨를 돌봐야 한다. 나는 여전히 좋은 엄마가 되고 싶다.

수련의 위로

미처 알아차리기도 전에, 연못이 헤엄칠 수 있는 곳이 되기 오래전에 아이들은 떠났다. 우리 딸 린든은 작은 연못을 떠나 집에서 멀리 떨어진 레드우드 대학이라는 곳에 가서 바다에 발을 담갔다. 첫 학기에 린든을 만나러 갔는데, 우리는 패트릭 곶에 있는 마노 해변의 바위를 넋 놓고 바라보며 한가로운 일요일 오후를 보냈다.

나는 해변을 따라 걷다가 매끈한 초록색 자갈에 카넬리안(적색 내지 적갈색 또는 선홍색을 띠는 실리카 광물인 옥수의 반투명 준보석 변종_옮긴이)이 박혀 있는 것을 보았다. 몇 발짝 전에 지나친 것과 똑같이 생겼다. 뒤로 돌아가 아까 본 줄무늬를 찾았다. 두 자갈을 재회시켜 나란히 내려놓았다. 자갈은 젖은 채 햇빛을 받아 빛났다. 파도가 밀려와 둘을 가를 때까지. 자갈은 모서리가 조금 닳았고 몸뚱이가 조금 작아졌다. 내게는 해변 전체가 이렇게 보였다. 서로, 또한 해변으로부터 갈라진 아름다운 자갈들의 미술관. 린든이 해변을 대하는 태도는

150

나와 달랐다. 아이도 재배치를 하기는 했지만, 검은색 현무암 옆에 회색 현무암을 놓고 진녹색 둥근 자갈 옆에 분홍색 둥근 자갈을 놓는 식이었다. 아이의 눈은 새 짝을, 내 눈은 옛 짝을 찾았다.

아이를 처음 품에 안은 순간부터 예감하고 있었다. 그 순간부터, 아이가 자랄 때마다 내게서 멀어지리라는 것을. 부모 노릇을 제대로 해낸다면 우리가 형성한 가장 깊은 유대감은 결국 어깨 너머로 손을 흔들며 떠나버릴 것이다. 이것이야말로 부모가 느끼는 근본적 불안이다. 우리는 그 과정에서 충분한 훈련을 받는다. 아이를 안전한 곳에 붙잡아두고 싶더라도 "아가야, 즐거운 시간 보내고 오렴"이라고 말하는 법을 배운다. 자신의 유전자를 보전하라는 그 모든 진화적 명령에도 불구하고 우리는 아이에게 차 열쇠를 넘긴다. 그와 더불어 자유도. 그것이 우리가 할 일이니까. 그리고 나는 좋은 엄마가 되고 싶었다.

물론 아이가 새로운 모험의 첫발을 내디딘다고 생각하면 기뻤지만, 아이를 잃는 고통을 견뎌야 한다고 생각하면 슬펐다. 이 과정을 먼저 겪은 친구들은 집이 아이들로 바글바글하던 때를, 조금도 그립지 않을 때를 떠올리라고 조언했다. 도로에 눈이 쌓인 밤, 정확히 통금 1분 전에 진입로에서 타이어 소리가 나길 기다리며 노심초사하던 시절과 작별하는 것은 반가웠다. 해도 해도 끝나지 않는 집안일과 영문 모르게 텅 비는 냉장고와도 이젠 안녕.

아침에 일어나면 동물들이 나를 재촉하여 부엌으로 이끄는 시절이 있었다. 삼색털 고양이는 앉은 채 "밥 주세요!" 하고 울었고 롱헤어 고양이는 밥그릇 옆에 말없이 서서 책망하는 듯한 눈길을 보냈다. 강아지는 행복하게 내 다리 사이에 뛰어들어 기대감에 가득 찬 표정을 지었다. "밥 주세요!" 그럼, 줘야지. 나는 그릇 하나에 오트밀과 크랜베리를 한 줌 넣고 다른 그릇에는 뜨거운 초콜릿을 넣어 저었다. 딸들은 잠이 덜 깬 눈을 하고 아래층으로 내려왔다. 전날 밤 숙제도 덜 마친 채로. 아이들이 "밥 주세요"라고 말했다. 그럼, 줘야지. 음식물 쓰레기는 퇴비 통에 넣었다. 이듬해 여름에 토마토 싹들이 "밥 주세요"라고 말하면 줄 수 있도록. 문간에서 아이들에게 작별의 입맞춤을 하면 말들이 울타리에서 사료 달라고 힝힝거리고 박새들이 텅 빈 모이통에서 운다. "밥 주세요오오. 밥 주세요오오." 창턱의 양치식물은 깃잎을 늘어뜨려 무언의 시위를 한다. 열쇠를 돌려 자동차의 시동을 거는데 땅 하는 소리가 울린다. "밥 주세요." 기름을 넣는다. 학교 가는 내내 공영 라디오 방송을 듣는다. 후원 독려 주간이 아니어서 얼마나 다행인지.

아기를 품에 안았을 때를 기억한다. '첫' 젖먹이기, 나의 가장 깊은 우물에서 길고 깊게 젖을 빨아들이던 일, 아이의 얼굴 표정을 보면 채워지고 또 채워지던 우물, 엄마와 아이의 호혜성을 기억한다. 젖먹이기와 근심 걱정으로부터 완전히 해방되는 것은 반길 만한 일이지만, 그래도 그리울 것이다. 빨래는 아닐지도 모르지만, 그런 표정의 직접성, 호혜적 사랑의 경험에 쉽게 작별을 고할 수는 없는 일이다.

린든이 떠날 때 슬펐던 한 가지 이유는 '린든의 엄마'로 불리지 않을 때 내가 누구인지 알 수 없다는 것이었다. 하지만 그 위기는 잠시

유예되었다. 나는 '라킨의 엄마'로도 그에 못지않게 유명하니까. 하지만 이 또한 지나가리라, 였다.

작은딸 라킨이 떠나기 전에 우리는 연못가에 마지막 모닥불을 지피고 별이 뜨는 광경을 바라보았다. 아이가 내게 속삭였다. "고마워요. 전부 다 고마워요." 이튿날 아침 아이는 기숙사 용품과 학교 물품을 전부 차에 실었다. 커다란 플라스틱 필수품 통 틈으로 아이가 태어나기 전에 만들어준 퀼트가 보였다. 필요한 물건을 모두 챙긴 뒤에 아이는 내 물건을 옥상에 올리는 일을 도와주었다.

기숙사에 짐을 부리고 방을 꾸민 뒤에 아무 일도 없었던 것처럼 점심 먹으러 나가면서 나는 퇴장할 때가 되었음을 직감했다. 내 일은 끝났고 아이의 일은 이제부터 시작이었다.

다른 딸들이 손가락을 까딱거리며 부모를 보내는 걸 봤지만, 라킨은 기숙사 주차장까지 나를 배웅했다. 그곳에서는 아직도 수많은 미니밴이 짐을 토해내고 있었다. 일부러 활기찬 척하는 아빠들과 억지로 꾸민 표정의 엄마들이 훔쳐보는 가운데 우리는 다시 포옹하고 미소 지으며 (이미 말라버렸다고 생각한) 눈물을 흘렸다. 자동차 문을 여는데 아이가 발걸음을 돌리며 크게 소리쳤다. "엄마, 고속도로에서 주체할 수 없이 울음이 터지거든 제발 차를 길가에 대세요!" 주차장에 모인 사람들 모두가 웃음을 터뜨렸다. 다들 꾸민 표정에서 원래의 표정으로 돌아갔다.

휴지나 갓길은 필요 없었다. 어쨌든 집에 가는 길은 아니었다. 아이를 대학에 두고 떠나는 것까지는 할 수 있었지만 집에, 텅 빈 집에 돌아가고 싶지는 않았다. 심지어 말들도 떠나버리고 우리 가족의 늙은 애완견도 그해 봄에 죽었다. 나를 반겨줄 이는 아무도 없었다.

　　　　　　　　　　　✳

　나만의 특별한 슬픔 다스리기 시스템을 차 지붕에 장착하기로 마음먹었다. 주말마다 육상 경기를 보러 가거나 밤샘 파티를 주최하면 혼자 지낼 시간이 없을 테니까. 상실을 애도하기보다는 자유를 축하할 작정이었다. 반짝거리는 빨간색 '중년의 위기' 코르벳(쉐보레 스포츠카_옮긴이)을 들어본 적 있으신지?(코르벳은 가격이 비싸서, 금전적으로 안정된 중년 여성이 주로 구입한다는 말이 있다_옮긴이.) 글쎄, 나로 말할 것 같으면 코르벳을 차 지붕에 실었다고나 할까. 래브라도호로 차를 몰고 가서 새로 산 빨간색 카약을 물에 띄웠다.

　첫 선수파船首波의 소리를 떠올리기만 해도 그날 하루가 죄다 기억난다. 늦여름 오후, 호수를 둘러싼 언덕 사이로 빛나는 황금빛 태양과 청금석빛 하늘. 부들 속에서 꾀꼴꾀꼴 우는 붉은어깨검은꾀꼬리red-winged blackbird. 바람 한 점 없이 유리처럼 잔잔한 호수.

　드넓은 호수가 눈앞에서 반짝거렸지만, 일단 물달개비와 수련이 물을 두텁게 덮은 가장자리의 습지를 가로질러야 했다. 진흙 바닥에서 수면까지 1.8미터를 뻗은 황수련의 기다란 잎자루가 마치 내 길을 막으려는 듯 노에 엉켰다. 선체에 달라붙은 개연꽃을 뜯어냈더니 부러진 줄기 내부가 보였다. 스티로폼 속처럼 공기로 가득 찬 해면 모양 흰색 세포가 빼곡히 들어 있었는데, 식물학자들은 '통기조직aerenchyma'이라고 부른다. 이 통기 세포는 마치 구명조끼가 내장된 듯 수생 식물을 위로 띄우고 잎을 수면에 떠 있게 하는 독특한 작용을 한다. 이 성질 때문에 노 젓기가 여간 고역이 아니지만, 여기에는 더 큰 쓸모가 있다.

수련 잎은 수면에서 빛과 공기를 받아들이지만, 호수 바닥에서는 여러분 손목만큼 굵고 팔만큼 긴 살아 있는 뿌리줄기에 달라붙어 있다. 뿌리줄기는 무산소성인 깊은 물속에 있지만, 산소가 없으면 죽는다. 그래서 통기조직은 공기로 가득한 세포들로 복잡한 사슬을 이루어 마치 공기 통로처럼 수면과 호수 바닥을 연결함으로써, 바닥에 파묻힌 뿌리줄기에 산소가 서서히 확산하도록 한다. 잎을 밀어내도 여전히 떠 있는 것을 볼 수 있다.

수련 수렁에 빠진 나는 순채water shield, 향수련fragrant water lily, 골풀, 산부채wild calla, 그리고 황수련yellow pond lily, 불헤드수련bullhead lily, 누파르 루테움Nuphar luteum, 스패터독spatterdock, 브랜디병brandybottle 등 여러 이름으로 불리는 황수련의 꽃들에 둘러싸인 채 잠시 휴식을 취했다. '브랜디병'은 거의 들어본 적 없었지만, 시커먼 물에서 삐죽 솟아난 노란색 꽃에서 퍼지는 달짝지근한 알코올성 향기를 맡으니 이 이름이야말로 제격인 것 같았다. 포도주 한 병 집에 사 가야겠다는 생각이 들었다.

화려한 브랜디병 꽃들은 꽃가루받이 곤충을 끌어들이는 목표를 이루고 나면 줄기를 구부려 몇 주간 수면 아래에 은둔한 채 씨방을 부풀린다. 씨앗이 성숙하면 줄기를 다시 펴서 물 위로 꽃을 내민다. 플라스크 모양의 신기한 꼬투리에 밝은 색 뚜껑이 달렸는데, 이름에 걸맞게 양주잔만 한 미니어처 브랜디 통처럼 생겼다. 직접 본 적은 없지만, 꼬투리에서 씨앗이 물 위에 후드득 떨어진다고 한다. '스패터독'이라는 이름은 여기에서 비롯했다('스패터spatter'는 '빗방울 따위가 후드득 떨어지다'라는 뜻이다_옮긴이). 내 주위로 온갖 생활환의 수련들이 잠겼다 올라왔다 하면서 다채로운 수경水景을 연출했다. 비집고 들어가기가 여간 힘들지 않았지만 나의 빨간색 카약을 초록색 사이로 힘껏 밀어넣었다.

엉겨 붙는 식물들을 뿌리치려고 힘차게 노를 저어 마침내 깊은 물로 나왔다. 어깨에서 힘이 다 빠져나가 나의 심장만큼 공허해졌을 때 물 위에서 쉬면서 눈을 감고 슬픔이 떠다니게 내버려두었다.

가벼운 산들바람이었을까, 숨은 조류였을까, 아니면 지축이 기울어져 호수가 찰랑거린 걸까. 보이지 않는 손이 무엇이었든 나의 작은 카약이 물 위에 뜬 요람처럼 흔들거렸다. 언덕이 나를 안아주고 물이 흔들어주고 산들바람의 손이 뺨을 어루만졌다. 나는 뜻밖에 찾아온 편안함에 자신을 내맡겼다.

시간이 얼마나 지났는지 모르겠지만 나의 작은 카약은 호수 끝까지 떠내려왔다. 선체 주위에서 바스락바스락 속삭이는 소리에 백일몽에서 깨어났다. 눈을 뜨자 수련과 황수련의 매끄러운 초록색 잎이 다시 나를 쳐다보고 있었다. 어둠에 뿌리를 내리고 빛 속에 뜬 채. 나는 물 위의 심장들에 둘러싸여 있었다. 빛나는 초록색 하트. 수련은 빛과 함께 고동치는 것 같았다. 초록색 심장이 내 심장과 함께 뛰고 있었다. 어린 하트 잎은 물 밑에서 올라오고 있었고 오래된 잎은 물 위에 떠 있었다. 여름 바람과 파도에, 그리고 말할 필요도 없이 카약의 노에 가장자리가 찢긴 잎들도 있었다.

과학자들은 수면의 수련 잎에서 뿌리줄기로 산소가 이동하는 것이 느린 확산 과정일 뿐이라고, 산소 농도가 높은 공기 중으로부터 농도가 낮은 물속으로 분자가 비효율적으로 표류하는 것이라고 생각했다. 하지만 새로운 탐구의 결과 산소의 흐름이 발견되었다. 우리가 식물의 가르침을 기억했다면 직관적으로 알 수 있었을 사실이었다.

새 잎은 발달중인 어린 조직의 빡빡한 통기 간극에 산소를 빨아들이는데, 이곳의 밀집도로 인해 기압 경도氣壓傾度가 발생한다. 오래된 잎은 가장자리가 찢기고 뜯겨 통기 간극이 성기며, 이 때문에 압력이 낮은 부분이 생겨 산소가 대기 중으로 방출된다. 기압 경도는 어린 잎이 빨아들이는 공기를 잡아당긴다. 어린 잎은 공기로 가득한 모세관 그물로 연결되어 있어서 산소가 어린 잎에서 오래된 잎으로 대량 이동하는데, 그 과정에서 뿌리줄기를 통과하면서 산소를 공급한다. 어린 잎과 오래된 잎은 하나의 긴 숨으로 연결된다. 들숨은 호혜적 날숨을 부르며 자신들의 근원인 공통의 뿌리를 살찌운다. 새 잎에서 옛 잎으로, 옛 잎에서 새 잎으로, 엄마에게서 딸에게로—상호 관계는 지속된다. 나는 수련의 가르침에 위로받는다.

호안으로 노 저어 돌아가는 것은 더 수월했다. 저무는 햇빛 받으며 카약을 차에 싣는데 호수 물이 배 안에 남아 있어서 머리에 물벼락을 맞았다. 슬픔 나스리기 시스템에 환상을 품은 것을 생각하니 웃음이 났다. 그런 건 세상에 없다. 우리는 세상에 물벼락을 안기고 세상은 우리에게 물벼락을 안긴다.

좋은 엄마 중의 첫 번째인 대지는 우리가 스스로 마련할 수 없는 선물을 우리에게 준다. 내가 호수에 와서 "밥 주세요"라고 말했음을 깨닫지 못했지만, 나의 공허한 심장은 다시 충만해졌다. 내게도 좋은 엄마가 있었다. 그녀는 우리가 달라고 하지 않아도 우리에게 필요한 것을 준다. 오래된 어머니 대지님도 지치는지 궁금하다. 아니면 주는 것이 그녀에게는 곧 받는 것일까? 이렇게 속삭였다. "고마워요. 전부 다 고마워요."

집에 도착했을 때는 이미 어둑어둑해졌지만, 포치의 조명을 켜두는 것 또한 계획의 일부였다. 컴컴한 집은 견딜 수 없었으니까. 구명 조끼를 포치에 가져가 집 열쇠를 꺼내다 선물 더미를 발견했다. 마치 피냐타(멕시코 등의 중남미 국가의 어린이 축제에서 쓰이는, 과자나 장난감 등을 넣은 종이 인형_옮긴이)가 우리 집 문간에서 터진 듯 전부 밝은 색깔의 습자지로 예쁘게 포장되어 있었다. 문지방에는 포도주 한 병과 유리잔 하나가 놓여 있었다. 포치에서 라킨 없이 고별 파티가 열렸나 보다. 나는 생각했다. "운 좋은 아이였어. 사랑을 듬뿍 받았으니."

선물을 뒤적이며 태그나 카드를 찾아봤지만 뒤늦은 배달의 주인이 누구인지 알 수 없었다. 습자지 포장이 전부였기에 다른 단서를 찾아야 했다. 선물 하나의 자주색 습자지를 쫙 펴서 아래의 라벨을 읽었다. 빅스 베이퍼러브(바르는 감기약_옮긴이) 병이었다! 구부러진 습자지에서 쪽지가 떨어졌는데, "위안을 찾으렴"이라고 쓰여 있었다. 사촌의 글씨체라는 걸 한눈에 알 수 있었다. 그녀는 나와 친자매처럼 친한 사이로, 몇 시간 걸리는 곳에 산다. 나의 선물 요정은 쪽지와 선물 열여덟 개를 남겼다. 라킨을 키운 한 해에 하나씩이었다. 컴퍼스에는 "너의 새로운 길을 찾으렴", 훈제 연어에는 "그들은 늘 집에 돌아오잖니", 펜에는 "글 쓸 시간이 생긴 것을 축하하며"라고 쓰여 있었다.

우리는 매일 선물 세례를 받지만, 이 선물들은 우리에게 가지라고 준 것이 아니다. 선물의 생명은 움직임에, 공유된 숨의 들이쉼과 내쉼에 있다. 우리의 할 일은 선물을 전달하는 것이요, 우리가 우주에 내놓은 것이 언제나 돌아올 것임을 믿는 것이며 거기에 기쁨이 있다.

감사에 대한 맹세

동트기 전에 일어나 딸들이 깨기 전에 오트밀과 커피를 차리는 것이 나의 아침 제의이던 때가 있었다. 그러고 나면 아이들을 깨워 학교 가기 전에 딸들에게 먹이를 주게 한다. 그 다음에는 도시락을 싸고 없어진 서류를 찾고 통학 버스가 털털거리며 올라올 때 아이들의 분홍색 뺨에 뽀뽀하고 이 일이 다 끝나면 개와 고양이의 밥그릇을 채우고 걸칠 만한 옷을 찾고 차를 몰고 학교에 가면서 오전 강의를 점검한다. 당시에는 '성찰'이라는 단어가 머릿속에 별로 떠오르지 않았다.

하지만 목요일에는 오전 수업이 없어서 좀 더 미적거릴 수 있었기에 하루를 제대로 시작할 수 있도록 언덕배기 풀밭에 올라갔다. 그곳에서는 새가 노래하고 신발이 이슬에 젖고 헛간 위로 떠오른 해가 구름을 아직 분홍색으로 물들였다. 오늘 하루 받게 될 감사의 빛을 가늠하게 해주는 첫 선물이었다.

어느 목요일, 우리 6학년 딸의 선생님에게서 전날 밤 걸려온 전화 때문에 울새와 새 잎에 집중할 수 없었다. 듣자 하니 우리 딸이 국기에 대한 맹세 때 일어서지 않으려 든다고 했다. 선생님은 아이가 수업에 지장을 주거나 말썽을 피우는 것은 아니며 그저 의례에 동참하지 않고 자리에 가만히 앉아 있었을 뿐이라고 말했다. 하루 이틀 지나자 다른 학생들도 따라 하기 시작했다. 그래서 선생님은 "단지 학부모님께서도 알고 계셔야 할 것 같아"서 전화를 걸었던 것이다.

나도 유치원에서 고등학교 때까지 국기에 대한 맹세로 하루를 시작하던 것이 기억난다. 지휘자가 지휘봉을 두드리듯, 왁자지껄하던 통학 버스와 소란스럽던 복도가 일제히 조용해졌다. 의자를 정리하고 도시락을 사물함에 넣다가도 스피커가 울리면 동작을 멈춰야 했다. 우리는 책상 옆에 서서 칠판 한쪽에 걸린 국기를 올려다보았다. 바닥 왁스와 문구용 풀의 냄새처럼 어디에서나 똑같은 풍경이었다.

우리는 손을 가슴에 얹은 채 국기에 대한 맹세를 암송했다. 맹세는 내게 수수께끼 같았다. 딴 아이들에게도 마찬가지였을 것이다. 나는 공화국이 뭔지도 전혀 몰랐으며 신에 대해서도 별로 아는 게 없었다. 물론 '모두를 위해 자유와 정의를'이라는 명제가 미심쩍다는 사실은 여덟 살 인디언 소녀가 아니더라도 알 수 있었다.

하지만 은발의 양호 선생님부터 유치원 선생님까지 300명의 목소리가 일제히 울려퍼지는 것을 들으면 무언가의 일원이 된 듯한 기분이 들었다. 잠시나마 우리의 마음이 하나가 된 것 같았다. 모두가 그 애매모호한 정의正義를 소리 높여 외치면 우리에게도 정의가 실현될 것만 같았다.

하지만 오늘날 내가 선 자리에서 보자면 학생들에게 정치 체제에 충성 서약을 시킨다는 발상은 무척 이상하다. 사리 분별이 가능한 성인기가 되면 암송 의례가 대부분 없어진다는 것을 생각하면 더더욱 그렇다. 우리 딸은 사리 분별이 가능한 나이에 도달한 것이 분명했으므로 나는 간섭할 생각이 없었다. 아이는 이렇게 설명했다. "엄마, 거기 서서 거짓말하고 싶진 않아요. 자유를 강제로 말하게 시킨다면 그게 어떻게 자유예요?"

아이가 아는 아침 의례는 다른 것, 할아버지가 커피를 땅바닥에 붓던 의례, 내가 집 위쪽 언덕에서 행하던 의례였다. 내게는 그거면 충분했다. 해돋이 제의는 우리가 받은 모든 것을 인정하고 가장 좋은 감사로 보답함으로써 세상에 고마움을 표하는 포타와토미족 나름의 방식이다. 전 세계의 많은 원주민 부족은 다양한 문화적 차이에도 불구하고 이것만은 한결같다. 우리의 뿌리는 감사의 문화다.

�֍

우리의 옛 농장은 오논다가 네이션의 조상이 살던 고향에 있으며, 우리 언덕배기에서 서쪽으로 몇 능선 떨어진 곳에 그들의 보호 구역이 있다. 우리 쪽에서와 마찬가지로 그쪽에서도, 통학 버스가 아이들을 쏟아내면 아이들은 버스 안전 도우미가 "뛰면 안 돼!"라고 소리쳐도 뛰어다닌다. 하지만 오논다가에서는 입구 바깥에서 펄럭이는 깃발이 자주색과 흰색인데, 이것은 하우데노사우니 연맹의 상징인 히아와타(북아메리카 인디언 가운데 하나인 오논다가족의 전설적인 추장_옮긴이) 왐품(조개껍데기로 만든 허리띠 모양의 화폐_옮긴이) 벨트를 나타낸다. 작은 어깨에 걸맞지 않게 커다란 밝은 색 책가방을 멘 아이들이 쏟아져 들어가는 문은 하우데노사우니 특유의 자주색으로 칠했으며 문 위쪽에는 건강과 평화를 기원하는 인사인 **니야 웬하 스카 논**^{Nya wenhah Ska: nonh}이 쓰여 있다. 까만 머리의 아이들은 동그라미를 그리며 강당 주위를, 햇살 사이를, 슬레이트 바닥에 새겨진 부족 상징 위를 뛰어다닌다.

이곳 학교에서는 한 주를 시작하고 끝낼 때 국기에 대한 맹세가 아니라 감사 연설^{Thanksgiving Address}을 한다. 이 기다란 연설은 부족 사람들만큼이나 오래되었으며 더 정확한 뜻은 오논다가어로 '모든 것에 앞서는 말'이다. 이 오래된 의례는 감사를 최우선에 놓는다. 감사를 직접 받는 대상은 선물을 세상과 나누는 이들이다.

모든 학생이 강당에 서면 매주 한 학년씩 돌아가면서 연설을 암송한다. 학생들은 영어보다 오래된 언어로 일제히 암송을 시작한다. 이 부족은 모일 때마다 사람 수가 많건 적건 가장 먼저 이 연설을 암송하도록 교육받았다고 한다. 교사들은 이 제의를 통해 "우리의 발이 처음 대지에 닿는 곳에서부터 자연의 모든 구성원에게 인사와 감사를 드릴" 것을 매일같이 상기시킨다.

오늘은 3학년 차례다. 학생 수는 열한 명밖에 안 된다. 숨죽여 킥킥거리고 바닥만 내려다보는 친구를 쿡쿡 찌르면서 함께 시작하려고 최선을 다한다. 작은 얼굴들이 집중하느라 찌푸려졌다. 말문이 막히면 선생님 눈치를 본다. 아이들은 자기네 언어로 평생 매일같이 들어온 문구를 읊는다.

오늘 우리는 이 자리에 모였습니다. 우리는 주위의 얼굴들을 둘러보며 생명의 순환이 계속됨을 봅니다. 우리는 서로와, 또한 뭇 생명과 더불어 균형과 조화를 이루며 살아야 하는 의무를 받았습니다. 그러니 이제 우리의 마음을 하나로 모아 사람으로서 서로에게 인사와 감사를 건넵시다. 이제 우리의 마음은 하나입니다.*

아이들은 잠시 뜸을 들이더니 나직하게 대지에 고마움을 표한다.

살아가는 데 필요한 모든 것을 주신 어머니 대지님에게 감사합니다. 당신 위를 걸을 때 우리의 발을 떠받쳐 주심을 감사합니다. 태초부터 그랬듯 지금도 우리를 보살펴주심이 우리에게 기쁨이 됩니다. 우리의 어머니에게 감사와 사랑과 존경을 드립니다. 이제 우리의 마음은 하나입니다.

아이들은 미동도 없이 앉아, 듣는다. 롱하우스(인디언의 전통적인 가옥 유형_옮긴이)에서 자란 티가 난다.

---

* 감사 연설의 실제 문구는 사람마다 다르다. 이 문구는 널리 알려진 John Stokes and Kanawahientun, 1993의 판본에 실려 있다.

이곳에는 국기에 대한 맹세를 위한 자리가 없다. 오논다가는 자치 구역으로, 사방이 '국기가 상징하는 … 공화국'(국기에 대한 맹세에 포함된 문구로, 미국을 나타낸다_옮긴이)으로 둘러싸여 있되 미국의 관할권 밖에 있다. 감사 연설로 하루를 시작하는 것은 정체성의 선언이자 (정치적이며 문화적인) 주권의 행사다. 물론 그 밖에도 풍성한 의미가 있지만.

감사 연설은 이따금 기도로 오인되기도 하지만, 아이들은 고개를 빳빳이 들고 있다. 오논다가족 연장자들은 다르게 가르친다. 감사 연설은 탄원이나 기도나 시보다 훨씬 크다고.

어린 소녀 두 명이 팔짱을 끼고 앞으로 나와 연설을 이어받는다.

우리의 목마름을 달래고 모든 존재에게 힘과 원기를 주신 세상의 모든 물에게 감사합니다. 우리는 물의 힘이 폭포와 비, 안개와 개울, 강과 바다, 눈과 얼음의 여러 형태로 나타남을 압니다. 우리는 물이 아직 여기에 있으며 나머지 창조 세계에 대한 책임을 다하고 있음에 감사합니다. 물이 우리의 생명에 중요하다는 데 동의하고 우리의 마음을 하나로 모아 물에게 인사와 감사를 드릴 수 있겠습니까? 이제 우리의 마음은 하나입니다.

연설의 핵심은 감사를 이끌어내는 것이라는 말이 있지만, 연설은 자연의 물질적·과학적 목록이기도 하다. 연설은 '자연에 대한 인사와 감사'로 불리기도 한다. 연설이 계속되면서 생태계의 각 요소가 그 역할과 함께 차례로 호명된다. 이것은 일종의 토착과학^{Native science} 교육이다.

물에 있는 모든 물고기님에게 우리의 생각을 돌립니다. 그들은 물을 맑
고 깨끗하게 하라는 명령을 받았습니다. 또한 그들은 스스로를 우리에게
음식으로 내어줍니다. 그들이 지금도 의무를 계속하는 것에 감사합니다.
물고기님들에게 인사와 감사를 드립니다. 이제 우리의 마음은 하나입니다.
이제 초목님의 드넓은 들판을 돌아봅니다. 눈길이 닿는 곳 어디나 초목
님이 자라며 놀라운 일을 해냅니다. 그들은 많은 생명을 먹여 살립니다.
우리의 마음을 하나로 모아 감사를 드리며 앞으로도 오랫동안 초목님들
을 볼 수 있기를 바랍니다. 이제 우리의 마음은 하나입니다.
주위를 둘러보면 베리가 아직도 이곳에서 맛있는 음식이 되어줌을 봅니
다. 베리의 우두머리는 봄에 가장 먼저 익는 딸기입니다. 베리가 세상에
서 우리 곁에 있는 것에 감사하는 데 동의하고 베리들에게 감사와 사랑
과 존경을 드릴 수 있겠습니까? 이제 우리의 마음은 하나입니다.

**우리 딸이 그랬듯 일어서서 대지에게 감사하기를 거부하는 아이
들이 여기도 있을지 궁금하다. 베리에 감사하는 것을 놓고 논쟁을 벌
이기란 쉬워 보이지 않으니까.**

한마음으로 우리가 밭에서 거두는 모든 작물님에게 존경과 감사를 드립
니다. 특히 부족을 풍요롭게 먹이는 세 자매님에게 감사합니다. 태초부터
곡물, 채소, 콩, 과일은 부족의 생존에 이바지했습니다. 다른 많은 생명

도 작물로부터 힘을 얻습니다. 모든 작물을 마음속에 모아 인사와 감사를 드립니다. 이제 우리의 마음은 하나입니다.

아이들은 감사의 대상이 하나씩 호명될 때마다 고개를 끄덕인다. 음식이 나오면 더욱 열심히 끄덕인다. 레드호크스 라크로스 셔츠를 입은 어린 소년이 앞으로 걸어나와 말한다.

이제 세상의 약초님을 돌아봅니다. 태초부터 그들은 질병을 없애라는 명령을 받았습니다. 그들은 우리를 치유하려고 늘 기다리며 준비합니다. 식물을 약용으로 쓰는 법을 기억하는 특별한 소수가 아직도 우리 가운데 있어서 얼마나 다행인지요. 한마음으로 약초님들과 약초님의 수호자들에게 감사와 사랑과 존경을 드립니다. 이제 우리의 마음은 하나입니다.

우리는 뭇 나무님이 주위에 서 있는 것을 봅니다. 대지에는 여러 나무님 집안이 있으며, 저마다 나름의 명령과 쓰임새가 있습니다. 누구는 피난처와 그늘이 되고 누구는 열매와 아름다움과 많은 요긴한 선물을 내어줍니다. 단풍나무님은 나무의 우두머리로, 사람들에게 당이 가장 필요할 때 당이라는 선물을 내어줍니다. 세상의 많은 부족은 나무님을 평화와 힘의 상징으로 여깁니다. 한마음으로 나무님에게 인사하고 감사합니다. 이제 우리의 마음은 하나입니다.

감사 연설은 우리를 먹여 살리는 모든 것에 인사하는 것이기에 '길다.' 하지만 축약된 형태로 할 수도 있고 조목조목 길게 할 수도 있다. 학교에서는 아이들의 언어 능력에 맞게 나름어서 쓴다.

수많은 존재에게 인사와 감사를 드리는 데 걸리는 시간에서 연설의 힘이 비롯함은 틀림없다. 연설을 듣는 사람들은 연설자의 말이라는 선물에 주목으로써, 또한 모인 마음들이 만나는 자리에 자신의 마음을 놓음으로써 화답한다. 수동적으로 말과 시간이 그저 흘러가게 내버려둘 수도 있지만, 부름 하나하나는 응답을 요청한다. "이제 우리의 마음은 하나입니다." 당신은 집중해야 한다. 오로지 듣는 일에만 열중해야 한다. 여기에는 노력이 필요하다. 촌철살인의 경구와 즉각적인 만족에 익숙한 시대에는 더더욱 그렇다.

원주민이 아닌 재계나 정부 관료와 합동 회합을 할 때 연설의 긴 판본을 읊으면 그들은 종종 안절부절못한다. 변호사들이 특히 심하다. 그들은 연설이 끝나기만 기다리며 방 여기저기로 눈길을 돌린다. 눈을 향하고는 있되 보지는 않으려고 온갖 애를 쓰면서. 우리 학생들은 감사 연설의 경험을 나눌 기회를 귀하게 여기겠다고 장담하지만, 꼭 한두 명은 너무 길다고 말한다. 나도 공감한다. "불쌍도 해라. 감사해야 할 대상이 이다지도 많다니 얼마나 애석한지."

마음을 모아 우리와 함께 걷는 세상의 모든 아름다운 동물에게 인사와 감사를 드립니다. 동물은 우리 사람들에게 가르쳐줄 것이 많습니다. 동물이 계속해서 우리와 삶을 나누는 것에 감사하며 언제나 그러길 바랍니다. 우리의 마음을 하나로 모아 동물님들에게 감사를 드립시다. 이제 우리의 마음은 하나입니다.

감사가 최우선인 문화에서 자녀를 키운다고 상상해보라. 프리다 자크Freida Jacques는 오논다가 국립학교에서 일한다. 그녀는 가모장이자 학교와 공동체 사이의 연락책이자 너그러운 선생이다. 그녀는 내게 감사 연설이 오논다가족과 세상의 관계를 구체화한 것이라고 설명해준다. 창조 세계의 각 부분은 조물주가 나머지 존재들에게 준 의무를 다하기에 감사를 받는다. 그녀가 말한다. "그러면 자신이 충분히 가졌음을 매일 자각하게 돼요. 아니, 충분한 것 이상이죠. 생명을 유지하는 데 필요한 모든 것이 이미 여기에 있어요. 매일 이렇게 하면 모든 창조 세계를 만족과 존중의 시각에서 바라볼 수 있답니다."

감사 연설을 들으면 부자가 된 느낌을 받지 않을 수 없다. 감사를 표현하는 것은 순진무구해 보이지만, 혁명적 개념이기도 하다. 소비 사회에서 만족은 급진적 태도다. 충족되지 않은 욕망을 창조함으로써 번성하는 경제에 타격을 가하는 방법은 희소성이 아니라 풍요를 인정하는 것이다. 감사는 충만의 윤리를 계발하지만, 경제는 공허를 필요로 한다. 감사 연설은 우리에게 필요한 모든 것이 이미 우리에게 있음을 일깨운다. 감사는 만족을 찾기 위해 쇼핑하라고 등을 떠밀지 않는다. 감사는 상품이 아니라 선물로 다가오기에 경제 전체의 토대를 뒤엎는다. 감사는 땅에게도 사람에게도 좋은 치료약이다.

마음을 하나로 모아 머리 위를 날아다니는 모든 새들에게 감사합니다. 조물주는 새들에게 아름다운 노래를 선물로 주었습니다. 새들은 아침마다 그날에 인사하고 자신의 노래로써 우리에게 삶을 누리고 고마워하라고 일깨웁니다. 독수리님은 새의 우두머리가 되어 세상을 지켜보라고 선택받았습니다. 가장 작은 것에서 가장 큰 것까지 모든 새님들에게 기쁨에 찬 인사와 감사를 드립니다. 이제 우리의 마음은 하나입니다.

연설은 단순한 경제 모형이 아니라 윤리 교육이기도 하다. 프리다는 젊은이들이 매일 감사 연설을 들음으로써 베리의 우두머리인 딸기와 새의 우두머리인 독수리처럼 지도력의 본보기를 얻을 수 있다고 강조한다. "결국 자신들에게 기대되는 것이 많다는 걸 깨닫게 되죠. 훌륭한 지도자가 된다는 것, 미래를 내다본다는 것, 너그러움을 베푸는 것, 부족을 위해 희생하는 것이 어떤 의미인지 알려줘요. 단풍나무가 그렇듯 지도자는 자신의 선물을 가장 먼저 내어주는 사람이에요." 지도력이 힘과 권위가 아니라 섬김과 지혜에 있음을 공동체 전체에 일깨워주는 것이다.

네 바람님으로 알려진 힘들에게 우리 모두 감사합니다. 우리를 새롭게 하고 우리가 숨쉬는 공기를 깨끗케 하는 그들의 목소리를 아침 공기 속에서 듣습니다. 그들은 계절의 변화를 일으킵니다. 그들은 동서남북에서 와서 우리에게 소식을 전하고 힘을 줍니다. 한마음으로 네 바람님에게 인사와 감사를 드립니다. 이제 우리의 마음은 하나입니다.

프리다가 말한다. "감사 연설은 인간이 세상을 책임진 것이 아니라 나머지 뭇 생명과 마찬가지로 같은 힘들에 의지한다는 사실을 아무리 강조해도 지나치지 않음을 일깨워줘요."

내 얘기를 하자면 학창 시절부터 성인기까지 국기에 대한 맹세의 영향이 쌓인 탓에 나는 맹세의 원래 목적인 자부심이 아니라 냉소주의를, 또한 국가가 위선적이라는 생각을 갖게 되었다. 자라면서 대지의 선물을 이해하게 되자 나는 실제 국가를 인정하는 일이 어떻게 '애국심'에서 빠질 수 있는지 이해할 수 없었다. 애국심이 요구하는 약속은 국기에 대한 것뿐이다. 서로에 대한, 땅에 대한 약속은 어디로 갔나?

감사로 양육되는 것, 자연을 종 민주주의의 일원으로 이야기하는 것, **상호**의존의 맹세를 기르는 것은 어떤 모습일까? 정치적 충성의 선언은 전혀 필요하지 않다. "주어진 모든 것에 감사하는 데 동의할 수 있습니까?"라는, 되풀이되는 물음에 답하기만 하면 된다. 감사 연설에서는 인간 아닌 모든 존재에 대한, 정치제만이 아니라 뭇 생명에 대한 존중을 느낄 수 있다. 국경선을 모르고 사고팔 수도 없는 바람과 물이 맹세의 대상이라면 국가주의는, 정치적 경계선은 어떻게 될까?

이제 우레님 할아버지가 사는 서쪽을 돌아봅니다. 번개와 천둥소리로 우레님은 생명을 새롭게 하는 물을 가져다줍니다. 마음을 하나로 모아 우레님 할아버지께 인사와 감사를 드립니다.

이제 맏형인 해님에게 인사와 감사를 드립니다. 해님은 날마다 어김없이 동쪽에서 서쪽으로 하늘을 가르며 새 날의 빛을 가져다줍니다. 해님은 모든 생명불의 근원입니다. 한마음으로 맏형 해님에게 인사와 감사를 드립니다. 이제 우리의 마음은 하나입니다.

하우데노사우니는 수 세기 동안 협상의 귀재로 통했다. 정치적 역량으로 온갖 역경을 이겨내고 살아남았기 때문이다. 감사 연설은 사람들에게 온갖 이로움을 주는데, 그중에는 외교도 있다. 까다로운 대화나 갑론을박이 예상되는 회의를 시작하기 전에 긴장 때문에 입을 앙다물게 된다는 것은 누구나 안다. 서류 뭉치를 연신 가다듬게 되고 준비한 논거들은 목구멍에서 병사들처럼 차려 자세를 하고 출동 준비를 하고 있다. 하지만 그때 '모든 것에 앞서는 말'이 흘러나오기 시작하고 여러분은 맞장구치기 시작한다.

네, 물론 어머니 대지님에게 감사하다는 데 동의할 수 있어요. 네, 같은 해님이 우리 한 사람 한 사람에게 빛을 비추죠. 네, 우리는 나무에 대한 존경심으로 하나가 되었어요.

할머니 달님에게 인사할 때쯤이면 사납던 얼굴들이 온화한 기억의 빛에 조금은 누그러졌을 것이다. 연설의 운율이 다툼의 바위를 조금씩 조금씩 휘감아 돌며 우리를 가로막은 벽을 깎아낸다.

네, 물이 아직 여기에 있다는 데 우리 모두 동의할 수 있어요. 네, 마음을 하나로 모아 바람에 감사할 수 있어요.

하우데노사우니의 의사 결정이 다수결 투표가 아니라 만장일치로 이루어진다는 것은 놀랄 일이 아니다. "우리의 마음이 하나일 때"만 결정이 내려진다. 감사 연설은 협상을 시작하는 근사한 정치적 서두이자 편협한 조급증을 누그러뜨리는 명약이다. 정부의 회의가 감사 연설로 시작된다고 상상해보라. 우리 지도자들이 의견 차이를 놓고 싸우기 전에 우선 공통분모를 찾는다면 어떻게 될까?

밤하늘을 밝히는 가장 나이 많은 할머니 달님에게 마음 모아 감사합니다. 달님은 온 세상 여인의 우두머리이며 바다의 미세기를 다스립니다. 우리는 달님의 얼굴이 바뀌는 것을 보고 때를 알며, 이곳 대지님에게서 아이가 태어나는 것을 지켜보는 분도 달님입니다. 감사에 감사를 얹어 한 덩어리로 할머니 달님에게 감사를 드리며 달님이 볼 수 있도록 감사의 덩어리를 기쁜 마음으로 밤하늘 높이 던져 올립니다. 한마음으로 할머니 달님에게 인사와 감사를 드립니다.

하늘에 보석처럼 뿌려져 있는 별님에게 감사합니다. 밤에 보이는 별님은 달님을 도와 어둠을 밝히며 들판에 이슬을 내리고 만물을 기릅니다. 우리가 밤길을 걸을 때 별님은 우리를 집으로 인도합니다. 마음을 하나로 모아 모든 별님에게 인사와 감사를 드립니다. 이제 우리의 마음은 하나입니다.

감사 연설은 세상이 원래 어떤 모습인지도 일깨운다. 우리가 받은 선물 목록을 현재 상태와 비교할 수 있는 것이다. 생태계의 모든 조각들이 아직도 여기에 있어서 자신의 의무를 다하고 있나? 물은 여전히 생명을 먹여 살리나? 새들은 아직도 건강한가? 빛 공해 때문에 더는 별을 볼 수 없게 되었을 때 감사의 말들은 우리의 상실을 일깨울 것이며 복원 노력을 하도록 채찍질할 것이다. 별과 마찬가지로 말도 우리를 집으로 인도할 수 있다.

오랜 세월 동안 우리를 도와준 깨우친 스승님들에게 마음 모아 인사와 감사를 드립니다. 우리가 조화롭게 사는 법을 잊으면 그들은 사람으로서 살아가도록 우리가 배운 방법을 일깨워줍니다. 한마음으로 자상한 스승님들에게 인사와 감사를 드립니다. 이제 우리의 마음은 하나입니다.

연설에는 뚜렷한 구조와 진행이 있지만 글자 그대로 읊거나 모든 연설자가 똑같이 암송하지는 않는다. 알아듣기 힘들 정도로 낮게 읊조리기도 하고 노래 부르듯 하기도 한다. 나는 둘러선 청중을 휘어잡는 연장자 톰 포터Tom Porter의 연설을 듣는 것이 좋다. 그는 모든 얼굴을 환히 빛나게 하며, 그의 연설은 아무리 길어도 더 듣고 싶어진다. 톰이 말한다. "바구니에 담긴 꽃 무더기처럼 감사를 쌓읍시다. 각자 자리를 잡고 하늘 높이 던져 올립시다. 그러면 우리의 감사가 우리에게 쏟아지는 세상의 선물만큼 풍요로워질 겁니다." 우리는 함께 서서 축복의 비에 감사한다.

이제 위대한 정령인 조물주께 생각을 돌려 창조의 모든 선물에 인사와 감사를 드립니다. 우리가 좋은 삶을 사는 데 필요한 모든 것이 이곳 어머니 대지님에게 있습니다. 여전히 우리 곁에 있는 모든 사랑에 대해 우리의 마음을 하나로 모아 인사와 감사의 가장 좋은 말을 조물주께 드립니다. 이제 우리의 마음은 하나입니다.

말은 단순하지만, 합치는 솜씨가 있어서 주권 선언문이 되고 정치 구조가 되고 책임 장전이 되고 교육 모형이 되고 가계도가 되고 생태계 역할의 과학적 목록이 된다. 이것은 강력한 정치적 문서, 사회 계약, 존재 방식을 하나로 묶은 것이다. 하지만 무엇보다 감사의 문화를 위한 신조다.

감사의 문화는 호혜성의 문화이기도 하다. 각 사람은—인간이든 아니든—호혜적 관계로 서로 얽혀 있다. 모든 존재가 내게 의무가 있듯 나도 그들에게 의무가 있다. 동물이 목숨을 버려 나를 먹이면 나는 그 대가로 그들의 생명을 떠받쳐야 한다. 맑은 개울물을 선물로 받으면 같은 선물로 보답해야 할 책임이 있다. 인간 교육에서 필수적인 요소는 그 의무가 무엇이며 어떻게 이행해야 하는지 배우는 것이다.

감사 연설은 의무와 선물이 동전의 양면임을 일깨운다. 독수리는 좋은 시력을 선물로 받았으니 우리를 지켜보아야 하는 의무가 있다. 비는 내림으로써 의무를 다한다. 생명을 지탱하는 선물을 받았기 때문이다. 인간의 의무는 무엇일까? 선물과 책임이 하나라면, "우리의 책임은 무엇일까?"라고 묻는 것은 곧 "우리가 받은 선물은 무엇일까?"라고 묻는 것과 같다. 감사하는 능력은 인간에게만 있다고들 한다. 이것이 우리가 받은 선물 중 하나다.

이렇게 단순한 일이지만, 감사에 호혜성의 순환을 일으키는 능력이 있음은 누구나 안다. 딸들이 "엄마, 고마워요!"라는 말도 없이 도시락을 손에 들고 문 밖으로 뛰어나가면 솔직히 시간과 에너지가 조금 아깝다는 생각이 든다. 하지만 감사의 포옹을 받으면 늦게까지 쿠키를 구워서 내일 도시락을 준비해주고 싶어진다. 우리는 감사가 풍요를 낳음을 안다. 날마다 우리에게 도시락을 싸주는 어머니 대지님도 그렇지 않겠는가?

하우데노사우니 옆에 산 덕에 나는 감사 연설을 여러 형태와 여러 목소리로 들었으며 빗속에 고개를 들듯 연설에 가슴을 연다. 하지만 나는 하우데노사우니 주민이나 학자가 아니라 존경심 가득한 이웃이자 듣는 자에 불과하다. 내가 들은 것을 나누다 선을 넘을까봐 연설에 대해, 연설이 내 생각에 어떤 영향을 미쳤는지에 대해 글을 써도 되는지 허락을 구했다. 그때마다 이 말들은 세상에 주는 하우데노사우니의 선물이라는 대답을 들었다. 오논다가 신앙 수호자 오렌 라이언스^{Oren Lyons}에게 이에 대해 물었더니 특유의 은은한 미소를 지으며 이렇게 대답했다. "써도 되고 말고요. 연설은 나누라고 있는 거예요. 나누지 않으면 무슨 소용이겠어요? 우리는 사람들이 귀 기울이기를 500년 동안 기다렸어요. 그들이 감사를 이해했다면 우리가 이 지경이 되진 않았겠죠."

하우데노사우니 연맹은 감사 연설을 널리 공개했으며 연설은 40여 개 언어로 번역되어 전 세계에서 낭독된다. 그러니 이 땅에서 못할 이유가 어디 있겠는가? 학교에서 감사 연설 같은 것을 오전 일과에 포함하면 어떨까 상상해본다. 우리 마을에 사는 백발의 참전 용사를 무시하려는 것이 아니다. 그는 국기가 게양되면 가슴에 손을 얹는다. 쉰 목소리로 국기에 대한 맹세를 낭송할 때면 눈에 눈물이 맺힌다. 나도 우리 나라를 사랑한다. 자유와 정의에 대한 희망을 사랑한다. 하지만 내가 존중하는 범위는 공화국보다 크다. 생명의 세계에 호혜성의 맹세를 하자. 감사 연설은 인간 대표자로서 종 민주주의에 대한 충성을 상호 서약하는 것이다. 자국민에게 바라는 것이 애국심이라면 땅 자체를 언급함으로써 나라에 대한 참된 사랑을 불러일으키자. 훌륭한 지도자를 배출하고 싶다면 아이들에게 독수리와 단풍나무를 떠올리게 하자. 좋은 시민을 길러내고 싶다면 호혜성을 가르치자. 우리가 열망하는 것이 모두를 위한 정의라면 그것이 모든 창조 세계를 위한 정의가 되도록 하자.

이제 이곳에서 우리의 말을 끝내야겠습니다. 지금껏 만물을 호명하면서 하나도 빼먹지 않았길 바랍니다. 무언가가 누락되었다면 각자가 나름의 방식으로 인사와 감사를 드리기 바랍니다. 이제 우리의 마음은 하나입니다.

하우데노사우니 연맹은 매일 이 말로써 땅에 감사한다. 연설이 끝난 뒤의 침묵 속에서 나는 귀를 기울인다. 땅이 사람들에게 답례로 감사하는 것을 들을 수 있을 날이 오기를 고대하며.

향모 뜯기

향모는 잎이 길고 윤기 나는 한여름에 수확한다.

잎을 하나하나 떼어, 변색되지 않도록 그늘에서 말린다.

언제나 답례로 선물을 남겨둔다.

콩을 보며 깨닫다

콩을 딸 때 내게 찾아왔다. 행복의 비밀이.

나는 티피(미국의 그레이트플레인스에 사는 인디언들이 쓰던 높은 거주용 천막_옮긴이)를 칭칭 감은 덩굴에서 강낭콩을 찾고 있었다. 진녹색 잎을 들춰 단단하고 솜털이 보송보송한, 기다란 초록색 꼬투리를 한 줌 발견했다. 호리호리하게 한 쌍으로 매달려 있는 꼬투리를 잡아 뜯어 하나를 깨물었다. 느껴지는 것은 8월의 맛뿐이었다. 순수하고 상쾌한 콩의 맛으로 증류된. 올여름의 풍요는 냉장고에 들어갔다가 공기에서 눈 맛만 나는 한겨울에 다시 등장할 것이다. 그물망 하나만 훑었을 뿐인데 바구니가 가득 찼다.

바구니를 부엌에 가져가 비우려고 육중한 호박 넝쿨 사이로, 열매의 무게를 못 이기고 주저앉은 토마토 줄기 옆으로 발을 디뎠다. 토마토가 뻗어 나간 자리에 솟아 있는 해바라기는 여문 씨앗의 무게로 고개를 숙였다. 줄지어 있는 토마토 위로 바구니를 드는데, 벌어진 틈새로 레드스킨 감자가 한 무더기 눈에 띄었다. 딸들이 이날 아침에 여기까지만 수확했나보다. 햇빛을 쪼여 싹이 나지 않도록 발로 흙을 덮어주었다.

아이들이 으레 그렇듯 우리 딸들도 농사일 하기 싫다고 불평이지만, 일단 시작하면 흙의 부드러움과 낮의 내음에 빠져들어 몇 시간 뒤에야 집에 돌아온다. 이 콩 바구니를 위한 씨앗은 5월에 아이들이 자신의 손으로 땅에 심었다. 아이들이 농사짓고 거두는 것을 보면 내가 좋은 엄마처럼 느껴진다. 스스로 먹고사는 법을 가르쳤으니 말이다.

하지만 씨앗은 우리 스스로 얻은 것이 아니다. 하늘여인이 사랑하는 딸을 대지에 묻었을 때 아이의 몸에서 식물이 돋아나 사람들에게 특별한 선물이 되었다. 머리에서는 담배가, 머리카락에서는 향모가, 심장에서는 딸기가 자랐다. 가슴에서는 옥수수가, 배에서는 호박이 자랐으며 아이의 손에서는 손가락이 기다란 콩꼬투리를 볼 수 있다.

6월의 어느 아침에 내가 딸들을 사랑한다는 것을 어떻게 보여줄 수 있을까? 나는 아이들을 위해 야생 딸기를 딴다. 2월 오후에는 눈사람을 만들고 모닥불 가에 앉는다. 3월에는 메이플 시럽을 만든다. 5월에는 제비꽃을 꺾고 7월에는 헤엄치러 간다. 8월에는 밤에 담요를 덮고 한데 누워 유성우를 바라본다. 11월에는 위대한 스승 장작더미가 우리 삶에 들어온다. 하지만 이것은 시작에 불과하다. 아이들에게 우리의 사랑을 어떻게 보여줄 수 있을까? 각자 나름의 방식으로 선물의 소나기와 가르침의 큰비를 쏟아붓는 수밖에.

어쩌면 그것은 익은 토마토 냄새이거나 꾀꼬리의 노랫소리였을 것이다. 황금색 오후에 비스듬히 비치는 빛과 내 주위에 빽빽이 매달린 콩이었는지도 모르겠다. 그것은 행복의 물결처럼 내게 찾아와 나를 큰소리로 웃게 만들고 해바라기를 쪼던 박새를 놀래키고 땅에 검은색과 흰색의 꼬투리를 흩뿌렸다. 9월 햇빛만큼 따스하고 뚜렷하게 분명히 알고 있었다. 땅도 우리를 사랑한다는 것을. 땅은 콩과 토마토로, 군옥수수와 검은딸기와 새소리로 우리를 사랑한다. 선물의 소나기와 가르침의 큰비로. 땅은 우리를 먹여 살리고 우리에게 먹고사는 법을 가르친다. 좋은 엄마가 그러듯.

텃밭을 둘러보니 이 아름다운 나무딸기, 호박, 바질, 감자, 아스파라거스, 상추, 케일과 비트, 브로콜리, 후추, 방울다다기, 당근, 딜(서양차초), 양파, 리크, 시금치를 우리에게 주면서 땅이 느꼈을 기쁨을 실감할 수 있었다. 어린 딸들에게 "엄마 얼마나 사랑해?"라고 물었을 때 팔을 활짝 벌리고 "이이이이이이이만큼"이라고 대답한 일이 떠올랐다. 이것이 내가 아이들에게 농사일을 가르친 진짜 이유다. 내가 떠난 뒤에도 아이들을 사랑해줄 엄마가 영원히 함께 있도록.

콩을 보며 깨닫는다. 땅과 우리의 관계, 어떻게 우리가 이 많은 것을 받는지, 보답으로 무엇을 돌려줄 수 있을지 오랫동안 생각한다. 호혜성과 책임의 방정식, 생태계와 지속 가능한 관계를 맺는 이유와 목적을 곰곰이 따져본다. 오로지 두뇌 속에서. 하지만 문득 설명과 합리화가 모두 사라졌다. 엄마의 사랑으로 가득한 바구니의 순수한 감각만 남았다. 궁극적 호혜성, 사랑하고 사랑받는 것.

내 옷을 입고 내 책상 앞에 앉고 이따금 내 차를 빌리는 내 안의 식물학자는 농사가 땅이 "사랑해"라고 말하는 방식이라는 나의 주장이 당혹스러울지도 모르겠다. 농사란 인위적 선택으로 작물화된 유전자형의 순 일차 생산량을 증가시키고, 노동과 원료를 투입하여 환경 조건을 조작함으로써 산출량을 늘리는 문제에 불과하지 않을까? 선택되는 것은 영양가 많은 식이를 만들어내고 개체의 적합도를 높이는 적응적인 문화적 행동이다. 이게 사랑과 무슨 상관일까? 농사가 잘되면 그게 나를 사랑하는 걸까? 농사를 망치면, 감자마름병을 애정 결핍 탓으로 돌려야 할까? 후추가 여물지 않는 것은 관계 단절의 신호일까?

이따금 그녀에게 설명해야 할 때가 있다. 농사는 물질적 일인 동시에 영적인 일이다. 데카르트적 이원론에 완전히 세뇌된 과학자가 이해하기는 쉽지 않다. 그녀가 묻는다. "그렇다면 그게 토양이 좋아서가 아니라 사랑 때문인 걸 어떻게 알지? 증거는 어딨어? 사랑의 행위를 감지하는 핵심 요소가 뭐야?"

그건 쉽다. 내가 우리 아이들을 사랑한다는 것은 아무도 의심하지 않을 것이다. 계량화를 아무리 중시하는 사회심리학자라도 아래와 같은 사랑의 행위 목록에 트집을 잡지는 못할 것이다.

- 건강과 행복의 증진
- 위해로부터의 보호
- 개체로서 성장하고 발전할 수 있도록 북돋우기

- 함께하고 싶은 욕망

- 자원의 너그러운 공유

- 공동의 목표를 위한 공동 노력

- 공유된 가치의 찬양

- 상호 의존

- 상대방을 위한 희생

- 아름다움의 창조

사람들 사이에서 이런 행위가 관찰되면 우리는 "그녀는 그 사람을 사랑해"라고 말할 것이다. 어떤 사람과 공들여 가꾸는 땅 사이에서 이런 행위가 관찰될 때에도 "그녀는 그 텃밭을 사랑해"라고 말할 수 있을 것이다. 그렇다면 이 목록을 보면서 텃밭도 그녀를 사랑한다고 말하는 것은 지나친 비약일까?

식물과 사람 사이의 교환은 둘의 진화사를 빚었다. 논밭, 과수원, 포도원에서는 우리가 길들인 종이 자란다. 그 결실이 입맛에 맞기에 우리는 식물을 대신하여 땅을 갈고 가지치기를 하고 관개를 하고 비료를 주고 김을 맨다. 어쩌면 식물이 우리를 길들인 것인지도 모르겠다. 야생 식물은 반듯하게 서도록 달라졌고 야생 인간은 들판 옆에 정착하여 식물을 돌보도록 달라졌다. 이것은 일종의 상호 길들이기다.

우리는 공진화적 순환으로 연결되어 있다. 복숭아가 달수록 우리는 더 자주 씨앗을 퍼뜨려주고 어린나무를 돌보고 위험으로부터 보호한다. 작물과 사람은 서로의 진화에 선택압으로 작용한다. 한쪽의 번성은 다른 쪽에게도 유리하다. 이것은 내 귀에는 다소 사랑처럼 들린다.

한번은 땅과의 관계에 대해 대학원생 대상의 글쓰기 워크숍을 진행했다. 학생들은 모두 자연에 대해 깊은 존경과 애정을 나타냈다. 자연에서 가장 큰 소속감과 안녕을 경험한다고 말했다. 대지를 사랑한다고 두말없이 단언했다. 그때 내가 물었다. "대지도 여러분을 사랑한다고 생각하나요?" 아무도 선뜻 대답하지 못했다. 마치 머리가 둘 달린 고슴도치를 교실에 가져오기라도 한 것 같았다. 뜻밖의 난감한 상황. 학생들은 슬금슬금 꽁무니를 뺐다. 교실을 가득 메운 이 작가들은 자연에 대한 무조건적 사랑에 열정적으로 빠져 있었는데도.

그래서 가설적 상황을 만들어보기로 하고 이렇게 물었다. "대지도 사람들을 사랑할 수 있다는, 이 말도 안 되는 개념을 '만일' 사람들이 믿는다면 어떻게 될까요?" 그러자 봇물이 터졌다. 학생들이 일제히 입을 열었다. 우리는 문득 감정이 북받쳐 세계 평화와 완벽한 조화를 논하기 시작했다.

한 학생은 이날의 토론을 이렇게 요약했다. "자신을 사랑해주는 상대를 해치지는 않는 법이죠."

자신이 대지를 사랑함을 알면 사람이 달라진다. 대지를 지키고 보호하고 찬미하게 된다. 하지만 대지도 자신을 사랑한다고 느끼면 그 느낌은 관계를 일방통행로에서 거룩한 인연으로 탈바꿈시킨다.

우리 딸 린든이 가꾸는 텃밭은 내가 세상에서 가장 좋아하는 곳 중 하나다. 린든은 메마른 산흙에서 온갖 좋은 것들을 길러낸다. 토마티요(아메리카에 서식하는 가짓과 작물_옮긴이)와 고추처럼 내가 엄두도 못내는 작물들이다. 린든은 두엄을 만들고 꽃을 피워내지만, 가장 좋은 것은 식물이 아니다. 그것은 김매기를 할 때 수다 떨러 오라고 내게 전화한다는 것이다. 우리는 물을 주고 김을 매고 수확한다. 지금은 5000킬로미터 떨어져 사는데도, 나는 마치 린든이 아이였을 때처럼 기꺼이 찾아간다. 린든은 엄청나게 바쁘다. 나는 이렇게 시간이 많이 걸리는 농사일을 왜 하느냐고 묻는다.

린든은 식량을 얻기 위해서라고, 땀을 흘려 이토록 풍성한 수확을 거두는 보람 때문이라고, 손으로 흙을 만지면 편안해진다고 말한다. 내가 묻는다. "텃밭을 사랑하니?" 답은 이미 알고 있지만. 하지만 그런 다음 망설이며 이렇게 묻는다. "텃밭도 널 사랑한다는 느낌이 드니?" 린든은 잠시 머뭇거린다. 이런 문제는 재까닥재까닥 대답하는 법이 없다. 린든이 입을 연다. "확신해요. 제 텃밭은 엄마처럼 저를 보살펴줘요." 죽어도 여한이 없다.

내가 한때 알고 사랑하던 남자는 평생을 도시에서 살았다. 하지만 바다나 숲에 끌려가도 잘 지내는 것 같았다. 인터넷만 연결되어 있다면. 그는 여러 장소에서 살아봤기에 나는 장소 감각이 가장 큰 곳이 어디였느냐고 물었다. 그는 내 표현을 알아듣지 못했다. 나는 그에게 보살핌과 떠받침을 가장 많이 받는다고 느낀 곳이 어디였는지 궁금하다고 설명했다. 가장 잘 이해하는 곳이 어디냐고, 당신이 가장 잘 알고 그것도 당신을 가장 잘 아는 곳이 어디냐고 다시 물었다.

그는 대뜸 이렇게 대답했다. "내 차지. 내 차 안이야. 내게 필요한 모든 게 내가 꼭 바라는 방식으로 갖춰져 있잖아. 좋아하는 음악, 위치를 맘대로 조절할 수 있는 좌석, 자동식 거울, 컵 홀더 두 개가 있고 안전하기까지 하지. 가고 싶은 곳은 어디나 갈 수 있고."

몇 해 뒤에 그는 자살을 기도했다. 자기 차 안에서.

그는 결코 땅과 관계를 맺지 못했으며 그 대신 기술의 근사한 고립을 선택했다. 씨앗 봉지 맨 아래에서 말라버린 작은 씨앗처럼 한 번도 땅을 만져보지 못했다.

우리 사회를 병들게 하는 많은 것이 땅에 대한, 땅에 의한 사랑으로부터 우리 스스로를 단절시킨 결과가 아닐까 하는 생각이 든다. 사랑은 부서진 땅과 공허한 가슴을 위한 치료약이다.

라킨은 예전에는 김매기하라고 하면 입이 툭 튀어나왔다. 하지만 이젠 집에 오면 감자 캐러 가도 되느냐고 묻는다. 라킨이 무릎을 꿇고 레드스킨 감자와 유콘골드 감자를 캐며 노래를 흥얼거리는 광경을 본다. 라킨은 이제 대학원생이 되어 식품 시스템을 공부하고 있으며 도시 농부들과 협력하여 빈터를 개간한 땅에서 푸드 뱅크용 채소를 재배한다. 씨뿌리기와 밭갈이와 거두기는 위기 청소년(가정 문제가 있거나 학업 수행 또는 사회 적응에 어려움을 겪는 등 조화롭고 건강한 성장과 생활에 필요한 여건을 갖추지 못한 청소년_옮긴이) 몫이다. 아이들은 수확한 식량이 공짜라는 사실에 놀란다. 지금까지 무엇 하나 공짜로 얻어본 적이 없었기 때문이다. 아이들은 밭에서 갓 뽑은 신선한 당근을 처음에는 의심의 눈초리로 쳐다보다 한입 베어물고는 표정이 환해진다. 라킨은 받은 선물을 다시 베풀어 깊은 변화를 이끌어내고 있다.

물론 우리 입을 채우는 것 중 상당수는 대지에서 강제로 빼앗은 것들이다. 이런 취함의 방식은 농부를, 식물을, 사라져가는 토양을 존중하지 않는다. 미라가 된 채 비닐봉지에 담겨 사고 팔리는 식량을 선물로 여기기란 쉬운 일이 아니다. 사랑을 살 수 없다는 건 누구나 안다.

텃밭의 식량은 협력에서 생겨난다. 돌을 골라내고 풀을 뽑지 않으면 내 소임을 다한 것이 아니다. 이런 일에는 나머지 손가락과 쉽게 마주 볼 수 있는 엄지손가락과 연장을 쓰고 두엄을 퍼낼 수 있는 능력이 동원된다. 하지만 납을 황금으로 바꿀 수 없듯 토마토를 창조하거나 그물망을 콩으로 장식할 수는 없다. 그것은 식물의 소임이자 선물이다. 무정물에 생명을 불어넣는 것. 이렇게 선물이 탄생한다.

사람들은 땅과 사람의 관계를 회복시키기 위해 추천할 만한 한 가지가 무엇이냐고 종종 내게 묻는다. 그때마다 내 답은 한결같다. "텃밭을 가꾸세요." 텃밭은 대지의 건강에도 좋고 사람의 건강에도 좋다. 텃밭은 연결을 키우는 묘상苗床이자 현실적 존중을 배양하는 토양이다. 텃밭의 힘은 출입구 안에 머물지 않는다. 땅 한 조각과 관계를 맺으면 그 자체가 씨앗이 된다.

텃밭에서는 꼭 필요한 무언가가 생겨난다. 텃밭은 큰 소리로 "사랑해" 하고 외치지 않고서도 씨앗으로 말할 수 있는 곳이다. 그러면 땅이 화답할 것이다. 콩으로.

세 자매

이 이야기는 그들이 해야 마땅하다. 옥수수 잎이 특유의 소리를 내며 바스락거린다. 서로, 또한 바람과 나누는 사각사각 대화다. 7월의 더운 날에는—이런 때는 옥수수가 하루저녁에 15센티미터까지 자라기도 한다—햇빛을 향해 줄기를 뻗느라 마디사이^{internode}가 찍하고 팽창한다. 잎은 끽 소리를 내며 잎집에서 빠져나오고, 이따금 사위가 고요할 때면 물로 가득 찬 세포들이 하도 부풀어서 줄기의 구속을 떨쳐버린 채 빡 소리를 내며 속을 찢어버리기도 한다. 이것은 존재의 소리이지만, 목소리는 아니다.

콩은 어르는 소리를 내는데, 털이 부드러운 어린 가지가 옥수수의 까칠까칠한 줄기를 타고 올라가면서 들릴락 말락 쓱쓱 소리를 낸다. 표면과 표면이 맞닿아 섬세하게 진동하고 덩굴손이 줄기 둘레를 옥죄는 맥박 소리는 가까이 있는 본토잎벌레$^{flea\ beetle}$만 들을 수 있을 것이다. 하지만 이것은 콩의 노래가 아니다.

익어가는 호박들 사이에 누워 있는데, 파라솔 모양 잎이 덩굴손에 붙잡힌 채 앞뒤로 끼익 끼익 흔들리고 바람이 잎 가장자리를 들었다 놨다 하는 소리가 들린다. 부풀어 오르는 호박의 한쪽에 마이크를 대면 씨앗이 빡 하고 팽창하며 물이 밀려들어 다육질의 주황색 과육을 채우는 소리가 들릴 것이다. 이것은 소리이지만, 이야기는 아니다. 식물이 자기 이야기를 들려주는 것은 말로써가 아니라 일로써다.

당신이 교사인데 자신이 아는 것을 가르칠 목소리가 없다면 어떻게 해야 할까? 언어가 전혀 없는데도 말해야만 하는 무언가가 있다면 어떻게 해야 할까? 춤추지 않을까? 행동으로 보여주지 않을까? 당신의 모든 몸짓이 이야기를 들려주지 않을까? 때가 되면 당신은 몸짓에 유창해져서 당신을 보기만 해도 이야기를 전부 알아들을 수 있을 것이다. 말 없는 이 작은 생명들도 마찬가지다. 조각은 망치질과 끌질로 울퉁불퉁하게 만든 돌조각에 불과하지만, 이 돌조각을 본 사람은 마음이 열려 다른 사람이 될 수도 있다. 조각은 한마디 말 없이도 메시지를 전달한다. 하지만 누구나 그 메시지를 받을 수 있는 것은 아니다. 돌의 언어는 까다롭다. 바위는 웅얼거린다. 하지만 식물은 숨 쉬는 모든 존재가 알아들을 수 있는 언어로 말한다. 식물은 보편 언어로 가르친다. 그 언어는 '식량'이다.

몇 해 전에 체로키족 작가 아위악타Awiakta가 작은 꾸러미 하나를 내 손에 쥐어주었다. 말린 옥수수 잎을 접어서 만든 주머니였다. 주머니는 끈으로 묶여 있었다. 그녀는 미소 지으며 당부했다.

"봄이 될 때까지 열지 마세요."

5월에 꾸러미를 풀자 선물이 들어 있다. 씨앗 세 개. 하나는 골든 트라이앵글$^{golden triangle}$로, 꼭대기가 넓게 움푹 들어가 있고 아래로 갈수록 점점 좁아지며 끄트머리가 흰색에 단단한 옥수수 알이다. 윤기 나는 콩은 갈색 반점들이 박혀 있으며, 휘어지고 매끈하다. 배胚 안쪽에 흰 눈이 있는데, 이것이 배꼽(씨에 남아 있는 흔적으로, 밑씨였을 때 씨방벽에 붙어 있던 흔적_옮긴이)이다. 옥수수 알은 광낸 돌처럼 내 엄지손가락과 집게손가락 사이를 미끄러지지만, 이것은 돌이 아니다. 다른 하나는 달걀형 도자기 접시처럼 생긴 호박씨로, 속이 꽉 찬 파이의 껍질처럼 가장자리에 테를 둘렀다. 토착 농업의 정수인 '세 자매'가 내 손안에 있다. 옥수수, 콩, 호박의 세 가지 식물은 사람을 먹이고 땅을 먹이고 어떻게 살아야 하는지 가르침으로써 우리의 상상력을 먹인다.

수천 년 동안 멕시코에서 몬태나에 이르기까지 여자들은 땅에 이랑을 만들고 이 세 가지 씨앗을 한자리에 심었다. 매사추세츠 해안의 식민지 개척자들은 현지의 밭을 처음 보았을 때 야만인들이 농사 짓는 법을 모르겠거니 미루어 짐작했다. 그들이 생각하는 밭은 단일종이 자라는 곧은 줄이지 3차원의 무성한 수풀이 아니었다. 하지만 개척자들은 배불리 얻어먹었으며 더 달라고, 더 달라고 애걸했다.

5월의 축축한 흙에 심은 옥수수 씨앗은 재빨리 물을 찾아, 씨껍질을 얇게 만들고는 녹말질 내용물인 배젖 속으로 물을 빨아들인다. 수분이 껍질 아래의 효소를 자극하면 효소는 녹말을 당으로 분해하여 옥수수 끄트머리에 자리 잡은 배아의 생장을 촉진한다. 그리하여 옥수수가 세 자매 중 제일 먼저 땅속에서 모습을 드러낸다. 희고 가느다란 이삭꽃차례는 햇빛을 찾으면 몇 시간 안에 초록으로 변한다. 잎 하나를 펼치고 또 하나를 펼친다. 나머지 자매들이 준비하는 동안 옥수수는 홀로 서 있다.

콩의 씨앗은 흙속의 물을 마셔 몸을 부풀리고는 점박이 껍질을 터뜨려 뿌리를 땅속 깊숙이 내려보낸다. 뿌리가 단단히 자리 잡은 뒤에야 줄기가 갈고리 모양으로 구부러져 땅속을 비집고 올라온다. 콩은 느긋하게 햇빛을 찾는데, 이는 만반의 준비를 갖췄기 때문이다. 첫 잎들은 콩 씨앗의 양쪽 절반에 이미 꾸려져 있다. 두툼한 한 쌍의 잎은 흙 표면을 뚫고서 (이미 15센티미터나 자란) 옥수수에 합류한다.

당호박pumpkin과 스쿼시호박squash은 여유를 부린다. 둘은 느림보 자매다. 첫 줄기가 모습을 드러내기까지 몇 주가 걸리기도 한다. 그때까지 씨껍질에 싸여 있다가 마침내 잎이 이음매를 가르고 터져 나온다. 우리 조상들은 호박씨를 서두르게 하려고 사슴 가죽 주머니에 넣고 물이나 오줌을 조금 부은 뒤에 일주일 놓아둔다고 한다. 하지만 식물마다 나름의 속도가 있으며 발아 순서, 즉 출생 순서는 작물들의 관계와 성공에 매우 중요하다.

옥수수는 맏이이며 곧고 뻣뻣하게 자란다. 옥수숫대는 우뚝한 목표를 품었다. 골이 파인 잎을 줄줄이 틔우며 마치 사다리를 타고 올라사듯 쭉쭉 뻗는다. 처음에는 든든한 줄기를 만드는 것이 무엇보다 중요하다. 옥수숫대가 든든히 서 있어야 하는 이유는 동생인 콩을 위해서다. 콩은 몽당줄기에 한 쌍의 하트 모양 잎을 하나, 또 하나 틔운다. 잎은 전부 땅바닥에 낮게 깔려 있다. 옥수수가 높이에 치중한다면 콩은 잎 생장에 초점을 맞춘다. 옥수수가 무릎 높이까지 자랐을 때 콩 싹은 둘째가 으레 그러듯 마음을 바꾼다. 잎은 그만 만들고 길게 넝쿨을 뻗는데, 이 가느다란 초록색 끈에는 나름의 임무가 있다. 십 대 시기가 되면 줄기끝(경정莖頂)이 호르몬의 영향으로 방황하며 허공에 원을 그리는데, 이를 회선 운동circumnutation이라 한다. 줄기끝은 하루에 최대 1미터를 이동하며 목표를 찾을 때까지 피루엣(발레에서, 한 발을 축으로 팽이처럼 도는 춤 동작_옮긴이) 동작으로 둥글게 둥글게 원무圓舞를 춘다. 줄기끝이 찾는 것은 옥수숫대 같은 수직의 지지대다. 넝쿨을 따라 나 있는 촉각 수용체는 우아하게 위로 나선을 그리며 옥수수를 감싼다. 지금으로서는 잎 만드는 일은 뒤로 미루고 옥수수의 성장과 보조를 맞추려고 옥수수를 휘감는 일에 열중하고 있다. 옥수수가 일찍 출발하지 않았으면 콩 넝쿨에 질식했을 테지만, 타이밍이 맞으면 옥수수는 콩을 거뜬히 감당할 수 있다.

한편 가족 중 대기만성형인 호박은 꾸준히 땅 위로 뻗어 옥수수와 콩으로부터 멀어져서는 속이 빈 잎자루 끝에서 마치 우산대가 흔들리듯 넓은 결각상(잎의 가장자리가 깊이 패어 들어감_옮긴이) 잎을 틔운다. 잎과 넝쿨은 털애벌레가 뜯어 먹지 못하도록 빳빳한 털이 나 있다. 잎은 점점 넓어지면서 옥수수와 콩 밑동의 흙을 차지하여 습기를 머금고 다른 식물의 접근을 막는다.

토박이들은 이런 파종법을 '세 자매'라고 부른다. 세 자매가 어쩌다 생겼는지는 설이 분분하지만, 이 식물들을 여성으로, 자매로 여기는 건 한결같다. 어떤 이야기에 따르면 기나긴 겨울에 사람들이 굶주림으로 쓰러져가고 있었다고 한다. 눈 내리는 밤 아름다운 여인 셋이 사람들의 집으로 찾아왔다. 한 명은 키가 컸는데 온통 노란색으로 차려입었으며 기다란 머리카락이 찰랑거렸다. 두 번째 여인은 초록색 옷을 입었으며 세 번째는 주황색을 걸쳤다. 세 여인은 불 가에서 몸을 녹이려고 집 안으로 들어왔다. 식량은 넉넉하지 않았지만 낯선 손님들은 넉넉한 대접을 받았으며 얼마 남지 않은 음식을 사람들과 함께 먹었다. 세 자매는 환대에 감사하는 뜻에서 자신들이 실은 옥수수와 콩과 호박이었음을 밝히고 사람들이 다시는 굶주리지 않도록 자신을 씨앗 꾸러미로 내어주었다.

낮이 길고 밝으며 우레님이 땅을 적시는 한여름에는 호혜성의 가르침이 세 자매 밭에 뚜렷하게 기록된다. 세 줄기는 한데 어우러져 세상의 청사진 같은 균형과 조화의 지도를 새긴다. 옥수수는 2.5미터까지 자라며, 물결치는 리본 모양 초록색 잎을 줄기 사방으로 구불구불 뻗어 햇빛을 잡는다. 어떤 잎도 다른 잎의 바로 위에 놓이지 않기에 그늘을 드리우지 않고 모두 햇빛을 받을 수 있다. 콩은 옥수숫대를 휘감고는 옥수수 잎의 일을 방해하지 않으려고 사이사이로 요리조리 피해 간다. 옥수수 잎이 없는 곳에서는 콩 넝쿨에서 싹이 나 잎을 뻗고 향기로운 꽃을 송이송이 피운다. 콩잎은 아래로 처져 옥수숫대 근처에 머문다. 옥수수와 콩의 발치에는 크고 넓은 호박잎이 양탄자처럼 깔려 옥수수 기둥 사이로 떨어지는 햇빛을 가로챈다. 세 자매는 높이가 들쭉날쭉한 덕에 해의 선물인 빛을 버리는 것 없이 알차게 쓴다. 형태의 유기적 대칭은 전체를 아우른다. 잎 하나하나의 배치, 형태의 조화가 나름의 메시지를 표현한다. 서로를 존중하고 떠받치고 세상에 선물을 주고 남들에게서 선물을 받으라. 그러면 모두에게 풍족하게 돌아갈 것이다.

늦여름이 되자 콩에는 매끄러운 초록색 콩깍지가 주렁주렁 달려 있고 옥수숫대에서는 이삭이 비스듬히 솟아나 햇빛에 여물고 호박은 여러분의 발치에서 부푼다. 세 자매 밭은 셋을 따로따로 심었을 때보다 더 많은 식량을 생산한다.

셋은 자매라고 불리기에 손색이 없다. 동생이 언니를 편안하게 감싸 안는가 하면 어여쁜 막내는 발치에 누워 있지만 너무 다가붙지는 않는다. 그들은 경쟁하지 않고 협력한다. 나도 인간 가족에서, 자매들의 교류에서 이런 경우를 본 적이 있는 것 같다. 어쨌든 우리 가족도 세 자매이니까. 첫째는 자신의 어깨가 무겁다는 사실을 안다. 키가 크고 직설적이고 똑바르고 효율적이어서 다들 따를 수 있는 본보기가 된다. 첫째는 옥수수 자매다. 한집에는 옥수수 여인의 자리가 하나밖에 없다. 그래야 둘째가 여러 방식으로 적응할 수 있다. 이 콩 소녀는 융통성과 적응력을 발휘하는 법을 배우며 지배적 구조에 달라붙어 자신에게 필요한 빛을 얻는 법을 찾아낸다. 어여쁜 막내는 얼마든지 다른 길을 선택할 수 있다. 기대는 이미 충족되었기 때문이다.

토대가 단단하기에 자신을 입증할 필요가 없이 나름의 길을, 모두에게 이바지하는 길을 찾는다.

옥수수가 떠받치지 않으면 콩은 땅바닥에 널브러져 포식자의 먹잇감이 될 것이다. 콩은 이 밭에서 옥수수의 키와 호박의 그늘 덕을 보며 무임승차하는 것처럼 보일지도 모르겠지만, 호혜성의 법칙에 따르면 누구도 주는 것 이상으로 받을 수 없다. 옥수수는 햇빛을 나눠 주고 호박은 잡초를 잡는다. 콩은 뭘 할까? 콩이 어떤 선물을 주는지 알려면 땅속을 들여다봐야 한다.

땅 위에서 자매들은 서로의 공간을 침범하지 않도록 잎의 배치를 신중하게 조율하며 협력한다. 그런데 땅속에서도 같은 일이 벌어진다. 옥수수는 외떡잎식물로 분류되는데, 기본적으로는 위로 자라는 데 치중하는 풀이어서 뿌리가 가는 실뿌리다. 흙을 털어내고서 보면 대걸레처럼 생겼다. 옥수숫대는 자루이고. 옥수수 뿌리는 땅속으로 깊이 파고들지 않는다. 얕게 그물을 쳐서 빗물을 맨 처음 맛본다. 옥수수 뿌리가 다 마시고 나면 빗물은 더 아래로 내려간다. 그곳에서는 콩의 곧은뿌리가 물을 흡수하려고 기다리고 있다. 호박은 남들과 떨어져 제 몫을 챙긴다. 호박 줄기는 흙과 닿는 곳마다 모험심 가득한 뿌리 다발을 뻗어 옥수수와 콩의 뿌리로부터 멀리 떨어진 곳에서 물을 모아들인다. 세 자매가 흙을 공유하는 방법은 햇빛과 같아서 모두에게 충분히 돌아가도록 한다.

하지만 모두에게 필요하되 늘 공급이 달리는 것이 하나 있으니, 바로 질소다. 질소가 생장을 제약하는 요인이라는 사실은 생태학적 역설이다. 대기의 78퍼센트가 질소 기체이니 말이다. 문제는 대기 중 질소를 이용할 수 있는 식물이 거의 없다는 것이다. 식물에게 필요한 것은 질산염이나 암모늄 같은 광물질 형태의 질소다. 대기 중 질소는, 굶주린 사람 눈앞에 빤히 보이지만 유리 상자 안에 들어 있어서 먹을 수 없는 음식과 같다. 하지만 질소 기체를 광물질로 바꾸는 방법들이 있는데, 가장 좋은 방법 중 하나가 바로 '콩'이다.

콩이 속한 콩과 식물은 대기 중 질소를 이용 가능한 영양소로 바꾸는 기막힌 재주가 있다. 하지만 콩 혼자서 하는 것은 아니다. 우리 학생들은 콩을 파내다가 종종 뿌리 가닥에 작은 흰색 공이 매달려 있는 것을 보고서 내게 가져온다. 학생들이 묻는다. "이거 질병인가요? 뿌리가 잘못됐나요?" 그러면 나는 전혀 잘못되지 않았다고 대답한다.

이 희멀건 혹에는 '뿌리혹균*hizobium*'이라는 질소 고정 세균이 들어 있다. 뿌리혹균이 질소를 고정하려면 특정 조건이 갖춰져야 한다. 뿌리혹균의 촉매 작용을 하는 효소는 산소가 있으면 힘을 못 쓴다. 흙은 통기 간극이 평균 50퍼센트 이상이므로 뿌리혹균이 일하려면 은신처가 필요하다. 다행히 콩이 도움의 손길을 내민다. 콩 뿌리는 땅속에서 작디작은 막대 모양의 뿌리혹균을 만나면 화학적 통신을 주고받아 협상을 맺는다. 콩은 뿌리혹균이 살 수 있도록 무산소 상태의 혹을 만들어주고 뿌리혹균은 그 대가로 자신의 질소를 나눠준다. 둘이 만들어내는 질소 비료는 토양에 들어가 옥수수와 호박의 생장도 촉진한다. 이 밭에는 콩과 뿌리혹균 사이, 콩과 옥수수 사이, 옥수수와 호박 사이, 궁극적으로는 이들과 사람 사이에서 호혜성이 겹겹으로 작용한다.

세 자매가 의도적으로 협력한다는 것은 솔깃한 상상이다. 정말 그런지도 모른다. 하지만 협력의 묘미는 각 식물이 자신의 생장을 증진하려고 이렇게 한다는 것이다. 그런데 공교롭게도 개체가 번성하면 전체도 번성한다.

세 자매의 방식은 우리 부족의 기본적 가르침을 내게 상기시킨다. 우리가 알 수 있는 가장 중요한 것은 각자의 고유한 선물과 이것을 세상에서 어떻게 쓸 것인가다. 개별성이 중요시되고 장려되는 것은 전체가 번성하려면 각자가 굳건히 서서 자신의 선물을 당당히 가져가 남들과 나눌 수 있어야 하기 때문이다. 세 자매를 보면 구성원들이 자신의 선물을 이해하고 공유할 때 공동체가 어떻게 될 수 있는지 분명히 알 수 있다. 호혜성은 우리의 배뿐 아니라 마음도 채운다.

✳

나는 여러 해 동안 강의실에서 일반 식물학을 가르치면서, 열여덟 살 학생들에게 언제나 광합성의 경이에 대한 열정의 불꽃을 당길 수밖에 없는 슬라이드와 도표와 식물 이야기를 준비했다. 뿌리가 어떻게 흙 속에서 길을 찾는지 배우는 것을 보면 학생들이 어찌 신이 나지 않을 수 있겠는가? 꽃가루 이야기를 들으려고 의자에서 몸을 앞으로 내민 채 귀를 쫑긋 세우지 않겠는가? 하지만 강의실을 채운 멍한 표상들에서 알 수 있듯 대다수 학생은 수업을 날 그대로 풀이 자라는 것을 보는 것만큼 지겨워했다('풀이 자라는 것을 보다^{watch the grass grow}'는 '지겨워하다'를 뜻하는 관용어다_옮긴이). 봄철에 갓 싹튼 콩이 흙을 뚫고 올라가는 광경이 얼마나 우아한지 열변을 토하고 있는데 앞줄은 열심히 고개를 끄덕이고 손도 들었지만 나머지 대부분은 졸고 있었다.

나는 낙담하여 이렇게 물었다. "뭔가를 길러본 적 있는 사람 있어요?" 앞줄은 전부 손을 들었지만, 뒤에서는 몇 명이 건성으로 손을 흔들 뿐이었다. 한 명은 자기 엄마가 아프리칸바이올렛을 길렀는데 시들어 죽었다고 했다. 학생들이 지겨워할 만도 했다. 나는 오랫동안 관찰한 식물의 삶에 대한 이미지를 토대로 기억에 의존해 가르치고 있었지만, 우리가 인간으로서 공유한다고 생각한 초록의 이미지는 슈퍼마켓이 밭을 대체한 학생들에게는 딴 세상 얘기였다. 앞줄의 학생들은 내가 설명하는 것들을 직접 목격했으며 이런 매일매일의 신비가 어떻게 가능한지 알고 싶어 했다. 하지만 대다수는 씨앗과 흙을 겪어보지 못했으며 꽃이 사과로 바뀌는 광경도 본 적이 없었다. 그들에게는 새로운 선생이 필요했다.

그래서 이제는 가을이 되면 밭에서 수업을 시작한다. 그곳에서 학생들은 내가 아는 최고의 선생인 아름다운 세 자매를 만난다. 9월의 오후 내내 학생들은 세 자매와 함께 시간을 보낸다. 학생들은 자신들을 먹이는 식물의 산출과 생장을 측정하고 해부 구조를 이해한다. 나는 처음에는 그냥 보기만 하라고 주문한다. 학생들은 세 자매가 어떻게 관계 속에서 살아가는지 관찰하고 그림으로 그린다. 학생 한 명은 미술을 전공했는데, 세 자매를 들여다볼수록 점점 흥미로워했다. 그녀가 말한다. "저 구조를 좀 보세요. 오늘 실습실에서 저희 미술 교수님이 디자인의 요소를 설명하신 것과 꼭 같아요. 통일성, 균형, 색채가 있잖아요. 완벽해요." 나는 그녀의 공책에 그려진 스케치를 본다. 그녀는 식물을 그림으로서 본다. 긴 잎, 둥근 잎, 매끄러운 결각상, 노랑색, 주황색, 황갈색이 초록색 위에 펼쳐져 있다. "어떻게 된 건지 보이세요? 옥수수는 수직 요소이고 호박은 가로 요소예요. 이 모두를 콩의 곡선 넝쿨이 연결해요. 정말이지 근사해요." 그녀가 야단스러운 어조로 말한다.

또 다른 학생은 식물학 실습이 아니라 댄스 클럽에 어울리는 야한 차림으로 나타났다. 그녀는 한 번도 흙을 만지려 들지 않았다. 나는 그녀를 구슬리기 위해 호박 넝쿨을 그저 끝에서 끝까지 관찰하고 꽃을 그리는, 상대적으로 깔끔한 일을 시킨다. 넝쿨의 어린 끝에는 그녀의 스커트만큼 주름지고 화려한 주황색의 호박꽃이 돋아 있다. 나는 꽃이 수분되면 난소(씨방)가 이렇게 부푼다고 말해준다. 유혹이 성공한 결과라고. 그녀는 하이힐 차림으로 조심조심 발을 내디디며 넝쿨의 앞부분을 찾아간다. 가장 오래된 꽃들은 이미 시들었으며 암술이 있던 자리에는 조그만 호박이 달렸다. 점점 가까이 다가갈수록 호박은 점점 커진다. 처음에는 꽃이 여전히 붙어 있는 동전만 한 알맹이에서 이제는 25센티미터 크기의 다 익은 호박이 보인다. 마치 임신이 진행되는 과정을 보는 것 같다. 우리는 익은 땅콩호박butternut squash을 따서 그녀가 속의 씨앗을 볼 수 있게 반으로 가른다.

"호박이 꽃에서 생긴단 말이에요?" 그녀가 넝쿨을 따라가며 미심쩍은 표정으로 묻는다. "추수 감사절에 이 호박 정말 좋아해요."

내가 말한다. "그래요, 처음 본 꽃의 난소가 익으면 호박이 되죠."

그녀가 놀라움에 눈을 동그랗게 뜬다. "제가 지금까지 난소를 먹었단 말이에요? 우웩. 다시는 호박 안 먹을 거예요."

밭에서는 성생활이 노골적으로 드러난다. 대다수 학생은 열매가 내보이는 속사정에 매혹된다. 나는 학생들에게 옥수수 이삭을 덮은 수염을 건드리지 않도록 조심하면서 껍질을 벗기도록 한다. 처음에는 거친 겉껍질을 벗긴 다음 속껍질을 한 겹 한 겹 벗겨낸다. 속껍질은 벗길 때마다 점점 얇아지다가 마지막 속껍질이 드러나는데, 어찌나 얇고 옥수수를 단단히 감싸고 있는지 알의 모양이 고스란히 비쳐 보인다. 마지막 속껍질을 벗겨내자 줄지어 박힌 둥글고 노란 알들에서 달짝지근한 옥수수 내음이 풍긴다. 우리는 자세히 들여다보며 옥수수수염 한 가닥을 관찰한다. 바깥쪽의 겉껍질은 갈색에 오톨도톨하지만 안쪽의 속껍질은 무색에다 마치 물로 가득 찬 것처럼 탱탱하다. 작은 수염 가닥 하나하나가 껍질 속의 알 하나하나를 바깥 세상과 연결한다.

옥수수자루는 기발한 형태의 꽃으로, 여기 달린 수염은 꽃의 암술이 엄청나게 늘어난 것이다. 수염의 한쪽 끝은 바람에 흔들리며 꽃가루를 모으고 반대쪽 끝은 씨방에 붙어 있다. 수염은 포획된 꽃가루 알갱이에서 방출된 정자가 이동하는 통로이며 물이 채워져 있다.

옥수수 정자는 수염 통로를 헤엄쳐 희멀건 알맹이인 씨방으로 향한다. 옥수수 알은 이렇게 수정이 되어야만 포동포동하고 노랗게 자란다. 옥수수자루는 수백 자녀의 엄마다. 알 하나하나가 자식이기 때문이다. 아빠는 전부 다를 수 있지만. 토착 설화에서 옥수수를 '어머니 옥수수님Corn Mother'이라고 부르는 것이 전혀 놀랍지 않다.

콩도 자궁 속 태아처럼 자란다. 학생들은 갓 수확한 강낭콩을 오도독오도독 씹으며 만족스러운 표정을 짓고 있다. 나는 학생들에게 우선 가느다란 꼬투리를 열어 지금 먹고 있는 것이 무엇인지 보라고 한다. 제드가 엄지손톱으로 꼬투리를 찢어 벌린다. 거기 있다. 아기 콩들이 한 줄로 열 개. 작은 아기 콩 하나하나가 '씨자루'라는 연약한 초록색 줄로 꼬투리에 붙어 있다. 씨자루는 사람의 탯줄에 해당하는데, 길이가 몇 밀리미터밖에 안 된다. 이 줄을 통해 엄마 콩이 자식들에게 영양을 공급한다. 학생들이 몰려들어 구경한다. 제드가 묻는다. "그럼 콩에도 배꼽이 있어요?" 다들 웃음을 터뜨리지만, 정말 있다. 콩에는 씨자루가 있던 자리에 작은 흉터가 있는데, 씨껍질에 난 이 얼룩이 바로 배꼽hilum이다. 콩은 전부 배꼽이 있다. 이 엄마 콩은 우리를 먹이고 씨앗의 형태로 자식을 남겨 우리를 먹이고 또 먹인다.

8월이면 나는 세 자매 포트럭 파티를 즐겨 개최한다. 단풍나무 아래 탁자들에 식탁보를 깔고 탁자마다 조림병에 들꽃을 한 다발씩 꽂는다. 그러면 친구들이 접시나 바구니를 하나씩 들고 도착하기 시작한다. 탁자는 황금 옥수수빵, 삼색 콩 샐러드, 둥근 갈색 콩 케이크, 검은색 빈 칠리, 여름호박 캐서롤로 가득하다. 친구 리는 치즈 폴렌타로 속을 채운 작은 호박을 가져온다. 초록색과 노란색의 세 자매 수프 냄비에서 김이 난다. 여름호박 조각이 동동 떠 있다.

이것만 해도 배불리 먹을 수 있을 테지만, 손님이 전부 도착하면 다 같이 텃밭에 가서 좀 더 수확하는 것이 우리의 의식儀式이다. 옥수수가 들통을 가득 채운다. 아이들은 옥수수 껍질을 벗기고 어른들은 갓 딴 덩굴강낭콩을 그릇에 담고 제일 어린 아이들은 까끌까끌한 잎 아래로 호박꽃을 찾는다. 우리는 치즈와 옥수숫가루 반죽을 숟가락으로 떠서 호박꽃의 주황색 꽃부리에 조심조심 넣은 뒤에 꽃잎을 닫고 바삭바삭해질 때까지 튀긴다. 호박꽃 튀김은 내놓는 족족 접시에서 사라진다.

세 자매의 재주는 생장 과정에만 있는 것이 아니다. 식탁에서 세 종이 서로를 보완하는 데에도 있다. 세 자매는 맛이 잘 어울리며 각각 사람에게 필요한 세 가지 영양소를 가지고 있다. 옥수수는 뭐니 뭐니 해도 최고의 녹말 공급원이다. 여름내 햇빛을 탄수화물로 바꿔 겨우내 사람들의 에너지원이 된다. 하지만 옥수수만 먹고 살 수는 없다. 완전식품이 아니기 때문이다. 콩은 밭에서 옥수수를 보완하듯 식단에서도 협력한다. 질소 고정 능력 덕분에 단백질이 풍부하여 옥수수의 영양학적 빈자리를 메운다. 콩과 옥수수는 훌륭한 주식이지만 둘 중 하나만으로는 충분하지 않다. 하지만 카로틴이 풍부한 호박 속살에 들어 있는 비타민은 콩에도 옥수수에도 없는 것들이다. 이번에도 세 자매는 혼자일 때보다 함께일 때가 더 낫다.

저녁을 배불리 먹고 나니 디저트 들어갈 자리가 없다. 인디언 푸딩과 메이플 옥수수 케이크가 우리를 기다리고 있지만, 아이들이 뛰노는 동안 우리는 그저 의자에 앉아 계곡을 바라본다. 아래쪽은 대부분 옥수수밭인데, 긴 직사각형 밭이 조림지와 맞붙어 있다. 오후 햇볕 아래의 옥수수들은 서로 그늘을 드리워 언덕의 윤곽을 드러낸다. 멀리서 보면 종이에 활자가 줄줄이 찍힌 것 같다. 언덕에 아로새겨진 기다란 초록색 행들. 우리와 흙의 관계에 대한 진실은 어느 책보다 뚜렷이 땅에 쓰여 있다. 저 언덕을 굽어보며 균일성과 산출 효율을 중시하는 사람들의 이야기를 읽는다. 기계의 편의와 시장의 수요에 맞춰 땅의 모양을 바꾸는 이야기를.

토착 농업에서는 식물을 땅에 맞게 변형하는 것이 관행이다. 그래서 우리 조상들이 길들인 많은 품종의 옥수수는 모두 다양한 장소에서 자라도록 제각기 적응했다. 대형 엔진과 화석 연료를 쓰는 현대 농업은 정반대 접근법을 취하여 식물에 맞게 땅을 변형한다. 식물들은 오싹할 정도로 비슷한 클론들이다.

일단 옥수수를 자매로 알게 되면 달리 바라보기 힘들다. 하지만 현대식 밭에 길게 늘어선 옥수수들은 전혀 다른 존재처럼 보인다. 관계는 사라지고 개체는 익명성에 파묻힌다. 똑같은 옷을 입은 군중 속에서 사랑하는 이의 얼굴을 찾기란 여간 힘든 일이 아니다. 이 땅에는 나름의 아름다움이 있지만, 세 자매 밭의 우애를 목격하고 나니 저 옥수수들은 왠지 외로울 것 같다.

저기는 옥수수 수백만 포기가 어깨를 맞댄 채 콩도 호박도 곁에 없이, 잡초 하나 없이 서 있을 것이다. 저곳은 우리 이웃의 밭이다. 저렇게 '깨끗한' 밭을 만들려고 트랙터가 왔다 갔다 하는 광경을 본 적이 있다. 트랙터의 탱크 분무기가 비료를 뿌려서 봄이면 밭에 감도는 비료 냄새를 맡을 수 있다. 콩의 조력은 질산암모늄이 대신한다. 호박잎을 대신하여 트랙터가 제초제로 잡초를 죽인다.

저 계곡이 세 자매 밭이던 시절에는 틀림없이 벌레와 잡초가 있었을 테지만, 작물들은 농약 없이도 잘 자랐다. 여러 종의 식물을 두루 기르는 섞어짓기는 홑짓기보다 해충에 덜 취약하다. 다양한 식물은 여러 곤충에게 서식처를 제공한다. 옥수수벌레, 콩바구미, 호박나방 같은 일부 곤충은 작물을 먹을 작정으로 밭을 찾는다. 하지만 식물이 다양하면 이런 해충의 천적에게도 서식처가 생긴다. 포식성 딱정벌레와 기생벌은 밭과 공존하면서 해충 개체 수를 억제한다. 이 밭에서 먹고 사는 것은 사람만이 아니지만, 그래도 모두에게 넉넉히 돌아간다.

토박이 지식과 서구 과학이 대지에 뿌리를 두고 관계를 맺기 시작했는데, 세 자매에서는 이를 이해하는 새로운 비유를 찾아볼 수 있다. 나는 옥수수를 전통적 생태 지식으로 상상한다. 옥수수는 이중나선처럼 꼬인 신체적·정신적 얼개로, 신기한 과학을 상징하는 콩의 지침이 된다. 호박은 공존과 상생의 윤리적 처소를 만들어낸다. 언젠가 과학의 지적 홑짓기가 상보적 지식의 섞어짓기로 대체될 때를 머릿속에 그려본다. 그러면 아무도 굶주리지 않을 것이다.

프랜이 인디언 푸딩에 얹을 휘핑크림을 가져온다. 우리는 당밀과 옥수숫가루가 듬뿍 든 말랑말랑한 커스터드를 먹으면서 들판에 지는 석양을 바라본다. 호박 파이도 있다. 세 자매가 이 잔치를 통해 우리가 자기네 이야기를 들었음을 알게 되었으면 좋겠다. 당신의 선물을 이용하여 서로를 돌보라고, 힘을 합치라고, 그러면 아무도 굶주리지 않을 것이라고, 그들은 말한다.

세 자매 모두 이 식탁에 선물을 가져왔지만 혼자서 한 것은 아니다. 그들은 공생의 또 다른 동반자가 있음을 일깨운다. 그녀는 여기 식탁에도, 계곡 너머 농가에도 있다. 그녀는 각 종의 방식을 눈여겨보고 그들이 어떻게 함께 살아갈 수 있을지 상상했다. 어쩌면 이곳을 네 자매 텃밭이라고 불러야 할지도 모르겠다. 농부도 없어서는 안 될 동반자이기 때문이다. 흙을 갈고 까마귀를 쫓고 씨앗을 뿌리는 것은 농부다. 우리는 농부다. 땅을 개간하고 풀을 뽑고 벌레를 잡는다. 겨울에 씨앗을 저장했다가 이듬해 봄에 다시 심는다. 우리는 세 자매의 선물을 탄생시키는 산파다. 우리는 그들 없이는 살 수 없지만 그들도 우리 없이는 살 수 없다. 옥수수, 콩, 호박은 완전히 길들여졌다. 그들이 자랄 수 있으려면 우리가 그런 조건을 만들어줘야만 한다. 우리도 호혜성의 일부다. 우리가 자신의 책임을 다하지 않으면 그들도 자신의 책임을 다할 수 없다.

살아오면서 만난 지혜로운 스승을 통틀어 세 자매는 가장 유창하다. 그들의 잎과 넝쿨은 관계의 지식을 말없이 몸으로 보여준다. 혼자 있으면 콩은 넝쿨일 뿐이요 호박은 넙데데한 잎일 뿐이다. 옥수수와 함께 서 있을 때에만 개체를 초월하는 전체가 생겨난다. 각자의 선물은 따로보다 함께 준비될 때 더 온전히 표현된다. 익은 이삭과 부푼 열매에서 세 자매는 모든 선물이 관계 속에서 증식한다고 조언한다. 세상은 이렇게 돌아간다.

위스가크 고크 페나겐:
검은물푸레나무 바구니

둥, 둥, 둥. 정적. 둥, 둥, 둥.

도끼뿔이 통나무를 때리자 텅 빈 소리가 울려퍼진다. 한 곳을 세 번 내리친 뒤에 존의 눈이 통나무를 따라 조금 아래로 내려가 다시 내리친다. 둥, 둥, 둥. 존이 도끼를 머리 위로 들어올리면 그의 손은 올라갈 때는 벌어졌다가 내려갈 때는 모인다. 샴브레이 셔츠 아래로 어깨가 단단히 뭉치고, 가늘게 땋은 머리카락은 도끼질할 때마다 출렁인다. 그는 통나무를 쭉 따라 내려가며 세 번씩 힘차게 도끼를 내리친다.

통나무 끝에 말 타듯 앉은 채 그는 갈라진 틈새 사이로 손가락을 집어넣어 잡아당긴다. 천천히 꾸준하게 도끼 너비만 한 나뭇조각을 두꺼운 띠 모양으로 벗겨낸다. 도끼를 들고 1미터를 또 내리친다. 둥, 둥, 둥. 다시 띠의 아래쪽을 잡고 도끼질 선을 따라 벗겨내며 통나무를 조금씩 쪼갠다. 마지막 1미터를 내리치고 나니 흰색으로 반짝거리는 2.5미디짜리 나무끈이 나왔다. 그는 나무끈을 코에 대고 깃 자른 나무의 신선한 향기를 맡은 뒤에 우리 모두 볼 수 있도록 돌린다. 존은 나무끈을 둥근 테로 구부려 단단히 묶어 근처의 나뭇가지에 건다. "당신 차례예요." 그가 도끼를 건네며 말한다.

이 따스한 여름날 나의 선생님은 존 피전John Pigeon이다. 그는 포타와토미 바구니 장인으로 이름난 대가족 피전 집안의 일원이다. 통나무 자르기를 시작으로, 세대를 아우르는 피전네 확대 가족—스티브, 킷, 에드, 스테퍼니, 펄, 앤지, 그리고 손자와 손자녀—이 손에 손에 나무끈을 들고서 진행하는 검은물푸레나무 바구니 수업을 우리는 기쁜 마음으로 듣고 있다. 이들은 모두 뛰어난 바구니 장인이자 문화의 전달자이자 너그러운 스승이다. 통나무도 좋은 스승이다.

검은물푸레나무는 보기보다 단단해서 도끼로 일정하게 두드리며 내려가야 한다. 한 곳에 너무 힘을 주면 섬유가 끊어지고 힘을 너무 덜 주면 띠가 완전히 벗겨지지 않아 얇은 부분이 생긴다. 우리 초보자들은 동작이 제각각이다. 머리 위에서 날렵하게 휘두르는 사람이 있는가 하면 망치로 못을 박듯 묵직하게 내리치는 사람도 있다. 기러기의 부름소리처럼 높게 울리는 소리, 놀란 코요테가 짖는 소리, 들꿩이 가슴을 두드리듯 무디게 쿵쿵거리는 소리 등 도끼질하는 사람에 따라 소리도 달라진다.

존이 어릴 적에는 통나무 때리는 소리가 온 마을에 울려퍼졌다고 한다. 그는 집에서 학교까지 걸어가면서 도끼질 소리만 듣고도 누구인지 알아맞힐 수 있었다. 체스터 삼촌은 단단하고 빠른 '쩍, 쩍, 쩍'

소리를 냈다. 산울타리 너머로 벨 할머니의 느린 '텅' 소리가 들렸는데, 숨 고르느라 사이사이 정적이 길었다. 하지만 연장자들이 일을 놓고 아이들이 늪을 밟기보다는 비디오 게임에 더 열중하면서 마을이 점점 고요해지고 있다. 그래서 존 피전은 찾아오는 사람 누구에게나 바구니 짜기를 가르치며 자신이 연장자와 나무에게서 배운 것을 전수한다.

존은 바구니 짜기의 장인이자 전통의 전달자다. 피전 집안의 바구니는 스미스소니언을 비롯한 전 세계 박물관과 미술관에서 찾아볼 수 있다. 하지만 이곳에서도 구할 수 있다. 포타와토미 네이션 연례 회합 때 피전 집안 부스에 가면 된다. 그들의 탁자는 색색의 바구니로 가득한데 똑같이 생긴 것은 하나도 없다. 새 둥지만 한 예쁜 바구니도 있고, 수확용 바구니, 감자 바구니, 옥수수 세척용 바구니도 있다. 피전 집안은 모두가 바구니를 짠다. 회합에 참석한 사람들은 집에 갈 때 다들 피전 바구니를 하나씩 가져가고 싶어 한다. 나도 해마다 하나씩 모은다.

나머지 피전 집안 사람들과 마찬가지로 존도 가르침의 달인으로, 오랜 세대에 걸쳐 전해진 것을 나누는 일에 힘쓴다. 그는 자신이 받은 것을 부족에 돌려주고 있다. 지금껏 들은 바구니 수업 중에는 깨끗한 탁자에 재료를 말끔히 준비해두고 시작하는 것도 있지만, 존은 바구니 짜기를 가르칠 때 나무끈을 미리 준비하지 않는다. 그가 가르치는 것은 살아 있는 나무에서 시작되는 바구니 '만들기'다.

검은물푸레나무님$^{Fraxinus\ nigra}$은 빛이 짙은 깃을 좋아하여 범림원과 늪 가장자리에서 붉은단풍나무, 느릅나무, 버드나무와 어우러진다. 우점종인 경우는 결코 없기에—늘 띄엄띄엄 자란다—안성맞춤인 나무를 찾으려면 장화가 푹푹 빠지는 진땅을 온종일 철벅거리고 다녀야 한다. 습한 숲을 훑어보면 껍질로 검은물푸레나무를 알아볼 수 있다. 딱딱한 회색 판으로 덮인 단풍나무 껍질, 땋은 듯 울퉁불퉁하고 푹신푹신한 느릅나무 껍질, 주름이 깊게 팬 버드나무 껍질을 지나쳐 융기가 맞물리고 사마귀 같은 옹이가 난 검은물푸레나무 껍질의 섬세한 무늬를 찾아야 한다. 옹이를 손가락으로 쥐면 스펀지 감촉이 느껴진다. 늪에서는 딴 물푸레나무도 자라기 때문에 머리 위의 잎도 확인하는 것이 좋다. 초록물푸레나무, 흰물푸레나무, 파란물푸레나무, 호박색물푸레나무, 검은물푸레나무에 이르기까지 모든 물푸레나무는 땅딸막하고 푹신푹신한 잔가지에 겹잎이 서로 대칭으로 나 있다.

하지만 검은물푸레나무를 찾았다고 해서 다가 아니다. 안성맞춤인 나무, 바구니 만들 준비가 된 나무를 찾아야 한다. 바구니 만들기에 이상적인 검은물푸레나무는 가지가 곧고 말끔하며 줄기 아래쪽에 가지가 없어야 한다. 가지가 있으면 옹이가 생겨 나무끈의 곧은 결이 중간에서 끊어진다. 좋은 나무는 너비가 손바닥만 하고 우듬지가 무성하고 생기 넘치는 건강한 나무다. 해를 향해 곧장 자란 나무는 결이 곧고 곱지만 빛을 찾아 이리저리 헤맨 나무는 결이 구불구불하다. 어떤 바구니 장인은 늪의 작은 언덕에서 자라는 나무만 고르고, 또 어떤 장인은 개잎갈나무 옆에서 자라는 검은물푸레나무는 퇴짜를 놓는다.

사람이 어린 시절의 영향을 받듯 나무도 어린나무 시절의 영향을 받는다. 물론 나무의 역사는 나이테에 기록되어 있다. 호시절에는 테가 넓고 곤궁한 시절에는 테가 좁다. 나이테 무늬는 바구니 만들기에서 중요한 요소다.

나이테는 계절의 순환 때문에 형성되는데, 껍질과 가장 새로 생긴 부위인 부름켜 사이에서 연약한 세포층이 깨어났다 잠들었다 하면서 생긴다. 껍질을 벗겨내면 부름켜의 축축하고 미끌미끌한 감촉을 느낄 수 있다. 부름켜 세포는 영구적인 배아 상태여서 늘 분열하여 나무의 둘레를 늘린다. 봄에 해가 길어지는 것을 싹이 감지하여 수액이 솟아오르기 시작하면 부름켜는 잔칫날을 대비한 세포를 생장시킨다. 이것은 입구가 넓은 커다란 튜브로, 남는 물을 잎으로 전달하기 위한 용도다. 커다란 물관부가 이루는 이 선을 세어 나무의 나이를 알 수 있다. 물관부는 빨리 자라므로 벽이 대체로 얇다. 임학자들은 이 부위를 춘재^{春材}라고 부른다. 봄이 가고 여름이 오면 영양소와 물이 희소해지며 부름켜는 굶주린 시기를 대비하여 작고 두꺼운 세포를 만들어낸다. 이 치밀한 세포를 추재^{秋材}라 한다. 낮이 짧아지고 잎이 떨어지면 부름켜는 겨울잠에 들어가 분열을 중단한다. 하지만 봄이 다가오면 다시 한번 활동에 돌입하여 커다란 춘재 세포를 만든다. 지난해에 만들어진 작은 세포의 추재에서 봄의 춘재로 갑작스럽게 전환하면서 선이 생기는데, 이것이 바로 나이테다.

존은 이런 것들을 알아보도록 눈을 훈련했다. 하지만 이따금 만전을 기하기 위해 주머니칼을 꺼내어 나무를 쐐기꼴로 잘라 나이테를 살펴보기도 한다. 존은 나이테가 30~40개이고 테 하나하나의 너비가 동전만 한 나무를 좋아한다. 안성맞춤인 나무를 찾았으면 벌목이 시작된다. 하지만 벌목의 연장은 톱이 아니라 대화다.

전통적인 벌목꾼은 나무 한 그루 한 그루의 개별성을 인정하여 사람처럼 대한다. 인간 아닌 숲사람으로 여기는 것이다. 나무를 취하는 것이 아니라 나무에게 부탁한다. 공손하게 자신의 목적을 설명하고 벌목 허가를 청한다. 때로는 안 된다는 대답이 돌아오기도 한다. 나무가 벌목을 내켜하지 않는다는 단서는 주변 환경에서 찾을 수 있다 (이를테면 가지에 비레오새가 둥지를 틀었거나 껍질이 주머니칼의 정탐에 완강히 저항할 때). 표현할 수 없는 이유로 돌아서기도 한다. 동의를 받았으면 기도를 드리고 답례 선물로 담배를 놓아둔다. 나무가 쓰러지면서 상하거나 다른 나무를 다치게 하지 않도록 조심한다. 이따금 나무가 쓰러질 때 충격을 완화하려고 자작나무 가지를 깔아주기도 한다. 벌목이 끝나면 존은 아들과 함께 통나무를 어깨에 짊어지고 집까지 먼 길을 걷는다.

존과 그의 확대 가족은 바구니를 많이 만든다. 그의 어머니는 직접 통나무를 패는 쪽을 선호하지만, 관절염이 도지면 아들들이 대신할 때도 많다. 1년 내내 바구니를 짜지만 벌목하기에 가장 좋은 철은 따로 있다. 나무를 벌목한 직후에 아직 축축할 때 패는 것은 좋은 생각이지만, 존의 말에 따르면 통나무를 땅속에 묻고 축축한 흙으로 덮으면 신선하게 보관할 수 있다고 한다. 그가 좋아하는 시기는 "수액이 솟아오르고 대지의 기운이 나무에 흘러드"는 봄과 "기운이 땅으로 흘러 돌아가"는 가을이다.

✳

오늘 존은 스펀지처럼 푹신푹신한 껍질이 도끼의 힘을 상쇄하지 않도록 벗겨낸 뒤에 작업에 들어간다. 그가 첫 번째 나무끈의 가장자리를 당기면, 어떤 광경이 벌어지는지 볼 수 있다. 통나무를 두드리면 벽이 얇은 춘재 세포가 으깨져 추재와 분리된다. 통나무는 춘재와 추재를 나누는 선에서 갈라지므로 벗겨낸 나무끈은 나이테 사이의 목질부다.

나무의 개인사와 나이테 무늬에 따라 나무끈에는 다섯 해의 생장이 담기기도 하고 한 해만 담기기도 한다. 똑같은 나무는 하나도 없지만, 바구니 장인은 나무를 두드리고 벗겨내면서 늘 시간을 거슬러 올라간다. 나무의 삶이 그의 손에서 한 겹 한 겹 벗겨진다. 나무끈 테가 많아질수록 통나무는 점점 작아져 몇 시간 뒤에는 앙상한 작대기만 남는다. 존이 우리에게 손짓한다. "이거 보세요. 어린나무 시절까지 전부 벗겨냈어요." 그는 우리가 모아놓은 커다란 나무끈 더미를 가리킨다. "잊지 마세요. 저기 쌓인 것은 나무의 일생이랍니다."

기다란 나무끈은 두께가 제각각이어서, 다음 단계는 나무끈을 더 쪼개어 나이테를 분리하는 것이다. 두꺼운 나무끈은 커다란 빨래 바구니나 덫 사냥꾼의 등에 메는 광주리를 만들 때 쓴다. 최상의 예쁜 바구니는 한 해치 나무끈만 쓴다. 존은 흰색 신형 픽업트럭 짐칸에서 절단기를 꺼낸다. 나뭇조각 두 개를 연결하고 클램프를 달았는데, 마치 거대한 빨래집게처럼 생겼다. 존이 의자 가장자리에 앉아 무릎 사이에 절단기를 끼운다. 절단기의 다리는 땅에 닿아 있고 뾰족한 끝은 그의 무릎 위로 솟아 있다. 그는 2.5미터 길이의 나무끈을 클램프에 끼워 2.5센티미터가량 튀어나오도록 고정한다. 주머니칼을 펴서 날을 나무끈의 잘라진 끝에 박아 넣고는 나이테를 따라 비틀어 벌린다. 갈색 손으로 벌어진 양쪽을 잡고 능숙한 몸놀림으로 당긴다. 나무끈은 긴 풀잎처럼 매끄럽게 갈라진다.

그는 "이게 다예요"라고 말하지만, 내 눈을 바라보는 그의 눈에는 웃음이 깃들어 있다. 나는 나무끈을 끼우고 절단기를 허벅지 사이에 단단히 붙든 다음 나무끈을 쪼갤 수 있도록 칼자국을 낸다. 절단기를 다리 사이에 꽉 끼워야 한다는 것을 금세 깨닫지만, 몸이 좀체 말을 듣지 않는다. 존이 웃음을 터뜨린다. "그렇죠. 이건 인디언의 옛 발명품으로, 허벅지 단련기라고 한답니다!" 준비를 마친 나의 나무끈은 다람쥐가 쏜 것처럼 들쭉날쭉하다. 존은 끈기 있는 선생님이지만, 학생의 일을 대신해주지는 않는다. 그저 미소를 띤 채 너덜너덜한 나무끈 끝을 말끔히 잘라내고는 이렇게 말한다. "다시 해보세요." 결국 양쪽을 잡아당길 수 있게 갈랐지만 두께가 일정하지 않다. 나의 작업 결과물은 한쪽은 얇고 한쪽은 두꺼운 30센티미터짜리 나무끈이다. 존이 학생들 사이를 돌며 격려한다. 그는 모든 학생의 이름을 외웠으며 각자에게 무엇이 필요한지 간파했다. 어떤 사람에게는 이두박근이 약하다고 놀리기도 하고 어떤 사람에게는 따스하게 어깨를 두드리기도 한다. 좌절한 사람이 있으면 살며시 옆에 앉아 이렇게 말한다. "너무 열심히 하려 들지 마세요. 여유를 가져요." 어떤 사람에게는 그저 나무끈을 잡아당겨 건네기도 한다. 그는 나무와 마찬가지로 사람을 판단하는 일에도 뛰어나다.

"이 나무는 좋은 선생이에요. 그게 우리가 늘 배운 교훈이죠. 인간으로 산다는 것은 균형을 찾는 일이에요. 나무끈 만들기는 그 교훈을 잊지 않게 해주죠."

요령을 터득하면 나무끈이 일정하게 쪼개지는데, 그러면 뜻밖에 아름다운 속살이 드러난다. 윤기와 온기를 간직한 채 햇빛을 받아 크림색 새틴처럼 반짝거린다. 바깥면은 울퉁불퉁하며 쪼개진 끄트머리에서 기다란 '털'이 삐죽빼죽 나와 있다.

존이 말한다. "아주 날카로운 주머니칼이 필요해요. 매일 숫돌에 갈아야 해요. 그리고 까딱하면 손을 베일 수 있어요." 존이 우리에게 '다리'를 하나씩 건넨다. 헌 청바지에서 잘라낸 조각이다. 데님을 두 겹으로 접어 왼쪽 허벅지에 올리는 법을 보여준다. "사슴 가죽이 제일 좋아요. 구할 수만 있다면요. 하지만 청바지도 쓸 만해요. 조심하기만 한다면요." 그가 한 사람 한 사람 옆에 앉아 시범을 보인다. 주머니칼의 각도와 손의 압력이 조금만 달라져도 성공과 유혈이 갈리기 때문이다. 그가 나무끈을 거친 면이 위로 오도록 허벅지에 놓고 주머니칼의 칼날을 갖다 댄다. 다른 손으로는 스케이트 날로 얼음을 지치는 듯한 연속 동작으로 주머니칼 아래의 나무끈을 잡아당긴다. 나무끈을 당기면 '대팻밥'이 주머니칼에 쌓이고 나무끈 표면은 반들반들해진다. 이 일도 그는 수월하게 해낸다. 킷 피전이 실패에서 실을 풀듯 매끄러운 나무끈을 잡아당기는 것을 보았지만, 내 주머니칼은 툭툭 걸리고 나는 매끄럽게 대패질하는 게 아니라 홈을 파고 만다. 주머니칼 각도가 너무 예리해서 나무끈을 끊는 바람에 길고 예쁜 끈이 넝마가 되어버린다.

내가 나무끈을 하나 더 망치자 존이 고개를 절래절래 흔들며 말한다. "빵 한 조각 버렸네요. 우리가 나무끈을 망치면 어머니께서 그렇게 말씀하셨죠." 바구니 만들기는 예나 지금이나 피전 집안의 생계 수단이다. 그들의 할아버지 시절에는 호수, 숲, 밭에서 식량을 대부분 얻을 수 있었지만, 그래도 가끔은 가게에서 파는 상품이 필요할 때가 있었는데 바구니는 빵과 복숭아 통조림, 실내화를 살 수 있는 일종의 환금 작물이었다. 나무끈을 망치는 것은 음식을 버리는 것과 같았다. 크기와 디자인에 따라 다르지만 검은물푸레나무 바구니는 두둑한 값에 팔리기도 한다. 존이 말한다. "사람들은 가격표를 보면 살짝 놀라요. 기껏해야 바구니 아니냐고 생각하지만, 이 일의 80퍼센트는 짜는 과정보다 훨씬 전에 이루어져요. 나무를 찾고 두드리고 잡아당기고 온갖 일을 해야 하기에 최저 임금을 맞추기도 빠듯한 걸요."

마침내 나무끈이 완성되어 짤 준비가 되었다. 우리가 착각한 것과 달리 짜기가 바구니 만들기의 진짜 작업은 아니었지만. 그런데 존이 수업을 중단한다. 그의 다정한 목소리가 날카로워진다. "여러분은 가장 중요한 걸 빼먹었어요. 주위를 둘러보세요." 우리는 둘러본다. 숲을, 야영지를, 서로를. 존이 말한다. "**땅**을 보세요." 각각의 초보자 앞에 부스러기 더미가 둥글게 널려 있다. "여러분이 들고 있는 게 뭔지 생각해보세요. 그 물푸레나무는 늪에서 30년 동안 자라면서 잎을 내고 떨어뜨리고 다시 냈어요. 사슴에게 먹히고 서리를 맞았지만 한해 한 해 버티면서 그 나이테를 새겼죠. 바닥에 떨어진 나무끈은 나무의 한 해가 고스란히 담겨 있어요. 그걸 밟고 구부리고 가루로 만들 참이에요? 나무는 자신의 삶으로 여러분에게 경의를 표했어요. 나무끈을 망치는 건 부끄러운 일이 아니에요. 아직 배우는 중이니까요. 하지만 무엇을 하든 나무에게 존경심을 품고 결코 나무끈을 허비하지 마세요." 그러고는 우리에게 부스러기 정돈하는 법을 알려준다. 짧은 나무끈은 작은 바구니와 장식에 쓸 무더기에 놓는다. 여러 조각과 대팻밥은 상자에 넣었다가 말려서 불쏘시개로 쓴다. 존은 받드는 거둠의 전통을 지켜, 필요한 것만 취하고 취한 모든 것을 이용한다.

그의 말에서 내가 우리 부족에게서 곧잘 들었던 얘기가 메아리친다. 그들은 대공황 시기에 자랐기에 함부로 버리지 말라는 교육을 받았으며 정말 그때는 바닥에 쓰레기가 하나도 없었다. 하지만 '다 쓰고 닳을 때까지 쓰고, 있으면 있는 대로 없으면 없는 대로 살라'라는 말은 경제적 윤리이자 생태적 윤리다. 나무끈을 허투루 버리는 것은 나무를 푸대접하는 것이요 가계를 축내는 일이다.

우리가 쓰는 모든 것은 다른 존재의 삶이 낳은 결과이지만, 이 단순한 진실은 우리 사회에서 좀처럼 인정받지 못한다. 우리가 만드는 나무끈은 종잇장만큼 얇다. 이 나라의 '쓰레기 물결'을 지배하는 것은 종이라고들 말한다. 물푸레나무 나무끈과 마찬가지로 종이 한 장은 나무의 삶이며 종이를 만드는 데 들어간 물과 에너지와 독성 부산물이다. 그런데도 우리는 종이가 아무것도 아닌 것처럼 허투루 쓴다. 편지함에서 쓰레기통까지의 짧은 여정이 우리의 실상을 웅변한다. 하지만 광고 우편물 더미 속에서 원래 모습인 나무를 볼 수 있다면 어떤 일이 일어날까? 그곳에 존이 있어서 나무의 삶이 지닌 가치를 우리에게 일깨운다면 어떻게 될까?

일부 지역에서는 바구니 장인들이 검은물푸레나무 개체 수가 감소하는 것을 목격하기 시작했다. 그들은 남벌 때문이 아닐까 우려했다. 시장에서 바구니에만 지나친 관심이 쏠리고 숲에 있는 원재료는 무시당한 탓이라는 것이다. 나는 대학원생 톰 투셰와 함께 원인을 조사하기로 했다. 우선 나무의 생활환 중 어디가 취약한지 알아보기 위해 뉴욕주 검은물푸레나무의 개체군 구조를 분석했다. 우리는 늪을 찾아가 검은물푸레나무를 모두 찾아 수를 세고 줄자로 크기를 쟀다. 톰은 모든 현장에서 시료를 파내 수령을 확인했다. 어딜 가나 늙은 나무와 어린나무뿐, 중간 수령의 나무를 찾아보기 힘들었다. 수령 분포에 커다란 구멍이 나 있었다. 톰은 씨앗과 아기나무를 많이 찾아냈지만 다음 수령에 속하는, 숲의 미래인 어린나무는 대부분 죽거나 자취를 감췄다.

젊은 나무가 풍부한 장소는 단 두 곳뿐이었다. 하나는 숲지붕에 틈이 생긴 장소로, 병해나 폭풍우로 늙은 나무가 쓰러져 햇빛이 새어 들어온 곳이었다. 흥미롭게도 네덜란드느릅나무병으로 느릅나무가 죽은 곳에서 검은물푸레나무가 대신 자리를 차지하여, 한 종이 사라진 만큼 다른 종이 증가하여 균형을 맞췄다. 검은물푸레나무가 아기나무에서 나무로 자라려면 하늘을 볼 수 있어야 한다. 응달에만 있으면 죽는다.

어린나무가 무성한 또 다른 장소는 바구니 장인들의 마을 근처였다. 검은물푸레나무 바구니 제작 전통이 살아 있고 튼튼한 곳에서는 나무도 그랬다. 우리는 검은물푸레나무 감소가 남벌 때문이 아니라 과벌專伐 때문이라는 가설을 세웠다. 마을에 '둥, 둥, 둥' 소리가 울려 퍼질 때는 바구니 장인들이 숲에 많아서 햇빛이 아기나무에 도달하도록 틈을 열어주었으며 어린 나무들은 숲지붕까지 뻗어 올라가 어른나무가 될 수 있었다. 하지만 바구니 장인들이 사라지거나 거의 없는 곳에서는 숲지붕이 열리지 않아 검은물푸레나무가 제대로 자라지 못했다.

검은물푸레나무와 바구니 장인은 수확하는 존재와 수확되는 존재로서 공생하는 동반자다. 검은물푸레나무는 사람에게 기대고 사람은 검은물푸레나무에게 기댄다. 둘의 운명은 서로 이어져 있다.

피전 집안이 이 연결을 가르치는 것은 전통 바구니 제작을 부흥하려는 운동의 일환이다. 여기에는 원주민의 땅, 언어, 문화, 철학을 되살리는 것도 포함된다. 거북섬 전역에서 토착민들은 개척민들의 압

박에 사라지다시피 한 진통 지식과 생활 방식의 부활을 이끌고 있다. 하지만 검은물푸레나무 바구니 제작은 부흥하는 것 못지않게 또 다른 침입종으로 인해 위협받고 있다.

존이 휴식을 선언한다. 우리는 시원한 음료를 마시며 경직된 손가락을 풀어준다. 존이 말한다. "다음 단계로 넘어가려면 머리를 맑게 해야 해요." 우리가 목과 손을 흔들어 풀어주는 동안 존은 미국 농무부 소책자를 나눠준다. 표지에는 빛나는 초록색 딱정벌레 사진이 실려 있다. 존이 말한다. "물푸레나무를 아끼신다면 관심을 가져서야 해요. 나무들이 공격받고 있거든요."

중국에서 들어온 호리비단벌레emerald ash borer는 나무줄기에 알을 낳는다. 부화한 애벌레는 부름켜를 먹어치우다가 번데기가 되는데, 성체는 구멍을 뚫고 나무 밖으로 나와 또 다른 보금자리를 찾아 날아간다. 하지만 감염된 나무에게는 치명적이다. 오대호 연안과 뉴잉글랜드 사람들에게는 안된 일이지만 호리비단벌레의 숙주는 물푸레나무다. 지금은 호리비단벌레의 확산을 막기 위해 통나무와 땔나무에 대해 검역을 실시하고 있지만 이 해충은 과학자들이 예측한 것보다 빠르게 이동하고 있다.

존이 말한다. "그러니 주의하세요. 나무를 지켜야 해요. 그게 우리가 할 일이에요." 존 가족은 가을에 통나무를 벨 때 떨어진 씨앗을 고이 모았다가 습지를 지날 때 뿌린다. 존이 다시 상기시킨다. "다 마찬가지예요. 오는 것이 없으면 가는 것도 없어요. 이 나무는 우리를 보살펴줘요. 그러니 우리도 나무를 보살펴줘야 해요."

미시간의 물푸레나무는 이미 상당수가 죽었으며 바구니 장인들이 아끼는 땅들은 껍질 잃은 나무의 묘지가 되었다. 태곳적으로 거슬러 올라가는 관계의 사슬에 균열이 생겼다. 피전 집안이 대대로 검은물푸레나무를 베고 돌보던 늪도 감염되었다. 앤지 피전Angie Pigeon은 이렇게 썼다. "우리 나무들이 사라졌다. 바구니를 더 만들 수 있을지 모르겠다." 대다수 사람들에게 침입종은 풍경의 유실을 뜻하며 이 빈 공간은 다른 것으로 채워진다. 하지만 오래된 관계의 책임을 이행하는 사람들에게 빈 틈새는 빈손을, 공동체의 심장에 생긴 구멍을 뜻한다.

수많은 나무가 쓰러지고 대대로 전해지던 전통이 위험에 처한 지금 피전 집안은 나무와 전통을 둘 다 지키려고 애쓰고 있다. 그들은 임학자들과 힘을 합쳐 호리비단벌레에 맞서고 그 여파에 적응하려 애쓴다. 그들은 '다시 짜는 사람들reweavers'이다.

존 가족만 검은물푸레나무를 보호하려고 노력하는 것은 아니다. 뉴욕주와 캐나다 경계에 걸쳐 있는 모호크족 보호 구역인 아크웨사스네에도 검은물푸레나무의 수호자들이 있다. 지난 30년간 레스 베네딕트Les Benedict, 리처드 데이비드Richard David, 마이크 브리진Mike Bridgen은 전통적인 생태 지식과 과학적 수단을 동원하여 검은물푸레나무를 보호하는 일에 앞장섰다. 그들은 검은물푸레나무 아기나무 수천 그루를 키워 지역 내 토착 공동체에 무상 공급했다. 레스는 심지어 뉴욕주 양묘장에서 검은물푸레나무를 키워 학교 운동장과 슈퍼펀드 부지 같은 장소에 심도록 설득해내기도 했다. 검은물푸레나무 수천 그루가 식재되어 숲과 공동체가 살아날 무렵 호리비단빌레가 우리 호안에 나타났다.

가을마다 호리비단벌레의 위협이 본토를 향해 다가오는 상황에서 레스와 동료들은 최상의 씨앗을 채집하기 위해 일손을 모으고 있다. 미래에 대해 믿음을 가질 수 있도록, 침입의 여파가 지나간 뒤에 숲을 복원할 수 있도록 씨앗을 저장하려는 것이다. 모든 종은 저마다의 레스 베네딕트, 저마다의 피전 집안 같은 동반자와 보호자가 필요하다. 우리의 전통적 가르침에서는 우리를 돕고 인도하는 종들이 있다고 말한다. 으뜸명령은 호의를 갚으라고 일깨운다. 다른 종의 수호자가 되는 것은 명예로운 일이다. 누구나 이 명예를 누릴 수 있음을 우리는 너무 쉽게 잊어버린다. 검은물푸레나무님 바구니는 우리 존재의 선물을, 보호와 돌봄으로 기꺼이 되갚을 수 있는 선물을 우리에게 일깨운다.

존이 다음 단계로 넘어가려고 사람들을 둥글게 불러 모은다. 바구니 바닥 짜기 시간이다. 오늘의 과제는 전통적인 둥근 바닥이므로 우선 나무끈 두 가닥을 십자가 모양으로 놓는다. 여기까지는 쉽다. 존이 말한다. "여러분이 해놓은 것을 보세요. 여러분은 앞에 놓인 네 방위에서 시작했어요. 그게 여러분 바구니의 심장이에요. 나머지 모든 것이 그 주위에 놓이죠." 우리 부족은 성스러운 네 방위와 거기에 깃든 힘을 공경한다. 두 나무끈이 만나는 곳, 네 방위가 교차하는 곳이 바로 우리가 인간으로서 선 곳, 균형을 찾으려고 애쓰는 곳이다. 존이 말한다. "보세요. 우리가 살아가면서 행하는 모든 일은 성스러워요. 네 방위가 우리 작업의 바탕이에요. 그래서 이렇게 시작하는 거예요."

최대한 얇은 나무끈으로 여덟 가닥의 바탕 살을 엮으면 바구니가 자라기 시작한다. 다음 지시를 기다리며 존을 쳐다보지만 이번에는 아무 지시도 없다. 그가 말한다. "이제 여러분 차례예요. 바구니 디자인은 여러분에게 달렸어요. 누구도 여러분에게 뭘 만들라고 지시할 수 없어요." 우리에게는 두꺼운 나무끈과 얇은 나무끈이 있다. 존은 색색으로 화려하게 염색된 나무끈을 주머니에서 꺼내 놓는다. 뒤엉킨 나무끈 더미는 저녁 파우와우에서 남자들의 리본 셔츠에 다는 '노래하는 리본'처럼 보인다. 존이 말한다. "시작하기 전에 나무에 대해, 나무의 모든 노고에 대해 생각하세요. 나무는 이 바구니에 생명을 선사했어요. 그러니 여러분에게는 책임이 있어요. 나무의 희생에 대한 대가로 아름다운 것을 만드세요."

모두들 작업을 시작하기 전에 나무에 대한 책임을 떠올리며 잠시 묵상한다. 이따금 흰 종이를 볼 때에도 같은 느낌이 든다. 내게, 쓴다는 것은 세상과의 호혜적 행위다. 내가 받은 모든 것을 돌려줄 수 있는 방식이다. 이렇듯 또 다른 책임의 겹이 생겼다. 나무의 얇은 판에 글을 쓰고 나의 글이 그럴 만한 가치가 있기를 바라는 것. 이런 생각을 하면 섣불리 글을 쓰지 못한다.

바구니는 처음 두 줄이 가장 힘들다. 처음으로 한 바퀴 돌릴 때는 마치 나무끈이 스스로의 의지를 가진 듯 원둘레를 오르락내리락하는 리듬에서 벗어나고 싶어 하는 것 같다. 나무끈은 패턴에 저항하며 온통 헐겁고 울룩불룩하다. 이때 존이 다가와 격려하면서 안정된 손길로 나무끈이 달아나지 못하도록 잡아준다. 두 번째 줄도 힘겹기는 마찬가지다. 간격이 엉망이어서 나무끈을 고정하려면 씨줄이 움직이지 않도록 꽉 잡아야 한다. 그래도 헐거워져 축축한 끄트머리로 내 얼굴을 찰싹 때린다. 존은 웃기만 한다. 내 바구니는 하나로 보이지 않고 조각들이 어수선하게 뒤엉켜 있는 것처럼 보인다. 하지만 이제 세 번째 줄 차례다. 내가 좋아하는 순서. 이 시점이 되면 위의 장력과 아래의 장력이 같아져 반대 방향의 두 힘이 균형을 이루기 시작한다. 주고받기—호혜성—가 자리 잡고, 부분이 전체가 되기 시작한다. 나무끈이 제자리에 술술 들어가니 작업이 수월해진다. 혼돈에서 질서와 안정이 드러난다.

땅과 사람의 안녕이라는 바구니를 짤 때는 세 줄의 교훈을 마음에 새겨야 한다. 생태적 안녕과 자연 법칙은 언제나 첫 번째 줄이다. 이게 없으면 풍요의 바구니를 만들 수 없다. 첫 번째 원이 자리를 잡아야만 두 번째 원을 짤 수 있다. 두 번째 줄은 물질적 안녕, 즉 인간적 필요의 충족을 나타낸다. 경제는 생태를 바탕으로 삼는다. 하지만 두 줄만 있으면 바구니는 여전히 풀어질 우려가 있다. 세 번째 줄이 와야만 앞의 두 줄이 떨어지지 않는다. 이곳에서 생태, 경제, 영성이 하나로 짜인다. 재료를 마치 선물인 것처럼 이용하고 가치 있는 쓰임새로 그 선물에 보답함으로써 우리는 균형을 찾는다. 세 번째 줄은 여러 이름으로 불린다. 존중. 호혜성. 우리의 모든 관계. 나는 영성의 줄이라고 생각한다. 이름이 무엇이든 세 줄은 우리의 삶이 서로에게 기대고 있다는 인식을 나타낸다. 우리 모두를 담아야 하는 바구니에서 인간의 필요는 한 줄에 지나지 않는다. 낱낱의 나무끈은 관계 속에서 하나의 바구니가, 우리를 미래로 데려갈 만큼 질기고 튼튼한 바구니가 된다.

어린아이들이 몰려와 우리가 작업하는 광경을 지켜본다. 존은 우리를 일일이 도와주느라 바쁘지만, 걸음을 멈추고 아이들에게 신경을 집중한다. 아이들은 함께하기엔 너무 어리지만 함께 있고 싶어 한다. 그래서 존은 우리 부스러기에서 짧은 나무끈을 한 줌 들어낸다. 느리고 섬세한 그의 손이 나무끈을 구부리고 꼰다. 몇 분 지나자 작은 장난감 말이 그의 손바닥에 올라와 있다. 존은 아이들에게 나무끈과 견본을 주고 포타와토미어로 몇 마디 건넨다. 하지만 말 만드는 법을 일러주지는 않는다. 아이들은 이런 교육 방법에 친숙해서 질문을 던지지 않는다. 견본을 들여다보고 좀 더 들여다본 뒤에 원리를 궁리한다. 얼마 안 가서 한 무리의 말 떼가 탁자 위를 뛰어다니고 아이들은 바구니가 자라는 광경을 지켜본다.

오후가 저물고 그림자가 길어질 무렵 작업대는 완성된 바구니로 채워지기 시작한다. 존은 나무끈을 말아 만든 장식을 바구니에 다는 일을 도와준다. 작은 바구니에는 전통적으로 이런 장식이 달린다. 검은물푸레나무 나무끈은 하도 낭창낭창해서 바구니 표면을 꼬고 비틀어 반짝반짝 윤이 나도록 장식힐 수 있다. 우리는 온갖 질감과 색깔의 낮고 둥근 쟁반, 호리호리한 병, 풍만한 사과 바구니를 만들었다. 존이 네임펜을 건네며 말한다. "마지막 단계가 남았어요. 각자 바구니에 서명하세요. 자신의 결과물에 자부심을 가지세요. 바구니는 저절로 만들어진 게 아니에요. 자신의 흔적을 남기세요. 실수까지도 여러분의 것이니까요." 우리는 존이 시키는 대로 다들 바구니를 들고 줄을 서서 사진을 찍는다. 그가 뿌듯한 아빠처럼 활짝 웃으며 말한다. "이건 특별한 일이에요. 오늘 여러분이 뭘 배웠나 보세요. 바구니가 여러분에게 보여준 것을 여러분이 보셨으면 좋겠어요. 바구니 하나하나가 아름다워요. 하나하나가 다르지만 전부 같은 나무에서 시작됐죠. 모두 같은 재료로 만들었지만 각자 자기 자신이에요. 우리 사람도 마찬가지예요. 모두 같은 것으로 만들었지만 각자 나름의 아름다움이 있죠." 그날 밤 나는 파우와우 원을 새로운 눈으로 본다.

북이 안치된 개잎갈나무 숲을 떠받치는 것은 동서남북에 세워진 기둥이다. 북소리가, 심장 박동이 춤을 추라고 우리를 부른다. 장단은 하나이지만 춤사위는 저마다 다르다. 사뿐사뿐 발을 디디는 풀의 춤, 웅크린 버팔로 춤, 우아하게 빙글빙글 도는 숄 춤, 짤랑거리는 드레스를 입고 발을 번쩍번쩍 드는 소녀들, 전통 춤을 추는 여인들의 위엄 있는 걸음. 남녀노소 할 것 없이 가장 좋아하는 색깔로 차려입었다. 리본이 나부끼고 술이 흔들린다. 모두 아름답게, 모두 심장 박동에 맞춰 춤춘다. 우리는 밤새 원 주위를 돌며 함께 바구니를 짠다.

이제 우리 집은 바구니로 가득하다. 내가 아끼는 것은 피전 바구니다. 그 속에서는 존의 목소리를 들을 수 있고 '둥, 둥, 둥' 하는 소리를 들을 수 있고 늪의 내음을 맡을 수 있다. 내가 손에 들고 있는 것이 나무의 일생임을 깨닫는다. 우리에게 주어진 생명들을 예리하게 자각하며 사는 삶은 어떤 것일지 궁금했다. 휴지에서 나무를 떠올리고 치약에서 조류藻類를, 바닥에서 참나무를, 포도주에서 포도를 떠올린다면, 만물에 깃든 생명의 끈을 거슬러 올라가 공경으로 보답한다면 어떻게 될까? 한번 시작하면 멈추기는 쉽지 않다. 여러분은 자신이 선물에 둘러싸여 있음을 느끼기 시작한다.

찬장을 연다. 이곳은 선물이 있을 만한 장소다. 나는 생각한다.

"잼 병, 그대에게 인사를 건넵니다. 그대 유리병은 한때 바닷가 모래였어요. 파도에 씻기고 거품과 갈매기 울음소리에 잠겼지만, 이제 유리병으로 빚어졌죠. 그러다 언젠가 다시 바다로 돌아갈 거예요. 그리고 6월을 담아 포동포동해진 그대 베리, 이젠 나의 2월 식료품 저장고에 들어 있군요. 그리고 카리브해 고향을 멀리 떠나 온 그대 설탕, 여기까지 와줘서 고마워요."

이런 자각 속에서 책상 위의 물건들—바구니, 양초, 종이—을 보며 기쁜 마음으로 그들의 기원을 거슬러 땅으로 돌아간다. 연필—향삼나무를 깎아 만든 마법 지팡이—을 손가락 사이에서 빙글빙글 돌린다. 아스피린에 든 버드나무 껍질. 램프의 금속마저도 내게 지층

속 뿌리를 떠올리게 한다. 하지만 책상 위의 플라스틱은 재빨리 지나친다. 컴퓨터에는 도무지 눈길을 줄 수가 없다. 플라스틱에서는 성찰의 순간을 끌어내지 못하겠다. 자연으로부터 너무 멀어졌기 때문이다. 단절이, 존경심의 상실이 시작되는 곳, 더는 사물 안에서 쉽사리 삶을 볼 수 없는 곳이 이곳 아닐까.

그렇다고 해서 2억 년 전에 잘 살다가 고대 바다 밑바닥으로 가라앉아 지각 이동의 거대한 압력에 눌려 석유가 되고 땅속에서 채굴되어 정유 공장에서 분해되고 중합되어 내 노트북의 케이스나 아스피린 병의 뚜껑이 된 규조류와 해양 무척추동물을 얕잡아 본다는 말은 아니다. 초산업화된 제품들의 거대한 그물망을 생각하니 머리가 지끈거릴 뿐. 우리는 그렇게 끊임없이 주의를 집중하도록 생겨먹지 않았다. 우리는 몸을 써야 한다.

하지만 이따금 손에 든 바구니를 보거나 복숭아나 연필을 보면서 모든 연결에, 모든 생명과 그들을 잘 이용해야 할 책임에 마음과 영혼이 열리는 순간이 있다. 바로 그 순간 존 피전의 말이 들린다.

"서두르지 마세요. 당신이 손에 든 것은 나무의 30년 일생이라고요. 잠시만 시간을 내어 그걸로 무엇을 할지 생각할 순 없나요?"

미슈코스 케노마그웬: 풀의 가르침

1. 서론

보기 전에 냄새로 알 수 있다. 여름날 향모 풀밭. 향기가 산들바람에 묻어 와 당신은 개처럼 킁킁거린다. 향기가 사라지고 축축한 땅의 눅눅하고 톡 쏘는 냄새가 난다. 그러다 다시 돌아온다. 달달한 바닐라 향이 손짓한다.

2. 문헌 검토

하지만 레나는 쉽게 속아넘어가지 않는다. 세월에 다져진 확신으로 풀밭을 누비며 가느다란 몸으로 풀을 헤치고 나아간다. 자그마한 체구에 은발의 연장자인 그녀는 허리까지 풀에 잠긴다. 나머지 모든 종에 눈길을 던지더니 초보자의 눈에 나머지와 똑같아 보이는 지점으로 곧장 걸어간다. 주름진 갈색 손의 엄지손가락과 집게손가락으로 풀의 리본을 훑는다. "얼마나 매끄러운지 보이세요? 남들 사이에 숨을 수도 있지만, 발견되기를 원한답니다. 이렇게 빛나는 건 그 때문이에요." 하지만 그녀는 손가락 사이로 풀잎이 미끄러지게 내버려둔 채 그곳을 지나친다. 그녀는 처음 눈에 띈 식물을 취하지 말라는 조상의 가르침을 따른다.

나는 그녀를 뒤따라간다. 그녀의 손이 등골나물boneset과 미역취를 다정하게 쓰다듬는다. 풀숲에서 반짝이는 것을 발견하고는 걸음이 빨라진다. 그녀가 말한다. "아, **보조**Bozho." 안녕하세요. 낡은 나일론 재킷에서 주머니를 꺼낸다. 사슴 가죽의 가장자리가 빨간색 구슬로 장식되어 있다. 그녀가 담배를 손바닥에 약간 붓는다. 눈을 감은 채 뭐라고 중얼거리며 손을 동서남북으로 들어올려 땅에 담배를 뿌린다. 그녀가 눈썹을 찡긋하며 말한다. "늘 식물에게 선물을 남기고, 가져가도 되는지 물어야 하는 거 알죠? 먼저 묻지 않는 건 무례한 일이에요." 그런 뒤에야 그녀가 허리를 숙여 뿌리를 다치게 하지 않으려고 조심하면서 풀 줄기를 밑동에서 뜯어낸다. 근처의 수풀을 헤치며 찾고 또 찾는다. 반짝이는 줄기의 두터운 다발을 모아들였다. 그녀가 지나간 자리를 따라 풀숲지붕이 열려 구불구불한 흔적이 남는다.

그녀는 빽빽한 풀숲을 그냥 지나친다. 바람에 흔들리도록 내버려둔 채. 그녀가 말한다. "우리의 방식은 필요한 것만 취하는 거예요. 절대로 절반 이상 취하지 말라는 얘길 늘 들었죠." 이따금 그녀는 하나도 취하지 않고서 그저 풀밭이 잘 있는지, 식물이 어떻게 지내는지 보려고 오기도 한다. 그녀가 말한다. "우리의 가르침은 매우 효과적이에요. 유용하지 않았다면 전수되지 못했겠죠. 가장 중요한 것은 우리 할머니가 늘 하시던 말씀이에요. '식물을 섬기며 이용하면 우리 곁에 머물며 번성할 테지만, 무시하면 떠날 것이란다. 존경심을 품지 않으면 우리를 떠날 거야.'" 식물 스스로 우리에게 보여주었다. **미슈코스 케노마그웬**^{mishkos kenomagwen}. 풀밭을 나서 숲으로 돌아가는데 그녀가 길 옆에 난 큰조아재비^{timothy} 한 줌을 꼬아 느슨한 매듭을 만든다. 그녀가 말한다. "이러면 제가 왔었다는 걸 남들에게 알릴 수 있어요. 그래야 더 뜯지 않을 테니까요. 이곳은 우리가 제대로 돌보고 있어서 늘 좋은 향모가 나요. 하지만 딴 곳에서는 향모를 찾기가 점점 힘들어져요. 그 사람들은 제대로 뜯지 않는 것 같아요. 어떤 사람들은 성급하게 통째로 잡아당겨요. 뿌리까지 뽑아버리기도 하죠. 그건 제가 배운 방식이 아니에요."

그런 사람들을 만난 적이 있다. 풀을 손에 쥐고 홱 잡아당기는 바람에 풀밭에서 맨땅이 드러나고, 뿌리까지 뽑힌 줄기에서는 상한 뿌리가 어지러이 널려 있었다. 그들도 담배를 바치고 절반만 취했다. 자기네 방법이 옳다고 장담했다. 자기네 수확 방식이 향모를 고갈시킨다는 비난에 손사래를 쳤다. 레나에게 어떻게 생각하느냐고 묻자 그녀는 말없이 어깨를 으쓱했다.

3. 가설

많은 장소에서 향모가 원래 서식지에서 사라지고 있다. 바구니 장인들은 식물학자에게 도움을 청했다. 다른 방식으로 향모를 수확하는 것 때문에 향모가 사라지는 것 아닌지 알아봐달라는 것이었다.

나는 돕고 싶지만 약간 의구심이 든다. 내게 향모는 실험 대상이 아니라 선물이다. 과학과 전통 지식 사이에는 언어와 의미의 장벽이 있다. 둘은 서로 다른 앎의 방식이자 서로 다른 소통 방식이다. 학계에서 요구되는 과학적 사고와 학술 글쓰기의 엄밀한 체계에 따라 서론, 문헌 검토, 가설, 방법, 결과, 고찰, 결론, 감사의 글, 인용 출처의 순서에 풀의 가르침을 욱여넣는 것이 잘하는 일인지는 모르겠다. 하지만 나는 향모를 위해 부탁을 받았으며 내가 무슨 일을 해야 하는지 안다.

사람들이 내 목소리에 귀 기울이도록 하려면 그들의 언어로 말해야 한다. 그래서 나는 학교에 돌아가 대학원생 로리에게 이 연구를 논문으로 써보지 않겠느냐고 제안했다. 그녀는 철저히 학문적인 문제들에 만족하지 못하고서, 그저 책꽂이에 꽂혀 있는 게 아니라 (그녀 말마따나) "누군가에게 무언가를 의미하"는 연구 과제를 찾고 있었다.

4. 방법

로리는 의욕이 넘쳤지만, 이전에 향모님을 본 적이 없었다. 나는 이렇게 충고했다. "풀이 로리를 가르칠 거예요. 이걸 명심해야 해요." 나는 복원된 향모 풀밭에 그녀를 데려갔다. 그녀는 첫 내음에 반했다. 냄새로 향모님을 알아보는 데는 오랜 시간이 걸리지 않았다. 마치 향모님 스스로가 발견되기를 바란 것 같았다.

우리는 바구니 장인들이 설명한 두 가지 수확 방법의 결과를 비교하는 실험을 설계했다. 로리는 지금까지 과학적 방법으로만 교육받았지만, 나는 약간 다른 연구 방식을 시도해보고 싶었다. 내게 실험은 식물과 나누는 일종의 대화다. 물어볼 것이 있지만, 우리는 같은 언어를 구사하지 않기에 직접 묻지 못하고 그들도 말로 대답하지 않는다. 하지만 물리적 반응과 행동은 유창할 수 있다. 식물은 살아가는 방식으로, 변화에 대한 반응으로 질문에 대답한다. 우리는 어떻게 물을지 배우기만 하면 된다. 동료들이 "X를 발견했어"라고 말할 때마다 웃음이 난다. 그건 콜럼버스가 자신이 아메리카를 발견했다고 주장하는 꼴이다. 아메리카는 줄곧 여기 있었다. 그가 몰랐을 뿐이지. 실험은 발견하는 것이 아니라 귀를 기울이고 다른 존재의 앎을 번역하는 것이다.

내 동료들은 바구니 장인이 과학자라는 말에 코웃음을 칠지도 모르지만, 레나와 그녀의 딸이 향모의 50퍼센트를 거두고 결과를 관찰하고 발견을 평가하고 그로부터 관리 지침을 만들어내는 것은 내게 어엿한 실험 과학처럼 보인다. 대대로 수집하고 평가한 데이터는 훌륭히 검증된 이론으로 발전한다.

여느 대학과 마찬가지로 우리 대학에서도 대학원생들은 교수위원회에서 논문 아이디어를 발표해야 한다. 로리는 여러 연구 장소, 많은 재현, 집중적 표본 추출 기법을 능숙하게 설명하는 등 실험 개요를 멋지게 소개했다. 하지만 그녀가 말을 마치자 회의실에는 어색한 침묵이 감돌았다. 한 교수는 논문 제안서를 뒤적거리더니 무시하듯 옆으로 치웠다. 그가 말했다. "과학적으로 새로운 건 하나도 안 보이는군. 이론적 토대조차 없어."

일상어에서 이론은 추측이거나 검증되지 않은 것을 뜻하지만 과학자에게 이론이란 전혀 다른 것을 의미한다. 과학 이론은 응집된 지식 덩어리로, 여러 사례에 대해 일관되며 미지의 상황에서 어떤 일이 일어날지 예측할 수 있게 해주는 설명이다. 우리 이론이 꼭 그랬다. 우리 연구의 결정적 근거는 원주민의 전통적인 생태 지식에 대한 (주로 레나의) 이론이었다. "식물을 섬기며 이용하면 우리 곁에 머물며 번성할 테지만, 무시하면 떠날 것이란다." 이것은 수확에 대한 식물의 반응을 수천 년 동안 관찰하여 도출한 이론이며 바구니 장인에서 약초꾼에 이르는 현업 종사자들에 의해 수 세대에 걸쳐 동료 평가를 받았다. 이 같은 엄연한 진실 앞에서도 위원회는 딴청만 피웠다.

학장은 코 아래로 흘러내린 안경 너머로 로리를 쏘아보며 나를 곁눈질했다. "식물 수확이 개체군에 피해를 입힌다는 걸 모르는 사람이 누가 있나. 자네는 시간 낭비를 하고 있는 걸세. 게다가 이 전통 지식이라는 거 별로 설득력이 없어 보이는군." 로리는 전직 교사답게 시종 차분하고 우아하게 설명을 이어갔으나 눈빛만은 차가웠다.

하지만 그녀도 나중에는 눈물이 그렁그렁했다. 내 눈도 그랬다. 학문 경력의 초반에는, 여성 과학자는 아무리 꼼꼼히 준비하더라도 이런 통과 의례를 겪을 수밖에 없다. 심사 위원은 학문적 권위를 내세워 거들먹거리고 모욕을 준다. 고등학교도 마치지 못하고 게다가 식물과 대화를 나눈다는 늙은 여인이 관찰한 것을 연구의 토대로 삼을 만큼 '뻔뻔'하다면 더더욱 그렇다.

과학자들로 하여금 토박이 지식의 타당성을 들여다보도록 하는 것은 찬물을, 아주 찬물을 거슬러 상류로 헤엄치는 것과 같다. 그들은 아무리 확고한 데이터라도 의심하도록 훈련받았기에, 예상되는 그래프나 방정식으로 입증되지 않은 이론을 받아들이게 하기란 쉬운 일이 아니다. 거기다 과학이 진리를 독점한다고 철석같이 믿는다면 토론의 여지가 크지 않다.

우리는 좌절하지 않고 꿋꿋이 나아갔다. 바구니 장인들은 과학적 방법의 전제 조건인 관찰, 패턴, 검증 가능한 가설을 우리에게 제시했다. 이것은 내게 과학처럼 보였다. 그래서 우리는 맨 먼저 풀밭에 실험 장소를 차리고 식물들에게 물었다. "두 가지 서로 다른 수확 방법이 개체 수 감소에 영향을 미치나요?" 그러고는 그들의 대답을 알아들으려고 노력했다. 우리는 향모 수확이 적극적으로 이루어지는 훼손된 원산지보다는 개체 수가 복원된 밀집한 향모 서식처를 선택했다.

로리는 대단한 끈기로 모든 장소에서 향모 개체 수를 조사하여 수확 전의 개체 수 밀도를 정확히 측정했다. 심지어 향모를 하나하나 추적할 수 있도록 줄기에 일일이 색색의 플라스틱 끈을 달았다. 집계가 모두 끝난 뒤에 그녀는 수확을 시작했다.

실험 장소에는 바구니 장인들이 묘사한 두 가지 수확 방법을 하나씩 적용했다. 로리는 각 장소에서 줄기의 절반을 취했는데, 어떤 곳에서는 조심스럽게 밑동을 하나씩 뜯었으며 또 어떤 곳에서는 다발째 쥐어뜯어 풀밭에 맨땅이 드러나도록 했다. 물론 실험에는 대조군도 있어야 하기에 실험 장소와 같은 수의 장소를 전혀 수확하지 않

고 그대로 두었다. 연구 장소를 표시하기 위해 풀밭에 분홍색 리본을
둘렀다.

어느 날 들판에서 햇볕을 쬐며 앉아 우리 방법이 정말로 전통적
수확법을 재현했는지 이야기를 나눴다. 그녀가 말했다. "아니라는 거
알아요. 관계를 재현하고 있지 않으니까요. 식물에게 말하거나 선물
을 주지 않잖아요." 그녀는 이 문제로 고민했지만, 결국 관계 맺기는
배제하기로 했다. "전통적 관계를 존중하지만, 실험의 일환으로 시도
할 수는 없었어요. 제가 이해하지 못하고 과학에서 측정을 시도조
차 못 하는 변인을 추가하는 건 어떤 차원에서도 적절하지 못할 거
예요. 게다가 제겐 향모와 이야기를 나눌 자격이 없어요." 나중에 그
녀는 연구에서 중립을 지키고 식물에 대한 애정을 억누르기가 힘들
다고 털어놓았다. 오랜 시간을 향모와 함께 지내면서 배우고 귀를 기
울이다 보니 도저히 중립적일 수 없었던 것이다. 결국 그녀는 마음을
다해 향모에 존경심을 표하되 돌봄에 일관성을 기하여 결과가 영향
을 받지 않도록 했다. 그녀는 수확한 향모를 헤아리고 무게를 잰 뒤
에 바구니 장인들에게 줬다.

몇 달마다 로리는 죽은 싹, 살아 있는 싹, 땅에서 갓 올라온 새싹
에 이르기까지 실험 장소에 있는 모든 향모를 세고 표시했다. 모든
향모의 탄생, 죽음, 번식을 기록했다. 이듬해 7월이 되자 원산지에서
처럼 한 번 더 향모를 수확했다. 그녀는 학생 인턴들과 함께 2년간
향모를 수확하고 반응을 측정했다. 풀이 자라는 것을 지켜보는 것이
전부였기에 처음에는 학생들을 모집하기가 쉽지 않았다.

5. 결과

로리는 꼼꼼하게 관찰하고 측정 결과를 수첩에 빼곡히 적었으며 각 실험 장소의 활력을 기록했다. 대조군이 다소 병약해 보이는 것이 걱정이었다. 다른 장소에서 수확이 어떤 영향을 미치는지 비교하려면 수확하지 않은 대조군을 기준점으로 삼아야 했다. 우리는 봄이 오면 대조군 향모들이 생기를 찾기를 기대했다.

실험 2년차에 로리는 첫 아이를 임신하고 있었다. 풀이 자라듯 그녀의 배도 점점 부풀었다. 무릎을 구부리고 허리를 숙이는 일이 조금 힘들어졌다. 풀 속에 엎드려 식물 꼬리표를 읽는 것은 말할 것도 없었다. 하지만 그녀는 식물들에게 최선을 다했다. 흙바닥에 주저앉아 향모를 세고 표시했다. 그녀는 고요히 야외 활동을 하고, 꽃이 흐드러지게 피어 향모 향기가 지천인 풀밭에 가만히 앉아 있는 것이 태교에 좋다고 말했다. 그녀의 말이 옳았다고 생각한다.

여름이 흘러가면서 아기가 태어나기 전에 연구를 끝내려는 경쟁이 벌어졌다. 분만을 몇 주 앞두고 연구는 공동 작업이 되었다. 로리는 조사를 마치면 현장 보조원의 부축을 받아 일어서야 했다. 이 또한 여성 현장생물학자에게는 통과 의례였다.

아기가 자라면서 로리는 바구니 제작 멘토들의 지식에 대한 확신이 점차 커졌으며 식물과, 또한 그 서식지와 오랫동안 긴밀한 관계를 맺은 여인들의 관찰에 담긴 가치를 인정했다(서구 과학은 그러지 않는 경우가 많지만). 여인들은 많은 가르침을 그녀에게 전해주었으며 많은 아기 모자를 떠주었다.

아기 실리아는 초가을에 태어났는데, 아기 짐대에는 향모 드림이 걸렸다. 실리아가 옆에서 자는 동안 로리는 데이터를 컴퓨터에 입력하고 수확 방법을 비교하기 시작했다. 줄기마다 끈을 묶어두었기에 향모의 탄생과 죽음을 기록할 수 있었다. 어떤 장소는 개체군이 번성함을 보여주는 어린 새싹으로 가득했고 또 어떤 장소는 그렇지 않았다.

로리의 통계 분석은 탄탄하고 철저했지만, 그녀는 그래프 없이도 얼마든지 이야기할 수 있었다. 들판 건너편에서 바라보면 차이를 알 수 있다. 어떤 장소는 황금빛 초록색으로 빛났고 어떤 장소는 칙칙한 갈색이었다. 위원회의 비판이 그녀의 머릿속을 맴돌았다. "식물 수확이 개체군에 피해를 입힌다는 걸 모르는 사람이 누가 있나."

하지만 놀랍게도 피해를 입은 장소는 예상과 달리 수확을 한 곳이 아니라 수확을 안 한 곳이었다. 뜯기거나 어떤 식으로도 상하지 않은 향모는 말라서 줄기가 죽어버렸지만 수확한 장소에서는 무성하게 자랐다. 줄기의 절반을 해마다 수확했는데도 금세 다시 자라서 수확된 것들을 완전히 대체했다. 사실 수확 전보다 싹이 많아졌다. 향모 수확은 실제로 생장을 자극하는 듯했다. 첫해 수확에서 가장 잘 자란 향모는 한 줌 잡아 뜯은 것들이었다. 하지만 하나씩 뜯든 무더기를 뜯든 결과는 별반 다르지 않았다. 어떻게 수확하는가는 문제가 되지 않는 듯했다. 수확 여부만이 중요했다.

로리의 대학원위원회는 이 가능성을 애초부터 배제했다. 그들은 수확이 개체 수를 감소시킨다고 배웠다. 그런데도 풀은 하나같이 정반대로 주장했다. 여러분은 로리가 연구 제안서로 고역을 치렀으니 논문 심사를 두려워할 거라 상상할지도 모르겠다. 하지만 그녀에게는 회의적 과학자들이 가장 중시하는 것이 있었다. 바로 데이터였다. 실리아가 뿌듯해하는 아빠 품에서 자는 동안 로리는 그래프와 표를 제시하며 수확되는 향모가 번성하고 그러지 않는 향모가 감소함을 입증했다. 의심하던 학장은 침묵했다. 바구니 장인들은 웃었다.

6. 고찰

우리는 모두 자신의 세계관이 낳은 산물이다. 순수한 객관성을 내세우는 과학자도 예외가 아니다. 향모에 대한 그들의 예측은 서구 과학의 세계관에 부합했다. 인간을 '자연' 바깥에 놓고 인간과 다른 종의 상호 관계를 대개 부정적으로 평가하는 세계관 말이다. 그들은 점점 줄어드는 종을 보호하는 최선의 방법은 그냥 내버려두고 사람의 접근을 차단하는 것이라고 배웠다. 하지만 풀밭은 우리에게 다른 이야기를 들려준다. 향모에 대해서만큼은 인간이 시스템의 일부, 필수적인 일부라고. 로리의 연구 결과는 상아탑 생태학자들에게는 놀라웠을지도 모르지만 우리 조상들이 들려준 이론과는 맞아떨어졌다. "식물을 섬기며 이용하면 우리 곁에 머물며 번성할 테지만, 무시하면 떠날 것이란다."

학장이 말했다. "자네의 실험은 유의미한 결과를 입증하는 것 같군. 하지만 어떻게 설명하겠나? 수확되지 않은 향모가 무시당해 상처받은 느낌을 가진다는 건가? 이 현상을 어떤 메커니즘으로 설명할 수 있지?"

로리는 바구니 장인과 향모의 관계를 규명한 학술 문헌이 하나도 없음을 시인했다. 그런 물음은 과학적 관심사로 인정받기 힘들기 때문이다. 그녀는 향모가 화재나 초식동물 같은 그 밖의 요인에 어떻게 반응하는가에 대한 연구들로 눈을 돌렸다. 알고보니 그녀가 관찰한 '생장 자극stimulated growth'은 방목학range science(관목 및 초본층의 자연 식생이 우점하고 있는 지역의 경관생태학적 관리에 관해 연구하는 학문_옮긴이)에서는 잘 알려진 현상이었다. 결국 풀은 교란에 멋지게 적응했다. 우리가 잔디를 심는 것은 이 때문이다. 잔디는 깎아주면 번식한다. 풀은 생장점이 지표면 바로 밑에 있어서, 잔디깎이나 초식동물이나 화재로 잎을 잃어도 금세 회복한다.

로리는 수확이 개체군을 솎아내어 남은 싹들이 여분의 공간과 햇빛에 반응하여 재빨리 번식한다고 설명했다. 심지어 쥐어뜯는 수확법도 효과가 있었다. 싹과 싹을 연결하는 땅속 줄기에는 눈芽이 나 있다. 향모를 꼬옥 잡아당기면 줄기가 끊어져 모든 눈이 그 공백을 메우려고 어린 싹을 무성하게 틔운다.

많은 풀은 '보상 생장compensatory growth'이라는 생리학적 변화를 겪는데, 이는 잎을 잃으면 재빨리 더 자라서 손실을 보충하는 현상이다. 직관에 어긋나는 것처럼 보이지만, 버팔로 무리가 초원에서 신선한 풀들을 뜯어 먹으면 풀은 실제로 이에 반응하여 더 빨리 자란다. 이는 풀이 회복하는 데 이롭지만, 버팔로가 다음에 다시 먹이를 찾아 돌아오도록 초대하는 셈이기도 하다. 심지어 풀을 뜯는 버팔로의 침에서 풀의 생장을 자극하는 효소가 발견되기도 했다. 버팔로의 똥이 비료가 된다는 것은 말할 필요도 없다. 풀은 버팔로에게 베풀고 버팔로는 풀에게 베푼다.

이 시스템은 균형이 잘 잡혀 있지만, 그러려면 버팔로 무리가 풀을 섬기며 이용해야 한다. 방목 버팔로는 풀을 뜯은 뒤에 이동하는데, 같은 장소에는 몇 달 동안 돌아오지 않는다. 이런 식으로, 절반 이상 취하지 말고 싹쓸이하지 말라는 규칙을 지킨다. 사람과 향모의 관계라고 다를 이유가 있을까? 우리는 버팔로보다 더할 것도 덜할 것도 없으며, 같은 자연 법칙의 지배를 받는다.

오랜 문화적 쓰임새의 역사를 거치며 향모는 사람에게 의존하게 되었다. 사람이 '교란'을 만들어내야 보상 생장이 자극되는 것이다. 인간이 참여하는 이 공생에서는 향모가 사람들에게 향기로운 풀잎을 주고 사람은 수확을 통해 향모가 번성할 조건을 조성한다.

국지적 향모 감소가 과다 수확 때문이 아니라 과소 수확 때문일지도 모른다는 아이디어는 솔깃했다. 로리와 나는 내 학생이던 다니엘라 셰비츠Daniela Shebitz가 만든 향모 서식지 변천 지도를 들여다보았다. 예전에 향모가 발견되었으나 그 뒤로 사라진 곳은 파란 점으로 표시되어 있었다. 붉은 점은 향모가 예전에 보고되었으며 여전히 잘 자라는 극소수 장소를 나타냈다. 붉은 점은 마구잡이로 흩어져 있지 않았다. 원주민 공동체, 특히 향모 바구니를 만드는 마을을 중심으로 모여 있었다. 향모는 쓰이는 곳에서는 번성하고 쓰이지 않는 곳에서는 사라진다.

과학과 전통 지식이 서로 다른 질문을 하고 서로 다른 언어를 말할지는 모르지만, 식물에 진정으로 귀 기울인다면 둘의 접점을 찾을 수도 있다. 하지만 조상들이 들려준 이야기를 회의실 안의 학자들에게 이해시키려면 메커니즘과 객관화의 언어로 표현된 과학적 설명을 동원해야 했다. "식물 생체량의 50퍼센트를 제거하면 줄기가 자원 경쟁에서 벗어난다. 보상 생장의 자극은 개체군 밀도와 식물 활력 증가를 야기한다. 교란이 부재하면 자원 고갈과 경쟁으로 인해 활력 상실과 폐사율 증가가 일어난다."

과학자들은 로리에게 따스한 박수갈채를 보냈다. 그녀는 그들의 언어로 말했고 수확의 자극 효과를—실은 바구니 장인과 향모의 호혜성을—설득력 있게 논증했다. 심지어 한 교수는 이 연구가 "과학에 새로운 기여를 전혀 하지 못해"라는 처음의 비판을 철회하기까지 했다. 객석에 앉아 있던 바구니 장인들은 동의의 표시로 말없이 고개를 끄덕였다. 이것이야말로 연장자들이 말한 그대로 아니던가?

문제는 이것이었다. 어떻게 존경심을 보일 것인가? 향모님은 실험을 통해 우리에게 답을 알려주었다. 지속 가능한 수확은 식물의 선물을 정중하게 받아들임으로써 식물을 존경으로 대하는 방법일 수 있다.

이 이야기를 들려준 것이 향모님임은 우연이 아닐지도 모른다. '윙가슈크'는 하늘여인이 거북섬의 등에 처음으로 심은 식물이다. 향모는 향기로운 자신의 몸을 우리에게 내어주고 우리는 감사하며 받는다. 그 대가로, 선물을 받아들이는 바로 그 행위를 통해 바구니 장인은 틈새를 열어 햇빛을 들여보내고 줄기를 살며시 잡아당겨 잠든 눈을 흔들어 깨워 새싹을 틔우게 한다. 호혜성은 주고받음의 영구 순환을 통해 선물이 끊임없이 움직이도록 한다.

우리 연장자들은 식물과 인간의 관계가 균형을 이루어야 한다고 가르쳤다. 사람들은 지나치게 많이 취하여 식물이 다시 나눠줄 수 있는 능력을 초과할 수 있다. 호된 경험에서 얻은 이 교훈은 "절대로 절반 이상 취하지 말라"라는 가르침 속에서 울려퍼진다. 전통이 죽고 관계가 시들도록 내버려두면 땅은 고통을 겪는다. 이 법칙은 호된 경험과 과거의 실수에서 얻은 결과물이다. 다만 모든 식물이 똑같지는 않다. 저마다 나름의 재생 방법이 있다. 향모와 달리 수확이 해로운 식물도 있다. 레나라면 차이를 존중할 수 있을 만큼 식물을 잘 아는 것이 열쇠라고 말할 것이다.

7. 결론

우리 부족은 담배와 감사하는 마음을 가지고서 향모님에게 말한다. "그대가 필요합니다." 향모님은 수확 후에 재생됨으로써 사람들에게 말한다. "저도 당신이 필요해요."

미슈코스 케노마그웬 Mishkos kenomagwen. 이것이 풀의 가르침 아닐까? 호혜성을 통해 선물이 다시 채워지는 것. 우리의 번영은 모두 상호적이다.

8. 감사의 글

바람 말고는 친구가 없는 키 큰 풀의 들판에는 과학적 이해와 전동적 이해, 데이터와 기도의 사이를 뛰어넘는 언어가 있다. 바람은 사방을 돌며 풀의 노래를 전한다. 내게 **미슈우우코스**^{mishhhhkos}처럼 들리는 이 소리는 흔들리는 풀의 물결 위를 끊임없이 지난다. 결국 풀은 우리를 가르쳤다. 고맙다고 말하고 싶다.

9. 인용 출처
윙가슈크, 버팔로, 레나, 조상들.

단풍나무 네이션: 국적 취득 안내서

우리 마을에는 주유소가 하나뿐이다. 역시 하나뿐인 신호등 바로 옆에 있다. 감이 오시는지? 이 주유소 겸 가게는 공식 명칭이 따로 있지만 우리는 그냥 '폼페이 몰'이라고 부른다. 몰에서는 커피, 우유, 얼음, 개 사료 등 생활에 필요한 것을 거의 대부분 살 수 있다. 물건을 붙이는 접착테이프와 떼는 WD-40도 있다. 작년 메이플 시럽 깡통은 그냥 지나친다. 새 시럽이 기다리는 제당소에 가는 길이니까. 손님들은 주로 픽업트럭을 몰고 오는데, 이따금 프리우스도 있다. 오늘은 주유기 옆에서 털털거리는 스노모빌이 하나도 안 보인다. 얼마 전에 눈이 다 녹았기 때문이다.

연료를 넣을 수 있는 곳이 여기뿐이기 때문에 대개는 줄이 길다. 오늘은 사람들이 밖에 나와 차에 기댄 채 봄볕을 쬐며 차례를 기다린다. 가게 안에 있는 선반에 생활필수품이 있듯 사람들은 휘발유 가격, 수액 상태, 누가 세금 신고를 끝냈는지 같은 생활필수 대소사를 주제로 대화를 나눈다. 이곳에서는 낭 만드는 철과 세금 신고하는 철이 겹친다.

컴이 연료 분사기를 제자리에 넣고 기름 묻은 칼하트 작업복에 손을 닦으며 투덜댄다. "기름값과 세금 때문에 빈털터리 되겠어요. 학교 가는 길에 바람개비 세운다며 세금을 인상하겠다죠? 지구 온난화 때문이라나 뭐라나. 한 푼도 못 내놔요." 시의원 한 명이 줄 앞쪽에 서 있다. 넉넉한 풍채의 그녀는 전직 사회 교사로, 농담을 다큐로 받는 버릇이 있다. 어쩌면 컴을 가르쳤을지도 모르겠다. "맘에 안 들어? 그 자리에 없었으면 불평하지 마. 빌어먹을 회의에 나오라고."

나무 아래에는 아직 눈이 쌓여 있다. 빛나는 눈 담요 위로 회색 줄기가 뻗어 있고 단풍나무 눈이 붉게 물들고 있다. 지난밤, 초봄의 깊고 푸른 어둠 속에 작은 조각달이 걸려 있었다. 그 새 달은 우리 아니시나베 풍습에서 새해인 **지지바스퀘트 기지스**^Zizibaskwet Giizis, 즉 '단풍당의 달'의 전령이다. 그러면 대지는 단잠에서 깨어 사람들에게 줄 선물을 새로 만들기 시작한다. 나는 단풍당을 만들며 봄을 축하한다.

오늘 인구 조사 설문지를 받았다. 언덕을 지나 단풍당 농장^sugarbush 으로 가는 길에 내 옆 좌석에 놓여 있다. 이곳에 사는 사람들을 생물학적으로 포괄하는 인구 조사를 한다면 단풍나무가 인간보다 100배 많을 것이다. 아니시나베 세계관에서는 나무를 사람으로 친다. 나무는 '서 있는 사람들'이다. 정부에서는 인간만 국민으로 간주하지만, 우리가 단풍나무의 나라에 산다는 사실은 부인할 수 없다.

옛 식량 전통을 되살리고자 애쓰는 단체에서 제작한 아름다운 생태 지도가 있다. 주 경계는 사라져 생태 구역으로 대체된다. 각 구역을 규정하는 것은 지형을 빚고 우리의 일상생활에 영향을 미치고 우리를 (물질적으로 또한 영적으로) 먹이는 상징적 존재인 우점종 주민이다. 지도에 따르면 북서부 태평양 연안에는 연어 네이션이 있고 남서부에는 소나무 네이션이 있다. 북동부에 사는 우리는 단풍나무 네이션에 속한다.

단풍나무 네이션 국민이 된다는 것이 어떤 의미일지 생각해본다. 컴이라면 짧게 두 단어로 표현할지도 모르겠다. 세금 납부. 그 말이 옳다. 국민이 된다는 것은 공동체를 유지하는 일에 동참한다는 뜻이니까.

지금은 나의 인간 동료들이 공동체의 안녕에 이바지할 준비를 하는 때다. 세금 신고하는 '철'이 아니라 '날'이라고 해도 과언이 아니지만, 단풍나무는 1년 내내 자신을 내어주었다. 내 오랜 이웃 켈러 씨가 기름값을 내지 못했을 때 겨우내 따뜻하게 지낼 수 있었던 것은 단풍나무가 제 팔다리를 내어주었기 때문이다. 의용 소방대와 구급대가 새 엔진 장만을 위한 기금을 모으려고 매달 팬케이크를 굽는 데도 단풍나무의 도움이 필요하다. 단풍나무는 학교에 그늘을 드리워 냉방비를 아껴주며, 단풍나무의 커다란 숲지붕 덕에 내가 알기로 누구도 에어컨에 돈을 쓸 필요가 없다. 단풍나무는 누가 부탁하지 않았는데도 해마다 전몰장병 기념일 퍼레이드 때 햇볕을 가려준다. 단풍나무가 바람을 막아주지 않았다면 고속도로 관리소의 제설 작업량이 두 배로 늘었을 것이다.

우리 부모는 시정(市政)에 관여했기 때문에, 나는 공동체에 대한 봉사가 어떻게 이루어지는지를 직접 목격할 수 있었다. 우리 아버지는 이렇게 말했다. "좋은 공동체는 저절로 만들어지지 않는단다. 감사할 게 많아. 다들 공동체가 굴러가도록 나름의 역할을 하고 있지." 아버지는 시 감독관을 지내다 얼마 전에 퇴직했다. 어머니는 건축규제위원회에 몸담고 있다. 나는 부모에게서 대다수 시민들이 시정의 존재를 인식하지 못한다는 사실을 배웠다. 그래야 마땅하다. 필수 서비스가 자연스럽게 공급되면 사람들은 당연한 것으로 여기기 때문이다. 도로가 제설되고 상수도가 맑게 관리되고 공원이 청소되고 새 노인 복지관이 마침내 건축되지만 팡파르는 울리지 않는다. 대다수 사람은 자신의 이익이 걸려 있지 않으면 무관심하다. 그런가 하면 상습 불평꾼도 있다. 만날 전화통을 붙잡고서 증세에 항의하고 증세가 불발되어 예산이 삭감되어도 항의한다.

다행히도 자신의 책임을 알고 훌륭히 수행하는, 드물지만 귀한 사람들이 어느 단체에나 있다. 그들이 일을 성사시킨다. 모두가 그들에게 의지한다. 그들은 나머지 사람들을 돌보는 무언의 지도자다.

우리 오논다가 네이션의 이웃들은 단풍나무를 나무의 지도자라고 부른다. 나무는 환경관리위원회에 속한 듯 매일 24시간 공기 정화 서비스와 수질 정화 서비스를 가동한다. 역사보존회 나들이에서 고속도로 관리소, 학교 운영위원회, 도서관에 이르는 모든 위원회에도 참여한다. 환경 미화로 말할 것 같으면, 나무는 누가 알아주지 않아도 혼자 힘으로 진홍색 가을을 만들어낸다.

나무가 명금에게 보금자리와 야생 동물에게 은신처가 되고 동물들이 쏘다닐 수 있는 황금빛 잎, 나무 요새, 그네 매달 가지를 내어 준다는 것은 말할 필요도 없다. 우리가 딸기, 사과, 옥수수, 꿀을 재배하는 것은 수백 년 동안 떨어진 낙엽이 흙을 기름지게 한 덕이다. 우리 계곡의 산소 중에서 단풍나무가 만든 것은 얼마나 될까? 나무는 얼마나 많은 탄소를 대기 중에서 뽑아내어 저장할까? 이 과정을 생태학자들은 '생태계 서비스'라고 부른다. 이것은 생명을 가능케 하는 자연의 구조와 기능을 일컫는다. 단풍나무 목재나 시럽에 경제적 가치를 부여할 수는 있지만 생태계 서비스는 그보다 훨씬 귀중하다. 그런데도 인간 경제에서는 이 서비스가 계상되지 않는다. 지방 정부의 서비스와 마찬가지로, 있을 때는 그 소중함을 모른다. 우리가 제설 작업이나 교과서 비용을 내는 것과 달리 이 서비스에는 공식적으로 세금이 들어가지 않는다. 단풍나무가 끊임없이 기부하는 것을 우리는 공짜로 받는다. 단풍나무는 우리를 위해 자신의 책무를 다한다. 문제는 우리가 단풍나무를 어떻게 대하느냐다.

제당소에 도착하니 이미 사람들이 냄비를 팔팔 끓이고 있다. 뚜껑 틈새로 김이 세차게 뿜어져 나온다. 도로 아래쪽과 계곡 건너 사람들도 오늘이 수액 끓이는 날인 줄 알 것이다. 내가 있는 동안에도 말동무와 새 시럽을 얻으려고 사람들이 끊임없이 찾아온다. 그들은 건물

안에 들어오면 다들 문간에서 걸음을 멈춘다. 안경이 뿌예지고 보글보글 끓는 수액의 달짝지근한 향기에 취하기 때문이다. 나는 밀려드는 향기를 맡으려고 몇 번이고 들락날락하기를 좋아한다.

제당소는 조잡한 나무 건물로, 환기구가 달린 독특한 지붕에서 김을 내보낸다. 김은 쉭쉭 소리를 내며 부드러운 봄 하늘의 보송보송한 구름에 섞여든다.

신선한 수액은 양쪽이 뚫린 증발기의 한쪽 끝으로 들어가 중력의 힘으로 통로를 지나가는데, 그 과정에서 물기가 증발되어 날아간다. 처음에는 수액이 팔팔 끓고 커다란 거품이 부글부글 일어나지만 나중에는 걸쭉해지면서 잠잠해진다. 들어갈 때는 맑지만 나올 때는 진한 캐러멜이 된다. 시럽은 때와 밀도를 정확히 맞춰 떠내야 한다. 너무 뜸을 들이면 아예 결정화되어 맛난 덩어리로 바뀐다.

제당은 힘든 일이다. 이곳에서는 이날 아침 일찍부터 두 사람이 작업 과정을 감독하고 점검했다. 그들이 짬짬이 먹을 수 있도록 파이를 하나 가져왔다. 다들 수액이 끓는 광경을 바라보는데, 내가 질문을 던진다. "단풍나무 네이션의 좋은 국민이 된다는 건 무슨 뜻일까요?"

래리는 화부다. 10분마다 팔꿈치까지 오는 장갑을 끼고 안면 보호대를 쓰고는 화구의 문을 연다. 1미터 길이의 땔나무를 한 아름 가져와 하나씩 넣는데, 열기가 거세다. 그가 말한다. "팔팔 끓여야 해요. 우리는 옛날식으로 하죠. 기름 버너나 가스 버너로 돌아선 사람들도 있지만, 우리는 언제까지나 나무를 때고 싶어요. 그게 맞는 것 같아요."

장작더미는 제당소와 맞먹을 만큼 거대하다. 말려 쪼갠 물푸레나무와 자작나무, 그리고 물론 질 좋은 단단한 단풍나무까지를 차곡차곡 3미터 높이로 쌓았다. 임학과 학생들이 길을 따라 죽은 나무에서 땔감을 베어들인다. "보세요, 효과가 좋잖아요. 단풍당 농장의 생산성을 유지하려고 경쟁자들을 솎아내니까 우리 수액 나무들이 하늘을 덮는 근사한 숲지붕을 만들 수 있어요. 솎아낸 나무는 대개 바로 여기서 땔나무가 되죠. 버리는 건 아무것도 없어요. 그게 좋은 국민 아닌가요? 선생께서 나무를 보살피면 나무도 선생을 보살피는 거죠." 자체 단풍당 농장을 운영하는 대학이 많을 것 같지는 않다. 그래서 우리 대학에 고맙게 생각한다.

바트가 병입 탱크 옆에 앉아 맞장구친다. "기름을 아껴야 해요. 그냥 나오는 게 아니잖아요. 나무가 더 나아요. 게다가 탄소 중립적이기도 하고요. 시럽 만드느라 나무를 태울 때 방출되는 탄소는 애초에 그 탄소를 흡수한 나무에서 온 것이니까요. 원래 자리로 다시 돌아가는 거니까 순 증가는 하나도 없는 셈이죠." 그는 완전 탄소 중립이 대학의 계획이었는데 이 숲도 그 계획의 일환이라고 설명한다. "숲이 이산화탄소를 흡수할 수 있도록 보전하니까 세금 공제도 받아요."

네이션의 구성원이 가지는 특징 중 하나는 공유되는 화폐일 것이다. 단풍나무 네이션의 화폐는 탄소다. 탄소는 대기에서 나무로, 딱정벌레로, 딱따구리로, 균류로, 통나무로, 땔나무로, 대기로, 다시 나무로 공동체 구성원들 사이에서 거래되고 교환된다. 버려지는 것은 전혀 없다. 이것은 공유되는 부, 균형, 호혜성이다. 우리에게 필요한 지속 가능한 경제의 모형으로 이보다 나은 것이 있을까?

단풍나무 네이션의 국민이 된다는 것은 어떤 의미일까? 마크에게
이 질문을 던진다. 그는 커다란 주걱과 액체 비중계를 가지고 시럽
의 당 농도를 측정하고 있다. "좋은 질문이네요"라고 말하며 끓는 시
럽에 크림을 몇 방울 떨어뜨려 거품을 터뜨린다. 그는 대답 대신 마
무리용 냄비 바닥의 마개를 열어 들통을 새 시럽으로 채운다. 시럽이
조금 식은 뒤에 황금빛의 따뜻한 액체를 작은 컵에 담아 우리에게
건네며 건배를 제의한다. "선생께서 하는 일이 그것인 것 같아요. 시
럽을 만들고 음미하는 것. 주어진 것을 취하고 올바르게 대하는 것."

메이플 시럽을 마시자 당이 확 오른다. 이 또한 단풍나무 네이션
국민이 된다는 것의 의미다. 혈류에 단풍나무를 간직하는 것, 뼛속에
단풍나무를 간직하는 것. 우리는 우리가 먹는 것이며, 황금빛 단풍
당 탄소 한 스푼 한 스푼은 인체의 탄소가 된다. 우리의 전통적 사유
가 옳았다. 단풍나무가 사람이고 사람이 단풍나무다.

단풍나무를 일컫는 아니시나베어 단어는 **아네네미크**^{anenemik}인데,
'사람 나무'라는 뜻이다. 마크가 말한다. "아내가 메이플 케이크를 만
들어요. 성탄절 때마다 단풍나무 잎 모양 사탕을 나눠주고요." 래리
는 시럽을 끼얹은 바닐라 아이스크림을 즐겨 먹는다고 한다. 96세의
우리 할머니는 이따금 기운이 없을 때면 시럽을 한 스푼 떠 먹는데,
그걸 비타민 M이라고 부른다. 다음 달에 여기서 대학 주최의 팬케이
크 바자회가 열리는데, 교직원과 교수 및 가족이 모여 우리가 단풍
나무 네이션의 구성원임을, 서로와 또한 이 땅과 관계를 맺고 있음을

찐득찐득한 손가락으로 축하할 것이다. 국민은 함께 축하하는 사람이기도 하다.

시럽이 다 떨어져 가서 래리와 함께 도로를 따라 단풍당 농장으로 간다. 그곳에서는 신선한 수액이 방울방울 천천히 통을 채우고 있다. 숲속에서 우리는, 개울처럼 꾸르륵거리며 수액을 집수 탱크로 나르는 튜브의 그물망 아래로 몸을 숙인 채 한참을 걷는다. 예전 수액 들통에서 듣던 똑똑 떨어지는 음악은 아니지만, 이 덕에 두 명이 스무 명 몫을 할 수 있다.

숲은 올봄 이전의 무수한 봄과 똑같다. 단풍나무 네이션 국민들이 깨어나기 시작한다. 사슴 다니는 길의 샘에는 눈톡토기snowflea가 다닥다닥 뿌려져 있다. 이끼가 나무 밑동에서 눈 녹은 물로 몸을 적시고 기러기가 집에 가고 싶어서 V자 편대도 무너뜨린 채 쏜살같이 날아간다.

찰랑거리는 통을 가지고 돌아오는 길에 래리가 말한다. "물론 단풍당 제조는 매년이 도박이에요. 수액 채취량은 제 맘대로 되는 게 아니니까요. 좋은 해도 있고 나쁜 해도 있어요. 주는 대로 감사하게 받을 뿐이죠. 기온이 관건인데, 그건 우리 소관이 아니라서요." 하지만 이젠 꼭 그런 것만은 아니다. 우리가 화석 연료에 중독되고 지금 같은 에너지 정책을 추진하면서 이산화탄소 유입이 해마다 늘고 있으며 이 때문에 전 세계에서 기온이 높아지고 있다. 지금은 20년 전에 비해 봄이 일주일 가까이 일찍 찾아온다.

떠나기 싫지만, 내 책상으로 돌아가야 한다. 집에 가는 동안에도 단풍나무 네이션의 국민이 되는 것에 대해 생각한다. 우리 아이들은 학교에서 권리 장전을 외워야 했지만, 단풍나무 아기나무들도 책임 장전을 배우는 거라고 생각해야 하지 않을까?

집에 도착하여 각국의 국적 취득 선서를 찾아본다. 공통점이 많다. 지도자에게 충성할 것을 요구하는 경우도 있다. 대부분은 충성 서약, 공유된 믿음의 표현, 국법을 준수하겠다는 맹세다. 미국은 이중 국적을 허용하는 경우가 드물기에, 하나를 선택해야 한다. 어디에 충성을 바칠 것인가를 어떤 기준으로 정해야 할까? 하나를 선택해야만 한다면 나는 단풍나무 네이션을 선택할 것이다. 국적이 공유된 믿음의 문제라면 내가 믿는 것은 종 민주주의다. 국적이 지도자에 대한 충성의 맹세를 뜻한다면 나는 나무의 지도자를 선택하겠다. 좋은 국민이 국법을 지키는 데 동의한다면 나는 자연의 법, 호혜성과 재생과 상호 번영의 법을 선택하겠다.

미국의 국적 취득 선서에는 국민이 모든 적에 맞서 나라를 지켜야 하고 무기를 들라는 요구를 받았을 때 그에 응해야 한다고 명시되어 있다. 단풍나무 네이션에서도 같은 요구를 한다면 이 숲 언덕 전역에서 집합 나팔 소리가 울려퍼질 것이다. 미국의 단풍나무들은 거대한 적과 맞서고 있다. 가장 인정받는 기후 모형에 따르면 뉴잉글랜드 기후는 50년 안에 설탕단풍나무에 적대적으로 바뀔 것이다. 기온이 상승하면서 아기나무의 생존율이 낮아지고 그리하여 숲 재생에 차질이 빚어지기 시작할 것이다. 차질은 이미 빚어지고 있다. 이어서 곤충이 피해를 입고 참나무가 우세해질 것이다. 단풍나무 없는 뉴잉글랜드를 상상해보라. 생각할 수도 없는 일이다. 불타는 언덕 대신 갈색 가을. 문 닫은 제당소. 향기로운 증기 구름도 사라지고. 우리는 자기 집을 알아볼 수나 있을까? 그런 상심을 견딜 수 있을까?

위협은 좌우에서 협공한다. "변화가 일어나지 않으면 캐나다로 가겠어." 단풍나무들이 정말로 그럴 것만 같다. 해수면 상승 때문에 이주하는 방글라데시 농민들처럼 단풍나무도 기후 난민이 될 것이다. 살아남으려면 북쪽으로 올라가 보레알(충적세의 기후 간극_옮긴이) 숲에서 보금자리를 찾아야 한다. 우리의 에너지 정책이 그들을 몰아내고 있다. 값싼 석유의 대가로 그들은 고향에서 쫓겨날 것이다.

우리는 기후 변화의 비용을 지금 당장 치르지는 않는다. 단풍나무 등이 제공하는 생태계 서비스의 상실은 아직 체감되지 않는다. 지금의 값싼 석유와, 다음 세대를 위한 단풍나무 중 무엇을 선택해야 할까? 나보고 미쳤다고 말해도 좋지만, 이 문제를 해결할 수만 있다면 세금을 신설하는 것에도 찬성한다.

나보다 훨씬 똑똑한 사람들이 말하길 우리는 자신에게 걸맞은 정부를 가진다고 했다. 그 말이 옳을지도 모르겠다. 하지만 우리의 가장 너그러운 은인이자 가장 책임 있는 시민인 단풍나무에게 걸맞은 것은 우리 정부가 아니다. 그것은 여러분과 내가 그들을 위해 발언하는 것이다. 우리 시의원 말이 맞다. "빌어먹을 회의에 나오라고." 정치 행동과 시민 참여는 땅과의 호혜성을 복원하는 효과적인 방법이다. 단풍나무 네이션 책임 장전은 '서 있는 사람들' 편에 서서 단풍나무의 지혜로 앞장서라고 촉구한다.

받드는 거둠

까마귀들은 내가, 바구니를 든 여인이 들판을 가로질러 다가오는 것을 보고서 내 정체를 놓고 자기네끼리 요란하게 갑론을박한다. 발 아래 흙은 단단하다. 맨땅에는 쟁기로 골라낸 돌멩이와 지난해의 옥수수 줄기 몇 자루가 널브러져 있다. 남은 버팀뿌리는 탈색된 거미 다리처럼 쪼그리고 있다. 여러 해 동안 농약을 뿌리고 잇따라 옥수수를 재배한 탓에 들판은 불모지가 되었다. 비가 대지를 적시는 4월에조차 푸른 풀잎을 찾아볼 수 없다. 8월에는 다시 한번 옥수수를 일렬로 심어 강제 노역에 동원하는 홑짓기가 시작될 테지만, 지금 이곳은 숲으로 들어가는 나의 크로스컨트리 코스다.

나의 까마귀 수행단은 돌벽 앞에서 돌아선다. 들판에서는 갈퀴질한 빙하기 자갈의 듬성듬성한 줄이 경계선을 표시한다. 맞은편은 발 밑이 말랑말랑하다. 수백 년 동안 쌓인 부엽토다. 숲바닥에는 분홍색의 작은 클레이토니아spring beauty와 노란 제비꽃 무리가 소복하다. 갈색의 겨울잎 매트를 뚫고 솟아난 일레지와 연령초(속)가 부식토를 들쑤신다. 숲지빠귀^{wood thrush} 한 마리가 아직 앙상한 단풍나무 가지에서 은방울 소리로 지저귄다. 빽빽한 리크 군락은 봄에 가장 먼저 모습을 드러내는 것 중 하나다. 선명한 푸른색은 마치 "날 뽑아줘요!"라고 적힌 네온사인 같다.

당장 그들의 요청에 응답하고 싶은 충동을 억누르고, (예전에 배운 대로) 혹시 나를 잊었을지 모르니 소개부터 건넨다. 몇 번째 이렇게 만나오고 있긴 하지만. 내가 왜 여기 왔는지 설명하고 수확 허가를 청한다. 자신의 몸을 나눠줄 의향이 있는지 정중하게 묻는다.

리크를 먹는 것은 봄철 강장제를 마시는 셈이어서 식품과 의약품의 경계가 모호하다. 리크는 겨울의 노곤함에서 몸을 깨워 혈액 순환을 촉진한다. 하지만 쓰임새가 또 하나 있으니, 그것은 바로 이 숲의 초록으로만 충족할 수 있다. 우리 두 딸이 타지에서 돌아와 주말을 보낼 예정인데, 나는 리크에게 이 땅과 우리 아이들의 유대를 새롭게 해달라고 부탁한다. 아이들이 고향의 일부를 뼛속 무기질 속에 늘 지닐 수 있도록.

잎 중에는 이미 펼쳐져서 태양을 향해 뻗은 것도 있지만 어떤 것들은 아직 뾰족하게 돌돌 말려 땅을 뚫고 올라온 지 얼마 안 됐다. 모종삽으로 리크 무더기를 떠보려 하지만 뿌리가 깊고 단단히 박혀 있어서 여간 힘들지 않다. 작은 모종삽으로 하려니 겨우내 말랑말랑해진 손이 아프다. 하지만 마침내 한 단 뽑아 검은 흙을 떨어낸다.

흰색의 통통한 알뿌리를 기대했지만, 알뿌리가 있어야 할 자리에는 종잇장처럼 얇고 너덜너덜한 잎집밖에 보이지 않는다. 시들고 늘어진 모습은 마치 체액을 모조리 빼앗긴 것처럼 보인다. 실제로도 그랬다. 허락을 구할 때는 대답에 귀를 기울여야 한다. 리크를 땅에 다시 심어주고 집으로 돌아간다. 돌벽을 따라 엘더베리가 싹을 틔우고는 자주색 장갑을 낀 손처럼 떡잎을 뻗는다.

고사리밥 같은 잎들이 펴지고 은은한 꽃향기가 감도는 이런 날은 샘이 난다. "네 이웃의 엽록체를 탐하지 말라"라는 말이 좋은 조언임을 알지만 엽록소에게 질투가 나는 걸 부인할 수 없다. 이따금 나도 광합성을 할 수 있으면 좋겠다는 생각이 든다. 그러면 존재하는 것만으로, 풀밭 가장자리에서 하늘거리거나 연못 위에 한가로이 떠 있으면서 가만히 햇볕을 쬐기만 해도 먹고살 수 있을 테니까. 그늘을 드리운 나뭇잎과 물결치는 풀잎은 당 분자를 만들어 굶주린 입과 구기口器에 넣어주면서도 솔새의 노랫소리에 귀 기울이고 물 위에 일렁이는 빛의 춤을 지켜본다.

남들을 행복하게 하면 무척 뿌듯할 것이다. 다시 엄마가 되는 것, 다시 필요한 존재가 되는 것 같을 테니 말이다. 그늘, 약, 열매, 뿌리—그 방법에는 끝이 없다. 내가 식물이라면 모닥불을 지피고 둥지를 떠받치고 상처를 치유하고 보글거리는 냄비를 채울 수 있을 텐데.

하지만 이 너그러움은 내 깜냥을 넘어선다. 나는 남들이 변화시키는 탄소를 먹고 사는 종속영양생물heterotroph일 뿐이니까. 살려면 먹어야 하는. 그게 세상 이치다. 생명과 생명의 교환, 내 몸과 세상의 몸 사이에 끝없이 이루어지는 순환. 둘 중 하나를 고르라면 솔직히 종속영양생물로서의 역할을 고를 것 같다. 게다가 광합성을 할 수 있으면 리크를 먹지 못할 테니까.

그래서 나는 남들이 나 대신 광합성한 결과를 가지고 먹고산다. 나는 숲바닥의 활기찬 잎이 아니다. 나는 바구니를 든 여인이다. 문제는 이 바구니를 어떻게 채우느냐다. 온전히 깨어 있는 사람이라면, 자신의 생명을 위해 주변의 다른 생명을 죽이는 것에 대해 도덕적 물음을 던지지 않을 수 없다. 야생 리크를 파내든 시장에서 장을 보든, 우리가 취하는 생명을 온당하게 대하는 방식으로 소비하려면 어떻게 해야 할까?

우리의 가장 오래된 이야기들은 이것이 조상들에게도 깊은 관심사였음을 일깨운다. 우리가 다른 생명들에 깊이 의존한다면 그들을 보호하는 것은 시급한 임무다. 물질적 소유가 거의 없던 우리 조상들은 이 문제에 많은 관심을 기울였지만, 물질에 둘러싸인 우리는 별 생각이 없다. 문화 지형은 달라졌을지 몰라도 문제는 그대로다. 주변의 생명을 존중하는 것과 먹고살기 위해 그 생명을 취하는 것 사이의 불가피한 긴장을 해소해야 하는 것은 우리 인간에게 삶의 조건이다.

몇 주 뒤에 바구니를 들고 다시 들판을 가로지른다. 여기는 아직도 맨땅이지만 돌벽 건너편은 뒤늦게 눈이라도 내린 듯 새하얀 연령초 천지다. 섬세한 네덜란드금낭화Dutchman's-breeches 무리, 신비로운 푸른색의 노루삼cohosh 싹, 혈근초bloodroot 군락, 그리고 잎을 뚫고 솟아난 천남성jack-in-the-pulpit과 메이애플mayapple의 초록 싹을 요리조리 피해 발끝으로 걷는 내 모습이 발레 무용수를 방불케 한다. 식물들에게 하나하나 인사를 건넨다. 그들도 나를 다시 만나서 기뻐하는 것 같다.

주어지는 것만 취하라는 말이 있다. 지난번 마지막으로 여기 왔을 때 리크는 내게 줄 것이 하나도 없었다. 알뿌리는 은행에 돈을 예금하듯 다음 세대를 위해 에너지를 보관한다. 지난 가을에는 알뿌리가 매끈하고 통통했지만, 이른 봄 며칠 동안 흙에서 햇빛으로 여행을 떠나는 떡잎들에게 여비를 보내느라 뿌리는 그동안 모아둔 에너지를 다 써버렸다. 잎은 첫 며칠 동안은 소비자여서 뿌리가 쪼글쪼글해지도록 받기만 할 뿐 조금도 돌려주지 않는다. 하지만 일단 펼쳐지면 강력한 태양 전지판이 되어 뿌리의 에너지를 충전할 것이다. 단 몇 주 만에 소비에서 생산으로 돌아서는 것이다.

오늘의 리크는 지난번보다 두 배로 커졌다. 사슴이 잎에 상처를 낸 곳에서는 양파 냄새가 진하게 풍긴다. 나는 첫 번째 군락을 지나쳐 두 번째 군락 앞에 무릎을 꿇는다. 다시 한번 조용히 허락을 청한다.

허락을 청하는 것은 식물의 사람됨에 대한 존중을 보이기 위해서이지만, 군락이 잘 있는지 확인하기 위한 것이기도 하다. 그렇기에 뇌의 양쪽을 동원하여 대답을 들어야 한다. 분석적 좌뇌는 경험적 신호를 읽어서 군락이 수확을 감당할 만큼 크고 건강한지, 나눠줄 것이 충분한지 판단한다. 반면에 직관적 우뇌가 읽는 것은 너그러움의 감각, '나를 가져요'라고 말하며 활짝 벌린 팔, 때로는 모종삽을 치우게 만드는 완강한 저항 같은 다른 것들이다. 설명할 수는 없지만, 식물의 저항은 내게 통행금지 팻말만큼 뚜렷하게 느껴진다. 이번에는 모종삽을 깊이 밀어넣자 내끄러운 흰색 알뿌리들이 큼시막한 넝어리째 올라온다. 통통하고 미끌미끌하고 향기롭다. '네'라는 소리를 들었기에 호주머니에 있는 낡고 부드러운 담배쌈지에서 담배를 꺼내 선물을 내려놓고는 땅을 파기 시작한다.

리크는 알뿌리 나누기로 번식하여 점차 영역을 넓히는 클론 식물이다. 이 때문에 군락의 가운데 부분이 더 밀집한 경향이 있기에 거기서 수확을 하기로 한다. 이렇게 하면 솎아내기를 하는 셈이 되어 남은 식물의 생장을 촉진할 수 있다 카마스^{camas} 알뿌리에서 향모, 블루베리, 육지꽃버들^{basket willow}에 이르기까지 우리 조상들은 식물과 사람에게 장기적으로 이로운 수확 방법을 찾아냈다.

뾰족한 삽을 쓰면 땅을 더 효율적으로 팔 수 있지만, 너무 빠른 것도 문제다. 필요한 리크를 5분 만에 전부 거둘 수 있다면, 무릎을 꿇고서 생강이 고개를 빼꼼히 내민 것을 지켜보거나 방금 보금자리에 돌아온 꾀꼬리 소리에 귀를 기울일 시간을 잃을 것이다. '슬로 푸드'의 장점을 잃어버리는 것이다. 게다가 이렇게 간단한 기술 변화만으로도 이웃 식물까지 싹쓸이하기가 쉬워진다. 리크를 좋아해서 마구잡이로 수확하는 사람들 때문에 이 나라 전역에서 리크가 사라지고 있다. 땅파기의 어려움에는 중요한 역할이 있다. 모든 것이 편리할 필요는 없다.

토박이 나물꾼의 전통적인 생태 지식에는 지속 가능성을 위한 처방이 풍부하다. 이 처방은 토착과학과 철학, 생활 방식과 관행에서 찾아볼 수 있지만, 무엇보다 모든 이야기에서, 균형을 복원하고 다시 한번 순환에 참여할 것을 촉구하는 이야기에서 가장 뚜렷이 드러난다.

아니시나베 연장자 배질 존스턴Basil Johnston은 우리의 스승 나나보조가 여느 때처럼 호수에서 낚시로 고기를 잡던 때의 이야기를 들려준다. 그때 왜가리님이 길고 구부러진 다리로 성큼성큼 걸어와 창 같은 부리로 갈대숲을 훑었다. 훌륭한 고기잡이에다 너그러운 친구인 왜가리님은 나나보조에게 새로운 고기잡이 방법을 알려주면서 이렇게 하면 삶이 훨씬 수월해질 거라고 했다. 왜가리님은 고기를 너무 많이 잡으면 안 된다고 주의를 줬지만, 나나보조는 벌써부터 배불리 먹을 생각에 들떴다. 그는 이튿날 일찌감치 나가 바구니 가득 고기를 잡았다. 하도 무거워서 간신히 날랐는데, 자신이 먹을 수 있는 양보다 훨씬 많았다. 그래서 전부 배를 갈라 오두막 바깥 덕(널이나 막대기 따위를 나뭇가지나 기둥 사이에 얹어 만든 시렁이나 선반_옮긴이)에 넣어 말렸다. 이튿날 배가 아직 꺼지지 않은 채로 그는 호수에 가서 왜가리님이 가르쳐준 대로 다시 고기를 잡았다. 그는 고기를 집에 가져오면서 생각했다. '와, 올겨울엔 식량이 충분하겠군.'

나나보조는 날마다 배불리 먹었으며, 호수가 비어가는 만큼 그의 덕은 채워졌다. 맛있는 냄새가 숲에 흘러들자 여우님이 입맛을 다셨다. 나나보조는 뿌듯한 마음으로 다시 호수에 갔다. 하지만 그날은 그물에 아무것도 걸리지 않았다. 왜가리님은 호수 위를 날면서 나나보조를 매섭게 노려보았다. 집에 돌아온 나나보조는 필요 이상으로 취해서는 안 된다는 중요한 교훈을 얻었다. 덫이 흙바닥에 쓰러져 있었으며 생선이 모조리 자취를 감췄다.

필요 이상으로 취했을 때 어떤 결과가 닥칠지 경고하는 이야기는 모든 원주민 문화에서 찾아볼 수 있지만 영어로 된 이야기는 단 하나도 떠올리기 힘들다. 우리가 과소비의 덫에 걸린 것은 이 때문인지도 모르겠다. 과소비는 소비되는 대상뿐 아니라 소비하는 우리 자신에게도 해롭다.

생명과 생명의 교환을 주관하는 원칙과 실천에 대한 토착 계율을 뭉뚱그려 '받드는 거둠Honorable Harvest'이라 한다. 이것은 우리의 취함을 주관하고 우리와 자연과의 관계를 빚고 우리의 소비 욕구에 고삐를 죄는 규칙이다. 그래야 일곱째 세대에도 세상이 지금만큼 풍요로울 것이다. 구체적인 조항은 문화와 생태계마다 천차만별이지만, 기본 원칙은 땅과 가까이 사는 거의 모든 부족이 동일하다.

나는 이런 사고방식에 대해서는 학자가 아니라 학생이다. 나는 광합성을 하지 못하는 인간이기에 받드는 거둠에 동참하기가 여간 힘들지 않다. 그래서 나보다 훨씬 지혜로운 이들을 관찰하고 그들의 말에 귀 기울여야 한다. 내가 여기서 나누는, 내가 받은 것과 똑같은 방식으로 나누는 것은 집단적 지혜의 들판에서 거둔 씨앗이요, 가장 적나라한 표면이요, 지식의 산에 낀 이끼다. 그들의 가르침에 감사하며, 최선을 다해 전달해야겠다는 책임감을 느낀다.

※

애디론댁 산맥의 작은 마을에서 친구가 관공서 서기로 일하는데, 여름과 가을이면 낚시와 수렵 허가를 받으려고 그녀의 사무실 밖에 줄이 길게 늘어선다. 그녀는 코팅한 카드와 함께 규정집을 건넨다. 이것은 얇은 신문 용지로 만든 포켓북 소책자로, 글자는 흑백이지만 자신이 어떤 동물을 겨냥하고 있는지 모르는 사람을 위해 실제 사냥감의 사진을 반짝이는 컬러로 인쇄했다. 실제로 그런 일이 벌어진다. 전리품을 싣고 돌아가던 사슴 사냥꾼을 고속도로에서 검문하면 저지(몸집이 작고 뿔이 짧은 젖소 품종_옮긴이) 송아지인 경우가 해마다 발생한다.

친구 한 명은 자고새 수렵철에 수렵 검사소에서 일한 적이 있는데, 남자 한 명이 커다란 흰색 올즈모빌을 몰고 와서는 사냥감을 검사하라며 의기양양하게 트렁크를 열었다. 캔버스 천에는 새들이 가지런히 놓여 있었다. 부리에서 꽁무니까지 깃털이 조금도 흐트러지지 않은, 한 무리의 딱따구리였다.

땅에 기대어 가족을 먹여 살리는 전통 부족들에게도 수확 방침이 있다. 이 자세한 규정의 목적은 야생종이 건강과 활력을 간직할 수 있도록 하는 것이다. 주州 규제와 마찬가지로 이 규정은 정교한 생태 지식과 장기적 개체군 관찰을 바탕으로 한다. 두 규정은 수렵 관리

관이 '자원'이라고 부르는 것을 보호한다는 공통의 목표를 추구한다. 이는 보전 자체를 위해서일 뿐 아니라 미래 세대를 위한 지속 가능한 공급을 보장하기 위해서이기도 하다.

거북섬의 초기 식민지 개척자들은 이곳의 풍요에 깜짝 놀랐으며 이것이 자연의 너그러움 때문이라고 생각했다. 오대호 정착민들은 일기에서 원주민의 고미菰米(벼과에 속하는 거친 1년생초로 북아메리카 인디언의 중요한 식량이던 줄풀wild rice의 열매_옮긴이) 쌀 수확량이 이례적으로 많았다고 기록했다. 단 며칠 만에 1년 먹을 쌀로 카누를 가득 채웠다는 것이다. 하지만 정착민을 놀라게 한 사실은 또 있었다. "야만인들은 쌀을 모조리 거두기 전에 일찌감치 수확을 중단했다. 줄풀 수확은 감사의 제의와 (나흘간 좋은 날씨가 이어지길) 간구하는 기도로 시작된다. 그들은 나흘의 지정된 기간 동안은 땅거미가 질 때까지 수확할 텐데, 낟알을 거두지 않고 내버려두는 경우도 많다. 그들이 말하길 이 쌀은 자기들을 위한 것이 아니라 우레님을 위한 것이라고 한다. 아무리 다그쳐도 그들은 수확을 재개하지 않으며, 이 때문에 많은 쌀이 허비된다." 정착민들은 이를 이교도 원주민들이 게으르고 기업심이 부족하다는 사실을 보여주는 확실한 증거로 여겼다. 정착민들은 땅을 보살피는 원주민들의 관습이 자기네가 목격한 풍요의 원인일 수도 있음을 이해하지 못했다.

유럽에서 찾아온 공학도를 만난 일이 있는데, 그는 미네소타에 가서 오지브와족인 자기 친구의 가족과 함께 줄풀 수확을 할 거라고 신나서 이야기했다. 그는 아메리카 원주민 문화를 조금이나마 경험하려는 열망으로 가득했다. 그들은 새벽녘에 호수에 나가 카누를 타고 온종일 줄풀 자생지를 누비며 익은 고미를 배에 털어 넣었다. 그는 이렇게 말했다. "얼마 지나지 않아 듬뿍 수확하긴 했지만, 별로 효율적이진 않았어요. 쌀이 절반 이상 물속에 떨어지는데도 개의치 않더군요. 그 사람들은 아까운 쌀을 낭비했어요." 그는 초대에 감사하는 뜻에서 카누 뱃전에 달 수 있는 낟알 수집 시스템을 설계해주겠다고 제안했다. 스케치를 그려 보이며 자신의 기법을 쓰면 쌀을 85퍼센트 더 거둘 수 있다고 설명했다. 사람들은 정중히 듣더니 이렇게 말했다. "네, 그렇게 하면 쌀을 더 많이 거둘 수 있습니다. 하지만 내년에 줄풀이 자라려면 씨앗이 스스로 파종돼야 합니다. 우리가 남겨두는 것은 낭비되는 것이 아닙니다. 아시다시피 쌀을 좋아하는 것은 우리만이 아닙니다. 우리가 쌀을 전부 가져가버리면 오리가 이곳에 찾아올까요?" 우리의 가르침은 결코 절반 이상 취하지 말라는 것이다.

나는 저녁으로 먹기에 충분한 리크를 바구니에 담고서 집으로 향한다. 꽃밭을 가로질러 걸으면서 뱀풀snakeroot 군락이 반짝이는 잎을 일제히 펼친 것을 보니, 내가 아는 약초꾼이 들려준 이야기가 떠오른다. 그녀는 식물 채집에서 가장 중요한 규칙 중 하나를 내게 가르쳐주었다. "맨 처음 찾은 식물은 결코 캐지 마세요. 그게 마지막 식물일 수도 있으니까요. 첫 번째 식물이 나머지 식물들에게 당신 이야기를 질해줄 수도 있고요." 냇둑에 머위coltsfoot가 시천으로 나 있거나 첫 번째 바로 옆에 세 번째와 네 번째가 있을 때는 규칙을 지키기가 힘들지 않지만, 식물이 드물고 욕심이 날 때는 그러기가 쉽지 않다.

약초꾼은 이렇게 회상했다. "한번은 꿈에 뱀풀이 나왔어요. 이튿날 여행 가는 길에 꼭 가져가야겠다는 생각이 들었죠. 무언가에 필요할 것 같긴 한데 어디에 필요할지는 알 수 없었어요. 그런데 수확하기에는 여전히 너무 일렀어요. 일주일쯤 지나야 잎이 나오거든요. 어딘가에—아마도 양지바른 곳에—일찍 돋은 잎이 있을 수도 있으니까 평소에 약초를 캐던 곳을 살펴보러 갔어요." 혈근초와 클레이토니아는 이미 돋아 있었다. 그녀는 그 옆을 지나치면서 인사를 건넸지만, 자신이 찾던 뱀풀은 하나도 보이지 않았다. 그녀는 걸음을 더 늦추고는 어느 것 하나 놓치지 않으려고 신경을 곤두세웠다. 그때 남동쪽 단풍나무 밑동에 자리 잡은 뱀풀이 스스로 모습을 드러냈다. 윤기 나는 진녹색 잎들이 모여 있었다. 그녀는 무릎을 꿇고 미소 지으며 차분히 말을 건넸다. 다가오는 여행과 주머니 속 빈 쌈지를 생각했다. 그러고는 천천히 일어섰다. 나이가 들어 무릎이 뻣뻣했지만 첫 번째 뱀풀을 캐지 않고 자리를 떴다.

그녀는 고개를 막 내민 연령초에 감탄하면서 숲을 거닐었다. 리크도 보였다. 하지만 뱀풀은 더는 찾을 수 없었다. "이번에는 뱀풀 없이 가야겠구나, 하고 생각했어요. 집까지 반쯤 갔는데, 약초 캘 때 늘 쓰던 작은 삽을 두고 온 걸 알았어요. 그래서 돌아가야 했죠. 삽은 금방 찾았어요. 손잡이가 빨간색이어서 눈에 잘 띄거든요. 호주머니에서 떨어졌는데, 그게 글쎄 뱀풀 사이에 있는 게 아니겠어요? 그래서 사람에게 도움을 청할 때처럼 뱀풀에게 말을 걸었어요. 그랬더니 제 몸을 조금 내어주더라고요. 이튿날 여행 목적지에 도착하니 마침 뱀풀이 필요한 여자가 있었어요. 그래서 선물을 전해줄 수 있었죠. 그 뱀풀은 우리가 존중하는 마음으로 수확하면 식물이 우리를 도우리라는 사실을 제게 일깨웠어요."

받드는 거둠의 지침은 성문화되지 않았으며 심지어 처음부터 끝까지 낭송되지도 않는다. 그리고 일상의 사소한 행동 속에서 힘을 얻는다. 하지만 구체적인 조항을 적어본다면 아래와 같을 것이다.

자신을 보살피는 이들의 방식을 알라. 그러면 그들을 보살필 수 있을 것이다.

자신을 소개하라. 생명을 청하러 온 사람으로서 책임을 다하라.

취하기 전에 허락을 구하라. 대답을 받아들이라.

결코 처음 것을 취하지 말라. 결코 마지막 것을 취하지 말라.

필요한 것만 취하라.

주어진 것만 취하라.

결코 절반 이상 취하지 말라. 남들을 위해 일부를 남겨두라.

피해가 최소화되도록 수확하라. 존중하는 마음으로 이용하라. 취한 것을 결코 허비하지 말라.

나누라.

받은 것에 감사하라.

자신이 쥐한 것의 대가로 선물을 수라.

자신을 떠받치는 이들을 떠받치라. 그러면 대지가 영원하리라.

주州의 수렵·채집 지침은 오로지 생물물리학 영역에 바탕을 둔 반면에 받드는 거둠의 규칙은 물리적 세계와 형이상학적 세계 둘 다에 대한 책임감을 바탕으로 삼는다. 수확되는 존재를 사람으로, 인식 능력과 지능과 영혼이 있는 '인간 아닌 사람'으로, 집에서 기다리는 가족이 있는 존재로 인식하면, 자신의 생명을 지탱하고자 다른 생명을 취하는 일의 의미가 훨씬 커진다. '누군가'를 죽일 때 요구되는 것은 '그것'을 죽일 때와 사뭇 다르다. 이러한 인간 아닌 사람들을 친척으로 여기면 쿼터 제한이나 수렵철 제한을 넘어선 또 다른 수확 규제가 적용된다.

주州 규제에서는 다음과 같이 주로 불법 행위를 나열한다. "주둥이에서 꼬리지느러미까지의 길이가 30센티미터를 넘지 않는 무지개송어를 보유하는 것은 불법이다." 법률을 어기면 구체적인 처벌을 받으며 보호국 직원의 방문을 받은 뒤에 금전적 배상을 해야 한다.

받드는 거둠은 주 법률과 달리 법적 조치를 취하는 것이 아니라 사람들 사이의, 특히 소비자와 공급자 사이의 합의다. 여기서는 공급자가 갑이다. 사슴, 철갑상어, 베리, 리크가 말한다. "이 규칙을 따르면 당신이 살아갈 수 있도록 계속해서 우리의 생명을 내어주겠어요."

상상력은 우리가 가진 가장 효과적인 연장 중 하나다. 우리는 상상한 대로 될 수 있다. 나는 과거처럼 오늘날에도 받드는 거둠이 땅의 법칙이라면 어떻게 될까 즐겨 상상해본다. 쇼핑몰 부지를 찾아다니는 개발업자가 미역취, 초원종다리, 제왕나비에게 토지 취득 허가를 구해야 한다고 상상해보라. 그가 결과에 따라야 한다면 어떻게 될까? 그렇게 못할 이유도 없지.

나의 서기 친구가 수렵·낚시 면허증과 함께 건네는 코팅된 카드에 받드는 거둠의 규칙이 새겨져 있으면 어떨까 즐겨 상상한다. 모두가 같은 규칙을 따라야 할 것이다. 이 규칙이야말로 '진짜' 정부의 명령 ─종 민주주의, 어머니 대자연님의 법칙─이니 말이다.

우리 부족이 세상을 온전하고 건강하게 지키기 위해 어떻게 살았느냐고 연장자들에게 물으면, 필요한 것만 취하라는 명령을 따랐다는 답이 돌아온다. 하지만 우리 인간은 나나보조의 후손답게 자제력이 약하다. 필요가 욕구와 마구 엉키면, 필요한 것만 취하라는 명령에 해석의 여지가 많아진다.

그러면 이 회색 지대는 필요보다 더 원초적인 규칙의 지배를 받아야 한다. 그것은 산업과 기술의 소음에 잊히다시피 한 옛 가르침이다. 감사의 문화에 깊이 뿌리 박은 이 고대의 규칙은 필요한 것만 취하는 것을 넘어서 주어진 것만 취하라는 것이다.

우리는 인간 상호 작용의 수준에서는 이미 그렇게 하고 있다. 아이들에게도 그렇게 가르친다. 할머니 댁에 갔는데 할머니가 직접 만든 쿠키를 아끼는 도자기 접시에 담아 내오면, 어떻게 해야 할지 다들 알 것이다. 여러분은 몇 번이고 '고맙습니다'라고 말하며 쿠키를 받아 들고는 계피와 설탕으로 맛을 낸 관계를 소중히 간직한다. 즉, 주어진 것을 고맙게 받는 것이다. 초대받지도 않았는데 할머니 부엌에 침입해서 쿠키를 몽땅 챙기고 도자기 접시까지 가져오는 것은 꿈도 못 꿀 일이다. 그것은 최소한 예절을 버리는 짓이요, 애정의 관계를 배신하는 짓이다. 게다가 할머니는 상심하여 당분간은 여러분에게 쿠키를 구워주고 싶은 마음이 들지 않을 것이다.

하지만 우리는 문화로서의 이런 예절을 자연에까지 확장하지는 못하는 듯하다. 받들지 않는 거둠이 삶의 방식이 되었다. 우리는 자신에게 속하지 않은 것을 취하고 회복 불가능하게 파괴한다. 오논다가 호수, 앨버타 역청사암, 말레이시아 우림 등 사례는 끝이 없다. 이것들은 할머니 대지님이 준 선물이지만, 우리는 달라는 말도 하지 않고 가져간다. 받드는 거둠을 다시 발견하려면 어떻게 해야 할까?

여러분이 베리를 따거나 견과를 줍고 있다면, 주어진 것만 취한다고 말할 수 있다. 그들은 자신을 내어주며 우리는 그것을 취함으로써 호혜적 책임을 다하는 것이니 말이다. 어쨌든 식물이 이 열매를 만든 데는 우리가 열매를 취하여 확산시키고 파종하도록 하려는 뚜렷한 목적이 있다. 우리가 그들의 선물을 이용함으로써 두 종 다 번성하며 생명이 확장된다. 하지만 서로에게 뚜렷한 유익이 없는데도 무언가를 취한다면, 누군가 손해를 보게 된다면 어떨까?

대지가 준 것과 그렇지 않은 것을 어떻게 구별할까? 취함이 명백한 절도로 바뀌는 것은 언제일까? 우리 연장자들은 길이 하나만 있는 것은 아니며 각자가 자기만의 길을 찾아야 한다고 조언할 것이다. 나는 이 문제를 놓고 방황하다가 막다른 골목과 분명한 출구를 발견했다. 이 문제의 의미를 모조리 분별하는 것은 빽빽한 덤불을 헤치고 나아가는 것과 같다. 이따금 사슴 길이 어렴풋이 눈에 띌 때도 있다.

때는 수렵철이다. 우리는 안개 자욱한 10월 어느 날 오논다가의 조리실 포치에 앉아 있다. 잎은 희끄무레한 금빛으로 펄럭인다. 우리는 남자들의 이야기에 귀를 기울인다. 머리에 붉은 반다나(강한 햇빛을 가리거나 장식용 등으로 머리나 목에 두르는 얇은 천_옮긴이)를 두른 제이크는 절대 실패하지 않는 칠면조 부름소리 흉내로 좌중을 웃긴다. 켄트는 발을 울타리에 올리고 검은 댕기머리를 의자 뒤로 늘어뜨리고는 새로 내린 눈 위로 핏자국을 따라 곰을 추적한 얘기, 사라진 사람에 대한 얘기를 들려준다. 그들은 대부분 평판을 쌓아야 하는 젊은이인데, 연장자도 한 명 있다.

'일곱째 세대' 야구 모자를 쓰고 가느다란 회색 꽁지머리를 한 오렌은 자신의 이야기 차례가 되자 우리를 이끌고 덤불을 지나 산골짜기를 내려가서는 그가 좋아하는 사냥터에 이른다. 그가 미소 지으며 회상한다. "그날 사슴을 열 마리는 봤지만 총알이 한 발밖에 없었어." 그는 의자를 뒤로 기울이고는 그때를 떠올리듯 언덕을 바라본다. 젊은이들은 포치 바닥에서 열심히 듣고 본다. "첫 번째 녀석이 마른 잎을 바스락바스락 밟으며 다가왔어. 하지만 덤불에 몸을 숨긴 채 요리조리 언덕 아래로 내려왔지. 내가 거기 앉아 있는 건 결코 보지 못했어. 그때 새끼 사슴 한 마리가 바람을 안은 채 내 쪽으로 오다가 바위 뒤로 갔어. 녀석을 쫓아 개울을 건널 수도 있었지만, 내가 찾던 녀석이 아니라는 걸 알았지." 물가에 있던 암사슴, 배스우드 뒤에 숨은 채 엉덩이만 보이던 확실한 표적. 오렌은 사슴을 하나씩 떠올리며 단 한 번도 소총을 들지 않았던 그날의 조우를 회상한다. 그가 말한다. "나는 총알을 한 발만 가지고 가."

티셔츠 차림의 젊은이들이 맞은편 벤치에서 앞으로 몸을 숙인다. "그때 일언반구도 없이 그가 공터로 나와 자네의 눈을 들여다보는 거야. 그는 자네가 거기서 뭘 하는지 똑똑히 알아. 명중시킬 수 있도록 옆구리를 자네 정면으로 돌리지. 나는 내가 찾던 사슴이 그라는 걸 알아. 그도 마찬가지이고. 서로 고개를 끄덕이는 것 같은 거지. 내가 총알을 한 발만 가지고 다니는 건 이래서야. 그 한 마리를 기다리는 것. 그는 자신을 내게 내어줬어. 내가 배운 건 이것이야. 주어진 것만 취하라. 존경심으로 대하라." 오렌은 청중에게 이렇게 상기시킨다. "우리가 사슴을 짐승의 우두머리로 여겨 감사하는 것은 이 때문이야. 사람들을 너그럽게 먹여주니까. 우리를 떠받치는 생명들을 인정하고, 감사가 표현되도록 살아가는 것은 세상을 끊임없이 움직이도록 하는 힘이야."

받드는 거둠은 우리에게 광합성을 요구하지 않는다. '취하지 말라'라고 말하지 않는다. 우리가 무엇을 취해야 하는지 가르침과 본보기를 보여줄 뿐이다. 그것은 '하지 말라'의 목록이 아니라 '하라'의 목록이다. 받들어 거둔 음식을 먹으라. 한 숟가락 한 숟가락에 감사하라.

피해를 최소화하는 기술을 이용하라. 주어진 것만 취하라. 이 철학은 식량을 취하는 것뿐 아니라 어머니 대지님의 선물인 공기, 물, 그리고 대지의 (말 그대로) 몸인 바위와 흙과 화석 연료를 취하는 데도 지침이 된다.

땅속 깊이 묻힌 석탄을 취하면 돌이킬 수 없는 피해를 입힐 수밖에 없으므로 이는 규칙의 모든 조항에 위배된다. 상상력을 아무리 잡아 늘여도 석탄은 우리에게 '주어진' 것이 아니다. 어머니 대지님에게서 석탄을 끄집어내려면 땅과 물에 상처를 입힐 수밖에 없다. 애팔래치아 산맥의 오래된 습곡에서 정상頂上을 없앨 작정인 석탄 회사로 하여금 주어진 것만 취할 수 있도록 법률로 강제하면 어떻게 될까? 그들에게 코팅된 카드를 건네면서 규칙이 바뀌었다고 말해주고 싶지 않은가?

그렇다고 해서 필요한 에너지를 소비해서는 안 된다는 말은 아니다. 주어진 것만, 받들며 취하라는 뜻이다. 바람은 매일 불고, 태양은 매일 빛나고, 파도는 매일 바닷가에 밀려오고, 발 아래 대지는 따스하다. 우리는 이런 재생 가능 에너지원이 우리에게 주어진 것임을 알 수 있다. 지구가 처음 생겨났을 때부터 지구 위의 생명들에게 공급된 에너지원이기 때문이다. 이 에너지원들은 대지를 파괴하지 않고도 이용할 수 있다. 태양 에너지, 풍력 에너지, 지열 에너지, 조류 에너지 같은 이른바 '청정 에너지'는 슬기롭게 이용하기만 한다면 받드는 거둠의 옛 규칙에 부합한다.

또한 규칙에 따르면, 에너지를 비롯한 모든 수확을 할 때는 우리의 목적이 수확을 정당화할 만큼 가치 있는지 물어야 한다. 오렌의 사슴은 모카신(신창과 갑피를 한 장의 가죽으로 하여 뒤축이 없게 만든 구두. 사슴 따위의 부드러운 가죽으로 만든다_옮긴이)이 되었고 세 식구를 먹여 살렸다. 우리는 에너지를 어디에 쓸 것인가?

1년 학비가 4만 달러를 넘는 작은 사립 대학에서 '감사의 문화'라는 제목으로 강연한 적이 있다. 55분의 강의 시간 동안 나는 하우데노사우니의 감사 연설, 북서부 태평양 연안의 포틀래치 전통, 폴리네시아의 선물 경제에 대해 이야기했다. 그러고는 옥수수가 하도 풍년이어서 곡간이 꽉 찬 시절에 대한 옛 이야기를 들려주었다. 들판이 어찌나 너그러웠던지 마을 사람들이 일할 필요가 없던 시절. 그래서 그들은 일하지 않았다. 괭이는 쓰임새를 잃은 채 나무에 기대어 있었다. 사람들은 게을러빠져서, 옥수수를 찬미할 시기가 되었는데도 감사의 노래를 한 곡도 부르지 않았다. 그들은 세 자매가 옥수수를 성스러운 선물로서 주었을 때 의도한 것과 다른 방식으로 옥수수를 이용하기 시작했다. 장작을 패기 귀찮으면 옥수수를 땠다. 옥수수를 튼튼한 헛간에 넣어두지 않고 아무렇게나 쌓아둔 탓에 개들이 물고 가버렸다. 아이들이 옥수수를 발로 차며 놀아도 누구 하나 나무라는 사람이 없었다.

옥수수의 정령은 슬픔에 빠져 떠나기로 마음먹었다. 자신을 환영하는 곳으로 가고 싶었다. 처음에는 아무도 눈치 채지 못했다. 하지만 이듬해가 되자 옥수수밭이 잡초투성이가 되었다. 곡간은 텅 비었으며, 돌보지 않고 방치한 옥수수알은 곰팡이가 슬고 쥐가 쏠았다. 먹을 것이 하나도 없었다. 사람들은 절망에 빠진 채 나날이 여위어갔다. 그들이 감사를 저버리자 감사도 그들을 저버린 것이다.

어린아이 하나가 마을을 나와 굶주린 채 헤매고 다니다가 숲 속 양지바른 빈터에서 옥수수의 정령을 발견했다. 아이는 정령에게 마을로 돌아와달라고 애원했다. 정령은 다정하게 미소 지으며 아이에게 말했다. 마을 사람들에게 그들이 잊어버린 감사와 존경을 가르치라고. 그래야만 돌아갈 거라고 했다. 아이는 정령이 시킨 대로 했으며 옥수수가 없는 혹독한 겨울이 지나고 봄이 되어 사람들이 배은망덕의 대가를 깨달은 뒤에 그들에게 돌아왔다.*

강연을 듣던 학생 여러 명이 하품을 했다. 그들은 이런 것을 상상할 수 없었다. 식료품점 선반이 언제나 물건으로 가득했으니 말이다. 강연이 끝나고 다과회 시간이 되자 학생들은 평상시대로 스티로폼 접시에 음식을 담았다. 우리는 펀치가 쏟아지지 않도록 플라스틱 컵을 조심조심 든 채 질문과 의견을 나눴다. 학생들은 치즈와 크래커, 푸짐한 샐러드, 가득 담긴 소스를 먹었다. 작은 마을에서 잔치를 벌여도 될 만큼 넉넉했다. 남은 음식은 테이블 옆에―간편하게도―놓

---

* 이 이야기는 남서부에서 북서부까지 전파되어 있다. 이것은 Caduto and Bruchac, 『생명의 수호자Keepers of Life』에서 조지프 브루색Joseph Bruchac이 전한 판본이다.

인 쓰레기통에 버려졌다.

　검은 머리카락을 스카프로 동여맨 예쁜 처녀가 대화에 끼어들지 않은 채 자신의 차례가 올 때까지 기다렸다. 학생들이 대부분 떠난 뒤에 그녀가 내게로 다가와 죄송하다는 듯한 미소를 지으며 다과회의 음식물 쓰레기를 가리켰다. 그녀가 말했다. "선생님께서 하신 말씀을 아무도 이해하지 못할 거라 생각하지는 마셨으면 좋겠어요. 저는 이해해요. 선생님 하시는 말씀은 터키에 계신 저희 할머니와 똑같아요. 이곳 미국에 동생이 있더라고 할머니에게 말씀드려야겠어요. 받드는 거둠은 할머니의 방식이기도 해요. 할머니 댁에서 저희는 입에 들어가는 모든 것, 우리를 살아가게 해주는 모든 것이 또 다른 생명의 선물임을 배웠어요. 밤에 할머니랑 누워서 할머니가 시키는 대로 집의 서까래와 저희가 덮은 양털 담요에 감사한 기억이 나요. 저희 할머니는 이것이 모두 선물임을 잊지 말라고 하셨어요. 그러니 모든 것을 보살피고 그 생명에 존경심을 보여야 한다고 말이에요. 저희는 할머니 댁에서 쌀에 입맞추는 법을 배웠어요. 쌀알 한 톨이 땅에 떨어지면 집어들고는 입을 맞췄어요. 멸시해서 버린 게 아님을 알려주기 위해서였죠." 이 학생이 미국에 와서 겪은 가장 큰 문화 충격은 언어나 기술이 아니라 쓰레기였다고 한다.

　"아무에게도 말한 적 없지만, 구내식당에 가서 사람들이 음식 대하는 걸 보면 구역질이 났어요. 사람들이 점심 한 끼 먹고 내다버린 음식만 해도 저희 마을이 며칠간 먹을 수 있을 걸요. 아무한테도 말하지 못했어요. 쌀알에 입맞추는 걸 누가 이해할 수 있겠어요?" 이야기를 들려줘서 고맙다고 말하자 그녀가 말했다. "부디 제 말을 선물로 여겨주시고 남들에게도 전해주세요."

대지의 선물에 대한 대가는 감사로 충분하다는 말을 들은 적이 있다. 감사를 표하는 것은 우리의 고유한 인간적 선물이다. 세상이 그러지 않을 수도 있음을, 덜 너그러울 수도 있음을 잊지 않을 인식 능력과 집단적 기억을 가졌기 때문이다. 하지만 우리는 감사의 문화를 넘어서 다시 한번 호혜성의 문화에 이를 것을 요청받고 있다.

토착적 지속 가능성 모형을 주제로 열린 회의에서 알공킨족 생태학자 캐럴 크로Carol Crowe를 만났다. 그녀는 부족 회의에 참가비를 요청한 이야기를 들려주었다. 그들이 물었다. "지속 가능성이니 뭐니 하는 게 대체 뭔가요? 거기서는 무슨 얘기들을 하나요?" 그녀는 지속 가능한 발전의 통상적 정의를 간략하게 설명했다. 그중에는 "현 세대와 미래 세대를 위해 인간적 필요가 성취되고 계속 충족될 수 있도록 천연자원과 사회 제도를 관리하는 것"도 들어 있었다. 사람들은 잠시 생각에 잠겼다. 마침내 연장자 한 명이 입을 열었다. "지속 가능한 발전이라는 말은 그저 '늘 그랬던 것처럼 취할 수 있기를 바란다'는 것처럼 들리는군요. 오로지 취하려는 생각뿐이지요. 거기 가서 그들에게 말하세요. 우리가 맨 처음 생각하는 것은 '무엇을 취할 수 있을까?'가 아니라 '어머니 대지님에게 무엇을 줄 수 있을까?'라고요. 그래야 마땅해요."

받드는 거둠은 받았으면 그 대가로 돌려주라고 말한다. 호혜성은 우리를 먹여 살리는 이들을 먹여 살리는 어떤 가치를 대가로 내어줌으로써, 생명을 취한다는 것의 도덕적 긴장을 해소하는 데 이바지한다. 인간으로서 우리의 책무 중 하나는 인간을 넘어선 세상과 호혜적 관계를 맺는 방법을 찾는 것이다. 우리는 감사를 통해, 제의를 통해, 땅을 돌보는 일을 통해, 과학과 예술을 통해, 일상적인 숭배 행위를 통해 그 방법을 찾을 수 있다.

내가 그를 만나기도 전부터 마음의 빗장을 걸었음을 고백해야겠다. 모피 사냥꾼에게서 듣고 싶은 말은 하나도 없었다. 베리, 견과, 리크, (논란의 여지는 있지만) 눈을 들여다보는 사슴 등은 모두 받드는 거둠이라는 모태의 일부이지만, 부유한 여성을 꾸며주려고 덫을 놓아 눈처럼 하얀 어민족제비ermine와 발이 부드러운 스라소니를 잡는 것은 용납하기 힘들다. 하지만 그럼에도 존중하고 귀를 기울여야 했다.

라이어널은 북부 숲에서 자랐으며, 외딴 통나무 오두막에서 사냥하고 고기잡이하고 가이드를 하면서 먹고살았다. 그는 '쿠뢰르 데 부아coureurs des bois'('숲을 달리는 사람들'을 뜻하는 프랑스어로, 아메리카 원주민과 교역하면서 모피를 입수한 사람들을 일컫는다_옮긴이)의 전통을 간직하고 있었다. 그에게 덫놓이를 가르친 인디언 할아버지는 덫길trapline(덫사냥꾼이 덫을 놓는 길_옮긴이) 잡는 솜씨로 이름을 날렸다. 밍크를 잡으려면 밍크처럼 생각할 줄 알아야 한다. 그의 할아버지가 덫사냥꾼으로 성공한 이유는 짐승의 지식을 깊이 존중했기 때문이다. 할아버지는 짐승이 어디로 다니는지, 어떻게 사냥하는지, 날씨가 궂을 때 어디에 피신하는지 알고 있었으며 어민족제비의 눈으로 세상을 볼 수 있었기에 가족을 건사할 수 있었다.

라이어널이 말한다. "숲에서 사는 게 좋았습니다. 짐승도 좋았고요." 고기잡이와 사냥은 가족에게 식량을 주었고 나무는 온기를 주었다. 따뜻한 모자와 장갑의 필요가 충족된 뒤에는 해마다 털가죽을 판 돈으로 등유, 커피, 콩, 교복을 샀다. 다들 그가 가업을 이을 거라 생각했지만 그는 젊은 시절에 이를 거부했다. 족쇄덫[leg-hold trap]이 일반화된 상황에서 더는 덫사냥을 하고 싶지 않았다. 그것은 잔혹한 사냥법이었다. 그는 짐승들이 덫에서 빠져나가려고 제 발을 물어 끊는 광경을 보았다. "짐승이 죽어야 우리가 살 수 있긴 하지만, 그렇다고 해서 고통을 줄 필요는 없습니다."

그는 숲에 머물고 싶어서 벌목에 도전했다. 그는 겨울에 땅을 보호하는 눈 담요에 쓰러진 나무를 썰매에 싣고 꽁꽁 언 길을 따라 나르는 옛 방식에 잔뼈가 굵었다. 하지만 환경에 영향을 덜 미치는 옛 방식은 숲을 갈기갈기 찢고 그의 짐승들에게 필요한 땅을 파헤치는 대형 기계에 자리를 내줬다. 캄캄하던 숲은 울퉁불퉁한 그루터기밭이 되었고 맑은 개울물은 구정물 도랑이 되었다. 그는 캐터필러 D9 불도저와 펠러번처(벤 나무를 모조리 모아들이는 기계)를 운전하려고 시도했다. 하지만 그럴 수 없었다.

라이어널은 숲을 떠나 온타리오주 서드베리의 광산에 갔다. 용광로 아가리에 넣을 니켈 원광석을 캐내는 일이었다. 굴뚝에서 이산화황과 중금속이 쏟아져 유독한 산성비가 내리는 바람에 반경 몇 킬로미터 이내의 모든 생물이 죽고 땅 위에 거대한 자국이 남았다. 식물이 사라지자 흙이 모조리 쓸려 내려가 땅은 달 표면처럼 황량했다. 미국 항공우주국이 이곳을 월면차 시험 주행 장소로 삼을 정도였다. 서드베리의 제련소는 족쇄덫으로 흙을 사냥했으며 숲은 천천히 고통스럽게 죽어갔다. 극심한 피해를 입은 뒤에야 서드베리는 대기 정화 입법의 마스코트가 되었다.

가족을 먹여 살리려고 탄광에서 일하는 것은 고된 노동의 대가로 의식주를 얻는 것이니 부끄러울 것이 전혀 없지만, 사람들은 자신의 노동이 더 의미 있기를 바란다. 매일 밤 (자신의 노동이 만들어낸) 달 표면을 가로질러 집으로 돌아오면서 그는 자신이 손에 피를 묻혔다는 생각이 들었다. 그래서 그만뒀다.

요즘 라이어널은 겨울마다 낮에는 설피를 신고 덫길을 걸으며 밤에는 털가죽을 손질한다. 공장의 독한 화학 물질과 달리 뇌 무두질brain tanning(동물의 뇌 성분을 이용하여 무두질하는 방법_옮긴이)은 가장 부드럽고 질긴 가죽을 만들어낸다. 그는 부드러운 말코손바닥사슴 가죽을 무릎에 올려놓은 채 놀라움이 섞인 목소리로 말한다. "짐승의 뇌에는 제 가죽을 무두질하기에 딱 알맞은 양이 들어 있어요." 그 자신의 뇌와 심장이 그를 숲의 보금자리로 다시 이끌었다.

라이어널은 메티스 네이션 소속이다. 그는 자신을 '푸른 눈의 인디언'이라고 부른다. 음악 같은 억양에서 알 수 있듯 퀘벡 북부의 깊은 산속에서 자랐다. 나와 대화하면서 어찌나 유쾌하게 "위, 위, 마담Oui,

oui, madame"("그렇죠, 그렇죠, 부인") 하고 맞장구를 치는지 어느 때든 내 손에 입맞춰도 이상하지 않을 것 같다. 그의 손은 이야기를 들려준다. 산사람의 손. 덫을 놓거나 통나무 운반용 사슬을 두를 만큼 넓고 억세지만 생가죽을 두드려 두께를 가늠할 만큼 예민하다. 우리가 이야기를 나누던 시점에는 캐나다에서 족쇄덫이 금지되었으며 짐승을 즉사시키는 몸통덫body-hold trap만이 허용되었다. 그가 시범을 보인다. 덫을 벌려 설치하려면 두 팔이 튼튼해야 한다. 덫이 확 닫히면 순식간에 짐승의 목을 부러뜨릴 것이다.

요즘 덫사냥꾼은 땅에서 보내는 시간이 누구보다 많으며 자신이 거둔 수확을 조목조목 기록한다. 라이어널은 굵은 연필로 쓴 수첩을 조끼 주머니에 넣어 다닌다. 그가 수첩을 꺼내어 흔들면서 말한다. "저의 새 블랙베리 스마트폰 보시겠어요? 데이터는 덤불 컴퓨터에 내려받아요. 아시다시피 프로판가스로 돌아가고요."

그가 덫으로 잡은 짐승으로는 비버, 스라소니, 코요테, 피셔, 밍크, 어민족제비 등이 있다. 그는 생가죽을 어루만지며 겨울철 속털의 치밀함과 긴 겉털에 대해 설명한다. 털가죽으로 짐승의 건강을 판단하는 방법도 알려준다. 그는 담비 앞에서 잠시 멈춘다. 아메리카담비American sable로, 녀석의 전설적인 모의毛衣(포유류의 몸에 빽빽이 자라나는 털을 통틀어 이르는 말_옮긴이)는 비단결처럼 부드러운 고급품이다. 색깔이 아름답고 깃털처럼 가볍다.

라이어널에게 담비는 이곳 삶의 일부다. 담비는 그의 이웃이며, 그는 담비가 멸종 위기에서 회복된 것을 고마워한다. 그와 같은 덫사냥꾼은 야생 동물의 개체군과 안녕을 모니터링하는 최전선에 있다. 이들에게는 자신을 먹여 살리는 종을 보살필 책임이 있으며, 덫길을 걸을 때마다 데이터를 수집하고 그에 따라 대응한다. 라이어널이 말한다. "수컷 담비만 잡히면 덫을 계속 열어둡니다." 짝을 못 찾은 수컷이 많아지면 녀석들이 돌아다니다 쉽게 덫에 걸린다. 젊은 수컷이 너무 많으면 다른 개체들의 먹이가 줄어들 수 있다. "하지만 암컷이 잡히면 덫놓이를 중단합니다. 초과분을 다 걷어냈다는 뜻이니까요. 나머지는 건드리지 않습니다. 이렇게 하면 담비 마릿수가 너무 많아지지 않고 아무도 굶주리지 않고 개체군이 꾸준히 증가합니다."

눈이 아직 두텁게 쌓여 있지만 날이 길어지는 늦겨울, 라이어널이 차고 서까래에서 사다리를 내린다. 설피를 조이더니 사다리를 어깨에 짊어지고 망치와 못, 나뭇조각을 연장통에 넣고는 숲으로 성큼성큼 걸어 들어간다. 그는 적소適所를 물색한다. 구멍이 뚫린 커다란 늙은 나무가 제일 좋다. 구멍의 크기와 모양은 한 종만 이용할 수 있어야 한다. 그가 사다리를 눈밭에 고정하고 높은 가지에 걸친 뒤에 올라가 단을 만든다. 어두워지기 전에 집에 돌아왔다가 이튿날 일어나 다시 작업한다. 사다리를 숲속에 가져가는 것은 힘든 일이다. 단을 다 만들었으면 냉장고에서 흰색 플라스틱 들통을 꺼내 난로 옆에서 녹인다.

여름내 라이어널은 자신이 태어난 외딴 호수와 강에서 낚시 가이드로 일한다. 그는 겨울에는 자신만을 위해서 일하고 있으며 자기 회사 이름이 '더 보고 덜 하라See More and Do Less'라고 농담을 건넨다. 사업 계획으로 나쁘진 않아 보인다. 고객들과 함께 생선을 손질하고 나면 그는 내장을 커다란 흰색 들통에 넣어 냉장고에 보관한다. 한 고객이 이렇게 중얼거리는 걸 엿들은 적도 있다. "겨울에 생선 내장 스튜를 먹는 게 틀림없어."

이튿날 다시 나가 썰매에 들통을 싣고 덫길을 따라 수 킬로미터를 끌고 간다. 단을 설치한 나무마다 사다리를 타고 올라가는데, 한 손만 쓰느라 자세가 엉거주춤하다. (생선 내장을 뒤집어쓰고 싶은 사람은 없을 테니까.) 그는 고약한 냄새가 나는 내장을 단마다 한 숟가락씩 붓고는 다음 단으로 이동한다.

여느 포식자와 마찬가지로 담비는 번식이 느려서 개체 수가 감소하기 쉽다. 짭짤한 수입원일 때는 더더욱 그렇다. 임신 기간은 약 아홉 달인데, 세 살이 되어야 분만을 시작한다. 새끼 1~4마리를 낳아 식량이 허락하는 만큼만 키운다. 라이어널이 말한다. "꼬맹이 어미들이 새끼를 낳기 몇 주 전에 마지막으로 내장을 놓아두었어요. 딴 짐승이 넘볼 수 없는 곳에 두면 담비 어미들은 별미를 맛볼 수 있죠. 그러면 새끼를 잘 먹여서 더 많이 살려낼 거예요. 늦겨울까지 눈이 녹지 않거나 하면 녀석들에게는 귀중한 식량이랍니다." 다정한 목소리를 들으니 고립된 이웃에게 따뜻한 캐서롤을 가져다주는 장면이 떠오른다. 덫사냥꾼에게서는 생각지 못한 면모다. 그가 얼굴을 살짝 붉히며 말한다. "담비는 저를 보살피고 저는 담비를 보살피는 거죠."

가르침에 따르면, 거둠이 받듦이 되려면 취하는 것의 대가를 내어주어야 한다. 라이어널이 담비를 돌보면 그의 덫길을 다니는 담비가 많아지리라는 것은 엄연한 사실이다. 담비가 목숨을 잃으리라는 것 또한 엄연한 사실이다. 어미 담비에게 먹이를 주는 것은 이타행이 아니다. 세상이 돌아가는 방식에 대한, 생명이 생명으로 흘러드는, 우리의 연결에 대한 깊은 존중이다. 더 줄수록 더 취할 수 있다. 그는 취하는 것보다 더 주려고 애쓴다.

라이어널이 이 짐승들을 아끼고 존중하는 것, 짐승들에게 필요한 것을 잘 알고 돌보는 것은 감동적이다. 그는 사냥감을 사랑하기에 갈등을 겪고 있으며 받드는 거둠의 규칙을 실천함으로써 스스로 이를 해소한다. 하지만 담비 생가죽이 매우 부유한 사람, 아마도 서드베리 광산 소유주의 고급 외투가 되리라는 것 또한 엄연한 사실이다.

이 짐승들은 그의 손에 죽을 테지만, 그때까지는 그의 손길을 받으며 잘 살 것이다. 내가 (이해하지 못한 채) 비난한 그의 생활 방식은 숲을 지키고 호수와 강을 지킨다. 그 자신과 모피 사냥꾼을 위해서만이 아니라 숲의 뭇 생명을 위해서. 거둠이 받듦이 되려면 취하는 이뿐 아니라 주는 이도 먹여 살려야 한다. 라이어널은 이제 유능한 선생이기도 해서, 많은 학교에 초청받아 야생 동물과 보전에 대한 전통 지식을 나눈다. 자신에게 주어진 것을 돌려주는 것이다.

서드베리 모퉁이의 사무실에서 아메리카담비 모피를 입고 있는 사람은 라이어널의 세계를 상상하기 힘들다. 필요한 것만 취하고, 취하는 것의 대가로 내어주어야 하고, 자신을 돌보는 세상을 돌보고, 우듬지 구멍에서 젖을 먹이는 어미에게 먹이를 가져다주는 삶의 방식을 상상하기란 더더욱 힘들다. 하지만 황무지가 늘기를 바라지 않는다면 배워야 한다.

⊗

이것은 매혹적이지만 시대착오적으로 보일지도 모르겠다. 수렵·채집의 규칙은 버팔로와 함께 한물간 것일까. 하지만 버팔로는 멸종하지 않았으며 기억하는 이들의 돌봄 속에서 되살아나고 있다. 받드는 거둠의 규범도 버팔로의 귀환에 한몫한다. 땅에 좋은 것이 사람에게도 좋음을 사람들이 기억할 것이기 때문이다.

우리에게 필요한 것은 복원의 행위다. 오염된 물과 메마른 땅뿐 아니라 세상과 우리의 관계를 복원해야 한다. 우리가 살아가는 방식에 대한 존경심을 복원해야 한다. 세상을 걸어가면서 부끄러움에 시선을 외면할 필요 없도록, 고개를 높이 쳐들고서 대지의 뭇 생명에게 감사받을 수 있도록.

야생 리크, 민들레, 동의나물marsh marigold, 피칸을 찾으면, 다람쥐보다 먼저 그곳에 도달하면 기분이 뿌듯하다. 하지만 이 식물들은 장식에 불과하며, 여느 사람과 마찬가지로 나는 식단의 대부분을 텃밭과 식료품점에서 충당한다. 시골이 아니라 도심에서 살아가는 사람이 대부분인 지금은 더더욱 그렇다.

도시는 동물 세포 속 미토콘드리아와 같다. 먼 초록 지대에서 광합성하는 독립영양생물로부터 영양분을 공급받는 소비자인 것이다. 도시 거주자들이 땅과의 직접적 호혜성을 실천할 수단이 거의 없다는 것은 개탄스러운 일이다. 하지만 도시민들이 자기가 소비하는 것의 원천으로부터 분리되었을지는 몰라도 돈을 어떻게 쓰는가로 호혜성을 실천할 수는 있다. 리크를 파내는 것과 석탄을 파내는 것이 동떨어진 것처럼 보일지는 모르지만, 우리 소비자는 효과적인 호혜성의 수단을 바로 우리 호주머니 속에 가지고 있다. 우리는 화폐를 호혜성의 간접적인 수단으로 쓸 수 있다.

받드는 거둠은 우리의 구매 행위를 판단하는 거울이라고 생각할 수 있다. 거울에 무엇이 보이는가? 나의 구매 행위는 소비되는 생명의 값어치가 있는가? 돈은 손에 흙을 묻히는 농부의 대리물이 되며, 받드는 거둠을 뒷받침하는 일에 쓰일 수도 있고 그러지 않을 수도 있다.

말은 쉽지만, 과소비가 우리의 안녕을 모든 차원에서 위협하는 이 시대에는 받드는 거둠의 원칙이 거대한 울림을 준다. 그러나 책임감의 짐을 석탄 회사나 토지 개발업자에게 떠넘기는 것은 너무 안이한 해법이다. 나는 어떤가? 그들이 파는 것을 사는 나, 받들지 않는 거둠에 공모하는 나는 과연 책임으로부터 자유로운가?

나는 시골에 살면서 큰 텃밭을 가꾸고 이웃의 농장에서 달걀을 얻고 옆 마을에서 사과를 사고 재자연화되고 있는 들판에서 베리와 나물을 딴다. 내가 가진 물건은 상당수가 중고이거나 중중고다. 이 책상은 누군가 길가에 내다놓은 근사한 식탁이었다. 하지만 내가 장작을 때고 퇴비를 만들고 재활용을 하고 여러 책임감 있는 행동을 하더라도, 집안 살림을 정직하게 평가하자면 대부분은 받드는 거둠의 기준에 부합하지 못할 것이다.

이 시장 경제에서 살아가면서도 받드는 거둠의 규칙을 실천할 수 있는지 실험해보고 싶다. 그래서 나의 장보기 목록을 들여다본다.

사실 우리 동네 식료품점에서는 선택에 대해, 땅과 사람의 상호 이익이라는 모토에 대해 주의를 기울이기가 무척 수월하다. 농부들과 손잡고 지역 유기농 농산물을 일반인이 감당할 수 있는 가격에 판매하기 때문이다. '녹색' 상품과 재활용 상품의 비중도 크기 때문에, 여기서 산 휴지는 전혀 주눅 들지 않고서 받드는 거둠의 거울에 비출 수 있다. 눈을 크게 뜨고 통로를 걸으면 식품이 어디서 왔는지 분명히 알 수 있다. 치토스와 딩동 초콜릿은 여전히 생태학적 수수께끼이긴 하지만. 대체로 나는 돈을 바람직한 생태적 선택의 화폐로서 이용할 수 있다. 그와 더불어 미심쩍지만 끈질긴 초콜릿 사랑도 만족시킨다.

유기농에 방목에 공정 무역인 황무지쥐 젖 말고는 죄다 거부하는 골수 음식 개종자를 참아주기는 힘들다. 우리는 각자 할 수 있는 일을 한다. 받드는 거둠은 재료의 문제 못지않게 관계의 문제다. 친구 한 명은 일주일에 한 번은 꼭 녹색 상품을 산다고 말한다. 그게 자신이 할 수 있는 최선이니까 그러는 거라며. 그녀가 말한다. "나도 내 달러로 투표하고 싶어." 내가 선택을 할 수 있는 것은 싸구려 대신 '녹색' 상품을 선택할 가처분 소득이 있기 때문이다. 나의 선택이 시장을 올바른 방향으로 이끌었으면 좋겠다. 사우스사이드의 식품 사막food desert(걸어서 400미터 이내에 과일과 채소 등 신선한 식품을 판매하는 상점이 없어 영양가 있는 음식을 구하기 어려운 지역_옮긴이)에서는 이런 선택을 할 수 없다. 식량 공급의 모멸보다는 이런 불평등의 모멸이 훨씬 뼈아프다.

농산물 코너에서 발을 멈춘다. 스티로폼 접시 위에 놓인 것은 비닐 봉지에 싸인 채 파운드당 15.5달러나 하는 가격표가 붙은 야생 리크 넘이다. 비닐봉지에 짓눌린 리크넘은 갇힌 채 숨이 막혀 보인다. 머릿 속에서 경종이 울린다. 선물이어야 하는 것이 상품으로 둔갑한 것에 대한 경고, 그런 사고방식에 따르는 온갖 위험이 떠오른다. 리크를 파는 것은 리크를 단순한 물건으로, 싸구려로 만드는 꼴이다. 파운드당 15.5달러로 팔더라도 싸구려다. 야생의 것들은 파는 것이 아니다.

이번에 들를 곳은 '몰'이다. 무슨 일이 있어도 피하고 싶은 곳이지만, 오늘은 실험을 위해 적의 심장부에 침투할 것이다. 잠시 차 안에 앉아, 숲에 갈 때처럼 수용적이고 예민하고 감사하는 기분과 기대를 불러일으키려고 애쓰지만 내가 채집하게 될 것은 야생 리크가 아니라 새 종이와 펜이다.

여기에도 건너야 할 돌벽이 있다. 몰의 3층짜리 건물이다. 주위는 또 다른 생명 없는 들판인 주차장이며 기둥 위에는 까마귀들이 앉아 있다. 돌벽을 건너는데, 발밑 바닥이 딱딱하다. 뒷굽이 인조 대리석 타일에 부딪히면서 또각또각 소리가 난다. 잠시 걸음을 멈추고 소리의 의미를 생각한다. 실내에는 까마귀도 숲지빠귀도 없다. 묘하게 살균된 듯한 구닥다리 현악 연주가 웅웅거리는 환풍기 소리에 얹힌다. 흐린 형광등 불빛이 바닥에 얼룩을 그리며, 가게들을 구별하게 해주는 현란한 색깔을 돋보이게 한다. 간판들은 숲의 혈근초 군락처럼 눈에 확 띈다. 봄숲을 거닐 때처럼 공기에 온갖 냄새가 어우러진다. 여기서는 커피 냄새, 저기서는 시나몬롤 냄새, 향초 냄새, 그리고 모든 냄새 밑에 깔려 있는 식당가 패스트푸드 중국집의 톡 쏘는 냄새.

별관 끝에서 내 사냥감의 서식처를 염탐한다. 몇 년째 문구류를 장만하러 와봤기에 탐색은 수월하다. 가게 입구에는 철제 손잡이가 달린 연홍색 플라스틱 바구니가 쌓여 있다. 하나 집어들고는 다시 한 번 '바구니를 든 여인'이 된다. 지류紙類 코너에는 엄청나게 다양한 종이—줄 간격이 넓은 것과 좁은 것, 복사지, 문구, 스프링 노트, 낱장 노트—가 브랜드와 용도별로 클론 군락을 이루고 있다. 내가 찾는 것이 딱 눈에 들어온다. 내가 좋아하는, 솜털제비꽃downy violet만큼 샛노란 리걸 패드다.

그 앞에 서서 채집의 마음가짐을 불러일으키려고 애쓴다. 받드는 거둠의 모든 규칙을 되새기려 하지만 조롱하고 말 뿐이다. 종이 더미에서 나무를 느끼고 내 생각을 그들에게 전달하려 해보지만, 그들의 생명을 취하는 일은 이 선반과 하도 동떨어져 있기에 희미한 메아리만 들려올 뿐이다. 수확 방법에 대해 생각한다. 나무는 개벌皆伐(일정한 부분의 산림을 일시에 또는 단기간에 모두 베어 냄_옮긴이)되었을까? 제지 공장의 악취, 폐수, 다이옥신에 대해 생각한다. 다행히 '재활용'이라는 딱지가 붙은 묶음이 있어서, 약간의 웃돈을 치르고 이걸로 고른다. 노란색 염색이 하얀색 표백보다 더 나쁜 게 아닌지 잠시 생각해본다. 개운치는 않지만, 늘 그러듯 노란색을 선택한다. 여기다 녹색이나 자주색 잉크로 쓰면 텃밭처럼 근사해 보이니까.

다음으로 '필기 용품'이라고 불리는 펜 코너를 서성거린다. 여기는 종류가 훨씬 많아서 몇 가지 석유 화학 제품 말고는 어디서 왔는지 감도 못 잡겠다. 제품 배후의 생명이 보이지 않는데 어떻게 내 달러를 존중의 화폐로 사용하여 이 구매 행위를 받드는 거둠으로 만들 수 있을까? 한참을 서 있으니 직원이 와서 특별히 찾는 게 있느냐고 묻는다. 작은 빨간색 바구니에 '필기 용품'을 담아 슬쩍하려는 좀도둑처럼 보였나보다. 그에게 이렇게 묻고 싶다. "이 물건들은 어디서 왔나요? 뭐로 만들었나요? 지구에 최소한의 피해를 입히는 기술로 만든 것은 어떤 건가요? 야생 리크를 캘 때와 같은 마음가짐으로 펜을 살 수 있나요?" 하지만 말쑥한 직원용 모자에 달린 작은 이어셋으로 경비원을 부를까봐 그냥 (종이에 닿는 촉의 느낌 때문에) 좋아하는 펜과 자주색, 녹색 잉크를 고른다. 계산대에서 호혜성을 발휘하여 필기구를 받는 대가로 신용 카드를 내민다. 직원과 나는 서로에게는 고맙다고 인사하지만 나무에게는 인사를 건네지 않는다.

아무리 애써도, 숲에서 내가 느끼는 약동하는 유정성은 이곳에서 찾아볼 수 없다. 호혜성의 규칙이 왜 여기서는 통하지 않는지, 이 번쩍거리는 미로가 왜 받드는 거둠을 조롱하는 것처럼 보이는지 깨닫는다. 이토록 명백한 것을 보지 못하고서 나는 제품 배후의 생명을 찾는 일에 열중했다. 내가 생명을 찾을 수 없었던 것은 여기 없기 때문이다. 여기서 파는 것은 전부 죽어 있다.

커피 한잔을 사서 벤치에 앉아 풍경을 바라본다. 무릎에 공책을 펼쳐놓고 최대한 증거를 수집한다. 뚱한 표정의 십 대들이 개성을 드러낼 물건을 고르고 슬픈 표정의 노인들이 식당가에 홀로 앉아 있다. 식물조차 플라스틱이다. 여기서 돌아가는 일을 이렇게 의식적으로 자각하면서 쇼핑한 적은 한 번도 없었다. 평소에는 서둘러 매장에 들어가서 물건을 사고 나오느라 이런 생각을 하지 못할 것이다. 하지만 지금은 모든 감각을 곤두세운 채 풍경을 탐색한다. 티셔츠, 플라스틱 귀고리, 아이팟을 유심히 살펴본다. 발을 아프게 하는 신발, 마음을 아프게 하는 환각, 우리 손자녀들이 선한 초록 대지를 돌볼 기회를 망치는, 산처럼 쌓인 쓸모없는 물건들을 유심히 살펴본다. 받드는 거둠의 개념을 여기 가져오는 것조차 내겐 마음이 아프다. 지켜주고 싶은 개념이니까. 작고 따스한 짐승처럼 손안에 감싸 반환경의 맹공격으로부터 보호하고 싶다. 하지만 그들이 더 강하다는 걸 안다.

하지만 일탈한 것은 받드는 거둠이 아니라 이 시장이다. 벌목된 숲에서 리크가 살아남을 수 없듯 이 서식처에서는 받드는 거둠이 살아남을 수 없다. 우리는 허상을 만들었다. 이것은 생태계의 포템킨 마을(진실을 왜곡하려고 조작된 것을 일컫는 표현_옮긴이)로, 우리가 소비하는 물건들이 대지에서 뜯어낸 것이 아니라 산타의 썰매에서 떨어졌다는 착각을 영속화한다. 이 착각에 빠지면 우리는 브랜드를 선택하는 것만이 우리가 할 수 있는 일이라고 생각하게 될 수 있다.

집으로 돌아가 기다란 흰색 뿌리에 묻은 흙을 마저 떨어내고 손질한다. 한 줌 두둑이 덜어낸 것은 씻지 않은 채 치워둔다. 딸들이 가느다란 알뿌리와 잎을 썬다. 내가 좋아하는 주물 냄비에 전부 넣고는 허용량 이상의 버터를 곁들인다. 볶은 리크의 향미가 부엌을 가득 채운다. 이 향기를 들이마시기만 해도 치료 효과가 있다. 알싸한 맛이 재빨리 날아가고 뒤에 남은 냄새는 깊고 향긋하다. 부엽토와 빗물의 기미가 느껴진다. 감자 리크 수프나 야생 리크 리소토, 아니면 그저 리크 한 그릇이면 몸과 영혼의 양식이 된다. 딸들은 일요일에 떠나지만, 어린 시절 숲의 무언가가 아이들과 함께할 것임을 알기에 안심이다.

저녁을 먹고 나서 씻지 않은 리크를 연못 위 숲의 작은 공간에 가져가 심는다. 수확 과정이 이제 반대로 펼쳐진다. 나는 리크를 여기 가져와도 되는지, 리크를 맞이할 수 있도록 대지를 열어도 되는지 허락을 구한다. 기름지고 축축한 틈새를 찾아 리크를 흙속에 밀어넣는다. 이번에는 바구니를 채우는 게 아니라 비운다. 이 숲은 이차림 아니면 삼차림으로, 안타깝게도 오래전에 리크를 잃었다. 농사를 지으려고 개간한 땅에 숲이 복원되면 나무는 금세 자라지만 숲밑understory 식물은 그러지 못한다.

새로 조성된 숲은 멀찍이서 보면 건강해 보인다. 나무들은 다시 굵고 튼튼해졌다. 하지만 안에는 무언가가 빠져 있다. 4월 소나기는 5월 꽃을 데려오지 않는다. 연령초도, 메이애플도, 혈근초도 없다. 돌벽 바로 건너편 경작한 적 없는 숲은 꽃이 흐드러지게 피었지만, 이곳은 재생된 지 한 세기가 지났는데도 여전히 빈약하다. 약초도 찾아볼 수 없다. 생태학자들도 이유를 모른다. 미소 서식처^{microhabitat} 때문일 수도 있고 분산 때문일 수도 있지만, 땅이 옥수수밭으로 바뀌면서 예상치 못한 결과들이 잇따르면서 이 오래된 약초의 본디 서식처가 사라진 것이 분명하다. 땅은 더는 약초가 자라기에 알맞지 않으며 우리는 그 까닭을 알지 못한다.

계곡 너머 하늘여인 숲은 한 번도 경작되지 않았기에 아직도 온전하지만, 나머지는 대부분 원래 숲바닥을 잃었다. 리크로 빽빽한 숲은 찾아보기 힘들다. 시간과 우연에만 맡겨두면 나의 개간된 숲에는 리크나 연령초가 결코 돌아오지 않을 것이다. 내가 보기에 리크와 연령초를 돌벽 너머로 나르는 것은 나의 임무다. 몇 해가 지나면서, 내 언덕에 새로 심은 리크밭에서는 4월에 생생한 초록의 작은 군락이 생겨났으며 리크가 제 고향으로 돌아올 수 있으리라는, 내가 나이를 먹었을 때 바로 여기서 봄 만찬을 열 수 있으리라는 희망을 품게 한다. 그들은 내게 주고 나는 그들에게 준다. 호혜성은 먹는 자와 먹히는 자 둘 다를 풍요롭게 하는 투자다.

오늘 우리에겐 받드는 거둠이 필요하다. 하지만 리크나 담비와 마찬가지로 받드는 거둠은 다른 풍경과 다른 시간에 생겨나고 전통 지식의 유산에서 비롯한 멸종 위기종이다. 호혜성의 윤리는 숲과 함께 베어져 나갔으며 정의의 아름다움은 더 많은 물건을 위해 거래되었다. 우리가 만들어낸 문화적·경제적 풍경은 리크의 생장에도 받듦의 성장에도 이롭지 않다. 대지가 무정물에 불과하다면, 생명이 상품에 불과하다면, 받드는 거둠의 방식 또한 죽었을 것임에 틀림없다. 하지만 마음을 흔드는 봄숲에 서면, 그렇지 않음을 알 수 있다.

담비를 먹이고 쌀에 입맞추라고 말하는 저 소리는 생명이 있는 대지의 목소리다. 야생 리크와 야생의 개념이 위험에 처했다. 둘 다 옮겨 심어 탄생지에 돌아오도록 길러야 한다. 벽 너머로 옮겨 받드는 거둠을 회복하고 약초를 되살려야 한다.

향모 땋기

어머니 대지님의 머리카락인 향모를 땋는 전통은

그녀의 안녕을 염원하는 마음을 보이기 위한 것이다.

세 가닥으로 땋은 드림은 친절과 감사의 징표로 선물한다.

나나보조의 발자국을 따라: 토박이가 되는 법

안개가 땅을 덮었다. 사방이 어슴푸레하고 파도가 우렛소리를 내며 오르락내리락하는 동안, 바로 이 바위가 이 작은 섬에서 나의 자리가 얼마나 위태로운지 상기시킨다. 이 차갑고 축축한 바위 위에서는 내 발이 아니라 그녀의 발이 느껴지는 것 같다. 작은 땅 조각 위의 하늘여인. 우리 보금자리를 만들기 전, 차갑고 캄캄한 바다에 홀로 남은 그녀. 하늘여인이 하늘세상에서 떨어졌을 때 거북섬은 그녀의 플리머스 바위(메이플라워 호를 타고 신대륙으로 이주한 청교도들이 처음으로 발을 디뎠다고 전해지는 바위_옮긴이)요, 그녀의 엘리스섬이었다. 인류의 어머니는 본디 이민자였다.

이곳, 대륙의 서쪽 가장자리에 있는 이 해안은 내게도 처음이다. 미세기와 안개에 따라 땅이 나타났다 사라졌다 하는 광경도 처음이다. 여기서는 아무도 내 이름을 모르고 나도 그들의 이름을 모른다. 이런 최소한의 교류조차 없다면 나는 안개 속에서 모든 것과 함께 사라질 수도 있을 것만 같다.

전설에 따르면 조물주가 네 가지 성스러운 물질을 모아 으뜸사람을 빚고 그에게 생기를 불어넣어 거북섬에 정착시켰다고 한다. 만물 중에 마지막으로 창조된 으뜸사람이 받은 이름은 나나보조였다. 조물주는 누가 찾아오는지 모두가 알 수 있도록 네 방향으로 그의 이름을 외쳤다. 반은 사람이요 반은 마니도—힘센 영적 존재—인 나나보조는 생명력의 화신이요, 아니시나베 문화의 영웅이요, 인간으로 살아가는 법을 가르쳐준 위대한 스승이다. 으뜸사람 나나보조의 형상을 한 우리 인간은 대지에 마지막으로 도착한 막내이며 이제야 길 찾는 법을 배우기 시작했다.

아무도 그를 알기 전, 아무도 그에게 알려지기 전인 태초에 그가 어떤 심정이었을지 상상이 된다. 바닷가에 자리 잡은 이 캄캄하고 흠뻑 젖은 숲에서 나도 처음에는 이방인이었으니까. 하지만 나는 연장자를 찾아갔다. 많은 손자녀를 안을 수 있을 만큼 넉넉한 품의 시트카가문비나무 할머니를. 나는 자기소개를 하고 내 이름을 밝히고 왜 여기 왔는지 설명했다. 쌈지에서 담배를 꺼내 건네고 그녀의 지역에 잠시 머물러도 되겠느냐고 물었다. 그녀는 내게 앉으라고 권했다. 그녀의 뿌리 사이에 알맞은 장소가 있었다. 그녀의 우듬지는 숲 위로 솟았으며 하늘거리는 잎들은 끊임없이 이웃들에게 속삭인다. 그녀가 내 이름과 말을 바람에 실어 전해줄 것임을 안다.

나나보조는 자신의 혈통이나 뿌리를 알지 못했다. 그가 아는 것은 자신이 식물과 동물, 바람, 물로 가득한 세상에 오게 되었다는 것뿐이었다. 그도 이민자였다. 그가 도착하기 전에 세상은 이미 이곳에 있었으며, 각자가 창조 세계에서 자신의 본분을 다하며 균형과 조화를 이루었다. 그는 이곳이 '신세계'가 아니라 자신이 오기 전부터 있던 옛 세계임을 알았다(어떤 사람은 몰랐지만).

내가 시트카 할머니와 앉아 있는 땅은 두터운 바늘잎으로 덮였다. 수백 년 동안 쌓인 부식토가 부드럽다. 나무들은 하도 오래돼서 나의 일생은 그들에 비하면 새소리 길이밖에 안 된다. 나나보조도 나처럼 경외감에 나무를 올려다보며 종종 발을 헛디디지 않았을까.

조물주는 나나보조에게 으뜸사람으로서의 역할을 다하도록 임무를 내렸다. 그것이 그가 받은 '으뜸명령'이었다.*

아니시나베 연장자 에디 벤턴-바나이Eddie Benton-Banai는 나나보조가 맡은 첫 임무의 이야기를 아름답게 다시 들려준다. 그것은 하늘여인이 춤으로 생명을 불어넣은 세상을 걷는 것이었다. 그가 받은 명령은 "걸음걸음이 어머니 대지님에게 드리는 인사가 되"도록 걷는 것이었으나, 그는 이게 무슨 뜻인지 아직 확실히 알지 못했다. 다행히도, 그의 발자국이 으뜸사람의 발자국이기는 했지만 이미 이곳을 보금자리삼은 뭇 생명들의 발자국을 따라갈 수 있었다.

으뜸명령이 주어졌을 때를 우리는 '오래전a long time ago'이라고 부를 것이다. 일반적 사고방식에 따르면 역사는 시간이 마치 한 방향으로

---

* 이 전통적 가르침은 Eddie Benton-Banais, *The Mishomis Book*에 실려 있다.

만 일제히 행진하듯 '직선'을 그리기 때문이다. 시간은 한 번만 디딜 수 있는 강물이라고 말하는 사람들도 있다. 곧장 바다로 흘러들기 때문이다. 하지만 나나보조의 사람들은 시간이 원임을 안다. 시간은 영영 바다로 흘러가버리는 강물이 아니라 바다 자체다. 바다에서 들고 나는 미세기요, 땅에서 솟아나 빗물이 되어 다른 강에 떨어지는 안개다. 예전에 있었던 만물은 다시 돌아올 것이다.

직선적 시간관을 가진 사람에게는 나나보조의 이야기가 오래전 과거를 되새기며 세상의 내력을 밝히는, 역사의 신화적 전승으로 들릴지도 모르겠다. 하지만 순환적 시간관에 따르면 이 이야기는 역사이자 예언이요, 다가올 시간에 대한 이야기다. 시간이 회전하는 원이라면 역사와 예언이 만나는 지점이 있다. 으뜸사람의 발자국은 우리 뒤의 길에도 있고 우리 앞의 길에도 있다.

인간의 모든 힘과 약점을 지닌 채 나나보조는 최선을 다해 으뜸명령을 따랐으며 새 보금자리에 토박이가 되려고 노력했다. 그의 뒤를 따라 우리도 여전히 노력하고 있다. 하지만 명령은 너덜너덜해졌으며 많은 조항이 잊혔다.

으

콜럼버스 이후로 여러 시대가 지났건만 원주민 연장자 중에서 가장 지혜로운 이들은 우리의 해안을 찾아온 사람들이 누구인지 아직도 궁금해한다. 그들은 땅이 겪은 피해를 쳐다보면서 말한다. "이 새로운 사람들의 문제는 두 발을 해안에 디디지 않는다는 것이야. 한 발은 여전히 보트에 있어. 그들은 자기네가 머물러 있는지 아닌지 모르는 것 같아." 사회 병리와 무차별적인 물질주의적 문화에서 망향亡鄕의 열매, 뿌리 없는 과거를 보는 현대 학자들에게서도 같은 말을 들을 수 있다. 미국은 두 번째 기회의 보금자리로 불렸다. 사람과 땅을 위해 버금사람이 해야 할 시급한 임무는 식민주의자의 방식을 버리고 토박이가 되는 것인지도 모른다. 하지만 이민자 나라의 국민인 미국인이 이곳에 뿌리 내리고 사는 법을 배울 수 있을까? 두 발을 해안에 디딜 수 있을까?

우리가 참으로 토박이가 되면, 마침내 이곳을 보금자리로 삼으면 어떤 일이 일어날까? 길을 알려주는 이야기는 어디 있을까? 시간이 정말 다시 제자리로 돌아간다면, 으뜸사람의 발자국이 버금사람의 여정을 인도할지도 모른다.

나나보조의 여정은 처음에는 그를 떠오르는 태양으로, 날이 시작되는 곳으로 데려갔다. 그는 걸어가면서 어떻게 먹어야 할지 궁리했다. 이미 배가 고팠기 때문이다. 어떻게 해야 길을 찾을 수 있을까? 그는 으뜸명령을 곱씹어보고서 자신이 살아가는 데 필요한 모든 지식이 땅에 있음을 깨달았다. 그의 역할은 인간으로서 세상을 다스리거나 바꾸는 것이 아니라 인간이 되는 법을 세상으로부터 배우는 것이었다.

와부농^{wabunong}—동쪽—은 앎의 방향이다. 우리는 하루하루 배우고 새로 시작할 기회를 주신 것에 동쪽을 향해 감사를 올린다. 동쪽에서 나나보조는 어머니 대지님이 가장 지혜로운 스승이라는 교훈을 얻었다. 그는 성스러운 담배 **세마**^{sema}를 알게 되었으며 이것을 이용하여 조물주에게 자신의 생각을 전하는 법을 배웠다.

나나보조는 땅을 계속 탐사하면서 새로운 임무를 받았다. 그것은 모든 존재의 이름을 익히는 것이었다. 나나보조는 그들의 진짜 이름을 알아내기 위해 그들이 어떻게 사는지 꼼꼼히 들여다보고 그들과 이야기를 나누면서 그들이 어떤 선물을 가졌는지 배웠다. 그 즉시 편안함이 느껴지기 시작했다. 그가 남들을 이름으로 부르고 그가 지나갈 때 그들이 그를 "보조!"라고 불러주자 그는 더는 외롭지 않았다. 지금도 우리는 서로에게 "보조!" 하고 인사한다.

단풍나무 네이션의 이웃들과 멀리 떨어져 있는 오늘, 알아볼 수 있는 몇몇 종과 모르는 여러 종이 보인다. 그래서 으뜸사람이 그랬듯 그들을 처음으로 보면서 걷는다. 과학자의 마음을 끄고 나나보조의 마음으로 그들에게 이름을 붙이려 노력한다. 어떤 사람들은 일단 학명을 알아낸 뒤에는 그 존재가 누구인지 더는 탐구하지 않는다. 하지만 새로 이름을 만들면 내 작명이 옳은지 확인하려고 더 자세히 들여다보게 된다. 그리하여 오늘 이 식물은 피케아 시트켄시스^{Picea sitchensis}(시트카가문비나무)가 아니라 '이끼에 덮인 힘센 팔'이다. 투야 플리카타^{Thuja plicata}(붉은개잎갈나무)가 아니라 '날개 같은 가지'다.

사람들은 대부분 이 근연종들의 이름을 모른다. 사실 볼 기회도 거의 없다. 이름은 우리 인간이 서로와 또한 생명 세계와 관계를 맺는 방법이다. 주위에 있는 식물과 동물의 이름을 모른 채 살아가는 것이 어떨지 상상해보려고 애쓴다. 내 입장에서 그러기란 여간 힘들지 않지만, 도로 표지판을 읽을 수 없는 외국 도시에서 길을 잃었을 때처럼 조금은 두렵고 혼란스러울 거라 짐작해본다. 철학자들은 이런 고립과 단절의 상태를 '종 고독species loneliness'이라고 부른다. 이것은 이름 지어지지 않은 깊은 슬픔으로, 나머지 창조 세계로부터 소외되고 관계를 상실했을 때 일어난다. 세상에 대한 인간의 지배력이 커질수록, 이름을 부를 이웃이 없어져 우리는 더욱 고립되고 외로워졌다. 조물주가 나나보조에게 맡긴 첫 임무가 이름 짓기였음은 놀라운 일이 아니다.

나나보조는 땅을 걸으며 만나는 모든 존재에게 이름을 지어주었다. 아니시나베의 린네라고나 할까. 두 사람이 함께 걷는 광경을 상상해본다. 스웨덴의 식물학자이자 동물학자 린네는 로덴 겉옷과 모직 바지 차림에 펠트 모자를 올려 쓰고 식물 채집 상자를 옆구리에 끼었을 테고 나나보조는 허릿수건과 깃털 하나 말고는 벌거벗은 채로 사슴 가죽 주머니를 옆구리에 끼었을 것이다. 둘은 세상을 거닐며 뭇 생명의 이름을 상의한다. 둘 다 열성적으로 예쁜 잎 모양과 비할 데 없이 아름다운 꽃을 가리킨다. 린네가 만물이 관계를 맺고 있음을 보여주는 체계인 '자연의 체계Systema Naturae'를 설명한다. 나나보조가 열심히 고개를 끄덕이며 말한다. "그렇죠, 저희 방식도 그렇습니다. 저희는 '우리는 모두 연결되어 있다'라고 말하죠." 나나보조는 모든 존재가 한 언어를 말하고 서로를 이해할 수 있었기에 모든 피조물이 서로의 이름을 알았던 시절이 있었다고 말한다. 린네가 아쉬워하는 표정을 지으며 자신의 이명법binomial nomenclature을 설명한다. "저는 모든 것을 라틴어로 번역하고 말았습니다. 그 밖의 공통 언어는 오래전에 잃었습니다." 린네는 나나보조가 꽃의 작은 부위를 볼 수 있도록 돋보기를 빌려준다. 나나보조는 린네가 뭇 생명의 영혼을 볼 수 있도록 노래를 들려준다. 누구도 외롭지 않다.

나나보조는 동쪽에 머물다가 남쪽인 **자와농**zhawanong으로 발걸음을 옮겼다. 그곳은 탄생과 생장의 땅이었다. 초록 식물은 남쪽에서 따스한 바람에 실려 찾아와 봄에 세상을 뒤덮는다. 그곳에서 남쪽의 성스러운 식물인 **키지그**kizhig(개잎갈나무)가 나나보조에게 가르침을 전해주었다. 그녀의 가지는 자신의 품에 안은 생명을 깨끗하게 하고 보호하는 약이다. 나나보조는 '키지그'를 몸에 지니면서, 토박이가 된다는 것이 곧 대지의 생명을 보호하는 것임을 기억했다.

벤턴-바나이의 서술에 따르면 나나보조가 받은 으뜸명령에는 자신의 형과 누나에게서 어떻게 살아야 하는가를 배우는 임무가 들어 있었다. 그는 식량이 필요하면 짐승들이 무엇을 먹는지 관찰하고 그대로 따라 했다. 왜가리는 그에게 고미 수확하는 법을 가르쳐주었다. 어느 날 밤 나나보조는 개울가에서 꼬리가 고리 모양인 작은 짐승이 여린 손으로 공들여 먹이를 씻는 광경을 보았다. 그는 생각했다. '아하, 나도 깨끗한 음식만 몸속에 넣어야겠군.'

나나보조는 자신에게 선물을 나눠준 여러 식물에게도 가르침을 받았으며, 늘 최대한의 존경심을 품고서 선물을 대해야 함을 배웠다. 식물은 대지에 누구보다 먼저 발을 디뎠으며 세상을 파악할 시간이 많았다. 동식물을 망라한 모든 존재가 나나보조에게 그가 알아야 할 것을 가르쳤다. 조물주가 그에게 말한 그대로였다.

형과 누나들도 나나보조에게 생존에 필요한 것을 만드는 법을 알려주었다. 비버는 도끼 만드는 법을, 고래는 카누의 형태를 보여주었다. 나나보조는 자연에게서 받은 교훈과 자신의 강한 정신력을 결합할 수 있다면 후손들에게 요긴할 새로운 물건을 발견할 수 있으리라는 말을 들었다. 그의 머릿속에서 할머니 거미님의 줄은 고기잡이 그물이 되었다. 그는 다람쥐의 겨울 가르침을 따라 단풍당을 만들었다. 나나보조가 배운 가르침은 토착과학, 의약, 건축, 농사, 생태 지식의 신화적 뿌리다.

하지만 순환적 시간관을 입증하기라도 하듯 과학과 기술은 나나보조의 접근법을 받아들여 자연에서 설계 모형을 찾고 생체모방 설계를 활용함으로써 토착과학을 따라가기 시작했다. 땅에 대한 지식을 존중하고 땅의 수호자들을 보살핌으로써 우리는 토박이가 되어간다.

나나보조는 길고 튼튼한 다리로 동서남북 네 방향을 누볐다. 그런데 우렁차게 노래하다가 새의 경고 울음소리를 듣지 못하는 바람에 갈색곰님의 공격을 받고 말았다. 그 뒤로는 남의 영역에 접근할 때는 온 세상이 제 것인 양 섣불리 들어서지 않았다. 그는 숲 가장자리에 가만히 앉아 초대를 기다렸다. 벤턴-바나이의 서술에 따르면, 그런 뒤에 나나보조는 일어나 그 장소의 주민들에게 이렇게 말했다.

"대지의 아름다움을 망치거나 형제의 뜻을 거스르지 않겠습니다. 지나가게 허락해주실 것을 청합니다."

나나보조는 눈을 뚫고 피어오르는 꽃과, 늑대님과 이야기하는 도래까마귀님과, 프레리의 밤을 밝히는 곤충을 보았다. 그는 짐승들의 능력에 감사하는 마음이 커졌으며 선물을 간직하는 데는 책임이 따른다는 사실을 깨달았다. 조물주는 숲지빠귀님에게 아름다운 노래라는 선물을 주면서 숲에 자장가를 불러줄 책임을 맡겼다. 나나보조는 늦은 밤에 반짝거리며 길을 안내하는 별들에게 감사했다. 물속에서 숨쉬기, 땅끝까지 날아갔다가 돌아오기, 땅굴 파기, 약 만들기에 이르기까지 선물을 지닌 모든 존재에게는 책임이 따른다. 나나보조는 자신의 빈손을 내려다보았다. 그는 세상의 보살핌을 받아야만 살 수 있었다.

해안의 높은 바위에서 동쪽을 바라본다. 내 앞의 언덕은 개벌된 숲으로, 흉한 몰골이다. 남쪽으로 보이는 강어귀는 댐과 둑을 하도 많이 쌓아서 더는 연어가 지나가지 못할 것 같다. 서쪽 수평선에서는 저인망 어선이 바다 밑바닥을 훑는다. 멀리 북쪽은 석유를 캐느라 땅이 파헤쳐져 있다.

으뜸사람이 짐승의 회의에서 배운 것—창조 세계를 해치지 말라, 다른 존재의 성스러운 목적을 방해하지 말라—을 새로운 사람들이 깨달았다면 독수리가 내려다보는 세상은 지금과 달랐을 것이다. 연어는 강을 거슬러 올라가고 나그네비둘기passenger pigeon가 하늘을 가렸을 것이다. 늑대, 두루미, 네할렘족, 퓨마, 레나페족, 묵은 숲old-growth forest(인위적 교란을 받은 적이 없는 극상림을 일컫는 '노숙림老熟林'으로 통용되지만 이 책에서는 일관성을 기하기 위해 '묵은 숲'으로 번역했다_옮긴이)도 여전히 이곳에 남아 자신의 성스러운 목적을 이루고 있었을 것이다. 나는 포타와토미어를 말했을 테고. 우리는 나나보조가 본 것을 보았을 것이다. 하지만 마냥 상상의 나래를 펼칠 수는 없다. 저 방향으로 가다보면 가슴이 미어지기 때문이다.

저 역사를 감안한다면, 입식지(식민지로 개척하기 위하여 들어가 사는 곳_옮긴이) 사회에 토박이가 되라고 초대하는 것은 주거 침입 파티의 공짜표처럼 느껴진다. 이것은 그나마 남은 것들을 차지할 구실을 주는 것으로 해석된다. 정착민들이 나나보조의 뒤를 따라 "걸음걸음이 어머니 대지님에게 드리는 인사가 되"도록 걸으리라 신뢰할 수 있을까? 희미한 희망 뒤로는 어둠 속에 여전히 슬픔과 두려움이 남아 있다. 이 감정들이 내 가슴을 열지 못하게 한다.

하지만 슬픔은 정착민들의 감정이기도 하다는 사실을 기억해야 한다. 그들 또한 해바라기가 검은방울새goldfinch와 춤추는 장경초원長莖草原(키 큰 풀이 자라는 프레리_옮긴이)을 결코 걷지 못할 것이다. 그들의 자녀는 단풍나무 무도회Maple Dance에서 노래할 기회를 잃었다. 물도 마실 수 없다.

나나보조는 북쪽으로 가는 길에 약초 스승들을 만났다. 그들은 나나보조에게 **윙가슈크**를 주면서 공감, 친절, 치유의 길을 가르쳤다. 심지어 지독한 잘못을 저지른 사람에게도 은혜를 베풀라고 말했다. 누구나 잘못을 저지르니 말이다. 토박이가 된다는 것은 모든 창조 세계를 아우르는 치유의 원을 키우는 것이다. 길게 땋은 향모는 나그네를 지켜준다. 나나보조는 몇 다발을 주머니에 넣었다. 향모의 향기가 나는 길은 용서와 치유가 필요한 모든 이를 용서하고 치유하는 풍경으로 이어진다. 향모는 선물을 가려가며 주지 않는다.

서쪽에 도착한 나나보조는 자신을 두렵게 하는 많은 것을 보았다. 대지가 발아래서 흔들렸으며 거대한 불이 땅을 집어삼켰다. 서쪽의 성스러운 식물 **므슈코데와슈크**^{mshkodewashk}(세이지)가 그를 도와 두려움을 몰아내주려고 나섰다. 벤턴-바나이는 불의 수호자가 몸소 나나보조에게 갔다고 말한다. 불의 수호자는 이렇게 말했다. "이것은 그대의 거처를 데우는 바로 그 불이다. 모든 힘에는 두 측면이 있다. 그것은 창조하는 힘과 파괴하는 힘이다. 우리는 두 힘을 다 받아들여야 하지만, 창조의 측면에 선물을 집중해야 한다."

나나보조는 만물에 이중성이 있듯 자신에게도 쌍둥이 형제가 있음을 알게 되었다. 자신이 균형을 이루는 일에 전념하는 만큼 그는 불균형을 이루는 일에 전념했다. 쌍둥이 형제는 창조와 파괴의 어우러짐을 터득했으며 파도치는 바다 위의 배처럼 이를 흔들어 사람들을 균형에서 벗어나게 했다. 그는 권력의 오만함을 이용하여 무제한의 성장을 촉발하는 법을 알아냈다. 그것은 고삐 풀린, 암과 같은 창조이며 파괴로 이어진다. 나나보조는 쌍둥이 형제의 오만함에 균형을 맞추기 위해 겸손함을 간직한 채 걷겠노라 맹세했다. 그것은 그의 발자취를 따라 걷는 사람들의 임무이기도 하다.

나는 시트카가문비나무 할머니를 찾아가 그 곁에 앉아 생각에 잠긴다. 나는 이곳 출신이 아니다. 우리가 어떻게 장소에 속하게 되었는지에 대한 감사와 존경과 질문을 가지고 온 이방인에 지나지 않는다. 그런데도 그녀는 나를 환영한다. 서쪽의 거대한 나무들이 나나보조를 다정하게 돌보았듯.

시트카가문비나무 할머니의 고요한 그늘에 앉아 있는데도 나의 생각은 온통 뒤죽박죽이다. 예전의 연장자들과 마찬가지로 나는 이민자 사회가 토박이가 되는 길을 상상하고 싶지만, 알맞은 말을 못 찾겠다. 이민자는 정의상 토박이일 수 없다. '토박이'는 생득권을 나타내는 단어다. 아무리 시간을 들이고 관심을 기울여도 역사를 바꾸거나 땅과의 영혼 깊숙한 합일을 대체할 수는 없다. 나나보조의 발자국을 따른다고 해서 버금사람이 반드시 으뜸사람으로 탈바꿈할 수는 없다. 하지만 '토박이'라고 느끼지 못하더라도 세상을 새롭게 하는 깊은 호혜성에 들어설 수는 없을까? 이런 호혜성은 배울 수 있는 것일까? 스승은 어디에 있을까? 연장자 헨리 리커스^{Henry Lickers}의 말을 기억한다. "알다시피 그들은 땅을 이용하면 부자가 될 수 있을 거라고 생각하며 여기 왔단다. 그래서 탄광을 파고 나무를 베었지. 하지만 힘을 가진 것은 땅이야. 그들이 땅을 이용하면서 땅도 그들에게 작용했단다. 그들을 가르쳤지."

나는 오랫동안 앉아 있다. 시트카 할머니의 가지에 부는 바람 소리가 말들을 흩어버려 나는 월계수의 맑은 목소리, 오리나무의 재잘거림, 지의류의 속삭임에 멍하니 귀를 기울인다. 나나보조와 마찬가지로, 식물이 우리의 가장 오래된 스승임을 나도 깨우쳐야 한다.

할머니의 뿌리 사이 부드러운 바늘잎 구석에서 일어나 길로 돌아간다. 그러다 발걸음을 멈춘다. 미국전나무^{giant fir}, 줄고사리^{sword fern}, 레몬잎^{salal} 같은 새 이웃에게 정신이 팔려 옛 친구를 알아보지 못하고 지나친 것이다. 진작 인사를 건네지 못한 것이 당혹스럽다. 동해안에서 서해안까지 그는 걸어서 이곳에 왔다. 잎이 둥근 이 식물을 우리 부족은 '백인의 발자국^{White Man's Footstep}'이라고 부른다.

줄기라고 부를 만한 것이 없이 잎만 땅바닥에 납작하게 원을 그리고 있는 이 식물은 첫 정착민들과 함께 찾아와 그들이 가는 곳 어디나 따라다녔다. 주인에게 바짝 붙어 다니는 충직한 개처럼 숲길을 따라, 마찻길과 철길을 따라 퍼졌다. 린네는 이 식물을 플란타고 마요르^{Plantago major}, 즉 '일반 질경이'라고 불렀다. 라틴어 '플란타고'는 '발바닥'을 뜻한다.

처음에 원주민들은 말썽을 달고 다니는 이 식물을 미심쩍어했다. 하지만 나나보조의 후손답게, 모든 것에는 목적이 있으며 우리는 그 목적의 성취를 방해하지 말아야 한다는 것을 알고 있었다. 백인의 발자국이 거북섬에 눌러앉으리라는 사실이 분명해지자 그들은 이 식물이 어떤 선물을 가져왔는지 살펴보기 시작했다. 봄에는 초록색의 근사한 꼬투리가 달리고 여름에는 잎이 열을 받아 뻣뻣해진다. 잎을 말거나 씹어 찜질약으로 쓰면 베거나 데거나 (특히) 벌레 물렸을 때 응급 처치용으로 좋다는 사실을 알게 되자 사람들은 질경이가 늘 곁에 있는 것에 감사했다. 이 식물은 버릴 게 하나도 없었다. 작은 씨앗은 소화제로 안성맞춤이다. 잎은 출혈을 즉시 멈추고 상처를 덧나지 않게 치유한다.

이 슬기롭고 너그러운 식물은 사람들을 충실히 따라다니면서 식물 공동체의 명예 회원이 되었다. 외국인이자 이민자였지만, 500년간 좋은 이웃으로 살았기에 사람들은 그 사실을 잊었다.

새 대륙에서 환영받지 못하는 방법을 알려주는 반면교사 이민자 식물들도 있다. 마늘냉이$^{garlic\ mustard}$는 토양에 독성 화학 물질을 내뿜어 토종 식물을 죽인다. 위성류^{tamarisk}는 물을 독차지한다. 부처꽃^{loosestrife}, 칡, 털빕새귀리$^{cheat\ grass}$ 같은 외래 침입종은 남의 보금자리를 차지하여 마구잡이로 증식하는 식민지화 습성이 있다. 하지만 질경이님은 그렇지 않다. 그의 전략은 쓰임새를 지니고, 좁은 곳에 비집고 들어가고, 마당에서 남들과 공존하고, 상처를 치유하는 것이었다. 어찌나 널리 퍼지고 잘 섞여들었던지 우리는 그가 토종인 줄로 안다. 그는 우리 것이 된 식물에 식물학자들이 붙이는 이름을 얻었다. 그래서 토종 식물이 아니라 '귀화 식물'이다. 이것은 외국에서 태어나 우리 국민이 된 사람에게 쓰는 용어와 같다. 그들은 이 나라의 법을 지키겠노라 맹세한다. 아마도 나나보조의 으뜸명령 또한 지킬 것이다.

버금사람에게 부여된 임무는 칡의 뒤를 따르지 않고 '백인의 발자국'의 가르침을 따라 장소에 귀화하도록 애쓰고 이민자의 사고방식에서 벗어나는 것인지도 모른다. 장소에 귀화한다는 것은 이곳이 내 배를 채워주는 땅인 것처럼, 내 목을 축여주는 개울인 것처럼, 이곳이 내 몸을 빚고 내 영혼을 채우는 것처럼 살아간다는 뜻이다. 귀화한다는 것은 자신의 조상이 이 땅에 누워 있음을 아는 것이다. 이곳에서 우리는 자신의 선물을 주고 자신의 책임을 다한다. 귀화한다는 것은 자녀의 미래를 염려하며 살아가는 것, 우리의 삶과 모든 친척의 삶이 여기 달린 것처럼 땅을 보살피는 것이다. 실제로도 그렇다.

시간이 한 바퀴 돌아 처음으로 향하면서 백인의 발자국은 나나보조의 발자국을 따르고 있는지도 모르겠다. 어쩌면 집으로 향하는 길에는 질경이님이 늘어서 있을지도 모른다. 우리는 그 길을 따라가면 된다. 너그러운 치유자인 백인의 발자국은 잎을 땅에 바싹 붙여 걸음걸음이 어머니 대지님에게 드리는 인사가 되도록 자란다.

은종 소리

남부에서 살고 싶은 생각은 조금도 없었지만, 남편 일 때문에 어쩔 수 없이 이사한 뒤에는 그곳의 식생을 열심히 공부했으며 불타는 단풍나무가 그리울 때는 칙칙한 참나무를 좋아해보려 노력했다. 고향에 있다는 느낌을 온전히 가질 수는 없었지만, 적어도 학생들에게 식물학적 소속감을 길러줄 수는 있었다.

이 소박한 목표를 위해 의예과 학생들을 현지 자연보호구역에 데려갔다. 그곳에는 범람원에서 산등성이까지 저마다의 종들이 색색의 띠를 그리며 숲이 비탈 위까지 이어져 있었다. 나는 학생들에게 대조적 패턴이 나타나는 이유를 설명하는 가설을 세워보라고 주문했다.

한 학생이 말했다. "모두 다 하느님의 계획이에요. 위대한 설계 아시죠?" 나는 유물론적 과학이야말로 세상이 어떻게 돌아가는지를 설명하는 올바른 방법이라는 믿음을 10년째 가지고 있었기에 학생의 말에 침을 꼴깍 삼켰다. 내가 있던 곳에서는 이런 말을 했다가는 웃음거리가 되거나 적어도 눈총을 받았을 테지만 이 교실에서는 다들 고개를 끄덕이거나 적어도 무심히 넘겼다. 나는 조심스럽게 입을 열었다. "그건 중요한 관점이에요. 하지만 과학자들은 이곳에 단풍나무, 저곳에 가문비나무 하는 식의 식생 분포를 다른 식으로 설명해요." 이것은 내가 익숙해지려고 애쓰는 춤이었다. 바이블 벨트(기독교가 우세한 미국 중남부 지역_옮긴이)에서 가르치는 것. 하지만 나는 왼발만 두 개인 사람처럼 비틀거렸다('two left feet'은 '춤에 서툴다'를 뜻하는 관용어_옮긴이). "세상이 어떻게 해서 이렇게 아름답게 어우러져 있는지 궁금한 적 있나요? 여기서 자라는 식물과 저기서 자라는 식물이 왜 다른지 생각해봤나요?" 학생들의 정중한 침묵으로 판단컨대 이 물음은 그들에게 중요한 문제가 아니었다. 생태학에 대한 그들의 완전한 무관심에 가슴이 아팠다. 생태적 통찰은 내게는 천상의 음악이었으나 그들에게는 예과 필수 과목 중 하나에 불과했다. 인간에 대한 것이 아닌 생물학 이야기는 그들의 관심사가 아니었다. 땅을 보고 자연사와 우아한 자연력의 흐름을 알지 못하고서 어떻게 생물학자가 될 수 있다는 것인지 이해할 수 없었다. 대지는 어쩌나 풍요로운지 관심을 기울이는 것만으로도 그 풍요에 보답할 수 있다. 게다가 내게도 전도의 열정이 있었기에 그들의 과학적 영혼을 개종시키겠노라 마음먹었다.

시선이 전부 내게로 쏠려 내가 실패하기만 기다리고 있었기에, 그들이 틀렸음을 입증하기 위해서라도 세부 사항 하나하나에 신경을 곤두세워야 했다. 행정동 건물 앞에 둥글게 늘어선 승합차들이 시동을 켜고 있는 동안 한 번 더 목록—현장 지도, 야영지 예약, 쌍안경 열여덟 쌍, 휴대용 현미경, 사흘치 식량, 구급상자, 그래프와 학명이 실린 유인물 다발—을 점검했다. 학장은 학생들에게 현장 실습을 시키려면 돈이 너무 많이 든다고 불평했다. 나는 그러지 않을 경우에도 큰 대가를 치러야 한다고 맞받아쳤다. 승객들이 원하건 원하지 않건 우리의 소규모 대학교 승합차 행렬은 고속도로를 따라 산酸으로 붉게 물든 개울이 흐르는 탄광촌의 헐벗은 꼭대기를 통과했다. 의료에 몸 담을 학생이라면 마땅히 이런 광경을 맨 처음 봐야 하지 않을까?

캄캄한 고속도로에서 몇 시간을 보내면서 나의 첫 직장에서 학장의 인내심을 시험하는 것이 현명한 일인지 곰곰이 생각했다. 대학은 이미 재정 문제로 허덕이고 있었고 나는 박사 논문을 준비하면서 몇 과목을 가르치는 시간 강사에 불과했다. 딸들은 애 아빠와 함께 집에 두고서 남의 집 애들에게 그들이 별 관심도 없는 것을 가르치는 신세였다. 이 배타적인 소규모 대학은 학생들을 의과대학에 대거 입학시켜 남부에서 명성을 쌓았다. 그런 탓에 시골의 부유층 자제들이 특권적 삶을 향한 첫 단계로 이곳에 들어왔다.

대학의 이런 사명에 발맞추어 학장은 목사가 예복을 입듯 매일 아침 흰 가운을 차려입었다. 탁상 달력에는 행정실 회의, 예산 검토, 동문회 일정밖에 없었지만, 그는 늘 실험복 차림이었다. 학장이 실제로 실험실에 있는 모습은 한 번도 못 봤으나, 나 같은 플란넬 셔츠 차림의 과학자를 못 미더워 한다는 것은 놀랄 일이 아니었다.

생물학자 파울 에를리히Paul Ehrlich는 생태학을 '전복적 과학'이라고 불렀다. 자연에서 인간이 처한 위치를 다시 생각하게 하는 힘이 있다는 뜻에서였다. 지금껏 이 학생들은 여러 해 동안 하나의 종만을 연구했다. 바로 자기 자신이었다. 나는 장장 사흘간 전복을 기도하고 학생들이 '호모 사피엔스'에서 눈을 돌려 우리와 지구를 함께 쓰는 600만 종을 쳐다보도록 했다. 학장은 '한낱 캠핑 여행'에 예산을 쓰는 것에 우려를 표했지만, 나는 그레이트스모키 산맥이 생물 다양성의 보고이며 이번 여행이 어엿한 학술 탐사라고 주장했다. 게다가 다들 실험복을 입을 거라고 덧붙였다. 학장은 한숨을 내쉬더니 기안서를 결재했다.

작곡가 에런 코플런드Aaron Copland 말이 맞았다. 애팔래치아 산맥의 봄은 춤곡이다. 숲은 색색의 들꽃, 고개를 끄덕이는 흰색의 꽃산딸나무dogwood 가지, 박태기나무redbud의 분홍색 거품, 몰아치는 개울, 컴컴한 산을 수놓은 장엄함에 맞춰 춤춘다. 하지만 우리는 이곳에 놀러 온 것이 아니었다. 나는 첫날 아침 클립보드를 손에 들고 수업 내용을 머릿속에 넣은 채 천막에서 나왔다.

계곡 야영지에서 우리 위쪽으로는 능선이 펼쳐져 있었다. 이른 봄의 그레이트스모키 산맥은 새잎이 돋은 포플러의 연녹색, 아직 잠든 참나무의 회색 덩어리, 싹을 틔운 단풍나무의 희끄무레한 장미색 등 온갖 색깔이 마치 각국을 색색으로 칠한 지도처럼 어우러졌다. 여기저기 박태기나무가 진분홍 군락을 이루고, 꽃산딸나무가 꽃을 피운 곳에서는 흰 띠가 생기고, 진녹색의 솔송나무는 지도 제작자의 펜처럼 물줄기를 따라 선을 그린다. 나는 교실에 있을 때는 손에 흰 분필

가루를 묻힌 채로 온도 기울기, 토양, 생장철 등의 도표를 그렸다. 하지만 지금 우리 앞의 산자락에는 현지답사의 파스텔 지도가 펼쳐져 있었다. 추상적인 수치는 꽃으로 번역되었다.

산을 올라가는 것은 생태학의 관점에서 캐나다로 걸어가는 것과 같다. 따뜻한 계곡 아래에서는 조지아의 여름을 느낄 수 있지만 1500미터의 정상은 토론토와 비슷하다. 나는 학생들에게 따뜻한 재킷을 꺼내라고 말했다. 300미터 올라가는 것은 북쪽으로 160킬로미터 이동하는 것과 같으며, 따라서 봄을 향해 여러 발짝 뒷걸음질하는 셈이다. 낮은 비탈의 꽃산딸나무는 꽃을 활짝 피워 갓 돋아난 잎에 해맑간 점을 흩뿌렸다. 하지만 위로 올라가자 저속 촬영 영상을 거꾸로 돌린 듯, 활짝 벌린 꽃은 아직 온기에 깨어나지 않아 꼭 다문 봉오리로 바뀌었다. 생장철이 너무 짧은 비탈 중간에서는 꽃산딸나무가 아예 자취를 감춘다. 그 자리에는 늦서리를 잘 견디는 은종나무silverbell가 자란다.

우리는 사흘간 이 생태 지도를 누비며 튤립나무tulip poplar와 황목련cucumber magnolia의 깊은 숲속에서 정상에 이르는 표고대標高帶를 가로질렀다. 울창한 숲속은 들꽃 정원으로, 족두리풀wild ginger과 아홉 종의 연령초가 반짝거리는 군락을 이루었다. 학생들은 내가 하는 말을 의무적으로 받아 적으면서, 별다른 흥미를 보이지 않은 채 내 내면의 목록을 그대로 베꼈다. 학명의 철자를 하도 자주 물어봐서 마치 내가 숲의 스펠링 비spelling bee(문자 그대로는 '철자를 말하는 꿀벌'이라는 뜻이지만 관용적으로는 '철자법 대회'를 뜻한다_옮긴이)가 된 기분이었다. 학장은 뿌듯할 테지만.

여행을 정당화하기 위해 사흘간 종과 생태계를 하나하나 체크아웃 해나갔다. 우리는 알렉산더 폰 훔볼트^{Alexander von Humboldt}의 열정을 품은 채 식물상, 토양, 기온을 서로 짝지었다. 밤이면 모닥불 가에 둘러앉아 그래프를 그렸다. 중고도에서는 참나무와 피칸히커리 나무, 굵은 사력층 토양—체크. 고고도에서는 수고^{樹高}가 감소하고 풍속이 증가—체크. 고도 변화에 따른 계절적 패턴—체크. 토종 도롱뇽, 생태틈새 다양성—체크. 나는 학생들이 피부 경계 너머의 세상을 보기를 간절히 바랐다. 가르칠 기회를 단 한 번도 놓치지 않으려고 최선을 다했으며 고요한 숲을 정보와 숫자로 채웠다. 일과가 끝나고 침낭에 기어들 때면 턱이 뻐근했다.

여간 고역이 아니었다. 나는 하이킹을 할 때면 조용히 하는 게 좋다. 바라보기만 하고 그저 그곳에 있기만 하고 싶다. 하지만 여기서는 끊임없이 말하고 가리키고 머릿속에서 토론용 질문을 짜내야 했다. 한마디로 선생 노릇을 해야 했다. 딱 한 번만 빼고.

산등성이 꼭대기가 가까워질수록 도로는 점점 가팔라졌다. 승합차들은 급커브에 끼끽대고 강풍에 휘청했다. 부드러운 단풍나무와 박태기나무의 분홍색 거품은 간곳없었다. 이 고도에서는 전나무 뒤쪽의 눈이 녹은 지 얼마 되지 않았다. 땅을 내려다보자 보레알 숲의 띠가 얼마나 좁은지 알 수 있었다. 가장 가까운 가문비나무·전나무 숲에서도 북쪽으로 수백 킬로미터 떨어진 이곳 노스캐롤라이나에 캐나다 기후대의 가는 띠가 펼쳐졌는데, 이것은 바로 얼음이 북부를 덮은 시절의 유물이었다. 오늘날 캐나다 기후를 재현할 만큼 높이 솟은 이 산꼭대기들은 마치 남부 활엽수의 바다에 떠 있는 섬처럼 가문비나무와 전나무에는 고향 같은 피난처가 된다.

이 북부 숲 섬들은 내게도 고향 같았다. 신선하고 차가운 공기 속에서 나는 강의의 고삐를 늦췄다. 우리는 발삼 향을 들이마시며 나무 사이를 거닐었다. 부드러운 바늘잎 매트리스, 노루발^{wintergreen}, 구불구불 가지를 뻗은 아르부투스^{arbutus}, 풀산딸나무^{bunchberry}. 고향의 친숙한 식물들이 숲바닥을 덮었다. 그러자 고향에서 멀리 떨어져 다른 이들의 고향 숲에서 가르치는 것이 얼마나 처량한 일인지 문득 실감했다.

나는 이끼 양탄자에 엎드려 거미의 시점에서 수업을 진행했다. 이 정상 높은 곳에는 멸종 위기종인 가문비나무전나무이끼거미$^{spruce-fir}$ $^{moss\ spider}$의 (전 세계를 통틀어) 마지막 개체군이 산다. 의예과 학생들이 조금이라도 관심을 보일 거라 기대하지는 않았지만, 그래도 거미를 대변하여 목소리를 내야 했다. 그들은 빙하가 생겼다 떠나간 뒤로 줄곧 이끼 낀 바위 틈새에서 거미줄을 자으며 자그마한 삶을 살았다. 이 서식처와 이 거미들에게 가장 주요한 위협은 지구 온난화다. 기후가 더워지면 이 보레알 숲 섬은 녹아버릴 것이며 그와 함께 많은 생명이 최후를 맞을 것이다. 이미 온난한 고도에서는 병충해가 기승을 부리고 있다. 꼭대기에서 살고 있을 때는 더운 공기가 올라와도 갈 곳이 없다. 거미줄 가닥에 매달려 날아보지만 어디에도 피난처는 없다.

이끼 낀 바위를 쓰다듬으며 생태계의 와해와 느슨한 끈을 잡아당기는 손을 생각한다. 나는 생각했다. '우리는 그들에게서 보금자리를 빼앗을 권리가 없어.' 소리를 냈거나 눈에서 불똥이 튀었는지도 모르겠다. 학생 하나가 문득 이렇게 물었으니까. "이게 선생님의 종교 같은 건가요?"

예전에 한 학생이 나의 진화 수업에 딴죽을 건 뒤로 나는 이 문제를 무겁지 않게 다루는 법을 배웠다. 모든 시선이 내게 쏠린 것이 느껴졌다. 모두가 독실한 기독교인이었다. 그래서 숲을 사랑한다는 얘기로부터 은근슬쩍 시작하여 토박이 환경철학자에 대해, 창조 세계의 다른 구성원들과의 관계에 대해 이야기했다. 하지만 학생들이 어찌나 미심쩍은 표정이던지, 말을 멈추고는 근처에서 포자를 만들고 있던 양치식물 군락을 가리켰다. 지금껏 살아오는 동안 그때만큼은, 그 상황에서만큼은 정령의 생태학을 설명할 수 없을 것 같았다. 기독교로부터도 과학으로부터도 하도 동떨어져서 학생들이 이해하지 못할 것이 분명했다. 게다가 우리가 그곳에 간 것은 '과학'을 위해서였으니까. 그냥 '그래요'라고 대답했어야 했나.

먼 거리를 이동하고 많은 이야기를 하고, 마침내 일요일 오후가 되었다. 할 일을 끝냈고 등산을 마쳤고 데이터를 수집했다. 나의 의예과 학생들은 지치고 지저분했으며 그들의 수첩은 150여 종의 인간 아닌 동식물과 그 동식물들의 분포 메커니즘으로 빼곡했다. 이 정도면 학장에게 근사한 보고서를 제출할 수 있겠다.

우리는 저물녘 황금빛 햇살 아래 승합차로 돌아갔다. 주차장은 산은종나무mountain silverbell 가지에 매달린 은종으로 가득했다. 진줏빛 랜턴처럼 속에서 빛이 나오는 것 같았다. 학생들은 지독하게 조용했다. 지쳤기 때문이었을 테지. 임무를 완수한 나는 이 공원의 자랑인 그레이트스모키 산맥 위로 비낀 희미한 빛을 바라보는 것만으로도 행복했다. 이 경이로운 장소를 걷는 동안 그늘에서 붉은꼬리지빠귀 님Hermit Thrush 노랫소리가 울려퍼지고 흰 꽃잎이 산들바람에 비처럼 흩날렸다. 문득 무척 슬퍼졌다. 그 순간, 내가 실패했음을 알았다. 나는 참취님과 미역취님의 비밀을 찾던 어린 학생으로서 내가 갈망하던 과학, 데이터보다 심오한 과학을 가르치는 데 실패했다.

나는 학생들에게 너무 많은 정보를 줬다. 온갖 패턴과 과정이 너무 두껍게 쌓여 가장 중요한 진실을 가려버린 것이다. 나는 기회를 놓쳤다. 학생들을 모든 길로 인도했으면서도 가장 중요한 길을 빠뜨렸다. 세상을 선물로서 받아들이고 보답하는 법을 학생들에게 가르치지 않는다면 어떻게 그들이 이끼거미의 운명을 애달파할 수 있을까? 나는 세상이 어떻게 돌아가는지는 전부 가르쳤지만 그 의미는 하나도 알려주지 않았다. 이럴 거면 집에 틀어박혀 그레이트스모키 산맥에 대한 글이나 읽을 것이지 뭐하러 나왔을까. 사실상, 온갖 선입견에도 불구하고 나는 숲에서까지 흰색 실험복을 입었다. 배신은 무거운 짐이다. 나는 터벅터벅 걷다가 문득 기운이 빠졌다.

내 뒤로 학생들이 내려오는 것을 보려고 돌아섰다. 꽃잎이 흩뿌려진 길에는 엷은 빛이 드리워 있었다. 한 학생이, 내가 모르는 학생이 노래하기 시작했다. 고요하기 그지없는 목소리로 친숙한 가락을 읊었다. 당신의 입을 열게 하는, 함께 노래하지 않을 수 없게 만드는 가락이었다.

나 같은 죄인 살리신

한 사람씩 목소리를 보태며 긴 그림자 속에서 노래를 불렀다. 흰
꽃잎이 우리의 어깨에 내려앉았다.

주 은혜 놀라워 / 잃었던 생명 찾았고

나는 부끄러웠다. 학생들의 노래는 내 선의의 강의가 말하지 못한
모든 것을 말하고 있었다. 그들은 걸으면서 화음을 붙여가며 계속 노
래했다. 내가 이해하지 못한 하모니(조화/화음)를 그들은 이해하고 있
었다. 학생들이 목소리를 높일 때 하늘여인이 거북섬의 등에서 처음
으로 노래한 것과 똑같은 사랑과 감사가 흘러 넘쳤다. 그들이 읊조리
는 옛 찬송가에서 깨달았다. 중요한 것은 경이의 근원을 이름으로 부
르는 것이 아니라 경이 자체였음을. 분주히 탐사를 준비하고 학명을
정리했지만, 그게 필요한 게 아니었음을 깨달았다.

광명을 얻었네.

학생들은 광명을 얻었다. 나도 그랬다. 지금껏 알던 모든 속명과 종
명을 잊더라도 그 순간만은 결코 잊지 못할 것이다. 세상에서 가장

형편없는 선생과 세상에서 가장 좋은 선생—어느 쪽도 은종님과 붉은꼬리지빠귀님의 목소리를 이기지 못한다. 폭포의 굉음과 이끼의 침묵이 마지막 발언을 한다.

과학의 오만에 사로잡힌 열정적인 젊은 박사이던 나는 내가 유일한 스승이라며 스스로를 기만하고 있었다. 아니, 땅이야말로 진짜 스승이다. 학생으로서 우리에게 필요한 것은 마음챙김뿐이다. 주의를 기울이는 것은 열린 눈과 열린 가슴으로 선물을 받아들임으로써 생명 세계와 호혜적 관계를 맺는 형식이다. 내 임무는 단지 학생들을 생명 세계와 대면하게 하여 그들로 하여금 귀를 열도록 하는 것이었다. 그 햇살 뿌연 오후, 산은 학생들을 가르쳤고 학생들은 선생을 가르쳤다.

그날 밤 귀가하는 차 안에서 학생들은 잠을 자거나 희미한 손전등에 의지하여 공부를 했다. 그날 일요일 오후는 나의 교육 방식을 영영 바꿔놓았다. 그들은 말한다. 스승은 당신이 준비되었을 때 찾아온다고. 당신이 그의 존재를 무시하면 그는 더 크게 말할 것이다. 하지만 들으려면 침묵해야 한다.

둘러앉기

　브래드가 로퍼(끈이 없고 굽이 낮은 신발_옮긴이)와 폴로셔츠 차림으로 민속식물학 수업의 현지 실습 장소에 나타난다. 호숫가를 어슬렁거리며 휴대폰 신호를 찾지만 허사다. 정말로 누군가와 통화를 꼭 해야만 하나보다. 내가 주위 풍경을 안내하자 그는 "자연은 정말 위대하네요"라고 말하면서도 외진 곳에 와서 불편한 기색이 역력하다. "여기는 나무밖에 없군요."

　대부분의 학생들은 크랜베리 호수 생태 체험장^{Cranberry Lake Biological} ^{Station}을 찾을 때 열정이 넘치지만, 인터넷이 연결되지 않은 곳에서 5주를 어떻게 보낼지 걱정하는 학생도 꼭 몇 명씩 있다(이 체험은 졸업 필수 활동이다). 세월이 지나면서 학생들의 태도에서 자연과의 관계가 달라졌음을 실감할 수 있었다. 예전에 이곳을 찾은 학생들은 캠핑이나 낚시, 아니면 숲에서 뛰놀기 같은 어린 시절 추억을 떠올렸지만 요즘은 자연을 향한 열정은 그대로이되 애니멀 플래닛이나 내셔널 지

오그래픽 채널 같은 방송에서 감명을 받았다고 말한다. 학생들이 거실 바깥에 있는 자연의 현실을 경험하고 놀라는 경우가 점점 늘어만 간다.

나는 브래드에게 숲이 세상에서 가장 안전한 장소라고 애써 설득한다. 나는 도시에 가면 그와 똑같은 불안감을 느낀다고, 사람 말고는 아무것도 없는 곳에서 어떻게 스스로를 돌봐야 할지 몰라서 약간의 공포를 느낀다고 그에게 털어놓는다. 하지만 브래드가 쉽사리 받아들이지 못할 것임을 안다. 우리는 호수를 건너 10킬로미터 안으로 들어왔다. 도로도 없고 포장된 곳도 전혀 없으며 어느 방향으로 하루를 걸어도 오로지 야생의 자연뿐이다. 병원 가려면 한 시간, 월마트 가려면 세 시간이 훌쩍 걸린다. 브래드가 말한다. "그러니까 뭔가 필요하면 어떡하나요?" 내 짐작엔 그 스스로 찾아낼 것 같다.

며칠 지나면 학생들은 현장생물학자로 환골탈태하기 시작한다. 장비와 전문 용어에 통달하면서 자부심이 하늘을 찌른다. 끊임없이 라틴어 학명을 연습하고 써먹는다. 저녁 배구 시합에서는 상대방이 물총새가 호숫가에서 서성이는 것을 보고 "메가케릴레 알키온*Megaceryle alcyon*!"이라고 외치면 공을 놓쳐도 욕먹지 않는다. 물론 알아두면 좋은 것들이다. 생명 세계를 낱낱으로 구별하고 숲을 엮은 가닥들을 알아보고 땅의 몸에 조율되기 시작하는 것은 환영할 만한 일이다.

하지만 학생들의 손에 과학의 연장을 들려주면 그들 자신의 감각에 덜 의존하게 되는 것 또한 내 눈에 보인다. 라틴어 학명을 암기하는 데 정력을 쏟으면 존재 자체를 들여다보는 데 쓰는 시간이 줄어든다. 학생들은 이곳에 오기 전부터 이미 생태계에 대해 많은 것을 알았으며 식물의 이름을 줄줄 읊는다. 하지만 이 식물이 어떻게 그들을 돌보느냐고 물으면 대답하지 못한다.

그래서 민속식물학 수업을 시작할 때면 인간에게 필요한 것의 목록을 떠올리는 브레인스토밍을 한다. 목표는 애디론댁 산맥의 식물 중에서 어떤 것들이 그 필요에 부응할지 알아내는 것이다. 목록은 의식주와 난방 등 친숙한 것들이다. 산소와 물이 10위 안에 들어서 다행이다. 어떤 학생들은 매슬로의 욕구 위계를 공부한 적이 있어서 생존을 넘어선 예술, 사귐, 영성 같은 '고차원적' 욕구를 지목하기도 한다. 물론 대인 관계의 욕구가 당근으로 충족된다는 데는 멋쩍은 구석이 있다. 이런 주장을 제쳐두고 우리는 '주(住)'에서 시작한다. 교실 짓기.

학생들은 장소를 고르고 땅에 줄을 긋고 어린나무를 가져와 흙 속에 깊이 묻었다. 그리하여 단풍나무 기둥이 일정하게 배치된 4미터짜리 동그라미가 생겼다. 덥고 땀나는 작업이었다. 처음에는 대부분 따로따로 일했다. 하지만 동그라미가 완성되고 첫 어린나무 쌍을 아치로 연결하자 공동 작업의 필요성이 분명해진다. 가장 키 큰 학생이 우듬지를 붙잡고 가장 무거운 학생이 가지를 끌어내리고 가장 작은 학생이 잽싸게 몸을 놀려 가지를 서로 묶는다. 아치는 하나를 만들었으면 또 하나를 연결해야 한다. 점점 위그웜(아메리카 인디언의 집으로, 여러 그루의 키 큰 묘목을 휘어지게 만든 뒤 꼭대기 가까이에서 함께 묶어서 짓는다_옮긴이)의 형태가 나타난다. 완전한 대칭을 이루고 있어서 실수를 하면 확연히 티가 나기에 학생들은 똑바른 모양이 될 때까지 가지를 묶었다 풀었다 한다. 숲은 학생들의 기운찬 목소리로 가득하다. 마지막 어린나무 쌍을 묶고 나서 학생들은 자신들의 작품을 조용히 바라본다. 새 둥지를 뒤집어놓은 것처럼 생겼다. 굵은 어린나무를 엮어 거북 등딱지 모양으로 만든 바구니 같기도 하다. 들어가고 싶어지는 형태다.

우리 열다섯 명은 가장자리에 편안히 둘러앉는다. 지붕이 없어도 아늑하다. 벽도 구석도 없는 둥근 집에서 사는 사람은 이제 거의 없다. 하지만 토착 건축물은 둥지, 굴, 땅굴, 물고기 어란, 조란, 자궁을 본떠 대체로 작고 둥글다. 마치 보금자리의 보편적 패턴이라도 있는 듯. 우리는 어린나무에 등을 기댄 채 설계의 수렴 현상에 대해 생각한다. 구는 부피 대 넓이 비가 가장 커서 거주 공간을 지을 때 재료가 가장 적게 든다. 이 형태는 빗물을 흘러내리게 하고 눈의 무게를 분산한다. 난방에 효율적이며 바람에 저항한다. 원의 가르침 속에서 살아가는 데는 재료에 대한 고민을 넘어선 문화적 의미가 있다. 학생들에게 출입구가 늘 동쪽을 향한다고 말하면 그들은 서풍이 주로 부는 것에 착안하여 그 쓰임새를 금세 알아낸다. 새벽 여명을 맞이하는 쓰임새는 아직 떠올리지 못하지만 해가 뜨면 알게 될 것이다.

이 앙상한 위그웜 뼈대로 수업이 끝나는 것은 아니다. 부들 매트로 벽을 만들고 자작나무 껍질을 가문비나무 뿌리와 엮어 지붕을 이어야 한다. 아직도 할 일이 있다.

수업 전에 브래드를 보았는데 여전히 뚱한 표정이다. 기운을 북돋워주려고 이렇게 말한다. "오늘은 호수 건너로 장 보러 갈 거예요!"

호수 건너 마을에는 엠포리엄 마린이라는 작은 가게가 있긴 한데, 인적이 드문 곳에서 흔히 볼 수 있는 곳으로 구두끈, 고양이 사료, 커피 여과지, 헝그리맨 깡통 스튜, 펩토비스몰 소화제 옆에 내게 필요한 바로 그 물건이 늘 있는 잡화점이다. 하지만 거기 가려는 건 아니다. 부들 늪에는 엠포리엄과 공통점이 있지만, 월마트와 비교하는 게 더 낫겠다. 둘 다 밖으로 뻗어 나가니까. 오늘은 부들 늪에서 장을 볼 것이다.

한때 늪은 징그러운 벌레, 질병, 악취, 온갖 역겨운 것으로 악명을 떨쳤으나 이제 사람들은 늪이 얼마나 귀중한 곳인지 깨달았다. 우리 학생들은 습지의 생물 다양성과 생태계 기능^{ecosystem function}(생태계가 자신의 온전성을 유지하는 고유의 특징_옮긴이)을 소리 높여 찬미하지만, 그 속에서 걷고 싶은가는 별개 문제다. 물'속'에 들어가면 부들을 더 효율적으로 채집할 수 있다고 말하면 학생들은 나를 미심쩍은 눈빛으로 쳐다본다. 나는 이 정도로 북쪽에는 독 있는 물뱀이나 유사^{流沙}가 없으며 늑대거북^{snapping turtle}은 우리가 오는 소리를 들으면 등딱지 속에 숨는다며 안심시킨다. 물론 '거머리'라는 단어는 입 밖에 내지 않는다.

결국 다들 나를 따라 카누가 뒤집히지 않도록 조심조심 내린다. 우리는 왜가리가 늪을 걷듯—우아함과 균형은 빼고—물을 헤치며 걷는다. 관목과 풀의 부도^{浮島} 사이로, 다음 발을 내디디기 전에 땅이 단단한지 느껴보며 머뭇머뭇 나아간다. 그들의 짧은 삶이 아직 그들에게 보여주지 않았다면, 그들은 오늘 단단함이 환각임을 배울 것이다. 이곳의 호수 바닥은 부유 오니가 1미터 이상 쌓여 있어서 굳기로 따지면 초콜릿 푸딩에 비길 만하다.

크리스가 가장 대담하여—그에게 축복이 임하길—앞장선다. 다섯 살배기처럼 활짝 웃으며 허리까지 잠기는 물속에 태연히 서 있다. 안락의자에 앉은 듯 팔꿈치를 사초^{sedge} 둔덕에 얹었다. 자기도 생전 처음이면서 딴 학생들에게도 들어오라고 손짓하며, 통나무 위에서 비틀거리는 친구들에게 조언을 건넨다. "두려움을 이겨내면 긴장을 풀고 즐길 수 있어." 내털리가 "내 속의 사향뒤쥐와 하나가 될 거야!"라고 외치며 첨벙 뛰어든다. 클로디아는 흙탕물이 튀길까봐 뒤로 물러선다. 겁을 먹었다. 능숙한 도어맨처럼 크리스가 진흙 속에서 그녀에게 늠름하게 손을 내민다. 그때 그의 뒤에서 거품이 길게 꼬리를 끌며 솟아오르더니 수면에서 요란한 소리를 내며 터진다. 그는 진흙 묻은 얼굴을 붉힌 채 모두의 시선을 받으며 발걸음을 옮긴다. 고약한 냄새를 풍기는 거품이 또 다시 그의 뒤로 길게 솟아올라 터진다. 학생들은 배꼽을 잡는다. 이내 다들 첨벙첨벙 물속을 걸어다닌다. 늪을 걸으면 발을 디딜 때마다 소기^{沼氣}(메탄계 탄화수소 가운데 구조가 가장 간단한 물질로, 늪이나 습지의 흙 속에서 유기물의 부패와 발효에 의하여 생긴다_옮긴이)가 방출되어 방귀를 뀌듯 거품이 생긴다. 물은 대부분 허벅지 깊이이지만 이따금 누군가 가슴 깊이의 구멍에 빠지면 비명이—뒤이어 폭소가—터진다. 부디 브래드가 아니길.

부들을 뽑으려면 물속 밑동에 손을 뻗어 잡아당겨야 한다. 퇴적물이 성기거나 힘이 세다면 뿌리줄기까지 전부 뽑아낼 수 있다. 문제는 온 힘을 다해 당기기 전에는 줄기가 끊어질지 아닐지 알 수 없다는 것이다. 줄기가 갑자기 끊어지면 물속에 엉덩방아를 찧고 귀에서 흙 탕물이 줄줄 흐르는 꼴을 당하게 된다.

뿌리줄기는 실은 땅속에 있는 줄기인데, 이것이 바로 우리가 찾는 것이다. 겉은 갈색의 섬유질이고 속은 흰색의 녹말질로, 감자와 거의 비슷하다. 불에 구우면 맛이 꽤 좋다. 뿌리줄기를 잘라 맑은 물에 담 그면 금세 걸죽한 흰색 녹말이 나오는데, 이걸로 녹말가루나 포리지 를 만들 수 있다. 털이 난 뿌리줄기 중 일부는 끄트머리에 뻣뻣한 흰 색 싹이 달리는데, 이것은 수평 전파를 위한 일종의 남근이다. 이 생 장점을 중심으로 부들이 늪에 퍼지는 것이다. 인간 욕구의 위계를 보 여주기라도 하듯, 몇몇 남학생은 내가 못 보는 줄 알고 부들 남근으 로 장난을 치기도 한다.

학명이 티파 라티폴리아*Typha latifolia*인 큰부들은 거대한 풀과 같아서 줄기가 따로 없고 둥글게 말린 잎집들이 동심원을 이루며 서로를 감 싸고 있다. 어떤 잎도 혼자서는 바람과 물결을 이길 수 없지만, 뭉치 면 힘이 세다. 게다가 뿌리줄기의 방대한 물속 그물망이 잎을 단단히 붙잡아준다. 수확기인 6월에는 키가 1미터에 이른다. 8월까지 기다리 면 잎이 2.5미터까지 길어지는데, 잎마다 너비가 2.5센티미터가량이 며 잎밑부터 하늘거리는 잎끝까지 평행하게 난 잎맥이 구조를 강화 한다. 이 원형 잎맥은 그 자신도 질긴 섬유질로 둘러싸여 있으며 이 모두가 부들을 떠받친다. 그리고 부들은 사람을 떠받친다. 부들 잎을 잘라 꼬면 밧줄을 매우 쉽게 만들 수 있는데, 이것이 우리의 실과 노끈이 될 것이다. 숙소에 돌아가면 위그웜에 쓸 노끈과 바느질에 쓸 수 있을 만큼 가는 실을 만들 것이다.

얼마 지나지 않아 카누에 잎 다발이 수북하다. 마치 열대의 강에 떠 있는 뗏목 무리 같다. 우리는 부들 잎을 호숫가에 부려놓고 잎을 바깥쪽부터 한 장씩 떼어내어 분류하고 씻는다. 내털리는 잎을 벗기는 족족 잽싸게 땅바닥에 떨어뜨린다. "으, 너무너무 끈끈해"라며 진흙투성이 바지에 손을 닦는다. 아무 소용도 없지만. 잎밑을 잡아당기면 잎과 잎 사이로 맑은 점액 같은 것이 길게 늘어난다. 처음에는 구역질이 나지만, 이내 손에 닿는 느낌이 얼마나 좋은지 실감 난다. 나는 약초꾼들이 "치료약은 병의 원인 가까이에서 자라는 법이지"라고 말하는 것을 종종 들었다. 부들을 수확하다 보면 일광 화상을 입거나 가려움증이 생기기 마련이지만, 부들 자체에 해독제가 들어 있다. 부들의 젤은 깨끗하고 시원하고 상쾌하여 원기를 북돋우고 항균 효과가 있어서 늪에서 나는 알로에베라 겔이라 부를 만하다. 부들이 점액을 만드는 것은 미생물에 맞서 스스로를 지키고 수위가 낮을 때 잎밑의 수분을 유지하기 위해서다. 그런데 식물을 보호하는 바로 그 성질이 우리도 보호해준다. 진통 효과를 체감한 학생들은 앞다퉈 몸에 점액을 바른다.

부들은 늪 생활에 완벽히 들어맞는 또 다른 성질들도 진화시켰다. 잎밑은 물속에 있지만 여전히 산소를 호흡해야 한다. 그래서 스쿠버 다이버의 산소 탱크처럼 공기로 가득 찬 스펀지 조직을 갖췄는데, 그야말로 자연의 뽁뽁이라 할 만하다. 통기조직이라는 이 하얀 세포는 맨눈에 보일 만큼 크며, 물에 뜨고 폭신한 층을 각각의 잎밑에 형성한다. 또한 잎은 밀랍층으로 코팅되어 있어서 비옷처럼 방수 작용을 한다. 하지만 이 비옷은 작용 방식이 반대여서 수용성 영양 물질이 물속으로 빠져나가지 않도록 붙잡아두는 역할을 한다.

물론 이 모든 특징은 부들에 유익하다. 또한 사람들에게도 유익하다. 부들의 잎은 길고 발수성撥水性이며 폐포성閉胞性 발포 단열재로 되어 있어 주택용 건축 재료로 뛰어나다. 예전에는 부들 잎으로 고운 매트를 짜거나 엮어 여름용 위그웜을 덮었다. 날씨가 건조하면 잎이 수축되어 사이가 벌어져 바람이 드나들며 통풍 효과를 내고, 비가 오면 잎이 부풀어 틈을 매워 빗물이 들어오지 못하게 막는다. 부들은 침낭으로도 제격이다. 밀랍은 땅에서 올라오는 습기를 막아주고 통기조직은 탄력과 단열을 제공한다. 보드랍고 보송보송하고 신선한 건초 향을 풍기는 부들 매트를 침낭 밑에 두 장 깔면 포근한 밤을 보낼 수 있다.

내털리가 부드러운 잎을 손가락으로 눌러 짜며 말한다. "부들은 우리를 위해 이걸 만든 것 같아요." 식물이 진화시킨 적응과 사람들의 필요가 맞아떨어지는 것을 보면 놀랍기 그지없다. 일부 원주민 언어에서는 식물을 가리키는 단어가 '우리를 보살피는 이들'로 번역된다. 부들은 자연 선택을 통해 늪에서의 생존 가능성을 증가시키는 정교한 적응을 발전시켰다. 사람들은 성실한 학생이어서 부들에게 해결책을 빌려 자신의 생존 가능성을 증가시켰다. 식물은 적응adapt하고 사람은 적용adopt한다.

옥수수 겉껍질을 벗겨낼수록 속대에 가까워지듯 부들도 잎을 벗겨낼수록 점점 가늘어진다. 잎 가운데는 잎대와 융합되다시피 했는데, 희고 부드러운 속대는 굵기가 새끼손가락만 하고 여름호박만큼 아삭아삭하다. 속대를 한입 크기로 꺾어 학생들에게 돌린다. 내가 베어 문 뒤에야 학생들도 서로 곁눈질하며 야금야금 먹기 시작한다. 잠시 뒤에 학생들은 대숲의 판다처럼 게걸스럽게 잎대를 벗겨낸다. '카자크의 아스파라거스Cossacks' asparagus'라고도 불리는 이 속대는 오이 맛이 난다. 볶거나, 삶거나, 아니면 점심 도시락이 단지 기억으로만 남은 굶주린 대학생들처럼 호숫가에서 날것으로 먹을 수도 있다.

우리가 있던 늪 뒤편을 돌아보면 수확한 자리가 어디인지 금방 알수 있다. 마치 대형 사향뒤쥐가 쓸고 지나간 것 같다. 학생들은 자신들이 환경에 어떤 영향을 미쳤는가를 놓고 열띤 토론을 벌인다.

우리의 장보기용 카누는 의복, 매트, 노끈, 벽을 만들 잎으로 가득 찼다. 탄수화물 에너지가 들어 있는 뿌리줄기, 채소 대신 먹을 속대도 여러 통이다. 무엇이 더 필요하겠는가? 학생들은 우리가 장만한 것을 필수품 목록과 비교한다. 부들의 다재다능이 인상적이기는 하지만 단백질, 불, 조명, 음악 등 빠진 부분도 있다고 지적한다. 내털리는 팬케이크를 목록에 넣고 싶어 한다. 클로디아가 덧붙인다. "휴지도!" 브래드의 필수품 목록에는 아이팟이 들어 있다.

우리는 그 밖의 물건들을 찾아 늪 슈퍼마켓 통로를 누빈다. 학생들은 진짜 월마트에 있는 시늉을 내기 시작한다. 랜스는 늪에 들어가지 않으려고 월마시Wal-marsh 출입문의 안내원을 자처한다. "팬케이크

찾으세요? 5번 코너로 가세요. 손전등이요? 3번입니다. 죄송합니다만 아이팟은 없습니다."

　부들 꽃은 도무지 꽃처럼 보이지 않는다. 줄기는 길이가 약 1.5미터이며 끝에는 통통한 초록색 원통이 달렸다. 허리 부분이 쏙 들어가 둘로 나뉘는데, 위쪽이 수꽃이고 아래쪽이 암꽃이다. 부들은 풍매화여서 수꽃이삭이 터지면 샛노란 꽃가루가 구름처럼 공중에 퍼진다. 팬케이크 팀이 이 신호를 탐색한다. 작은 종이봉투를 조심스레 줄기에 씌워 입구를 꽉 조인 뒤에 흔든다. 봉투 바닥에는 연노란색 가루가 한 숟가락 담겨 있다. 아마도 그만한 분량의 벌레와 함께. 꽃가루(와 벌레)는 거의 순수한 단백질로, 카누에 있는 녹말질 뿌리줄기를 보완하는 고급 식재료다. 벌레를 골라내고 비스킷과 팬케이크에 넣으면 영양소와 아름다운 황금색을 첨가할 수 있다. 꽃가루가 고스란히 봉투에 들어간 것은 아니어서 학생들은 노란색으로 홀치기염색을 한 꼴이다.

　암꽃이삭은 빼빼한 초록색 핫도그를 작대기에 꽂은 모양으로, 스펀지처럼 빡빡하게 뭉친 씨방이 꽃가루를 기다린다. 이것을 소금물에 넣고 끓인 다음 버터를 바른다. 옥수수 이삭처럼 줄기의 양끝을 잡고서 덜 익은 꽃을 꼬치 먹듯 베어 문다. 맛과 식감은 아티초크를 빼닮았다. 오늘 저녁은 부들 케밥이다.

　외치는 소리가 들리고 구름 같은 보푸라기가 공중에 떠다니는 광경이 보인다. 학생들이 월마시 3번 코너에 도착한 모양이다. 작은 꽃 하나하나는 성숙하면 솜사탕 같은 보푸라기에 씨앗이 붙어 우리가 잘 아는 부들 모습—줄기 끝에 달린 먹음직스러운 갈색 소시지—이 된다. 이맘때가 되면 바람과 겨울에 씨앗을 빼앗겨 열매이삭은 탈지면 같은 보푸라기만 남는다. 학생들은 보푸라기를 줄기에서 떼어내어 가방에 넣는다. 나중에 베갯속이나 이불속으로 쓸 것이다. 우리의 조상 할머니들은 늪에 빽빽한 부들을 보면 틀림없이 고마워했을 것이다. 포타와토미어로 부들을 일컫는 이름 중 하나는 **베위에스위누크**^{bewiieskwinuk} 로, '아기를 감싸다'라는 뜻이다. 보드랍고 따스하고 흡수력이 좋아서 방한복과 기저귀 겸용으로 쓰였다.

엘리엇이 우리에게 외친다. "손전등 찾았어요!" 솜털이 달라붙은 줄기는 예부터 기름에 담가 불을 붙였는데, 횃불로 손색이 없었다. 줄기 자체는 장부(한 부재의 구멍에 끼울 수 있도록 다른 부재의 끝을 가늘고 길게 만든 부분_옮긴이)라고 할 수 있을 만큼 곧고 매끈하다. 우리 부족은 줄기를 채집하여 화살대와 (마찰열로 불 피울 때 쓰는) 활비비^{舞錐}(활같이 굽은 나무에 시위를 메우고, 그 시위에 송곳 자루를 건 다음 당기고 밀어 구멍을 뚫거나 불을 피우는 송곳_옮긴이) 등 여러 용도에 썼다. 부들 보푸라기 뭉치는 부싯깃용으로 보관했다. 학생들이 재료를 모두 모아 카누에 가져온다. 내털리는 아직도 물속을 걷고 있다. 이번에는 '마시-올스^{Marsh-alls}'('마셜스^{Marshalls}'는 미국의 할인점_옮긴이)에 갈 거라고 외친다. 크리스는 아직 안 보인다.

씨앗은 보푸라기 날개를 달고 멀리멀리 날아가 새 터전에 자리 잡는다. 부들은 햇빛이 적당하고 영양 물질이 풍부하고 땅이 질기만 하면 거의 어떤 습지에서든 자란다. 땅과 물의 중간 지대인 민물 늪은 지구상에서 가장 생산적인 생태계로 꼽히며 그 다양성은 열대 우림에 맞먹는다. 사람들이 늪 슈퍼마켓을 높이 치는 것은 부들 때문이기도 하지만 낚싯감과 사냥감이 풍부하기 때문이기도 하다. 얕은 물에는 물고기가 알을 낳고, 개구리와 도롱뇽도 많다. 물새는 울창한 풀밭 안전한 장소에 둥지를 틀고 철새는 여행중의 중간 안식처로 부들 늪을 찾는다.

이렇게 탐나는 곳이다보니 습지의 90퍼센트가 유실된 것이 놀랄 일은 아니다. 습지에 의존하는 원주민도 그만큼 줄었다. 부들은 토양을 만들어내기도 한다. 부들이 죽으면 잎과 뿌리줄기는 모두 퇴적물로 돌아간다. 먹히지 않은 것은 물에 가라앉는데, 산소가 없는 물에서는 일부만 분해되어 이탄이 된다. 이탄은 영양 물질이 풍부하며 스펀지처럼 물을 품고 있어서 농작물 재배용으로 이상적이다. 늪을 '황무지'로 매도하며 물을 빼서 농지로 바꾸는 일이 대규모로 벌어지고 있다. 이른바 '진밭muck farm'은 물 뺀 늪의 흑색토를 이용하며, 한때 세계 최대의 생물 다양성을 지탱하던 땅은 이제 하나의 작물만을 지탱한다. 일부 지역에서는 오래된 습지를 무턱대고 포장하여 주차장으로 만들기도 한다. 진짜 황무지는 그런 곳이다.

우리가 카누에 짐을 묶고 있을 때 크리스가 등 뒤에 무언가를 숨긴 채 히죽히죽 웃으며 호숫가를 따라 걸어온다. "여깄어, 브래드. 네 아이팟 찾았어." 그가 든 것은 마른 밀크위드milkweed 꼬투리 두 개다. 눈에 갖다 대고 눈을 찡그려 눈꺼풀로 붙들고 있으니 영락없는 아이팟eye pod(눈 꼬투리)이다.

흙투성이에 살갗이 벌겋게 타고 웃음을 터뜨리고 거머리는 없던 하루가 지나고 우리는 밧줄, 이부자리, 보온재, 조명, 식량, 난방, 보금자리, 비옷, 신발, 연장, 약에 쓸 재료를 배에 가득 실었다. 숙소로 노저어 오는데, 브래드가 아직도 우리에게 뭔가 필요하다고 생각할지 궁금하다.

며칠 뒤, 부들을 수확하고 매트를 짜느라 손가락이 거칠어진 채로 위그웜에 모인 우리는 부들 매트 벽 틈으로 비치는 햇살을 받으며 부들 방석에 앉아 있다. 돔 꼭대기는 여전히 뚫려 있어 하늘이 보인다. 우리가 엮은 교실에 둘러싸여 있자니 바구니 안의 사과가 된 느낌이다. 다들 옹기종기 모여 있다. 지붕은 마지막 임무다. 게다가 비소식이 있다. 지붕이 될 자작나무 껍질은 이미 쌓아두었기에 마지막 재료를 채집하러 나선다.

지금까지는 배운 그대로 가르쳤지만 이제는 학생들에게 전부 맡긴다. 식물이 우리의 가장 오래된 스승이라면, 그들로 하여금 가르치게 못 할 이유가 없지 않나?

숙소에서 한참을 걸어와 삽으로 돌을 퍼내고 땀에 젖은 살갗을 대모등에붙이[deerfly]에게 사정없이 물리고 나니 그늘에 앉기만 해도 찬물에 몸을 담근 기분이다. 우리는 여전히 등에를 쫓으며 길가에 짐을 부리고는 이끼와 적막 속에서 잠시 휴식을 취한다. 공기에는 디트^{DEET}(모기 기피제_옮긴이)와 짜증이 배어 있다. 학생들은 먹파리^{blackfly}에 물릴 자국을 이미 예감하고 있는지도 모르겠다. 땅바닥에 엎드려 뿌리를 찾을 때 웃옷과 바지 틈으로 살갗이 무방비 상태였으니 말이다. 학생들은 피를 조금 잃겠지만, 앞으로 겪을 경험을, 초심자의 마음을 생각하니 그들이 부러워진다.

이곳 숲바닥은 가문비나무 바늘잎 천지다. 녹슨 갈색의 깊고 부드러운 바닥에는 이따금 창백한 색깔의 단풍나무 잎이나 미국흑벚나무^{black cherry} 잎이 떨어져 있다. 양치식물, 이끼, 줄기를 길게 늘인 파트리지베리^{partridgeberry}가 빽빽한 우듬지를 뚫고 내려온 자투리 햇빛을 받아 반짝인다. 우리가 여기 온 것은 코니카가문비나무^{white spruce (Picea glauca)}의 뿌리인 **와타프**^{watap}를 캐기 위해서다. 와타프는 오대호 전역 원주민들에게 문화적 쐐기돌이며 자작나무 껍질 카누와 위그웜을 엮을 만큼 질기면서도 아름다운 바구니를 만들 수 있을 만큼 나긋나긋하다. 다른 가문비나무의 뿌리도 쓸 수는 있지만, 코니카가문비나무의 백록색 잎과 싸한 고양잇과 짐승 냄새는 찾아다닐 가치가 있다.

우리는 눈을 찌를 우려가 있는 죽은 가지를 꺾으며 가문비나무 사이를 비집고 다니면서 알맞은 장소를 찾는다. 학생들이 숲바닥 읽는 법을 배우고 지면 아래의 뿌리를 보는 엑스선 시각을 발달시켰으면 좋겠지만, 직관을 공식으로 구체화하기란 쉬운 일이 아니다. 알맞은 뿌리를 찾을 가능성을 극대화하려면 두 가문비나무 사이에서 되도록 평평한 땅을 고르되 돌밭은 피해야 한다. 근처에 잘 썩은 통나무가 있으면 환영이며 이끼층은 좋은 신호다.

뿌리를 채집할 때 무턱대고 시작하면 구멍만 파고 말 우려가 있다. 서두르면 안 된다. 느리게가 관건이다. "먼저 주고, 그다음에 받는다." 부들이든 자작나무든 뿌리든, 학생들은 받드는 거둠을 일깨우는 이 수확 전 제의에 익숙해졌다. 몇몇은 눈을 감은 채 내 말을 따라 하고 몇몇은 배낭을 뒤져 연필을 꺼낸다. 나는 가문비나무님에게 내가 누구이고 왜 왔는지 이야기한다. 몇 마디는 포타와토미어로, 몇 마디는 영어로, 땅을 파도 되겠느냐고 그들의 너그러운 허락을 구한다. 그들만이 줄 수 있는 것을 이 어여쁜 젊은이들에게 나눠주겠느냐고, 그들의 진짜 몸과 가르침을 주겠느냐고 묻는다. 내가 청하는 것은 단지 뿌리만이 아니다. 나는 답례로 담배를 조금 남겨둔다.

학생들이 삽을 든 채 모여든다. 나는 오래되어, 묵은 파이프 담배처럼 얇게 벗겨지는 향긋한 낙엽을 치운다. 주머니칼을 꺼내 땅에 첫 칼자국을 내고—혈관이나 근육을 끊을 만큼 깊지는 않게, 숲의 살갗만 절개한다—손가락을 집어넣어 잡아당긴다. 벗겨낸 맨 위 층은 일이 끝나면 다시 덮을 수 있도록 고이 놓아둔다. 난데없는 빛에 지네가 허겁지겁 달아난다. 딱정벌레는 숨을 곳을 찾아 파고든다. 흙을 파헤치는 것은 조심스러운 해부 행위 같아서 학생들은 장기들이 조화롭게 포개지고 형태와 기능이 상응하는 질서 정연한 아름다움을 목격할 때처럼 감탄한다. 이것들이 숲의 내장이다.

빗속의 어두운 밤거리를 비추는 네온 불빛처럼 검은 부식토를 배경으로 색깔들이 두드러진다. 통학 버스처럼 윤기 나는 주황색의 황련goldthread 뿌리가 땅을 종횡으로 가로지른다. 사르사파릴라sarsaparilla

는 연필 굵기의 희끄무레한 뿌리 그물망으로 연결되어 있다. 이걸 보자마자 크리스가 한마디 한다. "지도처럼 생겼어요." 색깔과 크기가 제각각인 도로들, 듣고보니 정말 그렇다. 주간州間 고속도로는 묵직한 빨간색 뿌리인데, 어떤 식물인지 모르겠다. 한 가닥을 잡아당기자 1~2미터 옆에서 블루베리 덤불이 부르르 떨린다. 캐나다메이플라워Canada mayflower의 흰색 덩이줄기는 마을을 잇는 시골길처럼 반투명한 끈으로 연결되어 있다. 끝이 막힌 좁은 골목들처럼 연노랑 부채꼴 균사층mycelial fan이 시커먼 유기물 덩어리에서 뻗어 나왔다. 어린 솔송나무에서는 갈색 섬유질 뿌리의 거대하고 조밀한 대도시가 형성된다. 학생들은 모두 팔을 걷어붙인 채 선을 추적하고 뿌리 색깔을 지상의 식물과 짝짓고 세상의 지도를 해독한다.

학생들은 전에도 흙을 본 적이 있다고 생각한다. 정원을 파고, 나무를 심고, 갓 퍼낸―따뜻하고 포슬포슬하고 씨앗을 심을 준비가 된―흙을 만져봤으니 말이다. 하지만 갈이흙 한 줌을 숲의 흙과 비교하는 것은 햄버거 한 개를 소와 벌, 토끼풀, 초원종다리meadowlark, 우드척다람쥐woodchuck가 있는 만개한 초원, 그리고 이들을 하나로 묶는 모든 것과 비교하는 꼴이다. 마당의 흙은 다진 고기와 같아서, 영양가가 있을지는 모르지만 하도 균질화되어서 어디서 왔는지 알아볼 수 없을 정도다. 사람들은 땅을 갈아 갈이흙을 만들지만, 숲의 흙은 보는 이 없는 호혜적 과정의 그물망을 통해 스스로를 만들어낸다.

허브 뿌리를 조심스레 떠내자 밑에 있는 흙은 크림을 얹기 전의 모닝 자바 커피만큼 새까맣다. 부식토는 축축하고 치밀하며 곱디고운 커피 가루만큼 부드럽다. 흙에는 '더러운' 것이 하나도 없다. 이 부드러운 검은색 부식토가 얼마나 달콤하고 깨끗한가 하면 한 숟가락 퍼서 먹어도 될 정도다. 이 근사한 흙을 퍼내어 나무뿌리를 찾고 어느 게 어느 건지 알아내야 한다. 단풍나무, 자작나무, 체리나무는 너무 뻣뻣하다. 우리가 원하는 것은 가문비나무뿐이다. 가문비나무 뿌리는 팽팽하고 낭창낭창한 느낌으로 알 수 있다. 기타 줄처럼 퉁기면 땅에 박힌 채로 힘차게 진동한다. 바로 이것이 우리가 찾는 뿌리다.

손가락을 뿌리 둘레에 밀어 넣는다. 잡아당기면 땅에서 끌려 올라오기 시작하는데, 장애물이 없는 북쪽으로 방향을 잡는다. 하지만 동쪽에서 오는 뿌리와 교차한다. 저 뿌리는 어디로 가야 하는지 아는 듯 곧고 저돌적이다. 그래서 땅을 또 판다. 더 파내고 보니 뿌리는 세 가닥이다. 얼마 지나지 않아 곰이 땅을 파헤친 것처럼 땅이 쑥대밭이다. 첫 번째 뿌리로 돌아가 끝을 잘라내어 다른 뿌리들의 위로 아래로 위로 아래로 끄집어낸다. 나는 숲을 떠받치는 비계飛階에서 단 하나의 파이프를 분리하려 하지만, 나머지를 풀어헤치지 않고서는 그럴 수 없음을 깨닫는다. 여남은 가닥의 뿌리가 드러나 있는데, 어떻게든 하나를 골라서 끊어지지 않게 꺼내야 길고 굵고 이어진 가닥을 얻을 수 있다. 쉬운 일은 아니다.

학생들을 내보내어, 땅을 읽고 어디가 '뿌리'라고 말하는지 보도록 한다. 숲을 헤치며 나아가는 그들의 웃음소리가 희미한 서늘함 속에서 밝게 빛난다. 그들은 한동안 서로를 부르며, 풀어 내린 셔츠 가장자리 밑을 무는 등에게 큰 소리로 욕설을 퍼붓는다.

학생들을 흩어 보낸 것은 한곳에 몰려 수확하지 않도록 하기 위해서다. 뿌리 매트는 위쪽의 우듬지만큼 큰 것이 예사다. 뿌리를 몇 개 캔다고 해서 엄청난 해를 끼치지는 않을 테지만, 우리가 입힌 피해를 조심조심 복구한다. 우리가 판 구멍을 메우고 황련과 이끼를 제자리에 놓고 수확이 끝나면 물병에 든 물로 시든 잎을 적시라고 학생들에게 당부한다.

나는 내 자리에 머물면서 내 뿌리를 다듬는다. 재잘거리는 소리가 천천히 잦아든다. 이따금 툴툴거리는 소리가 옆에서 들린다. 흙이 얼굴에 튀면 씩씩거리기도 한다. 나는 그들의 손이 무엇을 하고 있는지, 그들의 마음이 어디에 있는지 안다. 가문비나무 뿌리를 캐고 있노라면 다른 장소로 가게 된다. 땅의 지도가 묻고 또 묻는다. 어느 뿌리를 취할 거냐고. 어디가 좋은 길이고 어디가 막다른 길이냐고. 근사한 뿌리를 골라서 조심스럽게 파내다가 바위가 깊숙이 박혀 있어 옴짝달싹 못할 때도 있다. 그 길을 포기하고 다른 길을 골라야 하나? 뿌리가 지도처럼 뻗어 있을지는 모르지만, 어디로 가고 싶은지 모르면 지도도 소용이 없다. 어떤 뿌리는 갈라지고 어떤 뿌리는 끊어진다. 학생들의 얼굴을 본다. 아이와 어른의 중간이다. 선택의 기로에 선 모습이 뚜렷하다. 어느 길을 택할 것인가? 하긴 그게 늘 문제 아니던가.

머지않아 잡담이 싹 그치고 적막이 감돈다. 들리는 것은 가문비나무를 스치는 바람 소리, 굴뚝새winter wren 부름소리뿐. 시간은 흘러간다. 학생들에게 친숙한 50분 수업은 지난 지 오래다. 그런데도 누구하나 입을 열지 않는다. 나는 기다리고 있다. 기대하면서. 공기 중에 모종의 에너지가 퍼진다. 허밍. 그리고 들린다. 누군가 노래한다. 낮게, 만족스러운 음성으로. 내 얼굴에 미소가 퍼지는 것을 느끼며 안도의 한숨을 내쉰다. 매번 이런 식이다.

아파치어로 '땅'의 어원은 '마음'을 일컫는 단어와 같다. 뿌리를 캐는 것은 땅의 지도와 우리 마음의 지도 사이에 거울을 드는 것이다. 이 일은 침묵 속에서, 노래 속에서, 대지를 어루만지는 손길에서 일어나는 듯하다. 거울을 일정한 각도로 기울이면 길들이 합쳐지고 집으로 가는 길이 보인다.

최근 연구에 따르면 부식토 냄새는 사람에게 생리적 영향을 미친다고 한다. 어머니 대지님의 냄새를 들이마시면 옥시토신이라는 호르몬의 분비가 자극되는데, 이 호르몬은 엄마와 아이, 사랑하는 연인 사이에서 유대감을 강화하는 바로 그 화학 물질이다. 다정하게 팔을 엮었을 때 노래가 흘러나오는 것은 놀랄 일이 아니다.

뿌리를 처음 캤을 때가 기억난다. 나는 원재료를 찾으러 왔다. 바구니로 바꿀 수 있는 것을. 하지만 바뀐 것은 나였다. 십자 무늬 패턴, 서로 엮인 색깔들. 바구니는 이미 땅에 있었다. 내가 만들 수 있는 어떤 바구니보다 튼튼하고 아름다운 바구니가. 가문비나무와 블루베리, 대모등에붙이와 굴뚝새—숲 전체가 언덕만 한 크기의 야생 바구니에 담겨 있었다. 나까지 담기에도 충분했다.

우리는 길 어귀에서 만나 각자 캐 온 뿌리를 자랑한다. 남학생들은 자기 뿌리가 가장 크다고 뻐긴다. 엘리엇이 팔다리를 쭉 펴고 뿌리 옆에 눕는다. 발가락부터 쭉 뻗은 손끝까지 2.4미터가 넘는다. 그가 말한다. "썩은 통나무를 관통했더라고요. 그래서 저도 따라갔죠."
클로디아가 한마디 거든다. "제 뿌리도 그랬어요. 영양 물질을 따라
간 것 같았어요." 들고 있는 뿌리는 짤막하지만 그들의 이야기는 길
다. 잠자는 두꺼비를 돌멩이로 착각한 이야기, 오래전 산불로 매몰된
렌즈 모양 숯을 발견한 이야기, 뿌리가 갑자기 끊어져 내털리가 흙
세례를 받은 이야기까지. 그녀가 말한다. "전 좋았어요. 계속 맞고 싶
었어요. 뿌리들이 거기서 저희를 기다리고 있는 것 같았거든요."

학생들은 뿌리를 캐고 나면 늘 뭔가 달라진다. 마치 거기 있는 줄
몰랐던 품에 안겼다 나온 것처럼 다정하고 개방적인 무언가가 그들
에게 있다. 그들을 보면서 나는 선물로서의 세상에 마음을 여는 것,
대지가 나를 돌보고 내게 필요한 모든 것이 바로 저기 있으리라는 앎
으로 충만한 것이 어떤 느낌인지 떠올린다.

뿌리를 캔 손도 자랑거리다. 손가락에서 팔꿈치까지 새까맣고, 손
톱 밑도 죄다 새까맣고, 염색 장갑을 낀 듯 손가락 구석구석이 새까
맣다. 손톱은 찻물이 밴 도자기 같다. 클로디아가 새끼손가락을 들어
보이며 말한다. "보이세요? 가문비나무 뿌리 매니큐어를 발랐어요."

숙소로 돌아가는 길에 개울에서 뿌리를 씻는다. 바위에 앉아 뿌리
를 물에 담근다. 우리의 맨발도. 어린나무를 쪼개 만든 작은 바이스
로 뿌리껍질 벗기는 법을 학생들에게 보여준다. 거친 껍질과 통통한
피층을 벗겨내자 디리운 양말을 벗은 듯 희고 가는 다리가 드러난나.
껍질 속 뿌리는 깨끗하고 해말갛다. 끈처럼 손에 감기지만 마르면 나
무만큼 단단해진다. 깨끗하고 산뜻한 냄새가 난다.

땅에서 풀어낸 뿌리를 가지고 개울가에 앉아 첫 바구니를 엮는다. 초보자의 솜씨답게 삐죽삐죽하지만 그래도 제 몫을 한다. 불완전할지는 몰라도, 이것이 사람과 땅의 관계를 엮는 시작이라고 믿는다.

위그웜 지붕 잇기는 식은 죽 먹기다. 학생들은 서로의 어깨에 올라앉아 자작나무 껍질을 뿌리로 고정한다. 부들을 잡아당기고 어린나무를 구부리면서 왜 우리가 서로를 필요로 하는지 깨닫는다. 매트 짜기는 지루하고 아이팟도 없으니 이야기꾼이 권태를 달래주겠다며 나서고 노래가 흘러나온다. 손가락도 노래를 기억하는 듯 리듬에 맞춰 계속 움직인다.

함께하는 시간에 우리는 교실을 짓고 부들 케밥과 뿌리줄기 구이로 배를 채우고 꽃가루 팬케이크를 먹었다. 벌레 물린 부기는 부들 젤로 가라앉혔다. 아직 밧줄 꼬기와 바구니 엮기가 남았기에, 위그웜 안에 나란히 둘러앉아 꼬고 엮고 이야기를 나눈다.

예전에 부들 바구니를 만들 때 모호크족 연장자이자 학자 대릴 톰프슨Darryl Thompson이 찾아온 이야기를 들려준다. 톰프슨은 이렇게 말했다. "젊은이들이 이 식물을 알게 되어 무척 기쁘군요. 부들은 우리가 살아가는 데 필요한 모든 것을 줍니다." 부들은 성스러운 식물이며 모호크족 창조 이야기에도 나온다. 공교롭게도 부들을 일컫는 모호크어 단어는 포타와토미어 단어와 공통점이 많다. 이 단어는 크레이들보드(업을 수 있게 만든 인디언 전통 요람_옮긴이)의 부들도 가리키는데, 어형 변화가 눈물을 쏙 뺄 정도로 귀엽다. 포타와토미어로는 "우리는 그 안에 아기를 감싼다"라는 뜻이고 모호크어로는 "부들이

사람을—마치 '우리'가 '부들'의 아기라는 듯—자신의 선물로 감싼
다"라는 뜻이다. 이 하나의 단어로 우리는 어머니 대지님의 크레이들
보드에 안긴다.

이런 넉넉한 보살핌에 어떻게 보답할 수 있을까? 대지가 우리를 업
어준다는 사실을 알면 우리도 대지를 위해 짐을 짊어질 수 있을까?
어떻게 얘기를 꺼낼까 궁리하고 있는데 클로디아가 내 마음을 읽은
듯 한마디 던진다. "불손하게 들리고 싶은 생각은 없지만요. 식물에
게 우리가 취해도 되는지 묻고 담배를 선물하는 것은 좋다고 생각해
요. 하지만 그걸로 충분할까요? 우리는 엄청나게 많은 것을 취해요.
마치 장보기를 하는 것처럼 부들을 대했어요. 하지만 우리는 대가를
치르지 않고서 이 모든 것을 얻었어요. 솔직히 말하자면 우리는 늪
에서 도둑질을 한 거라고요." 클로디아 말이 맞다. 부들이 늪의 월마
트라면 우리가 훔친 물건을 카누에 가득 싣고 늪을 빠져나갈 때 경
보음이 요란하게 울렸을 것이다. 어떤 면에서, 호혜적 관계를 맺을 방
법을 찾지 않는다면 우리는 값을 치르지 않은 물건을 가지고 나가는
셈이다.

나는 학생들에게 담배 선물이 물질적 선물이 아니라 영적인 선물
임을, 최상의 경의를 표하는 수단임을 상기시킨다. 오랫동안 연장자
들에게 이 질문을 던졌는데, 다양한 답을 들을 수 있었다. 한 사람
은 감사가 우리의 유일한 책무라고 말했다. 그는 어머니 대지님이 우
리에게 선사한 것에 필적하는 것을 우리가 돌려줄 수 있다는 생각은
오만한 것이라고 경고했다. 나는 **에드베센도웬**edbesendowen, 즉 그런 관

점에 담긴 겸손함을 존중한다. 그렇지만 우리 인간에게는 감사 말고도 보답할 수 있는 선물이 있을 것 같다. 호혜성의 철학은 추상적 측면에서는 아름답지만 실천하기는 힘들다.

손이 바쁘면 마음이 자유로워진다. 학생들은 부들 섬유를 손가락에 걸고 꼬면서 내 질문을 곱씹는다. 나는 부들이나 자작나무나 가문비나무에게 우리가 무엇을 줄 수 있겠느냐고 질문한다. 랜스가 코웃음 치며 말한다. "그것들은 식물일 뿐이에요. 우리가 이용할 수 있어서 좋긴 하지만, 그렇다고 해서 우리가 빚진 것은 없다고요. 식물은 그냥 존재할 뿐이니까요." 나머지 학생들이 혀를 끌끌 차며 내가 어떻게 나올지 쳐다본다. 크리스는 로스쿨을 지망하고 있어서, 이런 논쟁이 자연스럽다. 그가 말한다. "부들이 '공짜'라면 그것은 선물이고 우리가 빚진 것은 감사뿐이에요. 선물에 대가를 지불하진 않아요, 감사히 받을 뿐이지." 내털리가 반론을 제기한다. "선물이라고 해서 신세 진 게 적어진다고? 반드시 답례로 뭔가를 줘야 한다고." 선물이든 상품이든, 이는 변제하지 않은 채무를 발생시킨다. 하나는 도덕적이고 하나는 법적이다. 그렇다면 우리가 윤리적으로 행동하려면 우리가 받은 것에 대해 식물에게 어떻게든 보상을 해야 하지 않을까?

이런 질문에 대한 학생들의 고민을 듣고 있으면 즐겁다. 일반적인 월마트 쇼핑객이 그 물건을 생산한 땅에 어떤 채무가 있는지 생각하지는 않을 것 같다. 학생들은 일하고 노끈을 짜면서 재잘거리고 웃음을 터뜨리지만, 결국 기다란 제안 목록을 만들어낸다. 브래드는 우리가 취하는 것에 실제로 대가를 지불하는 허가제를 제안한다. 수수료를 국가에 납부하여 습지 보호에 쓰자는 것이다. 한두 학생은 부들의 가치에 대한 토론회를 열어서 습지에 대한 인식을 제고하는 방안을 택한다. 방어 전략도 있다. 갈대나 털부처꽃purple loosestrife 같은 침입종을 뽑는 행사를 벌여 부들을 위협으로부터 보호함으로써 보답하자는 것이다. 도시 계획 위원회에 참석하여 습지 보전을 주장하자는 의견, 투표에 참여하자는 의견도 나온다. 내털리는 집에 저류조를 설치하여 수질 오염을 줄이겠노라고 다짐한다. 랜스는 다음번에 부모님이 잔디밭에 비료를 주라고 시키면 토양 오염을 막기 위해 거부할 거라고 큰소리친다. 덕스 언리미티드Ducks Unlimited나 네이처 컨서번시Nature Conservancy 같은 단체에 가입하겠다는 학생도 있다. 클로디아는 부들로 컵받침을 짜서 성탄절 선물로 돌리겠다고 맹세한다. 그러면 컵받침을 쓸 때마다 습지에 대한 애정이 되살아날 테니 말이다. 정답은 없었지만, 나는 학생들의 창의력에 경탄했다. 그들이 부들에게 돌려주는 선물은 부들에게 받은 것만큼이나 다채롭다. 이것이 우리의 임무다. 무엇을 줄 수 있는지 알아내는 것. 이것이 교육의 목적 아닐까? 나 자신의 선물이 지닌 성질을 이해하고 세상을 이롭게 하기 위해 이 선물을 쓰는 법을 배우는 것.

학생들의 말을 듣고 있으니 하늘거리며 서 있는 부들이, 바람에 스치는 가문비나무 가지가 속삭이는 소리가 들린다. 돌봄이 추상적 개념이 아님을 일깨우는 소리. 우리가 느끼는 생태적 공감의 원은 생명 세계를 직접 경험하면 넓어지고 경험하지 못하면 쪼그라든다. 우리가 허리까지 잠긴 채 늪을 걸어보지 않았다면, 사향뒤쥐의 길을 따르고 점액 진정제를 몸에 발라보지 않았다면, 가문비나무 뿌리 바구니를 만들거나 부들 팬케이크를 먹어보지 않았다면, 답례로 어떤 선물을 줄 수 있을지 토론이나마 할 수 있었을까? 호혜성을 배울 때는 손이 가슴을 이끌 수 있다.

캠프 마지막 날, 위그웜에서 자기로 한다. 해질녘에 침낭을 끌고 와 밤늦도록 불 가에서 웃음꽃을 피운다. 클로디아가 말한다. "내일 떠난다니 아쉬워요. 부들을 깔고 자지 않게 되면 땅과 연결된 느낌이 그리울 거예요." 대지가 우리에게 필요한 모든 것을 주는 일이 위그웜 안에서만 이루어지는 것은 아님을 기억하려면 정말로 노력해야 한다. 이 선물에 대해 인정, 감사, 호혜성으로 보답하는 일은 자작나무 껍질 지붕 아래에서든 브루클린의 아파트에서든 똑같이 중요하다.

학생들이 손전등을 들고 삼삼오오 짝을 지어 속삭이며 모닥불 가를 떠나기 시작한다. 뭔가 꿍꿍이가 있나보다. 내가 진상을 파악하기도 전에 학생들이 급조한 악보를 들고 합창단처럼 불 가에 나란히 선다. "약소하지만 선생님께 드릴 게 있어요"라고 말하며 직접 지은 근사한 송가를 부르기 시작한다. '가문비나무 뿌리spruce roots와 등산화hiking boots', '인간의 필요human needs와 늪의 갈대marshy reeds', '부들 횃불cattail torches을 밝힌 포치our porches' 같은 엉뚱한 각운이 난무한다. 노래가 점점 고조되더니 힘찬 코러스가 울려퍼진다. "어딜 가든, 식물과 함께라면 그곳이 집이라네." 이보다 더 완벽한 선물이 있을까!

다들 털애벌레처럼 위그웜에 포개 눕는다. 웃음소리와 이야기 소리가 잦아들면서 하나둘 잠이 든다. '추이대ecotones와 구운 뿌리줄기^{baked rhizomes}'라는 말도 안 되는 각운을 떠올리면서 나도 킥킥거리기 시작한다. 연못에 파문이 퍼지듯 침낭에서 침낭으로 웃음소리가 퍼진다. 결국 모두 잠이 들고, 우리의 나무껍질 지붕 돔 아래서 모두가 하나가 된 듯한 느낌이 든다. 이 돔은 별이 빛나는 위쪽 돔의 메아리다. 고요가 내려앉는다. 들리는 소리라고는 학생들의 숨소리와 부들 벽의 속삭임뿐. 나는 좋은 엄마가 된 것 같다.

햇살이 동쪽 문으로 쏟아져 들어오자 내털리가 맨 처음 일어나 발끝으로 딴 학생들을 넘어 밖으로 나간다. 부들 틈새로 그녀가 팔을 들어올린 채 새날에 감사를 드리는 광경이 보인다.

캐스케이드 헤드의 불

재생의 춤, 세상을 만든 춤은 늘 이곳 사물의 구석에서, 가장자리에서,
안개 자욱한 해안에서 추었지.

어슐러 K. 르 귄

파도 너머 멀리서 느꼈다. 어떤 카누도 닿지 못하는 곳, 바다 한가
운데에서 무언가 그들의 내면을 흔들었다. 뼈와 피로 된 옛날 시계가
말했다. "시간이 됐어." 은빛 비늘로 덮인 몸, 제 나름의 나침반 바늘
이 바다에서 빙빙 돌고, 물에 뜬 화살이 집으로 가는 길을 가리켰다.
그들은 사방에서 왔다. 바다는 물고기 깔때기. 바싹 모일수록 통로가
좁아져 그들의 은빛 몸이 물을 밝혔다. 바다로 보내진 알친구煛友, 떠
나간 연어가 집으로 돌아왔다.

이곳의 해안선은 무수한 후미를 두르고 무봉霧峰(바다 안개_옮긴이)
을 걸치고 우림의 강들로 분리되었다. 지형지물이 안개에 가려 길 잃

기 쉬운 곳이다. 해안에 가문비나무가 빽빽하다. 나무의 검은색 망토
는 집의 흔적을 감추고 있다. 연장자들은 카누가 강풍에 휘말려 딴
부족의 모래톱에 떠밀려 가 잃고 만 이야기를 들려준다. 배가 너무
멀리 가버리면 가족들은 해변으로 내려가 나무에 불을 붙여 물에
띄운다. 배가 안전하게 집으로 돌아올 수 있도록 인도하는 유도등인
셈이다. 마침내 카누가 바다에서 잡은 식량을 가득 싣고 돌아오면 사
냥꾼들은 춤과 노래를 대접받는다. 위험한 여정에 대한 보답은 감사
로 빛나는 얼굴들이다.

그렇게 사람들은 카누에 식량을 싣고 돌아올 형제들을 맞이할 준
비를 한다. 그들은 지켜보며 기다린다. 여인들은 가장 좋은 춤 의상
에 뿔조개 껍질을 한 줄 더 꿰맨다. 환영 잔치를 위해 오리나무를 쌓
고 허클베리 꼬치를 깎는다. 그물을 수선하면서 옛 노래를 연습한다.
하지만 형제들은 돌아오지 않는다. 사람들은 해안으로 내려가 흔적
을 찾으려고 바다를 쳐다본다. 잊었으려나. 바다에서 길을 잃은 채
헤매고 있으려나. 남겨두고 온 이들에게 환영받을 기약도 없이.

비 소식이 늦고 수위는 낮아졌다. 숲길은 바싹 말라 먼지가 날리
고 노란가문비나무^{yellow spruce} 바늘잎이 비처럼 내려 쌓였다. 프레리
는 곳에 이르기까지 푸석푸석한 갈색이다. 안개조차 땅을 적시지 못
한다.

저 멀리, 세찬 파도 너머, 어떤 카누도 닿지 못할 곳에서, 빛을 집
어삼키는 먹물 같은 어둠 속에서, 그들이 한 몸으로 움직인다. 한 무
리가 되어, 방향을 알기 전에는 동쪽으로도 서쪽으로도 몸을 돌리지

않은 채.

그리하여 그는 다발을 손에 들고 해거름 길을 걷는다. 개잎갈나무 껍질과 풀을 엮어 만든 둥지에 석탄을 내려놓고 숨을 불어 넣는다. 그것은 춤추더니 주저앉는다. 연기가 시커멓게 고이고 풀이 검은색으로 녹았다가 화염으로 분출하더니 줄기 하나를, 또 하나를 타고 오른다. 초원 여기저기서 남들도 그와 똑같이 풀밭에 타닥거리는 불의 고리를 놓는다. 불이 금세 옮겨 붙어 흰 연기가 희미한 빛 속으로 빙글빙글 치솟고 스스로 숨을 불어넣어 비탈을 따라 헐떡거리며 올라가 마침내 대류의 흡기로 밤을 밝힌다. 형제들을 보금자리로 인도하는 유도등.

그들은 곳을 태우고 있다. 불길은 바람을 타고 내달리다 숲의 축축한 푸른 벽에 부딪히고서야 멈춘다. 파도 뒤 500미터에서 불기둥이 타오른다. 노란색, 주황색, 빨간색의 거대한 화염이. 불타는 프레리가 내뿜는 연기가 허옇게 이글거리고 아래쪽은 어두운 연엇빛 분홍색이다. 불은 이렇게 말한다. "돌아오라, 돌아오라, 나의 살 중의 살이여. 나의 형제여. 그대의 생명이 시작된 강으로 돌아오라. 그대를 위해 환영 만찬을 준비했으니." 카누가 닿을 수 없는 바다 너머 칠흑같은 해변에 한 점 불빛이 보인다. 어둠 속에서 성냥불 하나가 깜박거리며, 해안을 따라 밀려와 안개와 섞이는 흰 기둥 아래에서 신호를 보낸다. 아득한 공간에 불빛 하나. 때가 됐다. 한 몸처럼 그들은 동쪽으로 향한다. 해안으로, 고향의 강으로. 그들은 고향 개울물의 냄새를 맡자 이동을 멈추고는 느려지는 조류를 타고 휴식을 취한다. 그들

위에서, 곳에서는 빛나는 불기둥이 물에 제 모습을 비추어 붉어진 파도 꼭대기에 입맞추고 은빛 비늘을 반짝이게 한다.

동틀 녘의 곳은 이른 눈발에 가린 듯 희멀겋다. 서늘한 잿발이 아래쪽 숲에 떨어지고 바람은 타버린 풀의 알싸한 냄새를 전한다. 하지만 아무도 알아차리지 못한다. 그들은 모두 강가에 서서 환영의 노래를 부르고 있으니. 식량이 지느러미와 지느러미를 맞대고 강을 따라 거슬러 오는 내내, 찬양의 노래를 부르고 있으니. 그물은 강가에 놓여 있고 창은 아직 집 안에 걸려 있다. 갈고리턱의 우두머리들은 통과가 허락된다. 무리를 이끌어야 하기에. 사람들이 감사와 존경으로 가득하다는 메시지를 상류의 친척들에게 전해야 하기에.

고기 떼는 방해받지 않은 채 거대한 무리를 이뤄 상류로 나아가며 캠프를 지난다. 나흘치 고기 떼가 무사히 지나간 뒤에야 가장 존경받는 고기잡이가 '첫 연어'를 잡아 제의적 손놀림으로 다듬는다. 양치식물 깔개에 개잎갈나무 널빤지를 놓고 성대하게 차린 잔칫상에 연어를 올린다. 그런 다음 그들은 성스러운 음식—연어, 사슴 고기, 뿌리, 베리—을 분수계에서의 위치에 따라 순서대로 먹는다. 물잔을 제의적으로 돌리며 이 모두를 연결하는 물을 찬미한다. 길게 늘어서서 춤을 추고 자신들이 받은 모든 것에 감사의 노래를 부른다. 연어 뼈는 강에 돌려보낸다. 영혼이 나머지 연어를 따라갈 수 있도록 대가리를 상류로 향한 채. 우리 모두 죽을 운명이듯 연어도 죽을 운명이지만, 그들은 생명을 전하고 또 전하겠노라는 고대의 계약에 따라 먼저 생명에 묶여 있다. 그럼으로써 세상 자체가 재생된다.

그런 뒤에야 그물을 치고 어살을 놓고 수확을 시작한다. 다들 할 일이 있다. 연장자는 창을 든 젊은이에게 조언한다. "필요한 것만 취하고 나머지는 보내주게. 그럼 물고기가 영원히 씨가 마르지 않을 테니." 덕이 겨울 식량으로 가득차면 그들은 고기잡이를 그만둔다.

그리하여 마른 풀의 시기, 그 가을에 치누크족은 전설적인 규모에 도달했다. 연어님이 강가에 처음 도착했을 때 그를 맞이한 것은 앉은부채님Skunk Cabbage이었다고 한다. 그는 힘든 시절 내내 부족을 굶주림으로부터 지키고 있었다. 연어님은 "고마워요, 형제여. 내 사람들을 보살펴줘서"라고 말하며 앉은부채님에게 선물—엘크 가죽 담요와 전투용 곤봉—을 주고는 그가 쉴 수 있도록 부드럽고 촉촉한 땅에 뉘었다.

강에는 연어가 다양했기에—왕연어님Chinook, 연어님Chum, 곱사연어님Pink, 은연어님Coho—사람들은 숲과 마찬가지로 다시는 굶주리지 않았다. 그들은 내륙으로 수 킬로미터를 헤엄쳐 들어가 나무에 무척 귀중한 자원인 질소를 가져다주었다. 알을 낳고 기진맥진한 연어는 곰과 독수리와 사람에게 잡혀 숲에 끌려오는데, 그 사체는 앉은부채님뿐 아니라 나무에도 양분을 공급했다. 과학자들은 안정 동위 원소 분석을 이용하여 옛 숲의 나무에 있는 질소가 본디 바다에서 온 것임을 밝혀냈다. 연어가 모두를 먹여 살렸다.

봄이 돌아오면 곳은 다시 유도등이 되어 새 풀의 강렬한 초록으로 빛난다. 불타 시커메진 흙은 금세 달아올라 싹에게 올라오라고 재촉하며 타고 남은 재는 생장을 촉진하는 거름이 된다. 시트카가문비나무의 어두운 숲 한가운데서 엘크와 새끼가 무성한 풀밭을 얻을 수 있는 것은 이 때문이다. 계절이 펼쳐지면 프레리는 들풀 천지다. 치료사는 필요한 약초를 채집하러 먼 길을 올라간다. 약초는 그들이 '늘 바람이 부는 곳'이라고 부르는 이곳 산 위에서만 자란다.

곶은 해안에서 비죽 나와 있으며 바다는 흰 물결을 일으키며 곶의 밑동을 휘돈다. 이곳은 전망이 탁 트였다. 북쪽으로는 바위 절벽이 늘어섰고, 동쪽으로는 이끼 드리운 우림으로 이뤄진 오래된 능선이 겹겹이 솟았으며, 서쪽으로는 망망대해가 펼쳐지고, 남쪽으로는 강어귀가 자리 잡았다. 거대한 모래탑이 만 입구를 가로질러 호를 그리며 강을 둘러싸 비좁은 병목을 지나게 한다. 육지와 바다의 만남을 빚어내는 모든 힘이 그곳에 모래와 물로 기록되어 있다.

머리 위로는 환상의 전달자 독수리님이 곶에서 솟아오르는 온난기류를 타고 솟구친다. 이곳은 성스러운 땅이었다. 환상을 찾은 이들은 땔감이라고는 풀밖에 없는 이곳에서 며칠을 홀로 금식하며 고행했다. 그들이 스스로를 희생한 것은 연어님을 위해, 부족을 위해, 조물주의 목소리를 듣기 위해, 꿈꾸기 위해서였다.

곶의 이야기는 단편적으로만 전해진다. 이야기를 알던 사람들은 그들의 앎이 채록되기 전에 사라졌으며 죽음이 휩쓸고 간 자리에 남은 이야기꾼은 거의 없었다. 하지만 프레리는 이야기를 전할 사람들이 사라지고 오랜 뒤에도 제의의 불 이야기를 간직했다.

1830년대 질병의 쓰나미가 오리건 해안을 휩쓸었다. 병균은 포장마차보다 빨리 퍼졌다. 천연두와 홍역이 원주민에게 전파되었다. 불 앞의 풀처럼 그들에게는 저항력이 전혀 없었다. 무단 정주자squatter들이 당도한 1850년경에는 대부분의 마을이 유령 도시로 변해 있었다. 정착민들의 일기에는 가축을 키우기에 안성맞춤인 초지와 울창한 숲을 발견하고 놀란 이야기가 실려 있다. 그들은 원주민의 풀밭에 소를 풀어 살찌웠다. 그 모든 소들은 틀림없이 이미 땅에 난 길을 따라가면서 흙을 더 단단히 다졌을 것이다. 소들은 잃어버린 불처럼 숲에 의한 침식을 막고 풀에 거름을 줬다.

네체즈니족의 나머지 땅을 차지하려고 사람들이 더 몰려왔다. 홀스타인 젖소를 먹일 목초지가 더 필요했다. 이 지역에는 평지가 드물기에 그들은 강어귀의 염습지鹽濕地에 눈독을 들였다.

모든 가장자리의 가장자리인 만은 강, 바다, 숲, 흙, 모래, 햇빛이 만나는 생태계의 교차점으로, 생물 다양성과 생산성이 어느 습지보다 높다. 온갖 무척추 동물의 번식지이기도 하다. 식물과 퇴적물의 촘촘한 스펀지는 온갖 크기의 수로가 얽혀 있어 다양한 크기의 연어가 그 그물망으로 들고 날 수 있다. 강어귀는 연어 양식장이다. 알에서 깬 지 며칠밖에 안 된 작은 치어는 몸을 불리고 짠물에 적응하는 스몰트smolt(바다로 가는 2년생 연어_옮긴이)가 된다. 왜가리, 오리, 독수리, 조개는 그곳에서 살 수 있지만 소는 살지 못한다. 풀의 바다는 너무 축축했다. 그래서 정착민들은 물이 들어오지 못하도록 둑을 세우는 간척 사업을 벌여 습지를 목초지로 바꿨다.

둑을 쌓자 강은 모세관 그물망에서 쭉 뻗은 하나의 물살로 바뀌어 강에서 바다로 곧장 흘러 들어갔다. 소들에게는 좋았을지 모르지만, 사정없이 바다로 내팽개쳐진 어린 연어들에게는 재앙이었다.

민물에서 태어난 연어가 짠물로 이동하는 것은 신체 화학 조성에 엄청난 부담이 된다. 한 어류생물학자는 이것을 화학 요법의 고통에 비유한다. 연어에게는 점진적 전이 지대, 일종의 사회 복귀 시설이 필요하다. 강어귀의 거무스름한 물, 즉 강과 바다의 완충 지대인 습지는 연어의 생존에 중대한 역할을 한다.

연어 통조림으로 거액을 벌겠다는 희망으로 인해 연어 낚시가 폭발적으로 성장했다. 하지만 사람들은 돌아오는 연어를 존중하지 않았으며 선발대를 무사히 상류로 보내주지도 않았다. 설상가상으로 상류에 댐이 건설되면서 강은 돌아올 수 없는 물길이 되었으며 방목과 산업적 임업으로 인해 환경이 오염되면서 연어 산란은 거의 자취를 감췄다. 상품 사고방식은 수천 년간 사람들을 먹여 살린 연어를 멸종 위기로 내몰았다. 사람들은 소득원을 지키려고 연어 부화장을 지어 양식업으로 돌아섰다. 강이 없어도 연어를 길러낼 수 있을 줄 알았다.

바다에서는 야생 연어가 곶의 불길을 기다리고 있었으나 오래도록 아무것도 보이지 않았다. 하지만 부족과의 계약과 그들을 보살피겠다는 앉은부채님과의 약속 때문에 이곳으로 돌아왔다. 해마다 수가 줄었지만. 가까스로 돌아온 연어들을 맞이한 것은 어둡고 쓸쓸한 빈집이었다. 노래도, 양치식물로 장식한 식탁도 없었다. 귀환을 환영하는 해안의 불빛도 없었다.

열역학 법칙에 따르면 모든 것은 어디론가 가야 한다. 사람과 물고기 사이의 존중과 돌봄의 관계는 어디로 갔을까?

길은 강에서 갑자기 계단으로 솟구쳐 가파른 비탈로 이어진다. 거대한 시트카가문비나무 뿌리를 디디고 올라가느라 발에서 불이 나는 것 같다. 이끼, 양치식물, 침엽수가 깃털처럼 생긴 형태의 패턴을 반복하며 숲의 벽에 목판 인쇄한 초록 깃잎의 모자이크가 점점 가까워진다.

내 어깨를 스치는 나뭇가지들이 시야를 가려 길과 내 발이 보이지 않는다. 이 길을 걸으면 내 머릿속의 작은 돔 안에 들어가 내면을 돌아보게 된다. 목록과 기억의 내부 풍경이 분주한 마음을 몰아낸다. 들리는 것은 내 발소리, 비옷 바지 스치는 소리, 심장 뛰는 소리뿐. 마침내 개울이 만나는 곳에 도착하자 수직으로 떨어지는 물이 고운 안개를 뿌리며 노래한다. 이 장면을 보니 내 눈이 숲을 향해 열린다. 줄고사리에서 굴뚝새가 지저귀고 캘리포니아영원orange-bellied newt이 내 앞길을 가로지른다.

비탈을 올라가 정상 아래 줄기가 휜 오리나무의 가장자리에 들어서자 가문비나무 그늘이 사라지고 땅이 알록달록하게 빛에 물든다. 앞에 무엇이 있는지 알기에 좀 더 빨리 걷고 싶지만, 새로운 만남의 순간이 너무 매혹적이어서 애써 천천히 걸음을 내디디며 예감을 음미하고 공기의 변화와 상쾌한 산들바람을 맛본다. 마지막 오리나무가 나를 풀어주려는 듯 길 밖으로 기울어져 있다.

황금빛 풀을 배경으로 검은색을 띤 채 프레리 땅속으로 몇 센티미터 팬 이 길은 마치 수백 년의 발자국이 내 발자국을 앞선 듯 천연의 윤곽을 따라 나 있다. 이곳에는 나와 풀과 하늘과 온난 기류를 타는 흰머리수리 두 마리뿐이다. 능선에 올라서자 터질 듯한 빛과 허공과 바람이 나를 맞이한다. 이 광경을 보니 머리에 불이 붙는 것 같다. 이 높고 성스러운 장소를 더는 묘사할 길이 없다. 말은 바람에 전부 날아가버렸다. 생각조차도 곶 위로 피어오르는 구름처럼 흩어진다. 존재하는 것은 존재뿐.

이 이야기를 알기 전, 그 불이 내 꿈을 밝히기 전, 여느 사람처럼 이곳에 놀러 와서 경치 좋은 곳에서 사진을 찍은 적이 있다. 그때 나는 만을 둘러싼 노란색 모래톱의 거대한 낫 모양 곡선과 레이스를 두른 채 해변을 올라타는 파도에 감탄했을 것이다. 둔덕 주위로 목을 길게 빼고 강이 어떻게 구불구불한 은빛 선을 이룬 채 코스트레인지 능선의 검은 선에서 뻗어 나와 저 멀리 아래 염습지를 통과하는지 보았을 것이다. 남들처럼 깎아시른 절벽에 다가가 300미터 아래의 곶 밑동에 부딪치는 파도를 내려다보며 허세를 부리고 전율을 느꼈을 것이다. 후미의 반향실에서 물범이 짖는 소리를 듣고 바람이 풀을 퓨마 털처럼 물결치게 하는 광경을 보았을 것이다. 끝없이 이어진 하늘과 바다를.

그 이야기를 알기 전에 현장 기록을 작성하고 현지 가이드에게 희귀 식물에 대해 문의하고 도시락을 열었을 것이다. 옆 전망대의 남자처럼 휴대폰으로 통화하지는 않았을 테지만.

그러나 지금 나는 그저 그곳에 가만히 선 채 환희와 비탄의 맛이 나는 이름 없는 감정을 느끼며 뺨 위로 눈물을 흘렸다. 환희는 일렁거리는 세상의 존재로 말미암은 것이요, 비탄은 우리가 잃은 것으로 말미암은 것이었다. 풀은 불에 타던 밤을, 종 경계를 넘어선 사랑의 불로 길을 밝히던 밤을 기억한다. 오늘날 그것이 무엇을 의미하는지나마 아는 사람이 있을까? 풀밭에 무릎을 꿇으니 슬픔의 소리가 들린다. 마치 땅이 자신의 백성을 위해 우는 듯. 돌아와요. 집으로 돌아와요.

종종 나 말고도 이곳을 걷는 사람들이 있다. 그들이 카메라를 내려놓고 곳에 서서 간절한 눈빛으로 바다를 쳐다보며 머리 위 바람 소리를 들으려 귀를 기울일 때, 그것이 그 기억의 의미라고 생각한다. 그들은 세상을 사랑하는 것이 어떤 일인지 기억하려고 애쓰는 것처럼 보인다.

그것은 사람을 사랑하는 것과 땅을 사랑하는 것 사이에 우리 스스로 놓은 괴상한 이분법이다. 우리는 사람을 사랑하는 것에 힘이 있음을, 사람을 사랑함으로써 모든 것을 바꿀 수 있음을 안다. 하지만 우리는 땅을 사랑하는 것이 그저 내면의 문제인 것처럼 행동한다. 머리와 가슴의 테두리 밖에서는 아무런 에너지를 발휘하지 못하는 듯. 캐스케이드 헤드의 고지대 프레리에서 또 다른 진실이 밝혀지고 땅을 사랑하는 능동적 힘이 드러난다. 이 곳에서의 제의적 불놀이는 사람들이 연어와, 서로와, 영적 세계와 맺은 관계를 다졌을 뿐 아니라 생물 다양성도 만들어냈다. 제의적 불은 숲을 해안 프레리의 손가락으로, 안개로 어둑어둑한 나무의 격자에 탁 트인 서식지의 섬으로 바꿨다. 불이 곳에 만들어낸 초원은 불에 의존하는 종들의 보금자리이며, 이들은 지구상에서 오로지 이곳에만 산다.

이와 마찬가지로 '첫 연어 환영식'은 이토록 아름답게 세상의 모든 돔을 통해 울려퍼진다. 사랑과 감사의 잔치는 단지 내적인 감정 표현이 아니었으며 연어들이 결정적 시기에 포식자로부터 벗어나게 함으로써 상류로의 복귀에 실제로 한몫했다. 연어 뼈를 개울에 넣는 일은 생태계에 영양 물질을 돌려주었다. 이것은 현실적 숭배 의례다.

불타는 유도등은 아름다운 시이지만, 이것은 물리적으로, 땅에 깊숙이 새겨진 시다.

사람들은 연어를 사랑했다. 불이 풀을 사랑하듯.
불꽃이 바다의 어둠을 사랑하듯.

오늘날 우리는 엽서("케스케이스 헤드에서 본 끝내주는 풍경 — 자기도 여기 왔어야 하는데")와 장보기 목록("연어 700그램 살 것")에만 쓴다.

✳

의례는 주의를 집중시켜 주의^{attention}를 취지^{intention}로 승화시킨다. 함께 서서 공동체를 앞에 두고 선언하면 내게는 책임이 부여된다.

의례는 개인의 테두리를 초월하며 인간의 영역을 넘어 공명한다. 이 숭배 행위에는 실천적 힘이 있다. 삶을 확장하는 의례.

많은 원주민 공동체에서 예복의 옷단은 세월과 역사에 해어졌지만 천은 여전히 질기다. 하지만 주류 사회에서 의례는 시들어버린 듯하다. 분주히 돌아가는 삶, 공동체 해체, 의례가 즐겁게 선택된 축제가 아니라 참가자에게 강요된 조직 종교의 인공물이라는 인식 등 여러 가지 이유가 있을 것이다.

생일 축하, 결혼식, 장례식 등 아직 남아 있는 의례는 우리 자신에게만 초점을 맞추며 개인적 통과 의례를 기념한다. 가장 보편적인 것은 아마도 고등학교 졸업식일 것이다. 나는 우리 작은 마을에서 열리는 졸업식을 좋아한다. 6월 어느 저녁 온 마을 사람들이—졸업생 자녀가 있든 없든—옷을 차려입고 강당을 가득 채운다. 공유되는 감정에는 공동체 의식이 있다. 무대를 가로질러 걸어가는 젊은이들에 대한 자부심이 있다. 누군가에게는 위안이 되며 향수와 추억을 불러일으키기도 한다. 우리는 우리의 삶을 풍요롭게 한 이 아름다운 젊은이들에게 축하를 보내고, 온갖 역경을 이겨낸 그들의 노고와 성취를 치하한다. 그들에게 너희가 미래의 희망이라고 말한다. 세상에 뛰어들라고 격려하고 그들이 고향으로 돌아오기를 기도한다. 우리는 그들에게 박수를 보낸다. 그들도 우리에게 박수를 보낸다. 다들 조금은 눈물을 흘린다. 그런 다음 파티가 시작된다.

우리는 졸업식이 공허한 의례가 아님을—적어도 우리의 작은 마을에서는—안다. 의례에는 힘이 있다. 집단적 기원은 고향을 떠나려는 젊은이들의 자신감과 기운을 북돋운다. 의례는 그들이 어디서 왔는지, 자신을 떠받친 공동체에 어떤 책임을 져야 하는지 일깨운다. 우리는 의례가 그들에게 영감을 주길 바란다. 그리고 졸업 축하 카드에 끼워둔 수표는 그들이 세상에 나아가는 데 정말로 보탬이 된다. 이런 의례도 삶을 확장한다.

우리는 이 의례를 서로에게 행하는 법을 알며 매우 잘한다. 하지만 당신이 강가에 서 있다고 상상해보라. 연어님이 강어귀의 강당에 입장하면서 느끼는 것과 같은 감정으로 충만한 채. 그들을 기려 기립하고, 우리의 삶을 풍요롭게 해준 것에 감사하고, 온갖 역경을 이겨낸 그들의 노고와 성취를 노래로 치하하고, 그들에게 너희가 미래의 희망이라고 말하고, 세상에 뛰어들라고 격려하고 그들이 고향으로 돌아오기를 기도한다. 그런 다음 잔치가 시작된다. 우리는 축하와 지지의 결속을 우리 종을 넘어서 우리를 필요로 하는 다른 종에게 확대할 수 있을까?

많은 토착 전통에서는 아직도 의례의 역할을 인정하며, 다른 종과 계절의 순환 사건을 축하하는 일에 종종 중점을 둔다. 식민주의 사회에 남은 의례들은 땅에 대한 것이 아니라 가족과 문화, 옛 나라에서 전해질 수 있는 가치에 대한 것이다. 땅을 위한 의례가 있었음은 의심할 여지가 없지만, 강제 이주를 당하느라 거의 찾아볼 수 없을 정도로 사라졌다. 내가 보기엔 이 땅과의 유대 관계를 형성하는 수단으로서 의례들을 이곳에 되살리는 것이야말로 지혜로운 일이다.

세상에서 어엿한 행위자가 되려면 의례는 호혜적인 공共창조여야 하며 그 성격은 유기적이어야 한다. 그 속에서 공동체는 의례를 창조하고 의례는 공동체를 창조한다. 원주민에게서 빼앗는 문화적 전유여서는 안 된다. 하지만 오늘날의 세상에서 새로운 의례를 만들어내는 것은 쉬운 일이 아니다. 사과 축제와 말코손바닥사슴 축제를 여는 마을도 있는데, 음식은 훌륭하지만 아쉽게도 상업적인 경향이 있다. 주말 들꽃 탐방과 성탄절 새 집계Christmas bird count 같은 교육적 행사는 방향은 옳지만, 인간을 넘어선 세상과의 능동적이고 호혜적인 관계가 결여되어 있다.

나는 가장 고운 드레스 차림으로 강가에 서 있고 싶다. 힘차게 노래하고, 백 명의 사람들과 발을 구르고 싶다. 물이 우리의 행복에 맞춰 허밍하도록. 세상의 재생을 위해 춤추고 싶다.

요즘 연어 강 어귀의 둑 위에서는 사람들이 다시 물가에 서서 바라보며 기다린다. 그들의 얼굴은 기대감으로 빛나며 이따금 근심으로 주름진다. 그들은 가장 고운 옷 대신 바지 장화와 캔버스 천 조끼를 입었다. 그물을 가지고 물속으로 걸어 들어가는 사람도 있고 들통을 든 사람도 있다. 간간이 발견의 기쁨에 탄성이 터져 나온다. 종류는 다르지만 이 또한 첫 연어 환영식이다.

1976년부터 미국 산림청과 여러 제휴 단체들은 오리건 주립대학의 주도하에 강어귀 복원 사업을 실시했다. 그들의 계획은 제방과 댐과 방조 수문을 철거하고 다시 한번 미세기가 원래 목적지까지 가서 목적을 이루도록 하는 것이었다. 강어귀의 본분을 땅이 기억하길 바라면서 그들은 인간이 만든 구조물을 하나씩 해체했다.

이 계획의 지침이 된 것은 수없이 쌓인 평생의 생태학 연구, 실험실에서 끝없이 보낸 시간, 야외에서의 따가운 일광 화상, 겨울날 빗속에서 오들오들 떨고 근사한 여름날 신종이 기적적으로 돌아올 때 수집한 데이터 등이다. 우리 현장생물학자에게는 이것이 삶의 목적이다. 야외에서 다른 종의, 대체로 우리보다 훨씬 흥미진진한 종의 활기찬 현전을 목격하는 것. 우리는 그들의 발치에 앉아 귀를 기울인다. 포타와토미족 이야기는 인간을 포함한 모든 동식물이 한 언어를 쓰던 때가 있다고 기억한다. 우리는 자신의 삶이 어떤 모습인지를 서로 이야기할 수 있었다. 하지만 그 선물은 사라졌고 우리는 그만큼 빈곤해졌다.

같은 언어를 말하지 못하기에 과학자로서 우리의 임무는 이야기를 최대한 멋지게 엮어내는 것이다. 우리는 연어에게 무엇이 필요한

지 직접 물을 수 없으므로 실험으로 묻고 그들의 대답에 신중하게 귀를 기울인다. 연어가 수온에 어떻게 반응하는지 알아내려고 밤새 도록 귓돌의 나이테를 현미경으로 들여다본다. 그렇게 우리는 바로 잡을 수 있다. 우리는 염도가 침입종 식물의 생장에 미치는 영향에 대해 실험을 진행한다. 그렇게 우리는 바로잡을 수 있다. 우리가 측정 하고 기록하고 분석하는 방법은 생명이 없는 것처럼 보일지도 모르 지만, 우리에게 이 방법은 인간 아닌 종의 수수께끼 같은 삶을 이해 하는 통로다. 경외와 겸손으로 과학을 하는 것은 인간을 넘어선 세상 과 호혜적 관계를 맺는 강력한 행위다.

데이터를 사랑하거나 p-값에 경탄하여 현장에 온 생태학자는 한 명도 못 만나봤다. 과학은 종 경계를 건너는 방법, 인간의 피부를 벗 고 지느러미나 깃털이나 잎을 입고서 다른 존재들을 최대한 온전히 아는 방법일 뿐이다. 과학은 다른 종에 대해 친밀감과 존경심을 형성 하는 방법일 수 있으며, 이에 비길 만한 것은 전통 지식 보유자의 관 찰밖에 없다. 과학은 친족성에 이르는 길이 될 수 있다.

과학자들 또한 나의 부족이다. 다정한 과학자의 수첩은, 염습지의 진흙에 얼룩지고 숫자가 빼곡히 들어찬 수첩은 연어에게 보내는 연 애편지다. 이 과학자들은 나름의 방식으로 연어를 위해, 그들에게 고 향에 돌아오라고 손짓하며 유도등을 밝히는 셈이다.

제방과 댐이 철거되자 땅은 염습지의 본분을 기억해냈다. 물은 퇴 적물 사이사이의 작은 배수로를 통해 어떻게 스스로를 내보내야 하 는지 기억해냈다. 곤충은 어디에 알을 낳아야 하는지 기억해냈다. 오늘날은 강물의 자연적인 곡선이 복원되었다. 곶에서 본 강은 일렁이는 사초를 배경 삼아 울퉁불퉁한 노^ᵏ로지폴해송^{shore pine}이 그린 동판화 같다. 모래톱과 깊은 웅덩이는 황금색과 파란색의 소용돌이 무늬를 그린다. 이렇게 새로 태어난 물 세상의 만곡부마다 어린 연어가 쉬고 있다. 유일한 직선은 제방의 옛 경계뿐으로, 강물의 흐름이 어떻게 방해받았는지, 어떻게 복원되었는지를 우리에게 상기시킨다.

첫 연어 환영식은 사람들을 위한 것이 아니었다. 연어님 자신을 위한 것이요, 빛나는 모든 창조 세계를 위한 것이요, 세상의 재생을 위한 것이었다. 사람들은 자신들을 위해 생명이 주어질 때 자신들이 귀중한 것을 받았음을 알았다. 의례는 귀중한 것을 돌려주는 방법이다.

계절이 바뀌고 곶의 풀이 마르면 준비가 시작된다. 사람들은 그물을 손보고 장비를 챙긴다. 그들은 해마다 이맘때 찾아온다. 모든 전통 음식을 채집한다. 먹일 입이 많기 때문이다. 데이터 기록기는 보정되어 사용 준비가 완료되었다. 바지 장화 차림의 생물학자들은 보트를 타고 강에 나가 강어귀의 복원된 수로에 그물을 내리고 강의 맥박을 잰다. 매일같이 해안에 내려가 바다를 쳐다보며 확인한다. 그래도 연어는 오지 않는다. 이제 연어를 기다리는 과학자들은 침낭을 꺼내고 실험 장비를 끈다. 하나만 빼고. 현미경 조명 하나만 켜져 있다.

파도 저 멀리서 그들이 고향의 물을 맛보며 모여든다. 캄캄한 곳을 배경으로 그것을 본다. 누군가 불을 켜두었다. 깊은 밤 작은 유도등을 밝혀 연어에게 고향으로 돌아오라고 손짓하는.

뿌리를 내려놓다

어느 여름날 모호크강 강둑 위에서.

엔스카, 테케니, 아센^{Én:ska, tékeni, áhsen}. 구부리고 당기고, 구부리고 당기고. **카이에리, 위스크, 이아이아크, 치아타**^{Kaié:ri, wísk, iá:ia'k, tsiá:ta}. 그녀가 허리까지 오는 풀밭에서 손녀를 부른다. 등을 구부릴 때마다 다발이 점점 굵어진다. 그녀가 등을 펴고 허리를 문지른다. 고개를 들어 푸른 여름 하늘을 올려다본다. 검은 댕기머리가 등의 아치에서 시곗줄처럼 달랑거린다. 갈색제비^{bank swallow}가 강 위에서 지저귄다. 물 위로 불어오는 산들바람이 풀을 출렁이게 하고 그녀의 발걸음마다 솟아나는 향모의 향기를 실어 나른다.

400년 뒤 어느 봄날 아침.

엔스카, 테케니, 아센. 하나, 둘, 셋, 구부리고 파고, 구부리고 파고. 내가 등을 구부릴 때마다 다발이 점점 가늘어진다. 말랑말랑한 땅에 모종삽을 넣어 앞뒤로 흔든다. 땅에 박힌 돌에 모종삽을 대고 손가락을 집어넣어 파낸 뒤에 옆에 치운다. 사과만 한 구멍이 생겼다. 뿌리가 들어가기엔 충분하다. 자루 속에 엉켜 있는 다발에서 향모 한 덩어리를 손가락으로 떼어낸다. 구멍에 넣고 흙으로 메우고 환영의 말을 건네고 땅을 다진다. 등을 펴고 뻐근한 허리를 문지른다. 햇살이 우리 주위로 쏟아져 풀을 데우고 향기를 퍼뜨린다. 빨간색 표시 깃발이 바람에 펄럭거리며 우리 구역의 윤곽을 나타낸다.

카이에리, 위스크, 이아이아크, 치아타. 기억 너머의 시절부터 모호크족은 이 강 유역에 살았다('모호크강'은 '모호크족'의 이름에서 땄다). 그때는 강이 물고기로 가득했으며, 봄철에 범람하는 강물이 고운모래를 실어 날라 옥수수밭을 기름지게 했다. 모호크어로 **웬세라콘 오혼테**wenserakon ohonte라고 부르는 향모는 강둑에서 무성하게 자랐다. 그 언어는 몇백 년 동안 들리지 않았다. 모호크족은 이민자의 물결에 보금자리를 빼앗기고 뉴욕 교외의 이 풍요로운 유역에서 이 나라 구석으로 밀려났다. 한때 이곳을 주름잡던 대*하우데노사우니(이로쿼이) 연맹 문화는 소규모 보호구역의 누더기로 전락했다. 민주주의, 여성 평등, 위대한 평화의 법Great Law of Peace(이로쿼이 연맹의 헌법_옮긴이) 같은 개념에 처음으로 목소리를 입힌 언어가 멸종 위기종이 되었다.

모호크어와 모호크족 문화는 저절로 사라진 게 아니다. 강제 동화同化, 즉 이른바 인디언 문제를 다루는 정부 정책을 통해 모호크족 아이들은 펜실베이니아주 칼라일의 막사로 보내졌다. 그 학교에서 내세운 사명은 '인디언을 죽이고 사람을 구원하라'였다. 댕기머리가 잘리고 토박이말은 금지되었다. 여자아이들은 요리하고 청소하는 법을 배였으며 일요일에는 흰 장갑을 꼈다. 향모의 향기를 대신한 것은 막사 세탁장의 비누 냄새였다. 남자아이들은 운동과, 정착 생활에 요긴한 기술—목공, 농사, 호주머니에 든 돈을 건사하는 법—을 배웠다. 땅과 언어와 원주민의 고리를 끊겠다는 정부의 목표는 거의 성공을 거뒀다. 하지만 모호크족은 스스로를 **카니엔케하**^{Kanienkeha}, 즉 '부싯돌 부족'이라고 부르는데, 부싯돌은 미국의 거대한 도가니에 쉽사리 녹아들지 않는다.

일렁이는 풀 위로 머리 두 개가 흙을 내려다본다. 윤기 나는 검은색 곱슬머리를 빨간색 반다나로 묶은 쪽은 다니엘라다. 그녀가 무릎을 세우고 자기 구역의 식물을 센다. … 47, 48, 49. 고개를 들지 않은 채 클립보드에 숫자를 쓰고 자신의 다발을 어깨에 걸머지고는 앞으로 나아간다. 다니엘라는 대학원생이며 우리는 몇 달 전부터 이날을 계획했다. 이 작업은 그녀의 논문 과제가 되었으며 그녀는 일을 제대로 해낼 수 있을지 불안해한다. 대학원 서류에는 내가 그녀의 지도교수라고 쓰여 있지만, 나는 그녀에게 식물이야말로 최고의 스승이라고 늘 말한다.

들판 맞은편에서 테리사가 댕기머리를 어깨 위로 달랑거리며 고개를 든다. 그녀는 '이로쿼이 내셔널스 라크로스'라고 적힌 티셔츠의 소매를 걷어붙였다. 아래팔에는 흙 자국이 선명하다. 테리사는 모호크족 바구니 장인으로, 우리 연구진에 없어서는 안 될 존재다. 그녀는 하루 휴가를 내고 우리와 함께 흙바닥에 무릎을 꿇은 채 귀에서 귀까지 미소를 짓는다. 우리가 맥이 빠진 것을 알아차린 그녀가 우리의 기운을 북돋우려고 헤아림 소리를 시작한다. **카이에리, 위스크, 이아이아크, 치아타**. 그녀가 메기면 우리도 함께 향모의 줄을 헤아린다. 일곱 번째 줄, 일곱 번째 세대에서 뿌리를 땅에 심으며 향모의 귀향을 환영한다.

칼라일에도 불구하고, 추방에도 불구하고, 400년간의 봉쇄에도 불구하고, 굴복하지 않는 무언가가, 살아 있는 돌의 어떤 마음이 있다. 무엇이 사람들을 지탱했는지는 모르겠지만, 나는 그것이 말로 전해졌으리라 믿는다. 언어의 주머니는 땅에 뿌리 내린 사람들 가운데에서 살아남았다. 남은 것 중 하나는 날을 맞이하는 감사 연설이다. "우리의 마음을 하나로 모아 많은 선물로 우리의 삶을 떠받치는 어머니 대지님에게 인사와 감사를 보냅시다." 세상과 맺은, 돌처럼 단단한 감사의 호혜성은 나머지 모든 것이 떨어져 나갔을 때 그들을 지탱했다.

1700년대에 모호크족은 모호크강 유역의 보금자리를 떠나 캐나다와의 국경 지대 아크웨사스네에 자리 잡았다. 테리사는 아크웨사스네 바구니 장인의 오랜 계보에 속한다.

바구니의 놀라운 섬은 변형이다. 살아 있는 식물의 온전함에서 조각조각의 가닥이 되었다가 바구니의 온전함으로 되돌아가는 변형. 바구니는 세상을 빚는 파괴와 창조의 이중적 힘을 안다. 한때 분리된 가닥들이 새로 엮여 새로운 전체가 된다. 바구니의 여정은 부족의 여정이기도 하다.

강가 습지에 뿌리를 내린 검은물푸레나무와 향모는 땅에서도 이웃이다. 그들은 모호크 바구니에서 재회한다. 향모 드림이 물푸레나무 나무끈 사이사이에 엮인다. 테리사는 향모 낱잎을 땋던 어린 시절을 기억한다. 잎의 광택이 드러나도록 튼튼하고 고르게 엮던. 바구니에는 한자리에 모인 여인들의 웃음과 이야기도 엮여 있다. 영어와 모호크어가 한 문장에서 어우러지던. 향모는 바구니의 테에 감고 뚜껑을 꿰는 데 쓰인다. 그래서 빈 바구니조차 땅의 냄새를 담고서 사람과 장소, 언어와 정체성의 고리를 엮어낸다. 바구니 만들기는 경제적 안정을 가져다주기도 한다. 여자가 바구니 짜는 법을 알면 굶주리지 않는다. 향모 바구니 만들기는 모호크족의 상징이 되다시피 했다.

전통적 모호크족은 땅에 감사의 말을 건네지만, 요즘 세인트로렌스강 유역의 땅들은 감사할 것이 별로 없다. 보호구역의 일부가 발전용 댐 때문에 침수되고 나서 값싼 전기와 운송 편의를 노리고 중공업이 진출했다. 알코아, 제너럴모터스, 돔타 등은 감사 연설의 프리즘으로 세상을 바라보지 않으며 아크웨사스네는 미국에서 가장 오염된 지역 중 하나가 되었다. 어부의 가족들은 더는 자기네가 잡은 고기를 먹지 못한다. 모유에는 PCB와 다이옥신이 다량 함유되어 있다. 공업으로 인한 오염 때문에, 전통적 생활 방식을 따르는 삶은 안전하지 않으며 이로 인해 사람과 땅의 연결 고리가 위협받고 있다. 칼라일에서 시작된 공업은 유독 물질 때문에 끝장날 터였다.

톰 포터로도 알려진 사코크웨니온크와스^{Sakokwenionkwas}는 곰족^{Bear}
^{Clan}의 일원이다. 곰족은 부족을 보호하고 의약 지식을 간직하는 것
으로 유명하다. 그렇기에 20년 전 톰이 동료 몇 명과 함께 사업을 벌
일 때 염두에 둔 것은 치유였다. 어릴 적 그는 할머니가 옛 예언을 되
뇌는 것을 들었다. 언젠가 소수의 모호크족이 모호크강 유역의 옛
보금자리에 돌아와 살리라는 것이었다. 1993년이 그 언젠가였다. 톰
과 친구들은 아크웨사스네를 떠나 모호크강 유역 조상의 땅에 돌아
왔다. 그들의 꿈은 옛 땅에, PCB와 발전용 댐으로부터 멀리 떨어져
새 공동체를 건설하는 것이었다.

그들은 카나치오하레케에 있는 숲과 농장 160헥타르에 자리 잡았
다. '카나치오하레케'는 모호크강 유역에 롱하우스가 빽빽하던 시절
부터 전해지던 지명이다. 그들이 땅의 역사를 조사하다가 알게된바
카나치오하레케는 옛 곰족 마을의 터였다. 오늘날 옛 기억이 새 이야
기들을 엮는다. 강이 휘어드는 절벽 아래 헛간 하나와 집들이 자리
잡고 있다. 강둑 바로 아래에는 범람원의 모래질 흙이 널려 있다. 한
때 벌목꾼의 손에 폐허가 된 언덕에는 소나무와 참나무가 곧게 자랐
다. 절벽 틈새에서 자분정이 힘차게 물을 뿜어낸다. 이끼 낀 웅덩이는
그 덕에 최악의 가뭄에도 맑은 물로 가득하다. 고인 물에 얼굴이 고
스란히 비친다. 땅은 재생의 언어를 구사한다.

톰 일행이 도착했을 때 건물들은 안쓰러운 상태였다. 세월이 흐르
면서 자원봉사자들이 힘을 합쳐 지붕을 수리하고 창문을 교체했다.
축제일이 되면 넓은 부엌에서는 다시 한번 옥수수 수프와 딸기 음료

냄새가 풍긴다. 오래된 사과나무 사이에 춤마당이 차려졌다. 사람들은 이곳에 모여 하우데노사우니 문화를 다시 배우고 기념한다. 이들의 목표는 '칼라일을 거꾸로'였다. 카나치오하레케는 사람들이 빼앗긴 언어, 문화, 영성, 정체성을 그들에게 되돌려줄 터였다. 잃어버린 세대의 자녀가 고향에 돌아올 수 있도록.

재건 이후의 다음 단계는 언어를 가르치는 것이었다. 톰의 역逆칼라일 구호는 '인디언을 치유하고 언어를 구원하라'였다. 칼라일을 비롯한 미국 전역의 종교 학교에서는 학생들이 토박이말을 하면 체벌을 당했다(훨씬 심한 처벌을 받기도 했다). 기숙 학교에서 살아남은 이들은 자식들이 고생을 대물림하지 않도록 모어를 가르치지 않았다. 그리하여 언어는 땅과 더불어 쪼그라들었다. 토박이말을 유창하게 구사하는 사람은 몇 명에 불과했으며 그마저도 대부분 일흔이 넘었다. 새끼를 기를 서식처가 없어 위험에 처한 동물처럼 언어는 멸종의 기로에 섰다.

언어가 죽으면 사라지는 것은 말만이 아니다. 언어는 다른 어디에도 존재하지 않는 개념이 깃드는 장소이며 세상을 바라보는 프리즘이다. 톰은 숫자처럼 기초적인 단어에조차 의미가 겹겹이 배어 있다고 말한다. 향모 밭에서 식물을 헤아릴 때 쓰는 숫자는 창조 이야기를 떠올리게 한다. 엔스카—하나. 이 단어는 하늘여인이 저 위 세상에서 떨어지는 광경을 연상시킨다. 홀로, 엔스카, 여인은 대지를 향해 떨어졌다. 하지만 그녀는 혼자가 아니었다. 자궁 속에서 두 번째 생명이 자라고 있었기 때문이다. 테케니—둘이 있었다. 하늘 여인이 딸을 낳고 딸이 쌍둥이 아들을 낳아 그들은 셋—**아센**이 되었다. 하우데노사우니 연맹은 자기네 말로 셋을 셀 때마다 창조와의 관계를 재확인한다.

땅과 사람의 연결을 다시 짜는 데는 식물도 꼭 필요하다. 장소가 보금자리로 바뀌는 것은 당신을 먹여 살릴 때, 몸과 정신을 둘 다 먹일 때다. 보금자리를 재창조하려면 식물도 돌아와야 한다. 카나치오 하레케로의 귀환 이야기를 들었을 때 내 머릿속에는 향모의 이미지가 떠올랐다. 나는 그들의 옛 보금자리에 향모를 돌려줄 방도를 찾기 시작했다.

3월의 어느 아침 톰의 집에 들러 봄에 향모를 심는 문제를 상의했다. 내 머릿속은 실험적 복원을 위한 계획으로 가득했으나, 이 이야기는 뒤로 미뤄야했다. 손님의 배를 채우기 전에는 아무 일도 할 수 없다기에 우리는 팬케이크와 걸쭉한 메이플 시럽이 놓인 성대한 아침상 앞에 앉았다. 톰은 빨간색 플란넬 셔츠 차림으로 오븐 앞에 서 있었다. 몸매가 탄탄했으며 새까만 머리카락은 군데군데 희끗희끗했으나 얼굴은 일흔이 넘었다고 보기 힘들 정도로 팽팽했다. 절벽 밑 샘에서 물이 흘러나오듯 그에게서 말이—이야기, 꿈, 그리고 메이플 시럽 냄새처럼 부엌을 따스하게 하는 농담까지—흘러나왔다. 그는 내 접시를 미소와 이야기로 리필했다. 옛 가르침이 날씨 이야기처럼 자연스럽게 대화에 엮여들었다. 정신과 물질의 끈이 검은물푸레나무와 향모처럼 얽혔다.

그가 묻는다. "포타와토미족이 여기서 뭘 하고 계신가요? 선생 계신 곳은 멀지 않나요?"

내게 필요한 단어는 단 하나, **칼라일**이다.

우리는 느긋하게 커피를 마시며 카나치오하레케에 대한 그의 꿈에 대해 이야기를 나눴다. 이 땅에서 그는 사람들이 전통 식량 재배법을 다시 배우는 농장을 본다. 계절의 순환을 기리는 전통 의례가 열리는 곳을, '모든 것에 앞서는 말'이 흘러나오는 곳을. 그는 감사 연설이야 말로 모호크족과 땅과의 관계에서 핵심이라고 오랫동안 이야기했다. 나는 오랫동안 마음속에 품고 있던 질문을 기억해냈다.

모든 것에 앞서는 말이 끝나고 땅의 모든 존재에게 감사를 드린 뒤에 나는 물었다. "땅이 보답으로 당신께 감사한 적이 있던가요?" 톰은 잠시 침묵하더니 내 접시에 팬케이크를 더 올리고 시럽 단지를 내 앞에 놓았다. 내가 아는 어떤 대답보다 훌륭한 대답이었다.

톰은 탁자 서랍에서 장식 달린 사슴 가죽 주머니를 꺼내더니 연한 사슴 가죽 한 조각을 탁자에 내려놓았다. 거기에 매끈한 복숭아 씨앗 한 줌을 달그락달그락 부었다. 씨앗마다 한쪽에는 검은색이, 다른 쪽에는 흰색이 칠해져 있었다. 그는 내기를 하자고 했다. 씨앗을 던질 때마다 흰색이 몇 개이고 검은색이 몇 개일지 맞히는 내기였다. 그가 내기에서 이겨 씨앗이 쌓여가는 동안 우리의 씨앗은 줄어갔다. 씨앗을 흔들어 던지면서 그는 내게 이 내기에 어마어마한 판돈이 걸려 있던 시절에 대해 이야기했다.

하늘여인의 두 손자는 세상을 창조할 것인가 파괴할 것인가를 놓고 오랫동안 싸웠다. 이제 그들의 싸움은 이 내기 하나로 모아졌다.

모든 씨앗이 검은색이면, 창조된 모든 생명이 파괴될 터였다. 모든 씨앗이 흰색이면, 아름다운 대지가 간직될 터였다. 두 사람은 결판을 내지 못한 채 내기를 하고 또 했다. 마침내 마지막 차례가 되었다. 씨앗이 전부 검은색이면 세상은 끝장이었다. 쌍둥이 중에서 세상에 좋음을 만들어준 사람은 자신이 만든 모든 생명체에게 생각을 보내어 자신을 도와달라고, 생명의 편에 서달라고 요청했다. 톰은 마지막 차례가 되어 복숭아 씨앗들이 잠시 허공에 떠 있었을 때 창조 세계의 모든 구성원이 목소리를 모아 생명을 위해 힘찬 함성을 질렀다고 말했다. 마지막 씨앗은 흰색이 위를 향했다. 우리는 늘 선택의 기로에 있다.

톰의 딸이 내기에 끼었다. 아이는 빨간색 벨벳 주머니를 손에 쥐고서 사슴 가죽에 내용물을 부었다. 다이아몬드였다. 날카로운 면들이 무지갯빛을 쏘았다. 우리가 탄성을 지르자 아이는 활짝 웃었다. 톰은 이것이 허키머 다이아몬드로, 물처럼 맑고 부싯돌보다 단단한 아름다운 수정이라고 설명했다. 허키머 다이아몬드는 땅속에 묻혀 있다가 강물에 쓸려 이따금 땅 위에 올라온다. 땅이 선사하는 축복.

우리는 겉옷을 입고 들판으로 나갔다. 톰은 울안에서 걸음을 멈추고는 우람한 벨지언 소들에게 사과를 먹였다. 사방이 고요했으며 강물은 둑을 따라 유유히 흘렀다. 올바른 눈으로 보면 강 건너 5번 도로, 철길, I-90 고속도로는 거의 보이지 않는다. 이로쿼이 옥수수밭과 강가 풀밭, 향모를 뜯는 여인들이 보이는 것만 같다. 구부리고 당기고, 구부리고 당기고. 하지만 우리가 걷는 들판은 향모밭도 옥수수밭도 아니다.

향모는 하늘여인이 처음 퍼뜨렸을 때 이 강을 따라 자랐지만 지금
은 하나도 찾아볼 수 없다. 모호크어가 영어와 이탈리아어와 폴란드
어로 대체되었듯 향모는 이주 식물에 밀려났다. 식물을 잃는 것은 언
어를 잃는 것만큼이나 문화에 위협적이다. 향모가 없으면 할머니들
은 7월 들판에 손녀를 데려오지 않는다. 그러면 그들의 이야기는 어
떻게 될까? 향모가 없으면 바구니는 어떻게 될까? 바구니가 쓰이는
의례는?

향모의 역사는 사람의 역사와, 파괴와 창조의 힘과 떼려야 뗄 수
없이 연결되어 있다. 칼라일에서는 졸업식 때 젊은이들이 이런 맹세
를 해야 했다. "저는 이제 인디언이 아닙니다. 활과 화살을 영영 내려
놓고 쟁기를 들 것입니다." 쟁기와 소는 식물상에 어마어마한 변화를
가져왔다. 모호크족의 정체성은 어떤 식물을 이용하느냐와 연관되었
는데, 그것은 이곳을 보금자리로 삼으려 한 유럽 이민자들에게도 마
찬가지였다. 그들은 친숙한 식물을 들여왔으며, 그와 관련된 잡초들
이 쟁기에 붙어 따라와 토착 식물을 몰아냈다.

식물은 땅의 문화와 소유권 변화를 반영한다. 오늘날 이 들판은
구주개밀quackgrass, 큰조아재비timothy, 토끼풀, 데이지 등 향모를 뜯던
사람들이 알아보지 못할 외래 식물로 뒤덮여 있다. 늪지대를 따라 침
입종 부처꽃purple loosestrife이 위협적으로 물결친다. 이곳에 향모를 복
원하려면 식민주의의 세력을 느슨하게 하여 토착 식물이 돌아올 길
을 열어야 할 것이다.

톰은 향모를 복원하고 다시 한번 바구니 장인들이 이 들판에서 재료를 찾을 수 있도록 하려면 무엇이 필요하겠느냐고 물었다. 과학자들은 향모 연구에 심혈을 기울이지 않았지만, 바구니 장인들은 습지에서 건조한 철로에 이르기까지 폭넓은 조건에서 향모가 발견됨을 안다. 향모는 직사광선 아래서 잘 자라며 특히 축축하고 탁 트인 토양을 좋아한다. 톰이 허리를 숙이더니 범람원 흙을 한 줌 퍼서 손가락 사이로 흘러내리게 했다. 외래종에 빽빽하게 덮인 것만 빼면 향모가 자라기에 알맞은 것 같다. 톰은 길에 세워진 낡은 팜올 트랙터를 곁눈질했다. 트랙터는 파란색 방수포로 덮여 있었다. "어디서 씨앗을 구할 수 있을까요?"

향모 씨앗에는 신기한 특징이 있다. 향모는 6월 초에 꽃자루를 내지만 여기서 만드는 씨앗은 좀처럼 눈에 띄지 않는다. 씨앗 100개를 심어서 향모 하나를 건지면 운 좋은 것이다. 향모는 번식 방법이 따로 있다. 반짝거리며 땅 위로 솟아오르는 초록색 싹은 저마다 길고 가느다란 흰색 뿌리줄기를 뻗어 흙 속을 파고든다. 뿌리줄기 끝까지 눈이 나 있는데, 싹이 트면 햇빛 속으로 올라온다. 향모는 뿌리줄기를 모체에서 몇 미터나 뻗기도 한다. 이런 식으로 향모는 강가를 따라 마음대로 이동할 수 있다. 땅이 온전할 때는 좋은 방법이었다.

하지만 저 연한 흰색 뿌리줄기는 고속도로나 주차장을 가로지르지 못한다. 향모 군락지가 쟁기질에 사라져도 외부에서 씨앗으로 보충할 수 없었다. 다니엘라는 향모가 서식했다는 역사 기록이 남아 있는 여러 장소를 다시 찾아갔는데, 그중 절반 이상에는 향모의 향기가 남아 있지 않았다. 향모 감소의 주원인은 개발인 듯하다. 습지에서 물을 빼서 토착민을 몰아내고 야생지를 농지와 포장도로로 바꾼 탓이다. 유입된 비⁺토착종도 향모를 몰아냈을 것이다. 향모는 인간의 역사를 되풀이했다.

나는 이날을 기다리며 대학교의 묘판에서 향모 산출묘(묘포장에서 산지로 나갈 묘목_옮긴이)를 재배하고 있었다. 양묘를 시작할 수 있도록 우리에게 향모를 팔 농부를 널리 수소문하다 결국 캘리포니아에서 농장을 찾았다. 의아했다. 히에로클로에 오도라타는 캘리포니아에 자생하지 않기 때문이다. 산출묘를 어디서 구했느냐고 물었더니 놀라운 대답이 돌아왔다. 아크웨사스네였다. 그것은 계시였다. 나는 산출묘를 죄다 사들였다.

물과 비료를 주자 묘판은 빽빽하게 자랐다. 하지만 배양과 복원은 천양지차다. 복원생태학에는 토양, 곤충, 병원체, 초식동물, 경쟁 등 수많은 요인이 결부되어 있다. 과학의 예측이 어긋나는 것을 보면 식물은 서식지에 대해 나름의 감이 있는 듯하다. 향모의 서식 요건에는 또 다른 차원이 있기 때문이다. 향모가 가장 왕성하게 자라는 곳은 바구니 장인들이 돌보는 곳이다. 호혜성이야말로 성공의 열쇠다. 향모를 보살피고 존중으로 대하면 번성하겠지만, 관계가 틀어지면 향모도 토라진다.

여기서 우리가 고민하는 것은 생태 복원을 뛰어넘는다. 그것은 식물과 사람의 관계를 복원하는 것이다. 과학자들은 생태계를 다시 합치는 문제를 이해하는 데는 성과를 거뒀으나 우리의 실험은 토양의 산도^{酸度}와 수문학, 즉 정신을 배제한 물질에 치중한다. 물질과 정신을 엮으려면 감사 연설을 길잡이로 삼아야 할지도 모르겠다. 우리는 땅이 사람들에게 감사를 보내는 시절을 꿈꾼다.

✦

우리는 조만간 바구니 수업을 열 수 있으리라 상상하며 집으로 돌아갔다. 테리사가 선생이 되어 자신이 가꾼 들판에 손녀를 데려갈지도 모르겠다. 카나치오하레케에서는 공동체 사업 기금을 마련하려고 커피숍을 운영한다. 커피숍에는 책과 아름다운 공예품, 구슬 장식 모카신, 사슴뿔 조각, (그리고 물론) 바구니가 가득하다. 톰이 문을 열고 우리는 안에 들어섰다. 고여 있던 공기에서는 서까래에 매달린 향모의 냄새가 났다. 어떤 말로 그 냄새를 표현할 수 있을까? 나를 꼭 안아주는 엄마의 갓 감은 머리카락 향기, 가을로 접어드는 여름의 아쉬운 냄새, 잠시 눈을 감았다가 좀 더 오래 감게 하는 기억의 냄새일까.

내가 어릴 적에는 포타와토미족이 모호크족과 마찬가지로 향모를 네 가지 성스러운 식물 중 하나로 섬긴다는 사실을 아무도 내게 일러주지 않았다. 향모가 어머니 대지님에게서 자란 최초의 식물이며 그래서 우리는 향모가 어머니의 머리카락인 양 우리의 사랑을 나타내려고 향모를 땋는다는 사실을 말해줄 사람이 아무도 없었다. 이야기를 전달하는 사람들은 조각난 문화적 지형을 통과하여 내게 오는 길을 찾을 수 없었다. 이야기는 칼라일에서 도둑맞았다.

톰이 책꽂이로 걸어가더니 빨간색의 두꺼운 책을 골라 계산대에 내려놓는다. 『펜실베이니아주 칼라일 인디언 산업 학교 1879~1918』. 책 뒤쪽에는 샬럿 빅트리(모호크족), 스티븐 실버 힐스(오나이다족), 토머스 메디신 호스(수족) 등 명단이 몇 쪽에 걸쳐 실려 있다. 톰이 자기 삼촌의 이름을 가리킨다. "이게 우리가 이 일을 하는 이유예요. 칼라일의 흔적을 지우는 것."

우리 할아버지도 이 책에 들어 있다. 손가락으로 기다란 명단을 짚어 내려가다 에이서 월(포타와토미족)에서 멈춘다. 아홉 살밖에 안 된 오클라호마 소년이 피칸을 줍다가 기차에 실려 프레리 건너편 칼라일에 보내졌다. 밑에 할아버지의 형제 올리버 삼촌의 이름이 있다. 그는 학교에서 달아나 집에 돌아왔다. 하지만 에이서는 돌아오지 못했다. 그는 잃어버린 세대로, 다시는 고향 땅을 밟지 못했다. 칼라일에서 나온 뒤에는 아무리 애를 써도 사회에 적응할 수 없어서 군에 입대했다. 인디언 특별보호구에서 가족과 함께 사는 삶으로 복귀하지 않고 이 강기슭에서 멀지 않은 뉴욕 교외에 정착하여 이민자 세계에서 자녀를 키웠다. 자동차가 신문물이던 시절에 그는 뛰어난 정비사가 되었다. 늘 고장 차를 수리하고, 늘 뭔가를 고치고, 문제를 바로잡았다. 똑같은 욕구, 문제를 바로잡으려는 욕구는 나의 생태 복원 연구에서도 원동력이 되는 듯하다. 자동차 후드에 기댄 채 갈색 손을 기름걸레에 닦는 할아버지의 옆모습, 주머니칼처럼 생긴 코의 윤곽을 상상한다. 대공황 시기에 사람들이 할아버지의 차고에 몰려왔다.

수리비는 기껏해야 달걀 아니면 밭에서 뽑은 순무였다. 하지만 그가 고칠 수 없는 문제도 있었다.

할아버지는 당시 일을 별로 입에 올리지 않았지만, 그의 가족이 그 없이, 잃어버린 아들 없이 살아가던 피칸 숲을 생각했는지 궁금하다. 고모할머니들은 모카신, 파이프, 사슴 가죽 인형 등을 담은 상자를 우리에게 종종 보냈다. 상자들은 다락방으로 직행했지만, 이따금 우리 할머니가 꺼내어 보여주면서 이렇게 속삭였다. "네가 누구인지 기억하렴."

할아버지는 당신이 주입받은 소망을 이룬 것 같다. 자녀와 손자녀에게 더 나은 삶을, 당신이 우러러보도록 교육받은 미국식 삶을 물려줬으니까. 나의 머리는 그의 희생에 감사하지만, 나의 심장은 내게 향모 이야기를 들려줄 수도 있었던 사람을 아쉬워하며 슬퍼한다. 나는 평생 동안 그 상실을 느끼며 살았다. 칼라일에서 빼앗긴 것은 내가 심장에 박힌 돌처럼 지니고 다닌 슬픔의 옹이였다. 나만 그런 것이 아니다. 저 커다란 빨간색 책에 실린 이름들의 가족 모두가 이런 슬픔을 겪고 있다. 땅과 사람의 연결, 과거와 현재의 연결이 끊어지면 심하게 부러진 뼈가 미처 붙지 않았을 때처럼 고통스럽다.

펜실베이니아주 칼라일시는 자신의 역사를 자랑스러워하며, 오래되었어도 활기가 넘친다. 300주년 기념식에서 사람들은 칼라일의 전체 역사를 꼼꼼하고 솔직하게 들여다보았다. 칼라일시는 독립전쟁 때 병사들을 소집하던 칼라일 막사로 출발했다. 연방 인디언국이 여전히 전쟁부의 한 부서이던 시절에 막사 건물은 칼라일 인디언 학교가 되었다. 거대한 도가니 밑에 불을 피운 격이었다. 라코타족, 네페르세족, 포타와토미족, 모호크족 아이들에게 철제 침대를 내어주던 스파르타식 막사는 이제 꽃산딸나무가 문간에서 꽃을 피우는 고상한 장교 숙소가 되었다.

300주년을 기념하여 모든 잃어버린 아이들의 후손이 이른바 '기억과 화해 행사'차 칼라일에 초청받았다. 우리 가족 3대도 참석했다. 수백 명의 자녀, 손자녀와 함께 우리는 칼라일에 모였다. 가족사에서 얼버무리던, 아니 아예 입도 벙긋하지 않던 장소에 모두의 시선이 쏠린 것은 이번이 처음이었다.

창문마다 장식용 성조기가 내걸렸으며 주 도로의 깃발은 곧 있을 300주년 시가행진을 알렸다. 벽돌로 만든 좁은 길거리, 식민지풍으로 복원한 장밋빛 건물이 들어선 칼라일시는 엽서에 나올 만큼 아름다운 도시였다. 연철 울타리와 날짜가 적힌 놋쇠 명판이 유구한 세월을 기린다. 칼라일시가 역사를 열렬히 보전하여 명성을 얻은 반면에 인디언 컨트리에서는 그 이름이 역사 말살의 소름 끼치는 상징이라는 사실이 얼마나 비현실적인지. 나는 잠잠히 막사 사이를 걸었다. 용서는 찾기 힘들었다.

우리는 공동묘지에 모였다. 연병장 옆에 울타리를 둘러친 작은 정사각형으로, 묘비가 네 줄로 늘어서 있었다. 칼라일에 온 아이들 중 몇몇은 이곳을 떠나지 못했다. 오클라호마에서, 애리조나에서, 아크웨사스네에서 태어난 아이들이 흙이 되어 그곳에 누워 있었다. 빗속에 북소리가 울려퍼졌다. 세이지와 향모를 태우는 냄새가 소수의 추모객을 감쌌다. 우리의 첫 어머니에게서 온 향모는 치료약이며 그 연기는 친절과 공감을 불러일으킨다. 치유의 성스러운 말들이 우리 주위로 솟아올랐다.

빼앗긴 아이들. 잃어버린 유대. 상실의 짐이 공기 중에 맴돌다 향모 냄새와 섞여, 모든 복숭아 씨앗이 검은 면을 위로 향할 뻔한 시절을 떠올리게 한다. 분노로, 자기파괴의 힘으로 그 상실의 슬픔을 달래는 길을 선택할 수도 있었다. 하지만 만물은 둘씩 짝짓는다. 흰색 복숭아 씨앗은 검은색 복숭아 씨앗과, 파괴는 창조와. 사람들이 생명을 힘차게 외치면 복숭아 씨앗 내기의 결말이 달라질 수도 있다. 슬픔은 창조로만, 빼앗긴 고향을 재건함으로써만 달랠 수 있기 때문이다. 물푸레나무 나무끈처럼 조각들도 다시 엮어져 새로운 전체가 될 수 있다. 그렇게 우리는 이곳 강가에서 땅에 무릎을 꿇고 손에 든 향모의 냄새를 맡는다.

흙에 닿은 이곳 내 무릎에서 나 자신의 화해 예식을 발견한다. 구부리고 파고, 구부리고 파고. 손이 흙으로 물들었을 즈음 마지막 향모를 심고 환영의 인사를 속삭이고 흙을 다진다. 나는 테리사를 올려다본다. 그녀는 잔뜩 집중한 채 마지막 다발을 이식하고 있다. 다니엘라는 마지막 기록을 작성하는 중이다.

우리가 새로 심은 가느다란 향모의 들판 위로 저물녘 해가 황금빛으로 물든다. 똑바로 쳐다보기만 한다면 여러 해 전 여인들이 걷는 모습이 보일 것만 같다. 구부리고 당기고, 구부리고 당기고, 향모 다발이 점점 굵어진다. 강가에서 보낸 이날을 축복받은 느낌으로 감사의 말을 스스로에게 중얼거린다.

칼라일에서 출발한 많은 길—톰의 길, 테리사의 길, 나의 길—이 이곳에서 하나가 된다. 뿌리를 땅에 심음으로써 우리는 복숭아 씨앗을 검은색에서 흰색으로 뒤집은 힘찬 함성에 목소리를 보탤 수 있다. 나는 심장에 박힌 씨앗을 끄집어내어 여기 심을 수 있다. 땅을 회복시키고 문화를 회복시키고 스스로를 회복시킬 씨앗을.

모종삽이 땅속 깊이 파고들어 돌멩이에 부딪힌다. 뿌리가 들어갈 자리를 마련하려고 흙을 긁어낸 뒤에 돌멩이를 캐낸다. 옆에 던져버릴 참인데, 신기하게도 무게가 가볍다. 움직임을 멈추고 꼼꼼히 들여다본다. 크기는 달걀만 하다. 진흙투성이 엄지손가락으로 흙을 벗겨내자 유리처럼 매끈한 표면이 드러난다. 흙을 벗겨내고 또 벗겨낸다. 흙에 덮여 있었는데도 표면은 물처럼 투명하다. 한쪽 면은 시간과 역사에 마모되어 거칠고 뿌옇지만 나머지 면은 반짝거린다. 빛이 돌멩이를 투과한다. 프리즘이다. 땅에 묻혀 있던 돌멩이에 굴절된 석양이 무지개색으로 빛난다.

프리즘을 강물에 담가 깨끗하게 씻고는 다니엘라와 테리사를 오라고 부른다. 내가 프리즘을 손으로 올려놓자 모두 경이감에 사로잡힌다. 프리즘을 간직하는 것이 옳은지 모르겠지만, 보금자리에 돌려놓으려니 가슴이 찢어질 듯하다. 발견했으니 이대로 보낼 수는 없다. 우리는 연장을 챙긴 뒤에 하루에 작별을 고하려고 숙소로 향한다. 손을 벌려 톰에게 프리즘을 보여주면서 묻는다. 톰이 말한다. "이게 세상이 보답하는 방식이에요." 우리는 향모를 주었고 땅은 다이아몬드를 주었다. 톰의 얼굴에 미소가 빛난다. 그가 프리즘을 든 내 손을 오므리며 말한다. "이건 당신 거예요."

움빌리카리아: 세계의 배꼽

표석漂石(빙하에 의해 운반되어 그 지역의 기반암과는 다른 암석 파편_옮긴이)이 애디론댁 산맥에 흩뿌려져 있다. 빙하가 바위를 굴리다 지겨워져서 북쪽 고향으로 돌아가면서 남겨둔 화강암이다. 이 지역의 화강암은 회장암(주로 칼슘이 많은 사장석으로 구성된 관입 화성암_옮긴이)으로, 지구상에서 가장 오래된 암석 중 하나이며 풍화 작용에 잘 버틴다. 대부분의 바위는 여기까지 오면서 둥글둥글해졌지만, 몇몇은 아직도 날카로운 모서리를 간직한 채 우뚝 서 있다. 덤프트럭만 한 이 바위처럼. 바위 표면을 손가락으로 쓸어본다. 석영 줄무늬가 있다. 위는 칼날처럼 날카롭고 옆은 오르지 못할 만큼 가파르다.

이 연장자 바위는 숲이 오고 가고 호수가 들고 나는 1만 년 동안 고요히 이 호숫가 숲에 앉아 있었다. 그 모든 시간이 지났는데도 이 바위는 여전히 세상이 돌무더기와 마모된 흙의 싸늘한 사막이었을 후빙기의 축소판이다. 여름에는 볕에 달궈지고 긴 겨울에는 눈보라를 맞고 흙도 없어서 아직 나무가 자라지 않는 빙퇴토(빙하가 녹으면서 분급되지 않은 퇴적물들이 쌓인 것_옮긴이)는 개척자들에게 금단의 땅이었다.

지의류가 겁 없이 바위에 뿌리를 내려 보금자리로 삼았다. 물론 이것은 비유적 표현이다. 지의류는 뿌리가 없으니까. 흙이 없을 때는 뿌리가 없는 게 유리하다. 지의류는 뿌리뿐 아니라 잎과 꽃도 없는 가장 원시적인 생명체다. 바늘구멍만 한 작은 틈새에 깃든 먼지만 한 번식체(암수의 구별이 없거나 암수 개체가 필요 없이 홀로 만들어진 생식 세포가 새로운 개체의 증식 단위가 될 수 있는 균체_옮긴이)에서 출발하여 지의류는 알몸의 화강암에 자리 잡았다. 이 미세 지형microtopography은 바람을 막아주고 오목한 부분을 만들어서 비가 내린 뒤에 물이 미세한 웅덩이에 고일 수 있도록 했다. 많지는 않았지만 이걸로도 충분했다.

수백 년에 걸쳐 바위는 자신과 거의 구별되지 않는 회녹색의 지의류 껍질로 코팅되었다. 생명의 얇디얇은 코팅. 경사가 가파르고 호수의 바람을 맞은 탓에 흙이 전혀 쌓이지 못한 바위 표면은 빙기의 마지막 유물이다.

내가 이따금 여기 오는 것은 그저 이런 고대의 존재 속에 있고 싶어서다. 바위 옆면은 움빌리카리아 아메리카나Umbilicaria americana(석이Umbilicaria esculenta와 같은 속으로, 이 책에서는 학명 'Umbilicaria'는 '움빌리카리아'로, 일반명 'rock tripe'는 '돌양'으로 표기한다_옮긴이)로 장식되어 있다. 갈색과 녹색이 누덕누덕 주름진, 북동부 지의류 중에서 가장 웅장한 녀석이다. 움빌리카리아의 엽상체—지의류의 몸—는 조상인 작은 고착형 지의류와 달리 바깥으로 팔을 뻗을 수 있다. 기록된 가장 큰 녀석은 60센티미터를 살짝 넘는다. 작은 지의류들은 어미 닭 주위의 병아리처럼 모여 있다. 움빌리카리아는 카리스마가 넘치는 덕에 이름도 여러 개다. 가장 흔하게는 '돌앙rock tripe'(구불구불한 모양을 소의 위胃인 양羘에 빗댄 표현_옮긴이)으로 알려졌으며 이따금 '참나무잎지의oakleaf lichen'라고도 한다.

수직의 표면에는 빗물이 머물 수 없기에 이 바위는 대체로 말라 있으며 지의류가 쪼그라들고 푸석푸석해진 탓에 딱지투성이처럼 보인다. 움빌리카리아는 잎이나 줄기가 없는 엽상체로, 둥그스름한 형태는 갈색 스웨이드 넝마쪽을 닮았다. 말랐을 때의 윗면은 칙칙한 회갈색이다. 엽상체 가장자리는 들쭉날쭉 말려 올라가 검은색 밑면이 드러나는데, 새까맣게 탄 포테이토칩처럼 바삭바삭하고 오톨도톨하다. 움빌리카리아는 한가운데의 짧은 줄기로 바위에 단단히 달라붙어 있다. 마치 손잡이가 아주 짧은 우산처럼 생겼다. 제상체臍狀體umbilicus라고도 하는 줄기는 아래쪽에서 엽상체를 바위에 접착한다.

✳

지의류가 있는 숲은 풍성한 식물경plantscape이지만, 지의류는 식물이 아니다. 지의류를 보면 개체의 정의가 헷갈린다. 지의류는 하나가 아니라 균류와 조류 둘이기 때문이다. 두 짝은 사뭇 다르면서도 매우 밀접한 공생 관계를 맺어 완전히 새로운 생물이 된다.

나바호족 약초꾼은 자신이 보기에 몇몇 식물들은 '결혼'한 셈이라고 말했다. 서로 지속적 협력 관계를 맺고 서로에게 무조건적으로 의지하니 말이다. 지의류는 전체가 부분의 합보다 큰 커플이다. 우리 부모님은 올해로 결혼 60주년인데, 주고받음이 역동적 균형을 이루고 주는 역할과 받는 역할이 시시때때로 바뀌는 것을 보면 두 분의 공생 관계는 지의류를 꼭 닮았다. 두 분은 배우자의 강점과 약점을 공유하는 데서 비롯하는 '우리'에 헌신하며, 이 '우리'는 부부의 테두리를 넘어 가족과 공동체로 확장된다. 지의류 중에도 이와 같은 것이 있어서 그들의 공유된 삶은 생태계 전체를 이롭게 한다.

자그마한 껍질에서 거대한 움빌리카리아에 이르기까지 모든 지의류는 상리 공생을 한다. 이것은 연합의 당사자 둘 다 이익을 얻는 제휴 관계다. 많은 아메리카 원주민 결혼식에서는 신랑과 신부가 선물 바구니를 교환하는데, 이것은 전통적으로 상대방에 대한 약속을 나타낸다. 신부의 바구니에는 밭이나 목초지에서 수확한 식물이 주로 담겨 있으며 이는 남편에게 밥을 해주겠다는 뜻이다. 신랑의 바구니에는 고기나 짐승 가죽이 담겨 있는데, 이는 사냥으로 가족을 먹여 살리겠다는 약속이다. 식물성 음식과 동물성 음식, 독립영양생물과 종속영양생물—조류와 균류도 지의류라는 결합에 나름의 선물을 가져다준다.

조류는 에메랄드처럼 빛나는 단세포의 군집으로, 빛과 공기를 당으로 바꾸는 귀중한 연금술인 광합성을 선물로 가져온다. 지의류의 조류는 독립영양생물, 즉 스스로 식량을 만들어내는 가족의 요리사이자 생산자다. 하지만 에너지에 필요한 당은 전부 만들 수 있지만 필요한 무기질을 찾는 솜씨는 별로다. 습기가 있어야만 광합성을 할 수 있는 데 반해 몸이 마르지 않도록 스스로를 보호할 능력은 없다.

지의류의 균류는 종속영양생물, 즉 '다른 생물을 먹는 생물'이다. 스스로 식량을 만들 수 없어 남이 모아들인 탄소를 먹고 살아야 하기 때문이다. 균류는 물질을 분해하여 무기질을 끄집어내는 솜씨는 훌륭하지만 당을 만들지는 못한다. 균류의 결혼식 바구니는 복합물을 소화하여 단순한 성분으로 바꾸는 산^{酸}과 효소가 가득 들어 있다. 균류의 몸은 섬세한 가닥들의 그물망으로, 무기질을 찾아 뻗어나가 드넓은 표면적으로 무기질 분자를 흡수한다. 공생 덕분에 조류와 균류는 당과 무기질을 호혜적으로 교환할 수 있다. 이렇게 생겨난 유기체는 하나의 개체처럼 행동하며 이름도 하나다. 인간의 전통적 결혼에서 신랑이나 신부의 이름이 바뀔 수 있듯, 균류와 조류가 합쳐지면 우리는 마치 새로운 존재, 이종 가족이 된 것처럼—사실이 그렇다—'돌양', '움빌리카리아 아메리카나'라는 이름을 붙인다.

움빌리카리아의 조류 배우자는 대부분 트레보욱시아속^{Trebouxia}이다 ('균류화^{lichenize}'되지 않고 혼자 살면 이 이름으로 불린다). 균류 배우자는 모두 자낭균의 일종이지만, 종은 다를 때도 있다. 어떤 관점에서 보면 균류는 절개를 지킨다. 트레보욱시아속만을 균류 배우자로 선택하니 말이다. 하지만 조류는 다소 바람기가 있어서 다양한 균류와 기꺼이 몸을 섞는다. 이런 식의 결혼, 다들 본 적이 있을 것이다.

조류와 균류가 얽힌 지의류 구조에서 조류 세포는 균사로 짠 섬유에 초록색 구슬처럼 박혀 있다. 엽상체를 자른 단면은 네 층으로 된 케이크처럼 생겼다. 윗면인 피층은 버섯갓처럼 매끄럽다. 균사가 촘촘하게 짜여 수분을 간직하기 때문이다. 탁한 갈색은 천연 햇빛 가리개로, 바로 밑의 조류 층을 강렬한 햇빛으로부터 보호한다.

균류 지붕의 보호 아래에서 조류는 뚜렷한 수층髓層medulla layer을 형성하는데, 팔을 어깨에 걸치거나 다정하게 포옹할 때처럼 균사가 조류 세포를 둘러싸고 있다. 일부 균류 가닥은 돼지 저금통에 비집고 들어가는 길고 가느다란 손가락처럼 초록색 세포에 파고든다. 이 균류 소매치기는 조류가 만든 당을 포식하고 지의류 곳곳에 나눠준다. 조류가 생산하는 당의 절반, 어쩌면 그 이상을 균류가 차지하는 것으로 추정된다. 이런 결혼도 본 기억이 난다. 한쪽이 자기가 주는 것보다 더 많은 것을 상대방에게서 뽑아내는 관계. 어떤 연구자들은 지의류가 행복한 결혼보다는 호혜적 기생 관계에 가깝다고 생각한다. 지의류는 광합성을 하는 존재를 자신의 균사 울타리에 가둠으로써 '농업을 발견한 균류'로 묘사되기도 한다.

수층 아래층은 균사가 느슨하게 얽혀 있는데, 물을 저장하여 조류가 더 오랫동안 광합성을 할 수 있도록 설계되었다. 맨 아래층은 새까맣고 가근체rhizine(지의류 균사의 속束에서 엽상체를 부착하고 있는 기물基物_옮긴이)로 삐죽삐죽하다. 이것은 머리카락처럼 생긴 작디작은 돌기로, 지의류가 바위에 달라붙도록 도와준다.

균류/조류 공생은 개체와 공동체의 구별을 흐릿하게 하기에 연구

398

자들에게 큰 주목을 받았다. 어떤 짝은 하도 전문화되어서 따로 떨어져서는 살지 못한다. 2만 종 가까운 균류가 지의류 공생의 절대적^{obligate}(기생생물, 호기생물, 혐기생물 등이 어떤 생활 양식을 벗어나서는 생존할 수 없는 것_옮긴이) 구성원으로만 존재하는 것으로 알려져 있다. 그 밖의 균류는 독립생활을 할 수 있으면서도 조류와 결합하여 지의류가 되는 쪽을 선택한다.

과학자들은 조류와 균류의 결혼이 어떻게 일어나는지 궁금해서, 두 종을 하나로 살아가게 유도하는 유인을 밝히려고 노력했다. 하지만 실험실에서 두 종을 합치고 조류와 균류 둘 다에 이상적인 환경을 제공해도 둘은 가장 플라토닉한 룸메이트처럼 한 배양 접시 안에서 서로 쌀쌀맞게 대하고 독자적인 삶을 고수했다. 혼란에 빠진 과학자들은 서식처에서 이 요인 저 요인을 바꾸기 시작했으나 여전히 지의류는 탄생하지 않았다. 자원을 심하게 제약했을 때에야, 괴롭고 힘겨운 조건을 만들었을 때에야 조류과 균류는 서로에게로 돌아서 협력하기 시작했다. 균사는 어쩔 수 없는 상황이 아니면 조류를 감싸지 않았으며 조류는 여간 괴롭지 않으면 균사를 환영하지 않았다.

갈 데 많은 호시절에는 각각의 종들이 혼자서도 살아갈 수 있다. 하지만 여건이 열악하고 삶이 팍팍해지면 그들은 삶을 유지하기 위해 호혜성의 맹세로 하나가 된다. 희소성의 세계에서는 상호 연결과 상호 부조가 생존의 필수 요건이 된다. 이것이 지의류의 가르침이다

지의류는 기회주의적이어서 자원을 구할 수 있을 때는 효율적으로 이용하되 자원이 없으면 없는 대로 만족하며 산다. 움빌리카리아

는 대개 낙엽처럼 마르고 버석거리지만, 결코 죽은 것이 아니다. 가뭄을 견디는 놀라운 생리적 능력으로 무장한 채 기다리고 있을 뿐이다. 바위를 나눠 쓰는 이끼와 마찬가지로 지의류도 변수성變水性 poikilohydric이어서, 축축할 때만 광합성을 하고 생장할 수 있되 스스로 수분 균형을 조절할 수는 없다. 지의류의 수분 함량은 주변 환경의 습도에 따라 달라진다. 바위가 마르면 지의류도 마른다. 하지만 소나기가 쏟아지면 모든 것이 달라진다.

첫 방울이 딱딱한 표면에 세차게 떨어지면 돌양의 표면 색깔이 순식간에 바뀐다. 칙칙한 갈색의 엽상체에 빗방울 자국을 따라 연회색 물방울무늬가 점점이 박히더니 다음 순간 마법의 그림이 눈앞에 펼쳐지듯 세이지의 초록색으로 짙어진다. 초록색이 퍼져 나가면서 엽상체는 물이 조직을 팽창시킴에 따라 마치 근육으로 움직이는 듯 몸을 펴고 구부리기 시작한다. 마른 딱지는 몇 분 지나지 않아 팔오금만큼 매끈한, 부드러운 초록색 살갗으로 바뀐다.

지의류가 부활하는 장면을 보면 또 다른 이름이 왜 붙었는지 알 수 있다. 제상체가 엽상체를 바위에 접착한 부위에서 연한 살갗이 옴폭 들어가 작은 주름들이 한가운데에서 사방으로 퍼져 나간다. 누가 봐도 배꼽이다. 어떤 것은 아기의 배꼽을 닮은 완벽한 작은 배꼽으로, 입맞추고 싶을 정도다. 어떤 것은 그 아기를 낳은 나이 든 여인의 배처럼 늘어지고 주름졌다.

배꼽 지의류는 수직면으로 생장하기 때문에, 물기가 모이는 아래쪽보다 위쪽이 빨리 마른다. 엽상체가 말라 가장자리가 말려 올라가기 시작하면 낮은 쪽 가장자리를 따라 얕은 물 저장용 홈통이 생긴다. 지의류는 나이를 먹으면서 비대칭이 되어 아래쪽 절반이 위쪽보다 30퍼센트 길어지는데, 이것은 위쪽 절반이 말라 굳어버려도 광합성과 생장을 계속할 수 있도록 수분을 담아두던 흔적이다. 홈통에는 찌꺼기가 모이기도 하는데, 이것은 지의류의 배꼽 때인 셈이다.

가까이 몸을 숙이니 아기 엽상체가 많이 보인다. 연필에 달린 지우개만 한 작은 갈색 원반이 바위 여기저기에 흩어져 있다. 이것은 건강한 개체군이다. 이 어린 엽상체들은 부모가 부서진 조각에서 생겼을 수도 있지만, (완벽한 대칭을 이룬 것으로 보건대) 가루눈^{soredium}이라는 특수 번식체에서 생겼을 가능성이 더 크다. 가루눈은 균류와 조류가 함께 확산될 수 있도록 설계된 작은 꾸러미로, 동반자가 반드시 필요하다.

작은 엽상체조차 배꼽이 옴폭 파여 있다. 이 고대의 존재, 지구 최초의 생명체 중 하나가 배꼽으로 대지에 연결되어 있다는 것이 얼마나 절묘한지! 조류와 균류의 결혼인 움빌리카리아는 대지의 자녀요, 돌이 키우는 생명이다.

'돌양'이라는 이름에서 보듯 움빌리카리아는 사람을 먹여 살린다. 대개 구황 식물로 분류되지만 썩 나쁘지 않다. 나는 우리 학생들과 매년 여름 요리를 만든다. 엽상체가 자라려면 수십 년이 걸리기 때문에 맛만 볼 정도로 최소한을 수확한다. 우선 엽상체를 맹물에 밤새 담가 모래를 뺀다. 돌양이 바위를 분해하려고 분비한 강산^{强酸}을 물과 함께 버린다. 그런 다음 반 시간 동안 끓인다. 그러면 맛이 뛰어나고 단백질이 풍부한 지의류 죽이 완성된다. 식히면 콩소메(육류, 야채 따위를 삶아 낸 물을 헝겊에 걸러 낸 맑은 수프_옮긴이)처럼 말랑말랑하게 굳는데, 돌과 버섯 맛이 은은하게 난다. 엽상체 자체는 길게 썰어서 쫄깃쫄깃한 파스타를 만드는데, 지의류 스파게티로 손색이 없다.

움빌리카리아는 종종 스스로가 거둔 성공에 희생되기도 한다. 축적이 실패의 원인이다. 천천히, 천천히 움빌리카리아는 얇은 부스러기 층을 제 주변에 덧붙인다. 그것은 자신의 박리물일 수도 있고 먼지일 수도 있고 떨어진 바늘잎일 수도 있다. 숲의 표류물인 셈이다. 유기물 부스러기는 맨바위와 달리 물기를 머금을 수 있기에 바위에 흙이 점차 쌓여 이끼와 양치식물의 서식처가 된다. 생태 천이의 법칙에 따라 지의류는 다른 생물을 위해 토대를 놓았으며 이제 다른 생물들이 그 자리를 차지한다.

나는 절벽이 통째로 돌양에 덮인 것을 본 적이 있다. 절벽 틈새로 물이 떨어지고 나무가 그늘을 드리워 이끼에게는 낙원이나 마찬가지였다. 지의류는 그전, 숲이 울창하고 축축하기 전에 이곳을 점령했다. 하지만 이제는 헐렁한 캔버스 천막을 바위에 세운 것처럼 보인다. 어떤 것은 해져 지붕선이 늘어졌다. 가장 오래된 돌양을 돋보기로 들여다보니 조류와 고착형 지의류가 작디작은 따개비처럼 달라붙어 있다. 남조류가 보금자리로 삼은 곳에는 미끌미끌한 초록색 줄무늬가 보인다. 이 착생식물epiphyte은 햇빛을 가려 지의류의 광합성을 방해한다. 칙칙한 지의류를 배경으로 선명하게 드러나는 털깃털이끼속Hypnum의 두꺼운 베개가 시선을 사로잡는다. 바위턱을 따라 옆걸음질 하며 이끼의 매끄러운 윤곽에 감탄한다. 베개 아래쪽에서 주름처럼 삐져나온 것은 이끼에 에워싸이다시피 한 움빌리카리아 엽상체의 가장자리다. 움빌리카리아의 시대는 저물었다.

✦

지의류는 생명의 두 가지 위대한 길을 한 몸에 통합한다. 그것은 생명체의 축적에 바탕을 둔 (이른바) 생식연쇄grazing food chain와 생명체의 해체에 바탕을 둔 부식연쇄detrital food chain다. 생산자와 분해자, 빛과 어둠, 주는 이와 받는 이가 팔짱을 끼고 있으며, 같은 담요의 씨줄과 날줄이 어찌나 촘촘한지 무엇이 주는 것이고 무엇이 받는 것인지 분간하기가 불가능할 정도다. 지구상에서 가장 오래된 생명체 중 하나인 지의류는 호혜성으로부터 탄생한다. 우리의 연장자들은 모두 이 바위, 이 표석漂石이 가장 오래된 할아버지요, 예언의 전달자요, 우리의 스승이라고 가르친다. 이따금 지의류를 찾아가 앉아 있다. 세계의 배꼽에서 배꼽 명상을 하는 셈이다.

이 고대인들은 자신이 살아가는 법으로 가르침을 전달한다. 지의류를 보면 상호성에서 생겨나는, 각각의 종이 지닌 선물의 공유에서 생겨나는 꾸준한 힘이 떠오른다. 균형 잡힌 호혜성 덕에 지의류는 가장 힘겨운 조건에서도 번성할 수 있었다. 지의류의 성공을 판단하는 잣대는 소비와 성장이 아니라 우아한 장수와 단순함, 세상이 변해도 변치 않는 끈기다. 하지만 이젠 변하고 있다.

지의류는 인간을 지탱할 수 있지만 사람들은 지의류를 보살핌으로써 보답하지 않았다. 움빌리카리아는 여느 지의류처럼 대기 오염에 매우 민감하다. 움빌리카리아가 보이면, 가장 순수한 공기를 마시고 있다고 생각해도 된다. 이산화황과 오존 같은 대기 오염 물질과 접촉하면 바로 죽기 때문이다. 움빌리카리아가 떠나면 조심하시길.

사실 가속화되는 기후 혼돈을 앞세워 종 전체와 생태계 전체가 우리 눈앞에서 사라지고 있다. 이와 동시에 다른 서식처가 넓혀지고 있다. 빙하가 녹으면서 수천 년간 묻혀 있던 땅이 드러나고 있다. 얼음의 가장자리에서 새로운 땅이, 척박하고 싸늘한 돌투성이 빙력토가 껍질을 벗는다. 움빌리카리아는 (또 다른 거대 기후 변화의 시기이던) 1만 년 전 대지가 민둥하고 헐벗었을 때 그랬듯 지금도 빙하 이후 전면지^{foreland}에 맨 처음 발을 디디는 것으로 알려져 있다. 토박이 약초꾼들은 식물이 찾아올 때 주목하라고 말한다. 식물은 우리가 배워야 할 것을 가져다주기 때문이다.

수천 년간 이 지의류들은 생명의 토대를 닦는 책임을 맡았는데, 지구 역사의 눈 깜박할 순간에 우리는 그들의 노고를 무위로 돌리며 거대한 환경 스트레스의 시대를, 우리 스스로 만든 불모^{不毛}를 불러들이고 있다. 지의류는 이겨낼 수 있을 것 같다. 그들의 가르침에 귀를 기울인다면 우리도 그럴 수 있을 것이다. 우리가 지의류의 가르침을 외면한다면, 우리가 분리의 망상에 빠져 화석 기록으로 전락하고 오랜 뒤에 우리 시대의 돌투성이 잔해가 지의류에 덮일 것이다. 허물어져가는 권력의 전당을 주름진 초록색 살갗이 장식할 것이다.

돌양, 참나무잎지의, 배꼽지의. 움빌리카리아는 아시아에서 또 다른 이름으로 불린다고 한다. 석이, 돌의 귀. 이 적막한 장소에서 그들이 귀를 기울이고 있다는 상상을 한다.

바람 소리에, 붉은꼬리지빠귀 울음소리에, 우렛소리에. 주체할 수 없이 커져만 가는 우리의 굶주림에. 돌의 귀여, 우리가 스스로 저지른 짓을 이해할 때 그대는 우리의 고통을 들을 건가요? 그대가 몸으로 보여준 호혜적 결혼에 담긴 지혜에 우리가 귀를 기울이지 않는다면, 그대가 겪은 혹독한 후빙기 세계를 우리도 겪게 될 것 같아요. 우리가 그대처럼 대지와 결혼할 때 우리가 부르는 환희의 송가를 그대가 들어준다면, 구원은 거기에 있어요.

묵은 아이

　우리는 구릉처럼 늘어선 미송님Douglas fir 사이로 오랫동안 한가롭게 걸으며 비레오새처럼 재잘거린다. 그런데 어떤 보이지 않는 경계선에서 기온이 뚝 떨어져 한기가 밀려든다. 분지로 내려가는 중이다. 대화가 멈춘다.

　짙은 이끼초록색 풀밭에서 세로로 홈이 파인 줄기가 솟아 있다. 자욱한 은빛 땅거미로 숲을 물들이는 안개에 가려 우듬지는 보이지 않는다. 커다란 통나무와 양치식물 군락이 흩뿌려진 숲바닥은 햇빛 반점으로 얼룩덜룩한 바늘잎 깃털 요다. 어린 나무의 머리 위 구멍으로 빛이 쏟아져 들어온다. 할머니 나무들은 판근板根(땅 위에 판 모양으로 노출된 나무뿌리. 습지에서 몸을 지탱하거나 습지가 아닌 곳에서 바람 따위에 버티기 위해서 형성되는 뿌리로, 보통 줄기와 뿌리가 맞닿는 부분이 둥근 형태를 띠지 않고 수직으로 편평하게 발육하여 판 모양으로 지표에 노출된다_옮긴이) 지름이 2.5미터나 되는 거대한 줄기를 뻗어 그늘을 드리운다. 대성당의 정적 같은 고요함에 본능적으로 경의를 표하여 침묵하고 싶어진다. 어떤 말도 더할 것이 없으니.

하지만 이곳이 늘 고요한 것은 아니었다. 여자아이들이 와서 웃고 재잘거렸으며 아이의 할머니들은 근처에 앉아 피리를 불며 지켜보았다. 건너편 나무에 흉터가 길게 나 있다. 나무껍질을 벗겨 표시한 회색의 뭉툭한 화살표가 점점 가늘어지다 10미터 위의 첫 가지 속으로 사라진다. 이 나무끈을 떼어낸 사람은 언덕을 등진 채 나무껍질 리본을 움켜쥐고 잡아당겼을 것이다.

그 시절에는 캘리포니아 북부에서 알래스카 남동부까지 옛 우림이 산과 바다 사이로 띠를 이루고 있었다. 그 안개가 내려앉는 곳이 여기다. 물기를 머금은 공기가 태평양에서 솟아올라 이곳에 연年 강수량 2500밀리미터 이상의 비를 뿌려 지구상 어디와도 비교할 수 없는 생태계에 물을 준다. 세상에서 가장 큰 나무에게. 콜럼버스가 항해하기 전에 태어난 나무에게.

나무는 시작에 불과하다. 포유류, 조류, 양서류, 들꽃, 양치식물, 이끼, 지의류, 균류, 곤충의 종 수는 어마어마하다. 최상급을 다 써도 모자란다. 이곳은 지구 최대의 숲, 수 세기에 걸친 과거의 생명들이 살던 숲, 죽은 뒤에 더 많은 생명을 먹여 살리는 거대한 통나무와 그루터기가 있는 숲이기 때문이다. 숲은 맨 아래 숲바닥의 이끼에서 맨 위 우듬지에 매달린 지의류 가닥들까지 여러 겹의 복잡한 수직 구조를 이룬다. 수백 년에 걸쳐 바람과 질병과 폭풍우에 쓰러진 나무들이 숲지붕에 들쭉날쭉한 구멍을 냈다. 겉보기엔 혼란스럽지만 그 뒤에는 균류의 실, 거미의 줄, 물의 은빛 끈으로 모두를 엮어 연결하는 단단한 그물망이 있다. '혼자'라는 단어는 이 숲에서는 아무 의미도 없다.

북서부 태평양 연안의 원주민들은 이곳에서 숲에 한 발을, 바닷가에 한 발을 걸친 채 양쪽의 풍요를 거두며 수천 년간 풍족하게 살았다. 이곳은 연어, 노루발, 허클베리, 줄고사리가 있는 비의 땅이다. 이곳은 풍만한 엉덩이와 가득 찬 바구니의 나무, 살리시어로 '여인에게 풍요를 선사하는 나무'이자 '어머니 개잎갈나무님'으로 알려진 나무가 있는 땅이다. 크레이들보드에서 관에 이르기까지 사람들에게 필요한 것이 무엇이든 개잎갈나무는 기꺼이 내어주며 사람들을 떠받쳤다.

모든 것이 썩어가는 이 습한 기후에서는 부패에 저항력이 있는 개잎갈나무가 이상적 재료다. 개잎갈나무 목재는 다루기 쉽고 물에도 뜬다. 우람하고 곧은 줄기는 노꾼 스무 명을 태울 수 있는 원양 항해용 카누에 쓰인다. 노, 낚시찌, 그물, 밧줄, 화살, 작살 등 그 카누로 나른 것 또한 전부 개잎갈나무의 선물이었다. 심지어 노꾼들이 쓰는 모자와 망토도 개잎갈나무로 만들었으며 따뜻하고 부드럽게 비바람을 막아주었다.

여인들은 개울과 저지대를 따라 닳고 닳은 길을 노래 부르며 내려가면서 쓰임새에 꼭 맞는 나무를 찾았다. 무엇이 필요하든 그들은 정중하게 요청했으며 무엇을 받든 기도와 선물로 답례했다. 중년의 나무껍질에 쐐기를 박으면 손바닥 너비에 7미터 길이의 리본을 벗겨낼 수 있었다. 상처가 덧나지 않고 낫도록 나무 둘레의 일부에서만 껍질을 채취했다. 말린 나무끈을 두드려 여러 겹으로 분리하면 안쪽 껍질은 새틴처럼 보드랍고 윤기가 났다. 나무껍질을 오랫동안 사슴 뼈로 찧으면 보송보송한 개잎갈나무 '양털'을 얻을 수 있었다. 아기가 태어나면 이 포대기로 감쌌다. '양털'을 짜서 따뜻하고 질긴 옷과 담요를 만들 수도 있었다. 가족들은 겉껍질을 짜서 만든 매트에 앉고 개잎갈나무 침대에서 자고 개잎갈나무 접시로 식사했다.

개잎갈나무는 버릴 것이 하나도 없었다. 튼튼한 가지는 쪼개서 연장과 바구니와 통발을 만들었다. 개잎갈나무의 긴 뿌리를 파내어 씻은 다음 껍질을 벗기고 쪼개면 가늘고 질긴 섬유를 얻을 수 있었는데, 이것을 엮어 만든 고깔과 제의용 모자는 정체성의 상징으로 유명하다. 춥고 비 내리는 것으로 유명한 겨우내 자욱한 안개 속에서 누가 집을 밝혔을까? 누가 집을 덮혔을까? 활비비에서 부싯깃, 불에 이르기까지 그것은 어머니 개잎갈나무님의 몫이었다.

병이 들었을 때에도 사람들은 개잎갈나무를 찾았다. 잎이 붙은 납작한 잔가지에서 낭창낭창한 가지와 뿌리에 이르기까지 모든 부위가 약으로 쓰이며 강력한 영적 치료 효과가 있다. 전통적 가르침에서는 개잎갈나무의 힘이 하도 크고 유연해서 합당한 사람이 줄기의 품에 기대면 그에게 흘러들 수 있다고 말한다. 죽음이 찾아오면 개잎갈나무 관이 기다리고 있었다. 인간을 맨 처음과 맨 마지막에 안아주는 것은 어머니 개잎갈나무님의 팔이었다.

묵은 숲이 풍성하게 얽혀 있듯 숲의 발치에서 생겨난 묵은 문화도 풍성하게 얽혀 있었다. 어떤 사람들은 지속 가능성을 생활 수준 하락과 동일시하지만, 해안의 묵은 숲에 사는 원주민들은 세상에서 손꼽히는 부자였다. 바다와 숲의 온갖 자원을 슬기롭게 쓰고 돌본 덕에 어느 것 하나 남용하지 않았으며 남다른 예술과 과학, 건축을 꽃피웠다. 이곳에서의 번영은 탐욕이 아니라 위대한 포틀래치 전통을 낳았다. 물질적 재화를 제의적으로 내어주는 이 전통은 땅이 사람들에게 베푸는 너그러움을 고스란히 반영한 것이었다. 부는 내어줄 수 있을 만큼 가진 것을 의미했으며, 너그러울수록 사회적 지위가 높아졌다. 개잎갈나무는 부를 나누는 법을 가르쳤으며 사람들은 배웠다.

과학자들은 어머니 개잎갈나무님을 투야 플리카타$^{Thuja\ plicata}$, 즉 붉은개잎갈나무$^{western\ red\ cedar}$('자이언트측백나무'라고 부르기도 한다_옮긴이)로 알고 있다. 붉은개잎갈나무는 오래된 숲의 존귀한 거인 중 하나로, 높이가 60미터에 이른다. 가장 높은 나무는 아니지만, 거대한 판근은 둘레가 15미터로 레드우드와 맞먹는다. 줄기는 울룩불룩한 밑동에서 출발하여 점점 가늘어지며 유목流木(물 위에 떠서 흘러가는 나무_옮긴이) 색깔의 껍질에 싸여 있다. 가지는 기품 있게 늘어졌는데, 끄트머리는 새가 날듯 위로 치솟았다. 가지 하나하나가 초록 깃털의 깃가지 같다.

가까이서 들여다보면 잔가지마다 작은 잎들이 겹겹이 돋아 있는 것을 볼 수 있다. 종명 '플리카타'는 접거나 땋은 모습을 가리킨다. 단단히 엮인 모양과 누르스름한 초록빛을 보면 나무 자체가 다정함을 땋은 듯 작은 향모 드림을 닮았다.

개잎갈나무님은 사람들에게 아낌없이 베풀었으며 사람들은 감사와 호혜성으로 보답했다. 하지만 개잎갈나무가 제재소의 상품으로 오인되는 오늘날, 선물의 개념은 잊히다시피 했다. 빚지고 있음을 아는 우리는 무엇으로 갚을 수 있을까?

✖

프랜츠 돌프Franz Dolp가 나무딸기 사이를 비집고 들어가자 블랙베리가 옷소매를 할퀴었다. 발목을 붙든 새먼베리salmonberry가 수직에 가까운 언덕 아래로 그를 잡아당기려 했지만, 그전에 가시덤불 속 브러 래빗(조엘 챈들러 해리스Joel Chandler Harris의 소설에 나오는 토끼_옮긴이)처럼 2.5미터 높이의 풀숲에 갇히고 만다. 덤불에 뒤엉켜 방향 감각을 잃었다. 유일한 길은 꼭대기를 향해 올라가는 것뿐이다. 길을 닦는 것이 첫 단계다. 접근하지 못하면 아무것도 할 수 없으니 그는 정글도刀를 휘두르며 우격다짐으로 전진했다.

그는 키가 크고 호리호리하며 이 흙투성이 가시밭길에 걸맞은 필드 팬츠(질긴 옷감으로 된 오버올 형의 긴 바지_옮긴이)와 높은 고무장화 차림에 검은색 야구 모자를 푹 눌러썼다. 예술가의 손에 닳아빠진 목장갑을 낀 그는 땀 흘리는 법을 아는 남자였다. 그날 밤 그는 일기에 이렇게 적었다. "이 일은 50대 중반이 아니라 20대에 시작했어야 했다."

프랜츠는 오후 내내 덤불을 닥치는 대로 베고 자르며 능선을 향해 나아갔다. 가시덤불에 숨은 방해물에 칼날이 부딪히고서야 한숨 돌렸다. 어깨 높이까지 오는 커다란 고목 통나무, 보아하니 개잎갈나무였다. 예전에는 미송만 제재製材하고 나머지는 썩게 내버려두었다. 문제는 개잎갈나무가 썩지 않는다는 것이다. 개잎갈나무는 숲바닥에서 100년, 어쩌면 그 이상 보존될 수 있다. 이 통나무는 한 세기도 더 전에 처음 벌목하고 남은, 잃어버린 숲의 자투리였다. 베기엔 너무 크고 굵었기에 프랜츠는 다시 한번 방향을 틀어야 했다.

오래된 개잎갈나무가 자취를 감추다시피 한 오늘날 사람들은 개잎갈나무를 원한다. 그들은 오래된 벌목지를 뒤지며 남아 있는 통나무를 찾는다. 오래된 통나무를 고가의 개잎갈나무 지붕널로 탈바꿈시키는 작업을 그들은 '셰이크볼팅shakebolting'이라고 부른다. 결이 하도 곧아서 널은 일자로 쪼개진다.

이 오래된 나무들이 땅에서 일평생을 보내는 동안 숭배의 대상에서 거부의 대상이 되어 멸종할 뻔했다가 누군가 위를 올려다보고 그들이 사라졌음을 알고서 다시 원하게 되었음을 생각하면 경이롭다.

프랜츠는 이렇게 썼다. "내가 좋아하는 연장은 커터 매턱Cutter Mattock(곡괭이와 비슷하게 생긴 연장_옮긴이)인데, 이 지역에서는 주로 '매덕스Maddox'라고 부른다." 그는 날카로운 날로 뿌리를 자르고 길을 낼 수 있었으며, 덩굴당단풍vine maple의 진군을 잠시나마 격퇴할 수도 있었다.

철벽같은 덤불과 씨름하며 꼭대기까지 뚫고 올라가는 데는 며칠이 더 걸렸지만, 메리스봉에서 내려다본 전망은 그럴 만한 가치가 있었다. "어떤 지점에 도달하여 우리의 성취를 음미했을 때의 희열을 아직도 기억한다. 경사와 날씨 때문에 아무것도 할 수 없겠다는 무력감이 들던 때도 떠올랐다. 우리는 웃으며 바닥에 드러누웠다."

프랜츠의 일기에는 능선에서 조각보 같은 지형 너머로 풍경을 바라보았을 때의 느낌이 기록되어 있다. 그 파노라마는 임업 관리 단위로 구분되었다. 죽은 식물의 갈색과 얼룩덜룩한 회색과 녹색의 다각형 옆에는 "어린 미송님의 빽빽한 농장이 깔끔하게 손질된 잔디밭처럼" 사각형과 쐐기꼴로 펼쳐져 있었으며 모든 구획은 깨진 유리 조각처럼 산에 널려 있었다. 보호구역 안에 있는 메리스봉 꼭대기에 가야 숲이 끊기지 않고 이어져 있다. 멀리서 보면 들쭉날쭉하고 색색인 이 지대야말로 묵은 숲의 본보기요 숲의 본모습이다.

그는 이렇게 썼다. "내 임무는 깊은 상실감, 이곳에 있어야 할 것이 사라졌다는 감정에서 비롯했다."

코스트레인지에서 벌목이 처음 허용된 1880년대에만 해도 나무들이 하도 커서—높이가 90미터, 너비가 15미터에 이르렀다—사업주들은 어찌할 바를 몰랐다. 결국 가련한 인부 두 명이 '미저리 휘프misery whip'라는 얇은 2인용 가로톱으로 2주에 걸쳐 저 거목들을 쓰러뜨렸다. 서부의 도시를 건설한 것은 이 나무들이었다. 도시가 성장함에 따라 목재 수요는 더욱 증가했다. 당시에 이런 말이 있었다. "묵은 숲의 나무는 베도 베도 끝이 없다."

이 비탈에서 체인톱이 마지막으로 굉음을 내던 즈음 프랜츠는 몇 시간 떨어진 농장에서 아내와 아이들과 함께 사과나무를 심고 사과

주 담글 생각을 했다. 아버지이자 젊은 경제학 교수인 프랜츠는 가정 경제에 투자했다. 자신의 고향을 닮은, 또한 영영 머물게 될 오리건주 숲속에 보금자리를 짓겠다는 꿈을 꿨다.

그는 알지 못했지만, 소와 아이를 기르는 동안 샷파우치크리크에서 그의 새 보금자리가 될 땅 위로 블랙베리가 화창한 햇살 속에서 움트기 시작했다. 블랙베리는 그루터기 농장^{stump farm}(벌채한 나무의 그루터기투성이의 땅을 일군 농지_옮긴이)을 덮고 벌목용 쇠사슬, 바퀴, 레일의 잔해를 녹슬게 했다. 새먼베리는 자신의 가시를 가시철조망에 얽었으며 이끼는 도랑에 있는 낡은 소파를 천갈이했다.

가족 농장에서는 그의 결혼 생활이 악화 일로를 걷고 있었는데, 샷파우치의 토양도 마찬가지였다. 오리나무가 찾아와 뿌리를 내렸으며 그 다음에는 단풍나무가 자랐다. 이곳의 토박이말은 침엽수였으나 이제는 길쭉한 활엽수의 속어만 들렸다. 개잎갈나무와 젓나무 숲이 되겠다는 꿈은 사라져 무지막지한 덤불의 혼돈 속으로 가라앉았다. 곧고 느린 것은 빠르고 뾰족뾰족한 것의 상대가 되지 못한다. "죽음이 우리를 갈라놓을 때까지" 지키려던 농장을 떠나려 그가 차에 오르자, 잘 가라며 손을 흔들던 여인이 말했다. "당신의 다음번 꿈은 이번보다 낫길."

그는 일기에 이렇게 썼다. "농장을 찾아갔지만 이미 팔린 뒤였다. 새 땅임자가 모두 베어버렸다. 나는 그루터기와 소용돌이치는 붉은 흙 가운데 앉아 울었다. 농장을 떠나 샷파우치로 갔을 때, 새 보금자리를 지으려면 오두막을 짓거나 사과나무를 심는 것만으로는 안 된다는 사실을 깨달았다. 내게는, 그리고 땅에는 치유가 필요했다."

그리하여 상처 입은 남자는 샷파우치크리크의 상처 입은 땅에 들어와 살았다.

이 땅은 오리건 코스트레인지의 심장부에 있었는데, 그의 할아버지가 힘겹게 보금자리를 일군 바로 그 산지였다. 오래된 가족사진에는 허름한 오두막과 침울한 얼굴들이 보인다. 주변은 온통 그루터기뿐.

그는 이렇게 썼다. "이 16헥타르는 나의 은신처, 야생으로의 도피처였다. 하지만 순수한 자연은 아니었다." 그가 고른 장소 옆에는 지도에 '불탄 숲Burnt Woods'이라고 표시된 지점이 있었다. '머리 가죽이 벗겨진 숲Scalped Woods'이 더 나았을지도 모르지만. 땅은 잇따른 개벌로 쑥대밭이 되었다. 처음에는 웅장한 옛 숲이, 다음에는 자식 숲이 사라졌다. 젓나무가 다시 자라자마자 벌목꾼들이 돌아왔다.

땅이 개벌되면 모든 것이 달라진다. 햇빛이 갑자기 쏟아져 들어온다. 흙이 벌목 장비에 파헤쳐져 온도가 올라가고 부식토 담요 아래의 무기질 토양이 드러난다. 생태 천이의 시계가 0시 0분으로 맞춰지고 알람이 요란하게 울린다.

숲 생태계는 풍도風倒, 산사태, 산불을 겪으며 대규모 교란에 대처하는 수단을 진화시켰다. 초기 천이 식물 종이 금세 찾아와 피해 복구 작업에 돌입한다. 기회종opportunistic species, 또는 개척종pioneer species으로 알려진 이 식물들은 교란이 일어난 뒤에 번성할 수 있도록 적응했다. 빛과 공간 같은 자원이 풍부하기에 이들은 쑥쑥 자란다. 주변의 맨땅이 몇 주 만에 자취를 감출 수도 있다. 기회종의 목표는 최대한 빨리 생장하고 번식하는 것이기에, 수간樹幹을 만드는 수고를 감수하지 않고 엉성한 줄기에 잎을 틔우고 또 틔우는 일에 매진한다.

성공의 열쇠는 무엇이든 이웃보다 많이, 더 빨리 얻는 것이다. 자원이 무한할 때는 이런 생존 전략이 먹힌다. 하지만 개척종에게는 인간 개척자와 마찬가지로 벌목된 땅, 고된 노동, 개인적 진취성, 수많은 자녀가 필요하다. 말하자면 기회종에게 열린 '기회'의 창은 금방 닫힌다. 나무가 등장하기 시작하면 개척자의 시절은 초읽기에 들어간다. 그래서 그들은 광합성으로 거둔 부를 이용하여 자식을 만든다. 새들이 다음 개벌지로 날라주길 기대하면서. 이런 까닭에 상당수 기회종은 베리—새먼베리, 엘더베리, 허클베리, 블랙베리—를 만든다.

개척자들은 무한 생장, 무차별 확산, 에너지 고소비의 원칙을 바탕으로 군락을 이뤄 닥치는 대로 자원을 빨아들이며 경쟁을 통해 남들에게서 땅을 빼앗고 계속 나아간다. (늘 그렇듯) 자원이 부족해지기 시작하면 안정성을 증진하는 협력과 전략—우림 생태계에서 절정에 이른 전략—이 진화에 의해 선호될 것이다. 이 호혜적 공생의 너비와 깊이는 묵은 숲에서 유독 잘 발달한다. 오랜 세월이 필요한 일이기 때문이다.

산업적 임업과 자원 채굴을 비롯하여 인간의 영역 확장으로 인한 현상들은 새먼베리 덤불과 같아서 늘 더 얻고자 하는 사회의 수요에 따라 땅을 집어삼키고 생물 다양성을 줄이고 생태계를 단순화한다. 500년 만에 우리는 묵은 숲과 묵은 생태계를 결딴내고 기회주의적 문화로 대체했다. 인간 개척자 공동체는 식물 개척종 군락과 마찬가지로 재생에서 중요한 역할을 하지만, 장기적으로는 지속 가능하지 않다. 풍족한 에너지의 시대가 끝나면 균형과 회복이 유일한 탈출구다. 초기 천이 체계와 후기 천이 체계 사이에 호혜적 순환이 이루어져 서로에게 문을 열어주는 것이다.

묵은 숲은 아름다움뿐 아니라 정교한 기능 면에서도 놀랍다. 자원이 희소해지면 무차별적 성장이나 자원 낭비 같은 광란이 있을 수 없다. 숲 구조 자체의 '녹색 건축'은 효율성의 본보기로, 태양 에너지의 포획을 최적화하는 여러 겹의 숲지붕 속에 잎들이 층을 이룬다. 자급자족하는 공동체의 본보기를 찾고 싶다면 묵은 숲을 보면 된다. 묵은 숲과의 공생으로 생겨난 묵은 문화도 좋은 모델이다.

프랜츠의 일기에서 보듯 그는 멀리서 볼 수 있는 묵은 숲 조각을 샷파우치의 (옛 숲의 흔적이라고는 오래된 개잎갈나무 통나무뿐인) 맨땅과 비교하고서 자신의 사명을 발견했다. 그는 세상이 어때야 하는가에 대한 자신의 신념을 대신하여 이곳을 치유하여 본디 모습으로 돌려놓겠노라고 다짐했다. 그는 이렇게 썼다. "내 목표는 묵은 숲을 가꾸는 것이다."

하지만 그의 야심은 물리적 복원에 머물지 않았다. 프랜츠 말마따나 "땅과, 또한 그곳의 생명들과 개인적 관계를 발전시킴으로써 복원하는 것이 중요하"다. 그는 땅을 가꾸면서 자신과 땅 사이에 자라난 애정 관계를 이렇게 묘사했다. "마치 나의 잃어버린 한 부분을 되찾은 것 같았다."

텃밭과 과일나무 다음의 목표는 자신이 추구하는 자급자족과 단순함을 존중하는 집을 짓는 것이었다. 그의 이상은 위쪽 비탈에 벌목꾼들이 내버려둔 붉은개잎갈나무$^{red\ cedar}$—아름답고 향기롭고 썩지 않고 상징적인 나무—로 지은 오두막이었다. 하지만 거듭된 벌목으로 붉은개잎갈나무는 씨가 말랐다. 그래서 애석하게도 목재를 살 수밖에 없었다. "개잎갈나무를 내가 쓰려고 벤 것보다 더 많이 심고 기르겠노라 맹세했다."

무게가 가볍고 방수성이 좋고 달짝지근한 향기가 나는 개잎갈나무는 우림의 원주민들이 선호하는 건축 재료이기도 했다. 개잎갈나무의 통나무와 널빤지로 지은 주택은 이 지역의 상징이었다. 목재가 손쉽게 쪼개지기에 숙련된 사람은 톱 없이도 판재를 만들 수 있었다. 이따금 재목^{林木}을 얻으려고 벌목하기도 했지만, 널빤지는 저절로 쓰러진 통나무에서 떼어내는 것이 일반적이었다. 어머니 개잎갈나무님은 놀랍게도 산몸의 옆구리에서 널빤지를 내어주기도 했다. 서 있는 나무에 돌쐐기나 뿔쐐기를 일렬로 박으면 곧은 결을 따라 기다란 널빤지가 떨어져 나왔다. 목질부 자체는 죽은 지지 조직이기 때문에, 큰 나무에서 널빤지를 몇 개 떼어내도 나무 전체가 죽을 염려는 없다. 나무를 죽이지 않고 재목을 생산하는 이 방법은 지속 가능한 임업에 대한 우리의 관념을 재정의한다.

하지만 지금의 토지가 형성되고 이용되는 방식을 결정하는 것은 산업적 임업이다. 샷파우치는 벌목지^{timberland}로 지정되어 있기에 프랜츠가 땅을 소유하려면 새 땅에 대한 숲 관리 계획을 등록하여 승인받아야 했다. 그는 자기 땅이 "임야^{forestland}가 아니라 벌목지"로 분류된 것에 실망했다. 제재소만이 나무의 유일한 운명인 것처럼 느껴졌기 때문이다. 프랜츠는 미송님의 세상에서 묵은 숲을 꿈꿨다.

오리건 산림청과 오리건 주립대학교 임학대학에서 프랜츠에게 기술 지원을 제공했는데, 덤불을 말려 죽이고 유전자 개량된 미송을 재식재하라며 제초제를 권했다. 숲밑의 경쟁을 없애 빛이 듬뿍 들어오도록 한다면 미송은 어느 나무보다 빨리 목재를 만들어낸다. 하지만 프랜츠가 원한 것은 목재가 아니었다. 그가 바란 것은 숲이었다.

프랜츠는 이렇게 썼다. "내가 샛파우치에서 땅을 산 것은 이 지역을 사랑하기 때문이다. 나는 여기서 '옳은' 일을 하고 싶었다. 옳다는 게 뭔지는 잘 모르겠지만. 장소를 사랑하는 것으로는 충분하지 않다. 치유할 방법을 찾아내야 한다." 그가 제초제를 썼다면 화학 물질의 소나기를 견딜 수 있는 나무는 미송님뿐이었다. 그는 모든 수종이 무사하기를 바랐다. 그는 덤불을 손으로 쳐내겠노라 맹세했다.

산업림을 재식재하는 것은 등골 빠지는 고역이다. 식수植樹 인부들이 찾아와 아기나무로 불룩한 자루를 짊어진 채 가파른 비탈을 따라 옆걸음으로 이동했다. 2미터 걷고, 땅 파서 아기나무를 심고, 다지고. 2미터 걷고, 반복. 한 수종. 한 패턴. 하지만 당시에는 천연림을 어떻게 조성할지에 대해서는 지침이 전혀 없었기에 프랜츠는 자신의 유일한 스승인 숲에 의지했다.

얼마 남지 않은 묵은 숲 지대에서 각 수종의 위치를 관찰한 뒤에 자신의 땅에서 그 패턴을 재현하려 했다. 미송은 탁 트인 양지바른 비탈에, 솔송나무는 응달에, 개잎갈나무는 어둑어둑하고 축축한 땅에 심었다. 당국의 권고와 달리 오리나무와 큰잎단풍나무^big-leaf maple 어린나무를 뽑지 않고 토질 복원을 계속하도록 내버려두었으며 그 우듬지 아래에 그늘에 강한 수종을 심었다. 그는 나무마다 표시를 하고 지도를 그리고 보살폈다. 나무를 집어삼키려 드는 덤불을 손으로 쳐내다 허리 수술을 받는 바람에 결국 훌륭한 인부를 고용하는 수밖에 없었다.

시간이 흐르면서 프랜츠는 뛰어난 생태학자가 되었다. 그는 종이책이 있는 도서관과, 숲이 만든 문헌이 담긴 더 섬세한 도서관을 둘 다 섭렵했다. 그의 목표는 옛 숲에 대한 자신의 이상을 땅의 가능성에 접목하는 것이었다.

프랜츠의 일기에는 자신의 노고가 과연 현명한 것인지 의심하는 대목이 등장한다. 그는 자신이 어떻게 하든 땅이 결국은 어떤 모습의 숲으로 돌아갈 것임을 알았다. 아기나무 자루를 들고 언덕을 오르든 그러지 않든 말이다. 인간의 시간은 숲의 시간과 같지 않다. 하지만 시간만으로는 그가 상상하는 묵은 숲을 보장할 수 없다. 주변 지형이 개벌지와 미송 군락지의 모자이크라면 천연림이 저절로 재조립되지는 않을 수도 있다. 씨앗은 어디서 올까? 땅은 씨앗을 맞아들일 조건일까?

이 마지막 물음은 '여인에게 풍요를 선사하는 나무'의 재생에 무엇보다 중요하다. 개잎갈나무는 큰 덩치에도 불구하고 씨앗이 작아서, 연약한 구과에서 바람에 실려 퍼지는 조각의 크기가 1센티미터에 불과하다. 개잎갈나무 씨앗 40만 개를 합쳐봐야 500그램밖에 안 된다.

어른나무가 1000년 동안 씨앗을 퍼뜨릴 수 있어서 천만다행이다. 이 숲처럼 식물이 무성한 곳에서 이렇게 자그마한 생명이 새 나무로 자랄 기회는 거의 없다.

어른나무는 늘 변화하는 세상이 가하는 온갖 스트레스를 이겨낼 수 있지만 어린나무는 매우 취약하다. 붉은개잎갈나무는 다른 수종보다 느리게 자라기 때문에 금세 뒤처져 햇빛을 빼앗긴다. 특히 산불이나 벌목 이후에는 건조하고 개방된 조건에 적응한 종과의 경쟁에서 지기 일쑤다. 살아남은 붉은개잎갈나무는, 서구에서 그늘을 가장 잘 견디는 수종임에도 무럭무럭 자라지 않고 때를 기다린다. 다른 나무가 바람에 쓰러지거나 죽어서 그늘에 구멍이 뚫리기를 노리는 것이다. 기회가 생기면 찰나의 빛기둥을 타고 한 걸음 한 걸음 올라가 숲지붕에 이른다. 하지만 대부분은 그러지 못한다. 숲생태학자들의 추산에 따르면 개잎갈나무가 첫발을 내디딜 수 있는 기회의 창은 100년에 두 번 열릴까 말까다. 그러니 샷파우치에서 천연 재집락 형성recolonization은 언감생심이었다. 복원된 숲에 개잎갈나무가 자라게 하려면 심는 수밖에 없었다.

느린 생장, 약한 경쟁력, 목본초식동물에 대한 취약성, 아기나무 정착의 극히 낮은 가능성 같은 특징으로 보건대 개잎갈나무는 희귀종일 것이라 예상할 수 있다. 하지만 그렇지 않다. 한 가지 설명은 개잎갈나무가 고지대에서는 맥을 못 추지만 다른 수종이 견디지 못하는 충적토, 습지, 물가에 발을 적신 채 승승장구한다는 것이다. 개잎갈나무가 좋아하는 서식지는 경쟁을 피할 은신처가 있는 곳이다. 그리하여 프랜츠는 개울가 지역을 신중하게 골라 개잎갈나무를 빽빽하게 심었다.

개잎갈나무는 고유한 화학적 성질 덕에 생명을 구하고 자신을 구하는 약학적 성질을 겸비했다. 여러 고항균성 화합물이 풍부하게 들어 있어서 균류에 대한 저항력이 유난히 강하다. 북서부 숲은 여느 생태계와 마찬가지로 병해에 취약한데, 그중 가장 심각한 것은 펠리누스 위어리*Phellinus weirii*라는 토종 균류가 일으키는 막幕뿌리썩음병laminated root rot이다. 이 균류는 미송과 솔송나무 등에 치명적일 수 있으나 붉은개잎갈나무는 다행히도 면역력이 있다. 뿌리썩음병이 다른 나무를 공격하면 붉은개잎갈나무는 경쟁할 필요 없이 빈틈을 차지한다. 생명 나무는 죽음의 지대에서 살아남는다.

개잎갈나무를 복원하려고 오랫동안 혼자 애쓰던 프랜츠는 나무를 심고 새먼베리를 베는 일을 즐거워하는 또 다른 사람을 만났다. 돈과의 첫 데이트 장소는 샷파우치 능선 꼭대기였다. 그 뒤로 11년간 두 사람은 나무 13,000여 그루를 심었으며, 거미줄 같은 이동로를 만들고 자신들의 16헥타르에 대한 해박함을 나타내는 이름을 지었다.

산림청 소유지에는 '관리 단위 361번' 같은 이름을 붙였지만, 손으로 그린 지도에는 '유리 골짜기', '포도 협곡', '암소 엉덩이 골'처럼 더 실감 나는 이름을 붙였다. 원래 숲의 흔적인 나무 한 그루 한 그루에도 '싱난 단풍나무', '거미 나무', '훼손된 우듬지' 같은 이름을 지어주었다. 지도에는 단어 하나가 유난히 많이 나온다. 개잎갈나무 샘, 개잎갈나무 쉼터, 성스러운 개잎갈나무, 개잎갈나무 가족.

'개잎갈나무 가족'이라는 이름은 개잎갈나무가 가족처럼 작은숲을 이룬다는 사실을 잘 보여준다. 개잎갈나무는 씨앗에서 발아하기가 힘든 대신 영양생식에서는 타의 추종을 불허한다. 나무의 어느 부위든 젖은 땅에 닿기만 하면 휘묻이^{layering}라는 과정을 통해 뿌리를 내릴 수 있다. 낮게 드리운 잎도 축축한 이끼 깔개 속으로 뿌리를 뻗는다. 낭창낭창한 가지는 새로운 나무가―심지어 원래 나무에서 꺾인 뒤에도―될 수 있다. 원주민들은 이런 번식 방법으로 개잎갈나무 작은숲을 보살폈을 것이다. 어린 개잎갈나무는 굶주린 엘크의 발에 쓰러지거나 깔려도 가지의 방향을 바꿔 새출발한다. 개잎갈나무를 일컫는 토박이말이 '장수목'과 '생명 나무'일 만도 하다.

프랜츠의 지도에서 가장 인상적인 지명 중 하나는 '묵은 아이^{Old} $^{Growth Children}$'다. 나무를 심는 것은 믿음의 행위다. 13,000번의 믿음의 행위가 이 땅에서 살아간다.

프랜츠는 연구하고 식재하고 또 연구하고 식재하며 그 과정에서 숱한 시행착오를 겪고 교훈을 얻었다. 그는 이렇게 썼다. "나는 이 땅의 임시 청지기였다. 땅의 관리인^{caretaker}이었다. 돌보미^{caregiver}라고 해야 더 정확하겠지만. 악마는 디테일에 있었으며 곳곳에서 예상치 못한 문제가 생겨났다." 그는 묵은 아이가 서식지에 어떻게 반응하는지 관찰한 다음 골칫거리를 해결하려고 노력했다. "재조림^{reforestation}은 정원 가꾸기를 닮아갔다. 이 일에는 친밀감이 배어 있었다. 내 땅에 있으면 가만히 있기가 힘들다. 나무 한 그루라도 더 심거나 가지치기라도 해야 직성이 풀린다. 이미 심은 나무를 더 좋은 곳에 옮겨심기도 한다. 나는 이것을 '선제적 재분배 자연화anticipatory redistributive naturalization' 라고 부르는데, 돈은 땜질이라고 부른다."

개잎갈나무의 너그러움은 사람들뿐 아니라 숲의 수많은 거주민들에게도 미친다. 낮게 드리운 연한 잎은 사슴과 엘크가 좋아하는 먹이다. 아기나무가 다른 나무들의 우듬지 아래에 숨어 있으면 감쪽같을 것처럼 보이지만, 맛이 하도 좋아서 초식동물들은 마치 감춘 초콜릿바 찾듯 아기나무를 찾아다닌다. 개잎갈나무는 생장 속도가 매우 느리기에 사슴의 키 높이에서 오랫동안 공격을 받는다.

프랜츠는 이렇게 썼다. "내 일터에 득시글거리는 미지의 녀석들은 숲의 응달만큼이나 구석구석 침투해 있었다." 개울가에 개잎갈나무를 기르겠다는 그의 계획은 한 가지만 빼면 훌륭했다. 그것은 그곳이 비버의 서식처이기도 하다는 것이었다. 비버가 개잎갈나무를 후식으로 먹는 줄 누가 알았겠는가? 프랜츠의 개잎갈나무 양묘장은 비버의 이빨에 흔적도 없이 사라졌다. 프랜츠는 나무를 다시 심었는데, 이번에는 울타리를 쳤다. 비버는 코웃음을 쳤다. 그러자 프랜츠는 숲처럼 생각하여 비버가 좋아하는 먹이인 버드나무 덤불을 개울가에 심었다. 그러면 개잎갈나무를 내버려두리라는 계산이었다.

그는 이렇게 썼다. "이 실험을 시작하기 전에 생쥐, 목걸이도마뱀boomer, 스라소니, 가시도치porcupine, 비버, 사슴 위원회를 만나야 했다."

오늘닐 이 개잎길나무들은 상당수가 비쩍 마른 싶 내로, 온선히 자라지 못한 채 앙상한 줄기를 흐느적거린다. 사슴과 엘크에게 갉아먹혀 더더욱 비실비실하다. 덩굴당단풍 넝쿨 아래서 이쪽으로는 팔을 뻗고 저쪽으로는 가지를 뻗으며 햇빛을 향해 안간힘을 쓴다. 하지만 그들의 때가 오고 있다.

프랜츠는 마지막 식재를 끝내고서 이렇게 썼다. "땅을 치유할 수 있을지는 모르겠다. 하지만 진짜 유익이 어디로 흘러가는지는 의심할 여지가 없다. 이곳의 규칙은 호혜성이다. 주면 돌려받는다. 이곳 샷파우치 골짜기의 비탈에서 내가 한 일은 복원의 개인적 임업이라기보다는 개인적 복원의 임업이었다. 땅을 복원하면서 나는 스스로를 복원한다."

여인에게 풍요를 선사하는 나무, 이 이름에 진실이 담겨 있다. 그녀는 프랜츠에게도 부를 선사했다. 그것은 자신의 구상을 세상에서 생생하게 볼 수 있는 부, 시간이 흐르면서 아름다워만 지는 선물을 미래 세대에 줄 수 있는 부였다.

프랜츠는 샷파우치를 이렇게 묘사했다. "이것은 개인적 임업의 행위였다. 하지만 개인적 예술 창조의 행위이기도 했다. 나는 풍경을 그리거나 연가곡을 지은 것이나 마찬가지다. 나무의 올바른 배치를 찾는 행위는 시를 다듬는 것처럼 느껴진다. 전문성이 부족하기에 '숲지기forester'라 불리기는 민망하지만, 숲에서 일하는 작가를 자처할 수는 있을 듯하다. 숲에서, 또한 숲과 함께. 숲을 가꾸는 예술 행위를 하고 나무에 글을 쓰는 작가. 숲 가꾸는 일이 달라질지도 모르지만, 목재 회사나 산림대학의 전문 자격증에 예술성이 요구된다는 말은 들어본 적이 없다. 우리에게 필요한 것은 이것인지도 모르겠다. 숲지기로서의 예술가."

그는 이곳에서 세월을 보내면서 강 유역이 오랜 손상의 역사로부터 치유되기 시작하는 것을 목격했다. 그의 일기는 150년이 지난 미래의 샷파우치를 방문하는 시간 여행을 묘사한다. "한때 오리나무 덤불이 있던 곳에서 장엄한 개잎갈나무가 풍경을 점령했다." 하지만 그는 자신의 16헥타르가 아직은 연약한 아기나무임을 알고 있었다. 목표를 이루려면 더 많은 돌봄의 손길이, 그리고 더 많은 가슴과 마음이 필요할 터였다. 땅과 글자를 다루는 솜씨를 발휘하여 사람들을 묵은 문화의 세계관으로, 땅과의 관계 복원으로 이끌어야 했다.

묵은 문화는 묵은 숲과 마찬가지로 아직은 절멸하지 않았다. 땅에는 과거의 기억과 재생의 가능성이 깃들어 있다. 이것은 단지 민족성이나 역사의 문제가 아니라 땅과 사람 사이의 호혜성에서 비롯하는 관계의 문제다. 프랜츠는 묵은 숲을 가꾸는 것이 가능함을 보여주었지만, 그의 또 다른 꿈은 온전하고 치유된 묵은 문화, 즉 세계관을 전파하는 것이었다.

이 꿈을 실현하기 위해 프랜츠는 스프링크리크 프로젝트Spring Creek Project를 공동으로 창립했다. 이 사업의 목표는 "환경학의 실용적 지혜와 철학적 분석의 명료함, 글의 표현력을 아울러 우리의 자연의 관계를 이해하고 다시 상상하는 새로운 길을 찾는 것"이다. '예술가로서의 숲지기'와 '생태학자로서의 시인'이라는 그의 개념은 숲에서, 샷파우치의 아늑한 개잎갈나무 오두막에서 뿌리를 내린다. 그곳은 작가들, 관계를 복원하는 생태학자가 될 수 있는 작가들에게, (새먼베리 덤불의 새처럼) 상처받은 땅에 씨앗을 나르고 묵은 문화의 재생을 준비하는 작가들에게 영감과 고독의 장소가 되었다.

오두막은 예술가, 과학자, 철학자가 건설적으로 협력하는 사랑방으로, 이들의 작업은 다채로운 문화 행사로 표현된다. 프랜츠의 영감은 다른 사람들의 영감을 위한 거름나무$^{nurse\ log}$(썩어서 다른 나무가 자라도록 자양분을 제공하는 통나무_옮긴이)가 되었다. 10년의 세월, 13,000그루의 나무, 자신에게 영감을 받은 무수한 과학자와 예술가를 생각하면서 그는 이렇게 썼다. "내가 쉴 때가 되면 다른 사람들이 매우 특별한 장소로 나아갈 수 있도록 옆으로 물러나도 되겠다는 확신이 들었다. 그란디스전나무$^{giant\ fir}$, 개잎갈나무, 솔송나무 숲으로, 과거의 옛 숲으로." 그가 옳았다. 가시덤불에서 묵은 아이에 이르기까지 그가 다져놓은 길을 따라 많은 이들이 그의 발자국을 밟았다. 2004년에 프랜츠 돌프는 샷파우치크리크로 가는 길에 제지 공장 트럭에 부딪혀 사망했다.

그의 오두막을 둘러싼 어린 개잎갈나무들은 초록색 숄을 걸친 여인을 닮았는데, 빗방울이 구슬구슬 매달려 햇빛을 붙잡는다. 우아한 무용수 같기도 하다. 걸음을 밟을 때마다 깃털 같은 술이 흔들린다. 나무들은 가지를 넓게 벌리고 원을 열어 우리에게도 재생의 춤에 동참하라고 손짓한다. 여러 세대 동안 구석에 앉아 있던 터라 처음에는 어색하지만, 비척거리다 마침내 가락을 탄다. 우리의 내면 깊숙이 잠들어 있던 춤사위를 깨운다. 하늘여인이 물려준, 공동 창조자로서의 책임을 일깨우는 춤사위를. 이곳 홈메이드 숲에서 시인, 작가, 과학자, 숲지기, 삽, 씨앗, 엘크, 오리나무가 어머니 개잎갈나무님과 둥글게 원을 그리고서 춤을 추며 묵은 아이를 세상에 맞아들인다. 우리는 모두 초대를 받았다. 여러분도 삽을 들고서 우리와 함께 춤추시길.

비의 목격자

겨울과 함께 찾아오는 이 오리건의 비는 잿빛 커튼을 드리운 듯 끊임없이 추적추적 떨어지며 부드럽게 쉿 소리를 낸다. 비는 땅에 골고루 내릴 것 같지만, 그렇지 않다. 장소에 따라 장단이 천차만별이다. 레몬잎과 뿔남천Oregon grape 넝쿨에서는 딱딱하고 매끈매끈한 잎을 '라타타타탓' 하고 때린다. 경엽sclerophyll의 스네어 드럼이랄까. 펑퍼짐한 만병초rhododendron 잎은 찰싹 하고 비에 맞으면 튀고 되튀며 폭우 속에서 춤을 춘다. 우람한 솔송나무 밑에는 빗방울이 성기다. 솔송나무의 우락부락한 줄기가 아는 비는 골 사이로 흘러내리는 물방울이다. 맨땅에서는 빗물이 진흙에 철퍼덕 부딪치고 젓나무 바늘잎은 꿀꺽꿀꺽 빗물을 삼킨다.

이에 반해 이끼에 내리는 비는 거의 소리를 내지 않는다. 무릎을 꿇고서 부드러운 이끼에 몸무게를 실은 채 보고 듣는다. 빗방울이 어찌나 빠른지, 계속 주시하는데도 어느새 땅에 도착해 있다. 마침내,

양치잎 하나만 보일 정도로 눈을 가늘게 뜨고서야 보인다. 충격으로 싹이 고개를 숙이지만 빗방울 자체는 사라지고 만다. 소리도 없이. 물방울도 물보라도 없지만, 물의 앞면이 움직이는 것이 보인다. 줄기로 빨려들면서 줄기를 검게 물들였다가 널빤지 같은 작은 잎 사이로 조용히 사라진다.

내가 아는 나머지 대부분의 장소에서 물은 이질적 존재다. 물은 호숫가, 강둑, 거대한 바위 해안선처럼 뚜렷한 테두리를 두르고 있다. 여러분은 그 가장자리에 서서 "여기는 물이고 여기는 땅이야"라고 말할 수 있다. 저 물고기와 저 올챙이는 물의 영역에 속하고 이 나무와 이 이끼와 이 네발짐승은 땅의 피조물이다. 하지만 안개비 자욱한 이 숲에서는 그 가장자리가 흐릿하다. 빗방울이 하도 곱고 일정해서 공기와 분간되지 않으며 개잎갈나무가 하도 빽빽하게 구름에 싸여 있어 윤곽만 겨우 보이기 때문이다. 물은 기체 상태와 액체 상태가 뚜렷이 구분되지 않는 것처럼 보인다. 공기가 잎이나 내 곱슬머리에 닿기만 해도 난데없이 물방울이 생긴다.

심지어 강—룩아웃크리크—도 뚜렷한 경계를 존중하지 않는다. 강물은 본류를 따라 굽이치고 미끄러지고 물까마귀dipper가 웅덩이 사이를 오가지만, 이곳 앤드루스 시험림의 수문학자 프레드 스완슨은 또 다른 하천 이야기를 내게 들려주었다. 룩아웃크리크의 보이지 않는 그림자, 하상간극hyporheic의 물길이었다. 이것은 하천 아래로 자갈층과 옛 모래톱을 통과해 흐르는 물이다. 하상간극은 숲의 경계사면toe slope에 걸친 보이지 않는 넓은 강으로, 위쪽 강물의 소용돌이와 물보라 아래를 흐른다. 뿌리와 바위만 아는, 보이지 않는 깊은 강. 물과 땅은 우리가 아는 것 이상으로 친밀하다. 하상간극의 물길에 나는 귀를 기울인다.

룩아웃크리크의 둑을 따라 거닐다 늙은 개잎갈나무의 굴곡에 등을 기대고 저 아래 물길을 상상하려 애쓴다. 하지만 내가 감지하는 것이라고는 목을 타고 흐르는 물뿐. 가지마다 잎맥호랑꼬리이끼(속)*Isothecium*의 이끼 커튼이 늘어지고 얽힌 끄트머리에는 내 머리카락처럼 물방울이 매달려 있다. 고개를 드니 두 가지 물방울이 다 보인다. 하지만 잎맥호랑꼬리이끼의 물방울이 내 앞머리의 물방울보다 훨씬 크다. 사실 이끼 물방울은 내가 아는 어떤 물방울보다 커 보인다. 잔뜩 부풀어 중력을 잉태한 이 물방울들은 나의 물방울보다, 또한 잔가지나 껍질에 달린 물방울보다 훨씬 오래 매달려 있다. 달랑거리고 빙글빙글 돌면서 숲 전체를, 연노랑 슬리커(표면에 고무를 얇게 입힌 비옷_옮긴이) 차림의 여인을 비춘다.

내 눈을 믿어도 될지 모르겠다. 캘리퍼스가 있으면 이끼 물방울 크기를 재서 정말 큰지 확인할 수 있을 텐데. 모든 물방울은 평등하게 창조되는 게 당연하지 않나? 모르겠다. 그래서 과학자의 유희로 도피하여 가설을 짜낸다. 이끼 주위엔 습도가 높아서 물방울이 오래 머무는 걸까? 이끼 사이의 공간에서는 빗방울이 표면 장력을 높이는 성질을 얻어서 중력의 잡아당기는 힘에 더 완강하게 버티는 걸까? 어쩌면 그냥 착시인지도 모르겠다. 보름달이 지평선에서 훨씬 크게 보이듯. 이끼 잎이 하도 작아서 물방울이 커 보이는 것이려나? 이끼가 자신의 광채를 좀 더 오래 보여주고 싶어서 그러는 걸까?

✳

사정없이 파고드는 빗속에서 몇 시간을 서 있었더니 몸이 갑자기 축축하고 으슬으슬하다. 오두막으로 돌아가는 길이 나를 유혹한다. 차와 보송보송한 옷이 기다리는 곳으로 도피하는 것은 식은 죽 먹기이지만, 지금은 돌아갈 수 없다. 온기가 아무리 솔깃하더라도 모든 감각을, (나를 넘어선 모든 것 대신 오로지 내게만 주의를 집중시키는) 사방의 벽을 무너뜨리고 감각을 깨우기에는 빗속에서 서 있는 것만 한 것이 없다. 안에서 밖을 내다보며, 젖은 세상에서 혼자만 마른 채인 고독을 견딜 수 없었다. 이곳 우림에서, 나는 수동적이고 보호받는 비의 방관자에 머물고 싶지 않다. 폭우의 일부가 되어, 발밑에서 꼼지락거리는 시커먼 부식토와 함께 푹 젖고 싶다. 북슬북슬한 개잎갈나무처럼 빗속에 서서 껍질 속으로 스며드는 물을 느끼고 싶다. 우리를 가르는 장벽을 물이 녹여줬으면 좋겠다. 개잎갈나무가 느끼는 것을 느끼고 개잎갈나무가 아는 것을 알고 싶다.

하지만 나는 개잎갈나무가 아니고, 게다가 춥다. 나 같은 온혈 동물이 피신할 장소가 틀림없이 있을 것이다. 여기저기에 비를 피할 수 있는 틈새가 있을 것이다. 다람쥐처럼 생각하여 그런 피난처를 찾으려 애쓴다. 개울가 둑의 구멍에 머리를 들이밀어보지만 안쪽 벽에서 물이 새고 있다. 저곳은 은신처가 될 수 없다. 쓰러진 나무의 구멍도 마찬가지다. 뽑힌 뿌리가 비를 늦춰주지 않을까 기대했으나 허사다. 물구나무선 두 뿌리 사이에 거미줄이 달려 있는데, 그마저도 물투성이다. 실크 해먹은 물 한 숟가락을 머금은 채다. 덩굴당단풍이 낮게 드리워 이끼를 걸친 돔을 이룬 곳을 보자 희망이 샘솟는다. 잎맥호랑꼬리이끼 커튼을 들추고 허리를 숙여 좁고 캄캄한 방에 들어선다. 천장에는 이끼가 겹겹이 박혀 있다. 고요하고 잔잔하다. 크기는 한 사람이 겨우 들어갈 정도다. 이끼로 엮인 지붕을 뚫고 작디작은 별빛처럼 빛이 스며든다. 하지만 빗방울도 함께.

오솔길로 돌아가 걷는데, 커다란 통나무가 길을 막는다. 경계사면에서 강으로 쓰러진 탓에, 붇는 물에 가지가 잠겨 있다. 우듬지는 맞은편 기슭에 누워 있다. 넘어가는 것보다는 아래로 지나가는 것이 쉬워 보여서 손과 무릎을 땅바닥에 댄다. 그런데 이곳에서 나의 마른자리를 발견한다. 땅이끼는 갈색이고 말라 있으며 흙은 부드럽고 포슬포슬하다. 경계사면이 개울 반대쪽으로 내리막을 이루는 쐐기 모양의 공간에서 통나무는 너비 1미터를 넘는 지붕을 드리웠다. 다리를 뻗을 수도 있거니와 경사면 각도는 등을 누이기에 안성맞춤이다. 수풀이끼(속)*Hylocomium*의 마른 보금자리에 머리를 누이고 흡족한 한숨을 내쉰다. 내 숨이 위에서 구름을 만든다. 저 위에는 갈색의 이끼 다발이 골이 파인 껍질에 아직도 매달려 있다. 이 나무가 통나무로 바뀐 뒤로 한 번도 해를 보지 못한 거미줄과 지의류 가닥이 테두리를 둘렀다.

내 얼굴에서 몇 센티미터 위에 있는 이 통나무의 무게는 수 톤에 이른다. 통나무가 자연스러운 각도를 찾아 내 가슴을 누르지 않는 까닭은 밑동의 쪼개진 목질부가 경첩 역할을 하고 개울 맞은편의 갈라진 가지들이 버팀목 역할을 하기 때문이다. 저 무게중심은 어느 때든 무너질 수 있다. 하지만 빗방울의 빠른 장단과 도목倒木의 느린 장단으로 보건대 당분간은 안심이다. 내가 쉬는 페이스와 통나무가 내려앉는 페이스는 서로 다른 시계 위에서 굴러간다.

객관적 실재로서의 시간은 내게 별 의미가 없었다. 중요한 것은 지금 일어나는 일이다. 분分과 해年가, 우리가 만든 기준이, 하루살이와 개잎갈나무에도 같은 의미일까? 이날 아침 우듬지에 안개를 두른 나무들에게 200살은 청년기다. 강에게는 눈 깜박할 시간이고 바위에게는 아예 아무것도 아니다. 바위와 강, 그리고 바로 이 나무들은 우리가 잘 보살핀다면 다음 200년 동안도 이곳에 있을 것이다. 반면에 나는, 저 줄무늬다람쥐와 햇빛 기둥 속에 떠 있는 하루살이 구름은, 우리는, 그때면 이미 떠나고 없을 것이다.

과거에, 또한 상상된 미래에 의미가 있다면 그것은 순간에서 포착되는 의미다. 세상의 모든 시간을 가졌다면 어디론가 가는 일이 아니라 지금 있는 곳에 그대로 머무르는 일에 그 시간을 쓸 수 있다. 그래서 나는 기지개를 켜고 눈을 감고 빗소리에 귀를 기울인다.

폭신폭신한 이끼 덕에 몸이 따뜻하고 보송보송하다. 팔꿈치를 괴고 엎드려 축축한 세상을 내다본다. 정확히 눈높이에서 므니움 앙시네*Mnium insigne* 군락에 빗방울이 세차게 떨어진다. 이 이끼는 5센티미터 가까이 곧추섰다. 잎은 무화과나무의 축소판처럼 넓고 둥그스름하다. 그중 한 잎이 눈길을 사로잡는다. 나머지 잎들과는 전혀 다르게 끝이 길고 뾰족하다. 끈 같은 끄트머리가 움직인다. 식물이라고는 볼 수 없는 움직임이다. 끈은 이끼 잎의 끝에 단단히 달라붙어 있다. 초록색 돌기가 늘어난 모양이다. 하지만 끄트머리는 빙글빙글 돌고 있다. 마치 무언가를 찾으려는 듯 공기 중에 흔들린다. 그 움직임을 보니 자벌레가 뒤쪽 흡착족吸着足을 이용하여 몸을 세워 긴 몸뚱이를 흔들다 근처의 잔가지를 찾으면 앞발을 붙이고 꽁무니를 떼어 몸을 아치 모양으로 구부려 허공을 건너는 장면이 떠오른다.

하지만 이건 다리가 많은 애벌레가 아니라 빛나는 초록색 실, 이끼의 끈이다. 광섬유처럼 안에서 빛을 내는. 내가 바라보고 있으니 끈이 맴돌다 고작 몇 밀리미터 떨어진 잎에 닿는다. 새 잎을 몇 번 두드리는가 싶더니 확신이 든 듯 몸을 뻗어 간극을 가로지른다. 몸을 처음 길이의 두 배 이상으로 늘여 팽팽한 초록색 밧줄처럼 잎을 붙잡는다. 잠시나마 두 이끼가 빛나는 초록색 끈으로 연결되었다가 이내 초록빛이 강물처럼 다리를 가로질러 흐르더니 이끼의 초록 속으로 자취를 감춘다. 초록빛과 물로 이루어진 동물, 하나의 끈에 불과한 존재가 나처럼 빗속을 걷는 광경이 근사하지 않은가?

강가에 서서 귀를 기울인다. 빗방울 하나하나의 소리는 세차게 내닫는 흰 물거품과 바위 위를 미끄러지는 매끈한 물살에 덮여 들리지 않는다. 눈이 예리하지 않다면 물방울과 강물이 친척임을 알아차리지 못할지도 모른다. 개체와 집단이 이보다 다를 순 없기 때문이다. 둘의 같음을 확인하기 위해 고인 웅덩이 위로 몸을 숙이고 손을 뻗어 손가락에서 물방울이 떨어지도록 한다.

숲과 개울 사이에는 자갈밭이 놓여 있다. 지난 10년간, 강물의 흐름을 바꾸는 홍수가 찾아올 때마다 높은 산 위에서 쓸려 내려온 돌무더기다. 버드나무와 오리나무, 가시덤불과 이끼가 그곳에 자리를 잡았지만, 이 또한 지나갈 것이라고 강은 말한다.

오리나무 잎이 자갈 위에 떨어져 있다. 말라가는 가지는 뒤집힌 채 컵 모양을 하고 있다. 곳곳에 빗물이 고였지만 잎에서 배어난 타닌 때문에 차*처럼 적갈색으로 물들었다. 바람이 잎을 흩어버린 자리에 지의류 가닥들이 널브러져 있다. 문득 내 가설을 검증할 수 있는 실험이 떠오른다. 재료가 눈앞에 번듯하게 차려져 있다. 크기와 길이가 똑같은 지의류 두 가닥을 찾아 비옷 속의 플란넬 셔츠로 닦는다. 한 가닥은 붉은 오리나무 차가 담긴 나뭇잎 컵에 넣고 또 한 가닥은 순수한 빗물 웅덩이에 담근다. 천천히 두 가닥을 나란히 들어올려 끄트머리에 물방울이 맺히는 광경을 관찰한다. 당연하게도 둘은 다르다. 맹물은 작고 급한 방울을 만든다. 떠나고 싶어서 안절부절못한다. 하지만 오리나무 잎에서 나온 물방울은 크고 무겁다. 한참 매달려 있은 뒤에야 중력에 끌려 떨어진다. 깨달음의 순간에 입가에 미소가 퍼진다. 물방울의 종류는 물과 식물의 관계에 따라 정말로 달랐다. 타닌이 풍부한 오리나무 물이 물방울의 크기를 증가시킨다면 이끼의 기다란 커튼에서 스며 나오는 물도 타닌을 머금어 눈앞의 물방울처럼 크고 튼튼해지지 않을까? 내가 숲에서 배운 것이 한 가지 있다면, 그것은 무작위 같은 것은 없다는 사실이다. 모든 것은 온갖 의미로 충만하며 온갖 관계로 다채롭다.

　새 자갈이 옛 개울가를 만나면 가지를 드리운 나무 아래로 고인 웅덩이가 생긴다. 이 웅덩이는 본류에서 떨어져 나와, 하상간극에서 올라온 물로 채워진다. 비가 내리면 밑에서 솟아오른 물이 얕은 분지를 메워, 여름 데이지는 60센티미터 깊이의 물에 잠긴다. 여름에 이 웅덩이는 꽃이 만발한 습지였으나 이제는 침하^{sunken} 초원이 되어 강이 낮고 구불구불한 물길에서 겨울의 온전한 둑으로 변해가고 있음을 알려준다. 8월의 강은 10월의 강과 다르다. 두 강을 알려면 오랫동안 이곳에 서 있어야 한다. 자갈밭이 찾아오기 전에 이곳의 강이 어땠는지, 자갈밭이 떠난 뒤에 어떻게 될 것인지 알려면 그보다도 오래 머물러야 할 테고.

　우리는 강을 알 수 없을지도 모른다. 하지만 물방울은 어떨까? 잔잔한 구석 웅덩이 옆에 오랫동안 서서 귀를 기울인다. 이 웅덩이는 떨어지는 빗물을 비추는 거울이며 가늘고 꾸준한 낙하가 표면의 질감을 빚어낸다. 많은 소리 중에서 비의 속삭임만을 들으려고 귀를 쫑긋 세운다. 정말 들린다. 빗소리는 높은 슈루룩 소리를 내며 떨어진다. 어찌나 가벼운지 유리 같은 표면에서 뭉개질 뿐 거울의 상을 어그러뜨리지 않는다. 웅덩이 위에는 개울가에서 뻗은 덩굴당단풍 가지와 낮은 솔송나무 잔가지가 드리워 있고 자갈밭에서는 오리나무들이 웅덩이 가장자리까지 줄기를 기울였다. 물은 각자의 가락에 맞춰 이 나무들에서 웅덩이로 떨어진다. 솔송나무는 장단이 급하다. 물은 각각의 바늘잎에 모이지만 가지 끝으로 이동하고서야 꾸준히 '핏, 핏,

핏, 핏' 소리를 내며 낙수선落水線에 떨어져 물 위에 점선을 그린다.

단풍나무 줄기가 물을 떨어뜨리는 방식은 사뭇 다르다. 단풍나무의 물방울은 크고 무겁다. 물방울이 맺혔다가 웅덩이 표면으로 내리꽂히는 광경을 쳐다본다. 물방울이 어찌나 세게 부딪치는지 깊고 텅 빈 소리가 난다. **첨벙**. 물이 표면에서 되튀는 모습이 마치 아래에서 분출하는 것처럼 보인다. 단풍나무 아래에서 '첨벙' 소리가 간헐적으로 들린다. 이 물방울은 어째서 솔송나무 물방울과 이토록 다를까? 가까이 다가가 단풍나무에서 물이 움직이는 모양을 살펴본다. 물방울은 줄기 아무 데서나 맺히는 것이 아니다. 대부분은 지난 세월의 눈흔적bud scar이 만든 작은 돌기에서 생긴다. 매끄러운 초록색 껍질을 덮은 빗물은 눈흔적의 벽에 가로막혀 부풀어 오른다. 그러다 급기야 작은 댐 위로 넘쳐 거대한 물방울을 아래쪽 물로 떨어뜨린다. 첨벙.

비에서는 '슈루룩', 솔송나무에서는 '핏핏핏', 단풍나무에서는 '첨벙', 마지막으로 오리나무에서는 '퐁' 소리가 난다. 오리나무 물방울은 느린 음악을 연주한다. 고운 빗물이 오리나무 잎의 우툴두툴한 표면을 가로지르려면 시간이 필요하기 때문이다. 물방울은 단풍나무만큼 크지 않아서 첨벙 떨어지지 않고 '퐁' 하고 물결을 일으키며 동심원들을 내보낸다. 눈을 감고 비의 목소리들에 귀를 기울인다.

웅덩이 거울의 표면에는 속도와 음색이 제각각인 물방울들의 특징이 아로새겨진다. 물방울 하나하나는 이끼를 만나든, 단풍나무나 젓나무 껍질이나 내 머리카락을 만나든 생명과의 관계에 따라 달라지는 듯하다. 우리는 비를 마치 그저 하나의 사물인 것처럼, 마치 우리가 이해하는 것처럼 그냥 비라고 생각한다. 나는 이끼가, 단풍나무가 우리보다 비를 더 잘 안다고 생각한다. 비라는 것은 없을지도 모른다. 제각각 나름의 이야기를 가진 빗방울들만 있을 뿐.

빗소리를 들으면 시간이 사라진다. 사건과 사건의 간격으로 시간을 측정한다면 오리나무의 적하滴下 시간은 단풍나무의 적하 시간과 다르다. 이 숲은 저마다 다른 시간의 무늬로 짜여 있다. 웅덩이 표면이 저마다 다른 비의 무늬로 짜여 있듯. 젓나무 바늘잎은 비의 고주파음을 내며 떨어지고 가지는 커다란 물방울처럼 '첨벙' 소리를 내며 떨어지고 나무는 드물게 들리는 와르르 소리와 함께 쓰러진다. 드문 것은 우리의 시간 척도가 강의 척도와 다르기 때문이다. 우리는 시간을 마치 그저 하나의 사물인 것처럼, 마치 우리가 이해하는 것처럼 그냥 시간이라고 생각한다. 시간이라는 것은 없을지도 모른다. 제각각 나름의 이야기를 가진 순간들만 있을 뿐.

달랑거리는 물방울에 내 얼굴이 비친다. 어안 렌즈여서 이마가 거대하고 귀가 조그맣다. 너무 많이 생각하고 너무 적게 듣는 우리 인간의 모습이 꼭 저렇다. 주의를 기울이는 것은 우리 아닌 지적 존재로부터 배울 것이 있음을 인정하는 것이다. 귀를 기울이고 목격자가 되면 세상을 향한 문이 열리고 우리를 가르는 벽이 빗방울처럼 녹아내릴 수 있다. 물방울이 개잎갈나무 끄트머리에서 부푼다. 축복을 받듯 혀로 물방울을 받는다.

향모 태우기

향모 드림을 태워 제의적 검댕을 만든 뒤에

상대방을 다정함과 공감으로 씻어 몸과 영혼을 치유한다.

윈디고 발자국

　겨울의 찬란함 속에서 들리는 것이라고는 내 겉옷이 서로 비벼대는 소리, 설피가 부드럽게 '푹푹' 빠지는 소리, 영하의 기온에 나무의 심장이 터지는 산탄총 소리, 내 심장이 뛰며 더운 피를 두겹 벙어리장갑 속의 아직도 얼얼한 손가락에 보내는 소리뿐. 눈보라가 잦아들 때면 하늘은 시리도록 푸르다. 발아래 눈밭이 산산조각 난 유리처럼 반짝인다.

　이번 마지막 눈보라는 언 바다 위 파도처럼 눈밭을 조각했다. 전에는 분홍색과 노란색 그늘로 가득하던 오솔길이 이제는 사위어가는 빛 속에서 푸른색으로 깊어진다. 길 옆에는 여우 길이 있고, 밭쥐^{vole} 구멍이 있고, 매의 날개 자국으로 테두리를 두른 눈 위의 선홍색 핏자국이 있다.

　다들 굶주렸다.

　다시 바람이 일자 눈이 더 다가오는 냄새가 난다. 몇 분 지나지 않아 스콜 선$^{\text{squall line}}$이 우듬지 위에서 웅웅거리며 마치 내 눈앞에서 회색 커튼이 펄럭이듯 눈송이를 날린다. 완전히 어두워지기 전에 숙소로 발길을 돌려 뒤를 돌아본다. 발자국은 이미 지워지기 시작했다. 더 자세히 들여다보니 내 발자국마다 내 것이 아닌 자국이 겹쳐 있다. 짙어가는 어둠 속으로 형체를 탐색하지만 눈발이 거세어 앞이 보이지 않는다. 내달리는 구름 아래에서 나무가 몸부림치고 내 뒤에서 울부짖는 소리가 점점 커진다. 그저 바람인지도 모르겠지만.

이런 밤에는 윈디고가 출몰한다. 녀석이 눈보라를 뚫고 사냥 다닐 때면 섬뜩한 비명 소리가 울려 퍼진다.

윈디고는 우리 아니시나베 부족의 전설 속 괴물로, 북부 숲의 춥디추운 밤에 들려주는 이야기에 등장하는 악당이다. 여러분도 느낄 수 있을 것이다. 녀석이 뒤에 도사리고 있는 것을. 키가 3미터나 되는 거대한 사람 형상이 서릿발처럼 새하얀 머리카락을 출렁이며 몸을 부르르 떠는 모습을. 배고플 때면 나무줄기 같은 팔을 흔들며 설피만큼 커다란 발로 눈보라 속을 성큼성큼 걸어 우리 뒤를 쫓는다. 녀석이 우리 뒤에서 헐떡이면 썩은 내가 진동하여 깨끗한 눈 향기를 오염시킨다. 누런 송곳니가 튀어나온 입에는 입술이 없다. 굶주림을 못 이겨 뜯어 먹었기 때문이다. 무엇보다 무시무시한 것은 녀석의 심장이 얼음으로 만들어졌다는 사실이다.

444

우리는 아이들이 위험한 행동을 하지 못하도록 불 가에서 윈디고 이야기를 들려준다. 오지브와족판 망태 할아버지 격인 이 괴물이 잡아먹는다고 겁을 주는 것이다. 아니, 더 오싹하다. 이 괴물은 곰도 아니요 울부짖는 늑대도 아니다. 자연의 짐승이 아니다. 윈디고는 태어나지 않고 만들어진다. 식인 괴물이 된 인간이 바로 윈디고다. 윈디고에게 물린 사람도 윈디고가 된다.

거세지는 눈보라를 피해 돌아와 얼어붙은 옷을 몸에서 벗겨내고 보니 장작 난로에 불이 피워져 있고 스튜가 끓고 있다. 우리 부족이 늘 이런 호사를 누린 것은 아니다. 눈보라에 오두막이 파묻히고 식량이 바닥나던 시절도 있었다. 그들은 이 시기에, 눈이 너무 깊이 쌓이고 사슴이 사라지고 곡간이 텅 비는 시기에 '굶주림의 달'이라는 이름을 붙였다. 이때는 연장자가 사냥을 떠났다가 다시는 돌아오지 않는 시기다. 아기들은 뼈다귀를 빨다 지쳐 숨이 끊어진다. 숱한 밤이 지나고 남은 것은 절망뿐.

겨울의 굶주림은 우리 부족에게는 현실이었다. 겨울이 특히 길고 혹독한 소빙기에는 더더욱 그랬다. 어떤 학자들은 윈디고 설화가 모피 무역 시대에도 급속히 전파되었다고 주장한다. 사냥감을 너무 많이 잡는 바람에 마을이 기근에 처했다는 것이다. 겨울 기근에 대한 상존하는 두려움은 윈디고의 싸늘한 허기와 쩍 벌린 입으로 표현된다.

윈디고의 비명이 바람에 실려 오면서 이 괴물의 이야기는 식인 터부를 강화했다. 굶주림과 고립으로 인한 광기가 겨울날 오두막 구석에 도사리고 있었으니 말이다. 그런 역겨운 충동에 굴복하여 뼈다귀를 물어뜯는 사람은 원디고가 되어 평생 헤매고 다니는 신세가 될 터였다. 전하는 말에 따르면 원디고는 결코 영계에 들어가지 못하고 영원토록 욕망의 고통을 겪을 것이라고 한다. 그 고통의 본질은 영영 채워지지 않는 허기다. 원디고는 먹으면 먹을수록 굶주림에 시달린다. 녀석이 배고픔의 비명을 지를 때 그 마음은 충족되지 않는 갈망의 고문을 당하고 있는 것이다. 원디고는 식욕의 노예가 되어 인간 세상을 초토화한다.

하지만 원디고는 단지 아이들을 겁주기 위한 설화 속 괴물이 아니다. 창조 이야기들은 부족의 세계관을—그들이 스스로를, 세상에서 자신의 자리를, 자신이 추구하는 이상을 어떻게 이해하는지—엿볼 수 있는 창이다. 마찬가지로 부족의 집단적 공포와 심원한 가치는 그들이 빚어내는 괴물의 모습으로 표현된다. 우리의 두려움과 실패로부터 탄생한 원디고는 자신의 생존을 무엇보다 우선시하는 우리 내면의 심리를 일컫는 이름이다.

시스템 과학systems science의 관점에서 원디고는 양의 되먹임 고리를 보여주는 사례다. 이것은 한 대상의 변화가 시스템 내의 연결된 일부인 다른 대상에서도 비슷한 변화를 촉발하는 것을 말한다. 이 경우에 원디고의 허기 증가는 원디고의 섭취량 증가로 이어지고 이렇게 증가한 섭취량은 더 극심한 허기로 이어져 급기야 통제되지 않는 소비의 광란을 낳는다. 인위적 환경과 마찬가지로 자연 환경에서도 양의 되먹임은 반드시 변화를 일으킨다. 그것은 성장이 될 수도 있고 파괴가 될 수도 있다. 하지만 성장이 균형을 이루지 못할 때의 차이를 언제나 분간할 수 있는 것은 아니다.

안정되고 균형 잡힌 시스템의 특징은 음의 되먹임 고리다. 여기서는 한 요소의 변화가 다른 요소에서 정반대 변화를 자극하여 서로 균형을 이룬다. 허기가 섭취량을 증가시키면 섭취는 허기 감소로 이어지기에 포만감을 느낄 수 있다. 음의 되먹임은 두 힘이 짝을 이뤄 균형과 지속 가능성을 만들어내는 일종의 호혜성이다.

윈디고 이야기는 사람들의 마음속에 음의 되먹임 고리를 불어넣으려는 시도였다. 전통적 양육법은 수양을 목표로 삼았으며 탐욕이라는 은밀한 병균에 저항력을 길러주고자 했다. 옛 가르침들은 모든 사람에게 윈디고적 본성이 있으며—이 괴물이 이야기 속에서 창조된 것은 이 때문이다—우리가 스스로의 탐욕스러운 성격에서 벗어날 수 있음을 간파했다. 스튜어트 킹 같은 아니시나베 연장자들이 우리에게 '스스로를 이해하려면 늘 두 얼굴—삶의 밝은 측면과 어두운 측면—을 염두에 두라'라고 상기시킨 것은 이 때문이다. 어둠을 직시하고 그 힘을 인정하되 양분을 주지는 말 것.

이 짐승은 인류를 집어삼키는 악령으로 불렸다. '윈디고'라는 단어 자체는 (오지브와족 연구자 배질 존스턴에 따르면) '비만'이나 '이기심'을 뜻하는 어근에서 유래했을 가능성이 있다. 작가 스티브 핏Steve Pitt은 이렇게 말한다. "윈디고는 이기심 때문에 자제력을 잃어 더는 만족할 수 없게 된 인간이다."

  윈디고를 뭐라고 부르든, 존스턴을 비롯한 많은 연구자들은 알코올 중독, 약물 중독, 도박 중독, 기술 중독 같은 자멸적 행위가 만연하는 것이야말로 윈디고가 버젓이 살아 있다는 증거라고 지적한다. 핏에 따르면 오지브와족 윤리에서는 "탐닉하는 습관은 무엇이든 자멸적이며, 자멸은 곧 윈디고"다. 윈디고에게 물리면 전염되는 것과 마찬가지로 우리는 자멸이 훨씬 많은 피해자를—인간 가족에게서, 또한 인간을 넘어선 세상에서—끌어들임을 잘 안다.

  윈디고의 원래 서식지는 북부 숲이지만, 최근 몇백 년간 영역이 넓어졌다. 존스턴 말마따나 다국적 기업들이 낳은 새 품종의 윈디고는 지구 자원을 "필요에서가 아니라 탐욕에서" 게걸스럽게 집어삼킨다. 그 흔적은 어디에서나 볼 수 있다. 무엇을 보아야 할지 알기만 한다면.

  우리 비행기는 수리를 위해 에콰도르의 아마존 유전 심장부에 있는 밀림의 짧은 포장로에 착륙했다. 콜롬비아 국경에서 몇 킬로미터 떨어진 곳이었다. 우리는 파란색 새틴 리본처럼 반짝거리는 강을 따라 끊임없이 펼쳐진 우림 위를 날았다. 그런데 물이 난데없이 검은색으로 바뀌더니 붉은 맨땅의 흉터가 송유관 자리를 표시했다.

  우리 호텔은 흙길 옆에 있었으며, 죽은 개와 매춘부가 모퉁이를 더불어 점유하고 있었고 하늘은 굴뚝에서 내뿜는 화염으로 늘 오렌지빛이었다. 호텔 직원은 방 열쇠를 건네면서 서랍장을 문에 받쳐두고 밤에는 객실 밖으로 나가지 말라고 당부했다. 로비에는 새장에 갇힌 금강앵무들이 멍하니 길거리를 내다보고 있었으며 밖에서는 발가벗다시피 한 아이들이 구걸을 하고 열두 살밖에 안 된 소년들이 어깨에 AK47 소총을 걸머진 채 마약 밀매업자의 건물을 지키고 있었다. 다행히 그날 밤은 아무 사건 없이 지나갔다.

이튿날 아침 김을 내뿜는 밀림 위로 해가 떠오르자 우리는 부랴부랴 밖으로 나갔다. 아래쪽에는 북적거리는 도시 주위로 석유 화학 폐기물의 무지갯빛 연못들이 늘어서 있었다. 하도 많아서 헤아릴 수 없었다. 윈디고의 발자국.

어디에나 있다. 윈디고는 오논다가호의 산업 슬러지(산업폐기물의 일종으로 물속의 부유물이 침전하여 진흙상태로 된 것_옮긴이)를 밟아댄다. 야만적으로 개벌한 오리건 코스트레인지의 비탈에서도. 이곳에서는 흙이 강으로 쏟아져 내린다. 탄광이 산꼭대기를 파헤치는 웨스트버지니아에서, 기름 덮인 발자국이 즐비한 멕시코만 해변에서도 윈디고를 볼 수 있다 산업적으로 재배하는 콩밭. 르완다의 다이아몬드 광산. 옷으로 꽉 채운 옷장. 모두 윈디고 발자국이다. 만족을 모르는 소비의 흔적들. 너무 많은 사람이 윈디고에게 물렸다. 상점가를 걷는 윈디고, 여러분의 농장을 주거지로 개발하려고 호시탐탐 노리는 윈디고, 국회의원에 출마하는 윈디고.

모두가 공모자다. 우리는 '시장'이 가치의 기준을 정하도록 내버려두었으며 이렇게 재정의된 공공선은 판매자를 부유하게 하고 영혼과 대지를 빈곤하게 하는 방탕한 생활 양식에 의존한다.

우리에게 경고를 보내는 윈디고 이야기가 생겨난 곳은 공유 기반 사회다. 그곳에서는 나눔이 생존에 필수적이었으며 탐욕스러운 사람은 전체에 대한 위협으로 간주되었다. 옛 시절에는 너무 많이 차지하여 공동체를 위험에 빠뜨리는 사람은 처음에는 경고를 듣고 다음에는 배척당하며 그래도 탐욕을 거두지 않으면 영영 추방되었다. 윈디고 설화는 추방자의 기억에서 탄생했는지도 모르겠다. 굶주린 채 홀로 방황할 운명에 처해져, 자신을 내쫓은 이들에게 복수하는 자들. 호혜성의 그물망에서 추방되어 아무와도 나눌 수 없고 아무도 돌볼 수 없게 되는 것은 무시무시한 형벌이다.

맨해튼 거리를 걷던 생각이 난다. 호화로운 주택에서 흘러나온 따스한 불빛에 물든 보도에서 한 남자가 저녁거리를 찾아 쓰레기를 뒤지고 있었다. 어쩌면 우리 모두가 사유 재산의 강박 때문에 외로운 구석으로 추방되었는지도 모르겠다. 아름답고 세상에 하나뿐인 삶을 더 많은 돈을 버는 데, 일시적인 위안은 되지만 결코 만족을 주지 못하는 물건을 더 많이 사들이는 데 쓰면서 우리는 자기 자신으로부터의 추방까지도 달게 받아들였다. 그것이 윈디고의 방식이다. 우리를 속여 소유가 우리의 허기를 채워줄 거라 믿도록 하는 것. 우리가 정작 갈망하는 것은 속함인데.

규모를 넓혀서 보더라도 우리는 날조된 수요와 강박적 소비라는 윈디고 경제의 시대를 살아가는 듯하다. 원주민들은 탐욕에 고삐를 채우려고 했지만 우리는 승인된 탐욕을 체계적 정책으로 분출하게 해달라는 요구를 받는다.

내가 두려운 것은 단지 내면의 원디고를 직시하는 것보다 훨씬 큰 것이다. 내가 두려운 것은 세상이 뒤집혀 어두운 면이 밝은 면으로 둔갑했다는 것이다. 방종한 이기심은 한때 끔찍한 것으로 지탄받았으나 이제는 성공의 비결로 찬양받는다. 우리 부족은 탐욕을 용서받지 못할 것으로 여겼으나 지금의 우리는 탐욕을 존경하라고 요구받는다. 소비 중심의 사고방식은 '삶의 질'을 내걸지만 실은 우리를 속으로부터 파먹는다. 마치 잔치에 초대받았지만 식탁에 놓인 음식이 허기만 북돋우는 꼴이다. 결코 채워지지 않는 위장胃腸의 블랙홀. 우리는 괴물을 풀어놓았다.

생태경제학자들은 생태적 원칙과 열역학 제약을 경제학의 토대로 삼는 개혁을 주장한다. 그들은 '삶의 질을 유지하려면 자연 자본과 생태계 서비스를 떠받쳐야 한다'라는 급진적 관념을 받아들이라고 촉구한다. 하지만 정부는 인간의 소비가 아무런 영향을 미치지 않는다는 신고전파의 오류에 여전히 매달린다. 우리는 유한한 지구에 무한한 성장을 처방하는 경제 체제를 계속해서 받아들인다. 마치 우주가 우리를 위해 열역학 법칙을 폐기했다는 듯. 영구적 성장은 자연법칙과 양립할 수 없는데도, 하버드 대학과 세계은행과 미국 국가경제위원회를 거친 저명한 경제학자 로런스 서머스Lawrence Summers조차 이렇게 천명한다. "지구의 지탱 능력에는 예측 가능한 미래의 어느 시기에든 우리를 구속할 만한 제약이 전혀 없다. 자연적 한계 때문에

성장에 제약을 가해야 한다는 발상은 심각한 오류다." 우리의 지도
자들은 지구상의 나머지 모든 종이 보여주는 지혜와 본보기를 고의
로 외면한다. 물론 멸종한 종은 제외하고. 이것은 윈디고적 사고방식
이다.

성스러운 것과 슈퍼펀드

우리 집 뒤의 샘 위로 이끼 낀 가지 끝에서 물방울이 맺혀 잠시 반짝거리며 매달려 있다 떨어진다. 다른 물방울들이 맺히고 떨어져 행렬에 합류한다. 여긴 몇 가닥밖에 안 되지만, 언덕에서 흘러내리는 물줄기를 전부 합치면 수백 가닥에 이른다. 속력을 얻은 물줄기들은 첨벙거리며 바위턱을 넘어 점점 다급하게 나인마일크리크를 따라 내려가다가 오논다가호에 당도한다. 손으로 샘물을 떠서 마신다. 나도 모르지 않기에, 이 물방울들이 금세 떠나게 될 여정이 걱정스럽기에, 영영 붙들어두고만 싶다. 하지만 물을 멈출 수는 없다.

뉴욕 교외에 있는 우리 집의 강 유역은 오논다가족의 옛 고향, 즉 이로쿼이(또는 하우데노사우니) 연맹의 '중심의 불central fire' 안에 있다. 오논다가족 전통에서는 세상을 모든 존재가 선물을 받는 곳으로 이해한다(그와 동시에 이 선물은 세상에 대한 책임을 낳는다). 물의 선물은 생명을 살리는 역할이며, 물은 식물을 자라게 하고 물고기와 하루살이의 보금자리가 되고 오늘의 내게는 시원하게 목을 축여주는 등 여러 겹의 임무를 띤다.

이 물이 유난히 단 것은 주변 언덕에서 흘러내렸기 때문이다. 거대한 등성이는 더없이 순수하고 고운 석회암으로 이루어졌다. 예전에 바다 밑바닥이던 이곳은 거의 순수한 탄산칼슘으로, 불순물의 흔적을 찾아볼 수 없는 진줏빛 회색 일색이다. 이 언덕의 다른 샘물은 맛이 덜 단데, 그것은 석회암층에 소금으로 가득 찬 동굴이 숨어 있기 때문이다. 네모난 암염 덩어리가 늘어선 수정 궁전. 오논다가족은 이 염천鹽泉을 이용하여 옥수수 수프와 사슴 고기에 간을 하고 물이 내어준 생선을 염장했다. 삶은 훌륭했으며 물은 매일매일의 책무에 충실하여 분주하게 자신의 일을 했다. 하지만 사람들이 언제나 물만큼 사려 깊은 것은 아니다. 우리는 쉽게 잊어버린다. 그렇기에 하우데노사우니 연맹이 감사 연설을 전수받은 것은 모일 때마다 자연의 모든 구성원에게 인사와 감사를 드리는 것을 잊지 않기 위해서다. 그들은 물에게 이렇게 말한다.

세상의 모든 물님에게 감사를 드립니다. 물이 아직도 이곳에 있으며 어머니 대지님에게서 생명을 유지하는 임무를 다하고 있음에 감사합니다. 물은 생명이요, 우리의 갈증을 달래고 우리에게 원기를 주며 식물을 자라게 하고 우리 모두를 지탱합니다. 우리의 마음을 모아 한마음으로 물에게 인사와 감사를 드립시다.

이 말에는 인간의 성스러운 목적이 담겨 있다. 물과 마찬가지로 인간도 이 세상을 지탱하는 나름의 책임을 부여받았다. 그중 으뜸은 대지의 선물에 감사하고 대지를 보살피는 것이다.

오래전 하우데노사우니 사람들이 감사의 삶을 살아가는 것을 잊어버렸을 때의 이야기가 전해진다. 그들은 탐욕과 시샘을 품었으며 서로 싸우기 시작했다. 갈등은 또 다른 갈등을 낳아 부족 간에 끊임없이 전쟁이 벌어졌다. 이내 롱하우스마다 탄식이 울려퍼졌으나 폭력은 그치지 않았다. 모두가 고통을 겪었다.

그 서글픈 시절 멀리 서쪽 휴런족 여인에게서 아들이 태어났다. 이 잘생긴 젊은이는 자신에게 특별한 목적이 있음을 아는 채 어엿한 남자로 자라났다. 어느 날 그는 가족에게 자신이 동쪽의 사람들에게 조물주의 메시지를 전달하기 위해 집을 떠나야 한다고 설명했다. 그는 흰 돌로 커다란 카누를 조각하여 멀리멀리 항해하다 마침내 배를 물가에 댔다. 그곳은 전쟁을 치르고 있는 하우데노사우니 연맹의 한복판이었다. 이곳에서 그는 평화의 메시지를 설파하여 '평화를 이루는 이'로 알려졌다. 처음에는 다들 무관심했지만 그에게 귀를 기울인 사람들은 딴 사람이 되었다.

위험을 겪고 슬픔에 짓눌린 채 '평화를 이루는 이'와 그의 지지자들은—그중에는 히아와타도 있었다—지독한 고통의 시대에 평화를 이야기했다. 그들은 몇 해 동안 마을을 돌아다녔으며 전쟁중인 부족의 추장들은 하나씩 평화의 메시지를 받아들였다. 한 사람만 빼고. 오논다가족 지도자인 타도다호는 평화의 길을 거부했다. 그는 어쩌나 미움에 가득 찼던지 머리에서 뱀이 꿈틀거렸으며 몸은 황산 때문에 불구가 되었다. 타도다호는 메시지를 전하는 사람들에게 죽음과 슬픔을 안겼으나, 평화가 더 힘이 셌다. 마침내 오논다가족도 평화의 메시지를 받아들였다. 타도다호의 비틀린 몸은 건강을 되찾았으며 평화의 전령들이 그의 머리카락을 빗질하여 뱀을 떼어냈다. 그도 딴 사람이 되었다.

평화를 이루는 이는 하우데노사우니 다섯 개 부족의 지도자들을 불러 모아 그들을 한마음으로 묶었다. 우람한 스트로브잣나무인 '위대한 평화의 나무'는 다섯 개의 기다란 초록색 바늘잎이 한 다발로 뭉쳐 있는데, 이는 5개 부족의 연합을 나타낸다. 평화를 이루는 이는 한 손으로 위대한 나무를 땅에서 들어올렸으며 한자리에 모인 추장들은 앞으로 나와 자신들의 전쟁 무기를 구멍에 던졌다. 바로 이 호안에서 부족들은 "손도끼를 묻"는 데 동의했으며, 부족들의, 또한 자연과의 올바른 관계를 정립한 '위대한 평화의 법'에 따라 살기로 합의했다. 네 가닥의 흰 뿌리가 동서남북으로 뻗어 나가 평화를 사랑하는 모든 부족을 나뭇가지 아래의 피난처로 초대했다.

그리하여 위대한 하우데노사우니 연맹이 탄생했으니, 이것이 지구상에서 가장 오래된 살아 있는 민주주의다. 이 위대한 법이 탄생한 곳은 이곳 오논다가호다. 연맹 결성에 중추적 역할을 한 오논다가족은 연맹의 '중심의 불'이 되었으며 그 뒤로 지금까지 타도다호라는 이름은 연맹의 영적 지도자에게 계승되었다. 평화를 이루는 이는 마지막 조치로 멀리 보는 독수리를 위대한 나무 꼭대기에 두어 위험이 닥칠 때마다 사람들에게 경고하도록 했다. 그 뒤로 수 세기 동안 독수리는 임무를 다했으며 하우데노사우니 사람들은 평화와 번영을 누렸다. 하지만 그때 또 다른 위험—또 다른 종류의 폭력—이 그들의 보금자리를 덮쳤다. 위대한 새는 울고 또 울었을 테지만, 그 목소리는 변화의 거대한 소용돌이 속에 묻혀버렸다. 평화를 이루는 이가 걸은 땅은 오늘날 슈퍼펀드 부지다.

사실 슈퍼펀드 부지 아홉 곳이 오논다가호 호안을 따라 늘어서 있는데, 호수 주위로는 지금의 뉴욕주 시러큐스 시가 성장했다. 북아메리카에서 가장 성스러운 장소 중 하나로 알려졌던 호수는 한 세기 넘는 산업 발전 '덕'에 이제 미국에서 가장 오염된 호수 중 하나로 알려져 있다.

풍부한 자원과 이리 운하 건설에 이끌린 산업가들은 오논다가 특별보호구에 자신들의 혁신을 들여왔다. 초창기 일기들은 공장 굴뚝 때문에 공기가 '숨 막히는 독기'로 변했다고 기록한다. 제조업자들은 오논다가호가 지척에 있는 것을 반겼다. 쓰레기 하치장으로 이용할 수 있기 때문이었다. 수백만 톤의 산업 폐기물이 호수 밑바닥을 뒤덮었다. 성장하는 도시가 이에 뒤질세라 이미 고통받는 물에 하수를 쏟아부었다. 마치 오논다가호에 새로 온 자들이 전쟁을 선포한 듯했다. 서로에게가 아니라 땅에게.

평화를 이루는 이가 걸었던, 평화의 나무가 서 있던 땅은 산업 폐기물이 20미터나 쌓인, 도무지 땅이라 부를 수 없는 지경이 되었다. 폐기물은 유치원 아이들이 판지에 종이 새를 붙일 때 쓰는 끈적끈적한 흰색 문구용 풀처럼 신발에 달라붙는다. 이곳에는 새가 별로 없으며 평화의 나무는 땅에 묻혔다. 으뜸사람들에게는 호안의 곡선조차 낯설 것이다. 옛 윤곽이 메워졌으며, 폐기물층이 2킬로미터 넘게 쌓여 새로운 호안선이 생겼다.

폐기물층이 새 토지가 되었다는 말이 있지만, 거짓말이다. 폐기물층은 화학적으로 재구성되었을 뿐, 실은 옛 토지다. 이 끈적끈적한 슬러지는 한때 석회암과 맑은 물과 기름진 흙이었다. 새 지형은 분쇄되고 추출되고 파이프 끝에서 배출된 옛 땅이다. 이것은 (폐기물을 남기고 떠난) 솔베이프로세스사社의 이름을 딴 '솔베이 폐기물'로 알려져 있다.

솔베이 공정은 유리 제조와 세제, 펄프, 종이 제작 같은 산업 공정의 필수 요소인 소다회(탄산나트륨)의 생산을 가능케 한 혁신적 신기술이었다. 천연 석회암을 코크스 용광로에서 녹여 염鹽과 반응시키면 소다회가 만들어진다. 이 산업은 지역 전체의 성장을 이끌었으며 화학 공정은 더욱 확장되어 유기 화학 물질, 염료, 염소 가스를 아울렀다. 철도가 끊임없이 공장들을 지나쳐 달리며 수 톤의 생산물을 실어 날랐으며 파이프는 반대 방향으로 뻗어 수 톤의 폐기물을 쏟아냈다.

폐기물 언덕은 지형학적으로 노천광露天鑛—뉴욕주 최대의 노천광은 아직도 개발되지 않았다—의 정반대다. 노천광에서는 석회암을 채굴하고 흙을 한 곳에서 퍼내어 다른 곳에 묻었다. 영화를 거꾸로 재생하듯 시간을 거꾸로 돌릴 수 있다면 이 오물 더미가 저절로 재조합되어 울창한 초록 언덕과 이끼 덮인 석회암 암반으로 바뀌는 광경을 볼 수 있을 것이다. 물줄기는 언덕을 거슬러 올라가 샘에 이르고 암염은 땅속 창고에서 반짝거릴 것이다.

예전의 모습을 상상하는 것은 내게 식은 죽 먹기다. 파이프의 첫 배출물이 떨어져 거대한 기계 새의 똥처럼 흰 백악질 슬러지를 튀기는 광경을. 공장의 내장에서 뻗어 나온 몇 킬로미터 길이의 창자에서 공기와 함께 부글거리고 울렁거리던 광경을. 하지만 이것은 곧 잔잔한 흐름으로 가라앉아 갈대와 골풀을 묻었다. 개구리와 밍크는 생매장되지 않고 제때 피신했을까? 거북은 어떻게 됐을까? 너무 느려서 폐기물 더미에 파묻히고 말았을 것이다. 거북의 등에 대지가 얹혀 있던 창조 이야기의 타락한 버전이다.

처음에 그들은 스스로 직접 메웠다. 수 톤의 슬러지를 물속에 기둥 모양으로 쏟아부어 푸른 물을 흰 곤죽으로 바꿨다. 그런 다음 파이프 끝을 주변 습지로 돌려 물길의 가장자리에 갖다 댔다. 나인마일 크리크의 물은 중력을 거슬러 언덕 위로 돌아가 샘 아래의 이끼 낀 웅덩이를 다시 찾고 싶었을지도 모른다. 하지만 물은 임무를 잊지 않고 갈 길을 찾아 폐기물층에 스며 호수로 흘러 나왔다.

폐기물층에 내리는 비도 골치다. 처음에는 폐기물 입자가 하도 고와서 빗물을 흰색 진흙 속에 붙잡아두지만, 그러다 중력이 빗방울을 잡아당겨 20미터의 슬러지를 뚫고 밑바닥으로 끌어내려 물길이 아

니라 배수로에 합류시킨다. 빗물은 백악질 폐기물 더미를 통과하면서
도, 광물질을 용해하고 식물과 물고기의 양분이 되어야 할 이온을 나
르는 임무를 저버릴 수 없다. 밑바닥에 도달할 즈음 빗물은 화학 물
질을 충분히 함유하여 수프만큼 짜고 잿물만큼 부식성이 커진다. 물
은 자신의 아름다운 이름을 잃고 '침출액'으로 불린다. 침출액은 페
하(pH) 11의 염기성 폐기물층에서 배어 나온다. 배관 세정제처럼 침
출액도 피부를 태운다. 마시는 물의 페하는 7(중성)이다. 오늘날 공학
자들은 침출액을 모아 염산을 혼합하여 페하를 중화한다. 그런 다음
나인마일크리크로 방류하여 오논다가호에 흘러들도록 한다.

물은 속아넘어갔다. 물은 순진무구하게, 자신의 목적에 충실하게
출발했다. 하지만 자신이 저지르지 않은 잘못으로 인해 타락하여, 생
명을 전하는 게 아니라 독을 나른다. 그럼에도 흐름을 멈추지 못한
다. 조물주에게 받은 선물을 가지고서 자신이 해야 하는 일을 해야
만 한다. 선택권은 사람에게만 있다.

오늘날 우리는 평화를 이루는 이가 노를 저은 호수에서 모터보트
를 몰 수 있다. 호수 맞은편에서 서쪽 호안이 뚜렷이 보인다. 도버 해
협의 하얀 절벽 같은 순백의 절벽이 여름 햇살 속에서 빛난다. 하지
만 물 위로 접근하면 절벽은 바위가 아니라 순전히 솔베이 폐기물로
이뤄진 벽이다. 보트가 파도에 까딱거리는 동안 벽의 침식구곡erosion
gully이 보인다. 날씨가 공모하여 폐기물을 호수에 섞는 현장이다. 여
름 해는 회반죽 같은 표면을 건조하여 날려 보내고 영하의 겨울 기
온은 표면을 뜯어내어 물에 떨어뜨린다. 곶 주위에서 호안이 손짓하

지만 수영객도 선착장도 찾아볼 수 없다. 이 새하얀 벌판은 오래전 옹벽이 무너지면서 물에 처박힌 폐기물이 평지를 이룬 것이다. 물에 뜬 폐기물의 흰색 포장이 호안에서 멀리까지 펼쳐져 있다. 매끈한 바닥 밑에는 조약돌만 한 돌멩이가 여기저기 유령처럼 널브러져 있는데, 우리가 아는 어떤 돌과도 다르다. 이것은 탄산칼슘이 쌓여 생긴 온콜라이트(동심원상의 층리 구조를 보이는 석회질 덩어리_옮긴이)로, 호수 바닥에 흩뿌려져 있다. 온콜라이트—암석鸚石.

옛 옹벽의 흔적인 기둥들이 등뼈처럼 들판을 뚫고 솟았다. 슬러지를 운반하는 녹슨 파이프들이 여기저기서 기묘한 각도로 튀어나와 있다. 슬러지 덩어리가 솔베이 들판과 만나는 지점에서 물이 조금씩 배어 나온다. 으스스하게도 샘을 연상시키는 장면이지만, 이 액체는 물보다 약간 걸쭉해 보인다. 여름철인데도 호수로 이어지는 작은 개울을 따라 얼음판이 떠 있다. 소금으로 된 결정 판이다. 그 밑에서는 겨울 막바지에 녹는 개울처럼 물이 부글부글 거품을 일으킨다. 폐기물층은 해마다 수 톤의 염분을 호수에 침출시킨다. 솔베이프로세스사의 뒤를 이은 얼라이드케미컬사社가 조업을 중단하기 전, 오논다가호의 염도는 나인마일크리크 상류수의 열 배에 달했다.

염류, 온콜라이트, 폐기물은 뿌리 달린 수초의 생장을 저해한다. 호수가 산소를 얻으려면 침수 식물이 광합성으로 산소를 만들어내야 한다. 식물이 없으면 오논다가호 밑바닥은 산소가 부족해지며, 바닥층이 식물로 일렁이지 않으면 물고기, 개구리, 곤충, 왜가리의 먹이 사슬 전체가 서식처를 찾지 못한다. 뿌리 달린 수초가 지리멸렬한 반면에 부유성 조류_{藻類}는 오논다가호에서 번성한다. 도시 하수에서 수십 년째 방출된 다량의 질소와 인이 호수에 영양을 공급하여 조류의 생장을 촉진했기 때문이다. 조류는 수면을 덮었다가 죽어서 바닥으로 가라앉는다. 썩으면서 그나마 물속에 남아 있던 산소를 고갈시키는 탓에 호수에서는 더운 여름날 호안에 쓸려 온 죽은 물고기의 냄새가 나기 시작한다.

살아남는 물고기도 먹을 수는 없다. 1970년에 수은 농도가 높아져 고기잡이가 금지되었다. 1946년부터 1970년까지 80톤의 수은이 오논다가호에 배출된 것으로 추산된다. 얼라이드케미컬은 천연 소금물에서 산업용 염소를 생산하기 위해 수은 전지 공법을 이용했다. 엄청나게 유독하다고 알려진 수은 폐기물이 호수에 마구잡이로 배출되었다. 현지인들은 수은 '재생'이 아이들에게 두둑한 용돈벌이였다고 회상한다. 한 토박이는 숟가락 하나 들고 폐기물층에 나가면 바닥에 깔려 반짝거리는 작은 수은 공들을 주울 수 있었다고 말했다. 낡은 조림병을 수은으로 채워 회사에 되팔면 영화표 값을 벌 수 있었다. 수은 유입은 1970년대에 급감했지만 퇴적층에는 여전히 수은이 남아 있으며, 메틸수은은 수생 먹이 사슬을 돌아다닐 수 있다. 오늘날 50억 리터의 호수 퇴적물이 수은에 오염된 것으로 추산된다.

호수 바닥에 시료 채취용 코어를 박아 슬러지를 통과하여 가스, 기름, 끈적끈적한 검은색 개흙을 끄집어냈다. 이 코어를 분석했더니 카드뮴, 바륨, 크롬, 코발트, 납, 벤젠, 클로로벤젠, 각종 크실렌, 살충제, PCB가 꽤 농축되어 있었다. 곤충과 물고기는 찾아보기 힘들었다.

오논다가호는 1880년대에 흰연어로 명성이 높았으며 갓 잡은 흰 연어에다 소금물에 삶은 감자를 곁들여 김이 모락모락 나는 접시에 얹어 먹었다. 호숫가를 따라 고급 레스토랑이 성황을 이뤘으며 경치 와 놀이공원과 피크닉을 즐기려고 관광객들이 찾아왔다. 일요일 오 후에는 가족들이 돗자리를 폈다. 전차가 호숫가에 늘어선 대형 호텔 들에 승객을 실어 날랐다. 유명 휴양지 화이트비치는 기다란 나무 미끄럼틀을 빛나는 가스등으로 장식했다. 휴양객들은 바퀴 달린 수 레에 앉아 경사로를 씽씽 내달려 호수에 첨벙 뛰어들었다. 휴양지는 "남녀노소를 불문하고 신나는 물놀이"를 약속했다. 그러나 1940년 수영은 금지되었다.

아름다운 오논다가호. 이 이름에는 자부심이 담겨 있었다. 하지만 이제 사람들은 호수의 이름을 입에 담지 않는다. 마치 치욕스러운 죽 음을 맞은 가족의 이름을 결코 꺼내지 않는 것처럼.

이렇게 유독한 물은 생명이 없어서 투명하리라 생각할 수도 있겠 지만, 일부 수역은 고운모래가 시커먼 구름을 만들어 뿌옇다. 이 탁 수의 원인은 또 다른 지류인 오논다가크리크에서 호수에 유입되는 진흙이다. 진흙은 남쪽에서, 털리 골짜기 위쪽의 높은 능선에서, 숲의 비탈과 농장에서, 달짝지근한 향기가 나는 사과밭에서 흘러든다.

흙탕물은 대개 농장의 방류수이지만 이 경우는 아래쪽에서 올라 온다. 강 유역 높은 곳에 털리 진흙용천mudboil이 있다. 진흙은 화산처 럼 하천으로 분출하여 수 톤의 고운 퇴적물을 하류로 내려보낸다. 진 흙용천이 자연적 지질 현상인지는 논란거리다. 오논다가족 연장자들은 그리 오래지 않은 과거에 오논다가크리크가 하도 맑아서 랜턴 불빛에 의지하여 작살로 물고기를 잡을 수 있었다고 기억한다. 그들이 알기로, 상류에서 암염을 채굴하기 전까지만 해도 하천에는 진흙이 하나도 없었다.

공장 인근의 염정鹽井이 바닥나자 얼라이드케미컬은 상류수 근처의 지하 소금 퇴적층에 접근하기 위해 용해 채광solution mining 기법을 동원했다. 물을 지하 퇴적층에 뿜어 용해한 뒤에 계곡 아래로 몇 킬로미터 떨어진 솔베이 공장까지 소금물을 운반했다. 소금물 파이프는 오논다가 네이션의 남아 있는 구역을 통과했는데, 균열이 생기면 우물물이 오염되었다. 결국 소금 돔이 용해되어 땅속에서 무너지는 바람에 구멍이 생기고 지하수가 커다란 압력으로 밀려 올라왔다. 이로 인한 분수정噴水井이 만들어낸 진흙용천은 하류로 흘러 호수를 퇴적물로 메웠다. 한때 대서양연어Atlantic salmon 어장이요 아이들의 수영장이요 공동체 삶의 중심이던 하천은 초콜릿 우유처럼 갈색으로 흐른다. 얼라이드케미컬과 그 계승자들은 자신들이 진흙용천과 무관하다고 주장한다. 하느님께서 하신 일이라는 것이다. 대체 어떤 하느님이 그런 일을 하시겠는가?

물은 타도다호의 머리카락에 엉긴 뱀처럼 무수한 상처를 입었다. 빗질하여 떼어내기 전에 우선 이 상처들을 하나하나 명명해야 한다.

옛 오논다가 영토는 펜실베이니아 경계선에서 북쪽으로 캐나다에 이른다. 울창한 숲, 드넓은 옥수수밭, 맑은 호수와 강의 모자이크는 수백 년간 원주민을 먹여 살렸다. 현재 시러큐스 지역과 성스러운 오논다가호 호안도 본디 그들의 영토였다. 이 땅에 대한 오논다가족의 권리는 두 주권국인 오논다가 네이션과 미국 정부의 조약으로 보장되었다. 하지만 미국 정부는 물만큼 책임에 충실하지 못했다.

독립전쟁 당시에 조지 워싱턴이 오논다가족을 절멸시키라고 연방 군대에 명령하자, 수만 명에 이르던 네이션 인구는 1년 만에 몇백 명으로 줄었다. 그 뒤로 조약은 하나도 남김없이 깨졌다. 뉴욕주에서 땅을 불법적으로 빼앗으면서 오논다가 원주민의 영토는 1700헥타르의 보호구역으로 쪼그라들었다. 오늘날 오논다가 네이션 영토는 솔베이 폐기물층 정도밖에 되지 않는다. 오논다가 문화에 대한 공격도 끊이지 않았다. 부모들은 자녀를 인디언 모집책에게서 숨기려 애썼지만 아이들은 붙들려 칼라일 인디언 학교 같은 기숙 학교로 보내졌다. 위대한 평화의 법을 정한 언어는 금지되었다. 인디언 공동체는 모계 사회로, 남녀가 평등했는데 이곳에 파송된 선교사들은 그들의 삶이 잘못된 것이라고 말했다. 세상의 균형을 유지하기 위한 롱하우스 추수감사 예식은 법으로 금지되었다.

사람들은 땅이 황폐화되는 것을 지켜볼 수밖에 없는 고통을 겪었으나 결코 돌봄의 책임을 포기하지 않았다. 그들은 땅을 존중하는 예식을 중단하지 않았으며 땅과의 연결을 끊지 않았다. 오논다가족은 아직도 위대한 법의 수칙을 지키며 살고 있으며, 어머니 대지님에게 받은 선물의 대가로 인간에게는 인간 아닌 사람을 보살피고 땅을 돌봐야 할 책임이 있다고 여전히 믿는다. 하지만 조상의 땅에 대한 소유권이 없었기에 손발이 묶인 신세였다. 그래서 그들은 평화를 이루는 이의 발자국을 이방인이 묻어버리는 광경을 무력하게 지켜볼 수밖에 없었다. 그들이 보호해야 하는 식물, 동물, 물이 점차 줄었으나 땅과의 언약은 결코 깨지지 않았다. 호수 위쪽의 샘처럼, 사람들은 하류에서 어떤 운명을 맞이하든 묵묵히 자신의 할 일을 했다. 땅은 사람들에게 감사할 이유가 별로 없었지만, 그래도 사람들은 땅에 감사했다.

수 세대의 슬픔, 수 세대의 상실. 하지만 힘은 잃지 않았다. 사람들은 굴복하지 않았다. 정령은 그들의 편이었다. 그들에게는 전통의 가르침이 있었다. 그들에게는 법도 있었다. 오논다가 네이션은 자기네 원주민 정부를 결코 포기하지 않았으며 결코 정체성을 버리거나 주권국으로서의 지위를 손상하지 않았다는 점에서 희귀한 사례다. 연방 법은 그 법을 정초한 자들에게 무시당했으나 오논다가족은 여전히 위대한 법의 수칙을 따르며 살아간다.

슬픔과 그 힘으로부터 투지가 솟아올랐다. 2005년 3월 11일 오논다가 네이션은 잃어버린 보금자리의 소유권을 되찾아 돌봄의 책임을 다시 한번 다하기 위해 연방 법원에 소송을 제기했다. 연장자들이 세상을 떠나고 아기가 연장자가 되는 동안에도 사람들은 옛 땅을 되찾 겠다는 꿈을 버리지 않았다. 하지만 그들은 법적 발언권이 전혀 없었 다. 정의의 전당은 수십 년째 그들 눈앞에서 닫혀 있었다. 사법적 분 위기가 점차 바뀌어 부족들이 연방 법원에 제소하는 것이 허용되자 다른 하우데노사우니 네이션들도 땅을 되찾으려고 소송을 제기했다. 그들의 주장이 받아들여져 대법원에서는 하우데노사우니 땅이 불법 적으로 취득되었으며 그들이 지극히 부당한 처우를 받았다고 판결했 다. 즉, 인디언 땅의 '매입'은 미국 헌법을 위반한 불법 행위였다. 합의 를 이끌어내라는 명령이 뉴욕주에 내려졌으나 치유와 복구는 무망 했다.

몇몇 네이션은 토지 소유권의 대가로 현금 지불이나 토지 취득, 카지노 운영권을 얻어냈다. 이는 가난에서 벗어나고 그나마 남은 영 토에서 문화적 생존을 보장하기 위한 결정이었다. 또 다른 네이션들 은 직접 매입이나 뉴욕주와의 토지 교환, 개인 땅임자에 대한 소송 위협을 통해 옛 땅을 되찾고자 했다.

하지만 오논다가 네이션의 방법은 달랐다. 그들의 주장은 미국 법 에 의거한 것이었지만 그 도덕적 힘은 평화와 자연과 미래 세대를 대 표하여 행동하라는 위대한 법의 명령에 있었다. 그들은 자신의 소송 을 '토지 환수 운동'이라고 부르지 않았다. 땅은 소유물이 아니라 선 물이요 생명을 지탱하는 존재임을 알기 때문이다. 타도다호 시드니 힐Tadodaho Sidney Hill에 따르면 오논다가 네이션은 결코 사람들을 그들 의 보금자리에서 내쫓으려 들지 않았다. 오논다가 사람들은 보금자리를 잃는 고통을 잘 알기에 이웃들에게 이런 고통을 가할 수 없었다. 그래서 소송은 '토지 권리 행동'으로 명명되었다. 이들의 행동은 인디언 법에 선례가 없는 선언으로부터 시작되었다.

오논다가 국민은 자신과, 시간의 여명 이후로 오논다가 네이션의 땅이던 이 지역에 살고 있는 나머지 모든 사람들 사이에 치유를 가져다주고자 한다. 네이션과 그 국민은 땅과의 독특한 영적, 문화적, 역사적 관계를 맺고 있으며 이는 위대한 평화의 법인 **가야나샤고와**Gayanashagowa 로 구체화된다. 이 관계는 소유권, 점유권, 기타 법적 권리를 비롯한 연방 법과 주법의 관심사를 훌쩍 뛰어넘는다. 오논다가 국민은 땅과 하나이며 스스로를 땅의 청지기로 여긴다. 이 땅을 치유하고 보호하고 미래 세대에게 물려주려고 노력하는 것은 네이션 지도자들의 의무다. 오논다가 네이션이 자국민을 대표하여 이 행동을 시작하는 것은 화해 과정을 앞당기고 이 지역에 거주하는 모든 이에게 항구적 정의와 평화, 존중을 가져다줄 수 있으리라는 희망에서다.

오논다가 토지 권리 행동은 이웃을 내쫓거나 카지노를 개발하는 것이 아니라—그들은 이런 조치가 공동체의 삶을 파괴한다고 여겼다—자신의 보금자리에 대한 권리를 법적으로 인정받고자 하는 것이었다. 그들의 취지는 땅의 복원을 추진하는 데 필요한 법적 지위를 얻으려는 것이었다. 권리가 있어야만 광산이 복구되고 오논다가호가 정화되도록 행동할 수 있기 때문이다. 타도다호 시드니 힐이 말한다.

"우리는 어머니 대지님에게 벌어지는 일을 무력하게 지켜보아야 했지만, 아무도 우리 생각에 귀를 기울이지 않습니다. 토지 권리 행동이 우리에게 발언권을 줄 것입니다."

피고 명단의 첫머리에는 땅을 불법적으로 빼앗은 뉴욕주가 적혀 있었으나 채석장, 광산, (공기를 오염시키는) 발전소, (이름은 달콤하지만 실은 얼라이드케미컬의 계승자인) 하니웰사Honeywell Incorporated처럼 땅의 훼손에 책임이 있는 기업들도 거명되었다.

비단 소송이 아니더라도 하니웰사에는 호수 정화의 책임이 있지만, 오염 퇴적물을 어떻게 처리해야—준설할까, 복개할까, 내버려둘까?—자연 치유가 가장 잘 진행될 수 있을지를 놓고 논란이 분분하다. 주, 지방, 연방의 환경 부처마다 제각각 해결책을 내놓고 있으며 비용도 천차만별이다. 경합하는 여러 호수 복원 계획에는 복잡한 과학적 쟁점이 결부되어 있으며, 시나리오마다 환경적·경제적 득실이 다르다.

하니웰사는 수십 년째 복원을 질질 끌다 비용과 효과가 둘 다 최소인 나름의 정화 계획을 내놓았다. 그것은 오염이 가장 심한 퇴적물을 준설하고 세척하여 폐기물층의 매립지에 묻고 봉한다는 계획이었다. 하지만 시작은 좋을지 몰라도, 퇴적물 속에 퍼져 있는 다량의 오염 물질이 호수 바닥 전체에 깔리고 그곳에서 먹이 사슬에 스며든다. 하니웰사의 계획은 퇴적물을 그 자리에 내버려둔 채 높이 10센티미터의 모래층으로 덮어 생태계로부터 부분적으로 격리하겠다는 것이다. 격리가 기술적으로 가능하더라도 제안된 복개 면적은 호수 바닥의 절반에도 못 미치며 나머지는 평상시처럼 순환할 것이다.

오논다가족 추장 어빙 파울리스Irving Powless는 그 해결책을 일컬어 호수 바닥에 일회용 반창고를 붙이는 격이라고 꼬집었다. 일회용 반창고는 작은 상처에는 잘 듣지만, "암에 처방하지는 않는"다. 오논다가 네이션은 성스러운 호수를 완전히 정화하라고 요구했다. 하지만 법적 권리 없는 도덕적 힘만으로는 협상 테이블에서 대등한 위치에 앉을 수 없다.

그들의 바람은 예언이 이루어져 오논다가 네이션이 얼라이드케미컬의 머리카락에서 뱀을 빗질해 떼어내는 것이었다. 남들은 정화 비용을 놓고 갑론을박을 벌였지만, 오논다가 네이션은 경제를 행복의 우위에 놓는 일반적 등식을 뒤집었다. 오논다가 네이션 토지 권리 행동은 완전한 정화를 복원의 일부로 천명했으며 그에 못 미치는 조치는 받아들이지 않겠다고 선언했다. 강 유역의 비非원주민들은 오논다가 네이션의 치유 요구에 동참하여 '오논다가 네이션의 이웃Neighbors of the Onondaga Nation'이라는 이례적인 협력 관계를 맺었다.

법적 분쟁과 기술적 논쟁, 환경 모형의 틈바구니에서 중요한 것은 임무의 성스러운 성격을 놓치지 않는 것, 더없이 세속화된 이 호수가 다시금 물의 일에 걸맞은 모습을 찾도록 하는 것이다. 평화를 이루는 이의 정신은 여전히 이 호숫가를 따라 걷고 있다. 법적 행동은 땅에 '대한' 권리뿐 아니라 땅'의' 권리, 땅이 온전하고 건강할 권리에도 관심을 기울였다.

목표를 명확하게 정한 것은 씨족 어머니Clan Mother 오드리 셰넌도어^{Audrey Shenandoah}였다. 카지노도, 돈도, 복수도 안 된다. 그녀는 이렇게
말했다. "우리가 이 행동으로 추구하는 것은 정의입니다. 그것은 물
을 위한 정의이며 서식처를 빼앗긴 네발짐승과 날짐승을 위한 정의입
니다. 우리가 추구하는 정의는 단지 자신을 위한 정의가 아니라 창조
세계 전체를 위한 정의입니다."

2010년 봄에 연방 법원은 오논다가 네이션 사건에 대해 판결을 내
렸다. 소송은 기각되었다.

정의가 눈을 감으면 우리는 어떻게 해야 할까? 어떻게 치유의 책임
을 다할 수 있을까?

내가 이 장소에 대해 처음 들은 것은 복구의 시기를 놓치고도 한
참이 지난 뒤였다. 하지만 그 사실을 아는 사람조차 아무도 없었다.
책임져야 할 자들은 진실을 숨겼다. 그러던 어느 날 표어 하나가 나
붙었다. 난데없이, 으스스하게.

도 와 줘 요 HELP

고속도로 바로 옆에 인쇄체로 쓰인 글자는 축구장만큼 컸다. 하지
만 그때조차 누구도 눈길을 주지 않았다.

내가 학창 시절을 보낸 시러큐스를 15년 뒤에 다시 찾아갔을 때

그 글자들은 갈색으로 바랜 채 분주한 도로 옆에서 사라져가고 있었다. 하지만 그 메시지의 기억은 바래지 않았다. 다시 한번 내 눈으로 현장을 봐야 했다.

때는 10월의 화창한 오후였고 나는 수업이 없었다. 그 장소를 어떻게 찾아야 할지 막막했지만, 들은 얘기가 있었다. 호수는 하도 푸르러서 예전 모습이 떠오르지 않을 정도라고 했다. 오랫동안 폐쇄된 채 황량하던 박람회장 뒤편을 지나 차를 몰았다. 하지만 박람회장 주변의 흙길을 벗어나자 보안 출입문이 활짝 열린 채 바람에 흔들리고 있었다. 나는 안으로 들어갔다. 관람객 수천 명을 수용하도록 지어진 주차장에 차량이라고는 우리 차 하나뿐이었다.

울타리 뒤에 무엇이 있는지 알려주는 지도는 없을 것 같았지만, 호수 방향으로 이어지는 오솔길이 보여서 이 호젓한 장소에 차량 문단속을 단단히 한 채 걸어 들어갔다. 방과 후에 딸들을 데리러 가야 했기에 시간이 별로 없었다.

바퀴 자국이 난 길이 갈대(속)*phragmites* 덤불 속으로 나 있었는데, 갈대 줄기가 하도 빽빽해서 양쪽에 벽이 서 있는 것 같았다. 해마다 여름이면 주州 박람회 축사畜舍의 분뇨를 이곳에 갖다 버린다는 얘길 들은 적이 있었다. 이곳 폐기물층은 박람회 우승 젖소와 서커스단 코끼리의 외양간두엄이 향하는 종착지였다. 시 당국도 덩달아 하수 슬러지 운반차를 이곳에 비웠다. 이 때문에 풀이 웃자랄 대로 웃자라 솜털 달린 이삭이 내 머리 위 1~2미터까지 솟아 있었다. 빽빽한 줄기 때문에 호수가 보이지 않고 방향 감각도 잃었다. 줄기들은 서로 비비고 문지르며 마치 최면에 걸린 듯 바람에 일렁였다. 오솔길은 왼쪽으로 갈라졌다가 다시 오른쪽으로 갈라지더니 아무 길잡이도 없이 벽으로 둘러싸인 미로가 되었다. 나는 '갈대' 미로에 빠진 쥐 신세였다. 호수 쪽으로 이어졌을 법한 갈림길을 선택했는데, 나침반을 가져올 걸 하는 생각이 들기 시작했다.

호숫가를 따라 펼쳐진 황무지는 600헥타르에 달했다. 평상시에 훌륭한 길잡이가 되어주던 고속도로 소음조차 갈대 흔들리는 소리에 묻혀 들리지 않았다. 여기 혼자 있으면 안 되겠다는 걱정이 목뒤로 스멀스멀 올라왔지만, 두려움을 떨치려고 혼잣말을 했다. 아무도 두려워할 필요 없었다. 나 말곤 아무도 없었으니까. 미치지 않고서야 누가 신에게 버림받은 이곳을 찾겠는가? 또 다른 생물학자가 아니고서야. 그런 사람을 만나면 얼마나 좋을까. 도끼 살인마를 만나 갈대밭에 시신이 버려질지도 모르지만. 시신은 영영 발견되지 않을 것이다.

꺾이고 구부러지는 길을 따라가는데, 미루나무 꼭대기가 언뜻 보였다. 잎이 바스락거리는 소리가 멀리서 들렸다. 틀림없었다. 반가운 길잡이였다. 한번 더 굽이돌자 나무가 고스란히 보였다. 굵은 가지를 길 위로 뻗은 커다란 미루나무였다. 가장 낮은 가지에 사람의 몸이 매달려 있었다. 옆에는 빈 올가미가 바람에 흔들리고 있었다.

나는 겁에 질린 채 비명을 지르며 갈대 벽 사이로 닥치는 대로 내달렸다. 심장이 쿵쾅거렸다. 나는 무작정 달리고 또 달렸다. 그러다 모든 공포 영화에 등장하는 결말을 맞닥뜨렸다. 이곳 공포의 현장에 살인범이 서 있었다. 검은색 후드 차림에 근육질 팔뚝을 드러낸 채.

물론 피가 뚝뚝 떨어지는 도끼를 들고 있었다. 여인의 몸이 모탕(나무를 패거나 자를 때에 받쳐 놓는 나무토막_옮긴이)에 널브러져 있었다. 곱슬곱슬한 금발이 잘린 머리 아래로 치렁치렁 늘어졌다. 나는 움직일 수 없었다. 그들도 움직이지 않았다. 전혀.

덤불을 잘라 만든 공간이 갈대 벽으로 둘러싸인 방을 이루었는데, 마치 박물관 디오라마(배경을 그린 길고 큰 막 앞에 여러 가지 물건을 배치하고, 그것을 잘 조명하여 실물처럼 보이게 한 장치_옮긴이)처럼 실물 크기의 인형들이 살인 현장을 재연하고 있었다. 식은땀이 흐르면서 안도감이 밀려들었다. 시체는 없었다. 하지만 일그러진 상상력이 현실화된 장면을 보는 것은 실제 시체를 보는 것과 별로 다를 것이 없었다. 설상가상으로 이제는 미로에서 완전히 길을 잃었다. 어디든 다른 곳에 있고 싶었다. 무엇보다 통학 버스에서 딸들을 픽업하고 싶었다. 나는 딸들을 생각하면서 지혜를 짜내 최대한 조용히 움직였다. 내가 상상한 사탄 숭배자들에게 들키고 싶지는 않았다.

나가는 길을 찾다가 갈대숲을 베어 만든 또 다른 방들을 맞닥뜨렸다. 모형 감방에는 전기의자가 놓여 있었고, 병실에는 구속복 차림의 환자와 험상궂은 간호사가 있었으며, 마지막으로 파헤쳐진 무덤에서는 손톱이 긴 시체가 기어나오고 있었다. 으스스한 갈대 사이로 또 한참을 간 뒤에야 주차장이 나타났다. 이제 조명이 긴 그림자를 드리우고 있었다. 저 멀리 반대편에서 내 차가 보였다. 열쇠가 있는지 보려고 호주머니 위를 더듬었다. 그대로 있었다. 아직 늦지 않았을지도 모른다. 출입문이 열렸는지 닫혔는지는 알 수 없었다. 마지막으로 뒤를 돌아보려고 몸을 돌렸다. 저 옆에 근사한 글씨로 쓴 팻말이 땅에 박혀 있었다.

솔베이 라이온스 클럽
유령의 집에서 건초 마차 타기
10월 24~31일
밤 8시~자정

실소가 터져나왔다. 하지만 다음 순간 울먹이지 않을 수 없었다.

솔베이 폐기물층. 공포를 체험하는 장소로 이보다 안성맞춤인 곳이 있을까. 우리가 두려워해야 할 것은 유령의 집이 아니라 그 밑에 깔린 것들이다. 20미터 두께의 산업 폐기물 아래 묻힌 땅에서 독소가 배어나와 오논다가의 성스러운 물과 50만 명의 보금자리에 흘러들었다. 그로 인한 죽음은 도끼를 내리치는 것만큼 빠르지 않을지는 몰라도 그에 못지않게 끔찍하다. 살인범의 얼굴은 숨겨져 있지만 이름은 알려져 있다. 솔베이프로세스사, 얼라이드케미컬앤드다이, 얼라이드케미컬, 얼라이드시그널, 그리고 지금의 하니웰에 이르기까지.

내게 살인 행위보다 더 무서운 것은 그런 일이 일어날 수 있도록 만든, 호수를 독성 물질로 채워도 괜찮다는 사고방식이다. 그 회사들이 뭐라고 불리든 그 책상들 뒤에 앉아 있는 것은 개인이었다. 그들은 아들을 낚시에 데려가는 아버지였다. 호수를 슬러지로 메우는 결정을 내린 것은 그들이었다. 이 사태를 야기한 것은 얼굴 없는 기업이 아니라 인간이다. 위협도 없었고 어쩔 수 없는 정상 참작의 상황도 없었다. 평상시와 같은 업무일 뿐이었다. 도시의 사람들도 지금의 상황에 한몫했다. 솔베이 직원의 인터뷰가 이를 잘 보여준다. "저는 할 일을 했을 뿐입니다. 먹여 살릴 가족이 있었기에 폐기물층에서 무슨 일이 일어나는지 걱정할 여력이 없었습니다."

철학자 조애너 메이시Joanna Macy는 우리가 환경 문제를 직시하지 않으려고 스스로 현실을 망각한다고 지적한다. 그녀는 재난에 대한 사람들의 반응을 연구하는 심리학자 R. J. 클리프턴R. J. Clifton을 인용하여 이렇게 말한다. "재난에 대한 자연적 반응을 억압하는 것은 우리시대가 앓고 있는 질병의 일부다. 이 반응을 인정하지 않으려 드는데서 위험한 분열이 생긴다. 삶의 토대에 직관적이고 정서적이고 생물학적으로 뿌리 내리지 못하고, 이와 동떨어진 정신적 계산에 몰두한다. 이런 분열 때문에 우리는 스스로의 사멸이 준비되는 것을 묵묵히 받아들인다."

폐기물층waste bed은 전혀 새로운 생태계를 일컫는 이름이다. 폐기물waste은 명사로 쓰일 때는 '남은 찌꺼기', '쓰레기', '배설물처럼, 살아있는 몸에서 나왔지만 쓰이지 않는 물질'을 일컫는다. 더 현대적인 용법으로는 '제조의 부산물', '거부되거나 버려진 산업 재료'가 있다. 따라서 '황무지wasteland'는 버려진 땅이다. 동사 폐기하다to waste는 '귀중한 것을 쓸모없게 만들다', '감소시키고 소멸시키고 허비하다'를 뜻한다. 솔베이 폐기물층을 숨기는 것이 아니라, '산업 배설물에 덮여 허비된 땅'이라고 쓴 팻말을 고속도로 옆에 세워 호숫가를 찾는 사람들을 환영하면, 이 땅에 대한 일반의 인식이 어떻게 바뀔지 궁금하다.

황폐한 땅은 발전의 부수적 피해로 감내되었다. 하지만 1970년대에 시러큐스 환경학·임학대학의 놈 리처즈Norm Richards 교수는 폐기물층의 역기능적 생태에 대한 최초의 연구 중 하나를 시작하기로 마음먹었다. 지역 공무원의 무관심에 진절머리가 난 '진격의 노먼'은 직접 문제 해결에 뛰어들었다. 내가 몇 해 뒤에 걸은 그 길을 따라 호숫가 울타리 안으로 몰래 들어가서는 자신의 게릴라 원예 장비를 부리고 마당의 잔디 파종기를 끌고서 고속도로에 면한 기다란 비탈로 갔다. 그는 걸음을 세어가며 풀씨와 비료를 실어 날랐다. 북쪽으로 스무 발짝, 동쪽으로 열 발짝, 다시 북쪽으로. 몇 주 뒤, 황량하던 비탈에 '도와줘요'라는 단어가 나타났다. 풀로 쓴 길이 12미터짜리 글자들이었다. 황무지가 워낙 넓어서 미사여구로 긴 에세이를 쓸 수도 있었지만, 그 단어 하나가 모든 것을 말해주었다. 땅은 납치당했다. 묶이고 재갈 물려 스스로는 말할 수 없었다.

폐기물층만 그런 것이 아니다. 원인과 화학 성분은 우리 고장과 여러분의 고장이 다르지만, 누구나 이 상처 입은 장소에 이름을 지어줄 수 있다. 우리는 이곳을 마음속에, 가슴속에 담아둔다. 문제는 이것이다. 그래서 무엇을 하고 있는가?

두려움과 절망의 길을 걸을 수도 있다. 우리는 생태 파괴의 무시무시한 현장을 일일이 기록할 수 있다. (환경 재앙으로 인한) '유령의 집에서 건초 마차 타기'의 소재는 무궁무진할 것이다. 미국에서 화학 물질 오염이 가장 심한 호안에 지천으로 깔린 침입종 식물을 깎아 방을 만들고 무시무시한 악몽 같은 환경적 비극을 연출한 현장은 얼마든지 있다. 펠리컨이 석유를 뒤집어쓴 광경도 볼 수 있다. 체인톱으로 산비탈을 개벌하여 토사가 강으로 흘러드는 살인 현장은 또 어떤가? 멸종한 아마존 영장류의 사체. 프레리를 포장하여 만든 주차장. 녹고 있는 부빙浮氷에서 옴짝달싹 못하는 북극곰.

이런 광경이 비탄과 눈물 말고 무엇을 자아낼 수 있을까? 조애너 메이시는 우리가 지구를 위해 슬퍼하기 전에는 지구를 사랑할 수 없다고 썼다. 슬퍼하는 것은 영적 건강의 징표다. 하지만 잃어버린 풍경을 생각하며 슬퍼하는 것만으로는 충분치 않다. 대지에 손을 얹고 우리 자신을 다시 한번 온전하게 만들어야 한다. 상처 입은 세상조차도 우리를 먹여 살리고 있다. 상처 입은 세상조차도 우리를 떠받치고 우리에게 놀라움과 기쁨의 순간을 선사한다. 나는 절망이 아니라 기쁨을 선택한다. 그것은 내가 현실을 외면해서가 아니라 기쁨이야말로 대지가 매일같이 내게 주는 것이며 나는 그 선물을 돌려줘야 하기 때문이다.

우리는 세상이 파괴되고 있음을 보여주는 정보의 홍수에 둘러싸여 있으나, 세상에 어떻게 양분을 공급할지에 대해서는 아무 얘기도 듣지 못한다. 환경주의가 암울한 예언과 무력감의 동의어가 된 것은 놀랄 일이 아니다. 무슨 일이 있어도 옳은 일을 하려는 우리의 타고 난 성정이 억눌리면, 행동을 촉발하기는커녕 절망을 낳게 된다. 사람들이 땅의 안녕을 위해 참여할 수 있는 역할이 사라진 탓에 우리의 호혜적 관계는 '출입 금지' 표지판으로 전락했다.

우리 학생들은 환경 위협의 최근 소식을 접하면 사람들에게 알리기 바쁘다. 학생들은 이렇게 말한다. "눈표범이 멸종하리라는 걸 사람들이 알기만 한다면," "강이 죽어간다는 걸 사람들이 알기만 한다면." 사람들이 알기만 한다면 …… 뭘 할까? 그만둘까? 사람에 대한 학생들의 신뢰를 존중하지만 '만일 ~라면' 공식은 지금껏 통한 적이 없다. 사람들은 집단적 피해가 어떤 결과를 낳는지 모르지 않는다. 채굴 경제의 대가를 모르지 않는다. 그런데도 그만두지 않는다. 그들은 낙담하고 침묵한다. 얼마나 침묵하느냐면, 그들이 먹고 숨 쉬고 자녀들을 위한 미래를 상상할 수 있게 해주는 환경을 보호하는 일은 최대 관심사 열 가지에 들지도 못한다. 독성 폐기물의 '유령의 집에서 건초 마차 타기', 녹고 있는 빙하, 심판의 날을 경고하는 예언—이것들은 귀 기울이는 사람을 절망에 빠뜨릴 뿐이다.

절망은 우리를 마비시킨다. 의욕을 앗아 간다. 우리 자신의 힘과 대지의 힘을 보지 못하게 한다. 환경에 대한 절망은 오논다가호 바닥의 메틸수은 못지않은 독성이 있다. 하지만 땅이 '도와줘요'라고 말하는데 어떻게 절망에 굴복할 수 있겠는가? 복원은 효과적인 절망 해독제다. 복원은 인간을 넘어선 세상과 긍정적이고 창조적인 관계를 다시 맺어 물질적 책임과 영적 책임을 다할 수 있도록 하는 구체적 수단이 된다. 슬퍼하는 것으로는 충분치 않다. 나쁜 일을 그만두는 것만으로는 충분치 않다.

우리는 어머니 대지님이 풍성하게 차린 잔치를 즐겼으나 이제는 접시가 텅 비고 부엌은 쓰레기장이 되었다. 지금은 어머니 대지님의 부엌에서 설거지를 시작할 때다. 설거지는 (수질을 오염시킨다는) 누명을 썼지만, 밥 먹고 나서 부엌에 가는 사람은 누구나 그곳에 웃음과 흥겨운 수다와 우정이 있음을 안다. 설거지는 복원과 마찬가지로 관계를 형성한다.

물론 땅의 복원에 어떤 식으로 접근할지는 '땅'의 의미가 무엇이라고 생각하느냐에 따라 달라진다. 땅이 부동산에 불과하다고 생각할 때의 복원은 땅이 자급자족 경제의 원천이자 영적 보금자리라고 생각할 때의 복원과 사뭇 다르다. 천연자원을 생산하려고 땅을 복원하는 것은 문화적 정체성으로서의 땅을 재생하는 것과 같지 않다. 우리는 땅이 무엇을 의미하는지 생각해보아야 한다.

솔베이 폐기물층에서는 이를 비롯한 여러 물음이 펼쳐지고 있다. 어떤 면에서 폐기물층의 '새' 땅은 긴급한 구조 요청에 화답하여 다양한 아이디어가 제시된 빈 서판을 나타낸다. 이 아이디어들은 폐기물층 곳곳에 흩어져 있으며 '유령의 집에서 건초 마차 타기'의 현장처럼 속속들이 옛 기억을 떠올리게 한다. 오논다가호를 탐방하면 땅의 의미와 복원의 양상이 얼마나 다양할지 실감할 수 있다.

맨 처음 들를 곳은 빈 서판—한때 푸르른 호숫가이던 곳에 엎질러진 끈적끈적하고 허연 산업 슬러지—자체다. 지역에 따라서는 슬러지가 분출되던 날처럼 삭막한 백악질 사막도 있다. 우리의 디오라마에는 배출 파이프를 설치하는 인부의 형상이 들어가야겠지만, 그의 뒤에는 양복 입은 사람이 있을 것이다. 첫 번째 탐방지에는 '자본으로서의 땅'이라는 표지판이 붙어 있을 것이다. 땅이 돈을 버는 수단에 불과하다면 이 사람들은 일을 제대로 하고 있는 것이다.

놈 리처즈의 구조 요청은 1970년대 즈음에 시작되었다. 양분과 씨앗이 폐기물층 녹화에 필요한 모든 것이라면 시 당국에는 이미 해결책이 준비되어 있었다. 하수 슬러지를 폐기물층 다랑이에 부으니 식물 생장에 필요한 영양소의 공급과 정수장 배출물의 처리가 일거에 해결되었다. 하지만 그 결과는 악몽 같은 갈대밭이었다. 침입종 갈대가 획일적으로 빽빽하게 3미터까지 자라 다른 어떤 생명도 자라지 못한다. 우리의 두 번째 탐방지. 표지판에는 '재산으로서의 땅'이라고 쓰여 있다. 땅이 사유 재산이요 '자원'의 보고에 불과하다면 원하는 것은 무엇이든 할 수 있다.

30년 전만 해도 자신이 배출한 오물을 안 보이게 가리는 것이 책임을 다하는 행동으로 치부되었다. 이것은 땅을 쓰레기통으로 취급하는 사고방식이다. 행정적으로는 채굴이나 공업으로 망가진 땅을 식생으로 덮기만 하면 그만이었다. 이 애스트로터프^{AstroTurf}(인조 잔디를 만드는 회사_옮긴이) 전략에 따라, 200종이 서식하는 숲을 망가뜨린 채굴 회사는 관개와 비료의 안개 속에서 알팔파 지스러기를 심기만 하면 법적 책임을 다할 수 있었다. 연방 조사관이 찾아와 점검하고 확인서에 서명하면 회사는 '임무 완수' 깃발을 꽂고는 스프링클러를 끄고 떠났다. 식생은 회사 임원들만큼이나 빨리 사라졌다.

다행히도 놈 리처즈를 비롯한 과학자들에게는 더 나은 생각이 있었다. 내가 위스콘신 대학교에 있던 1980년대 초에 나는 여름날 저녁마다 젊은 빌 조던Bill Jordan과 수목원 오솔길을 걸었다. 그곳은 버려진 농장에 조성된 자연 생태계로, "수선을 잘하기 위한 첫 단계는 모든 조각을 보전하는 것이다"라는 앨도 레오폴드Aldo Leopold의 조언에 바치는 오마주였다. 솔베이 폐기물층 같은 곳들이 입은 피해가 마침내 인식되던 즈음에 빌은 복원생태학restoration ecology이라는 총체적 과학을 구상했다. 이것은 생태학자들이 자신의 기술과 철학을 동원하여 땅을 치유하되 식생을 담요처럼 덮는 산업적 방법이 아니라 자연경관을 재창조하는 것이었다. 빌은 절망에 무릎 꿇지 않았다. 자신의 아이디어가 책장에 처박혀 있게 내버려두지 않았다. 그는 생태복원학회Society for Ecological Restoration의 산파이자 공동 창립자다.

이런 노력의 결과로 새로운 법률과 정책에서는 복원된 지역이 단지 자연처럼 보이는 것이 아니라 기능적으로도 온전하도록 복원의 개념을 발전시키라고 요구했다. 미국 국가연구위원회National Research Council에서는 생태 복원을 아래와 같이 정의했다.

생태계가 교란 이전과 비슷한 상태로 돌아가는 것. 복원에서는 자원에 가해진 생태적 피해가 보수되어야 한다. 생태계의 구조와 기능이 둘 다 재건되어야 한다. 기능을 배제한 채 형태만 재건하거나 자연 자원과 유사성이 별로 없는 인공적 구성으로 기능을 재건하는 것은 복원에 해당하지 않는다. 목표는 자연을 재현하는emulate 것이다.

다시 유령의 집 건초 마차에 오르면 이번에 갈 곳은 복원 실험이 진행되고 있는 세 번째 탐방지다. 이곳은 이 땅이 무엇일 수 있으며 무엇을 의미할 수 있는지 보여주는 또 다른 본보기다. 멀리서도 보이는 저것은 백악질 흰색을 배경으로 선명한 초록색의 커다란 조각보다. 풀밭처럼 흔들리면서 버드나무를 스치는 바람 소리를 낸다. 이 장면은 '기계로서의 땅'이라고 이름 붙일 수 있을 것이다. 기계를 운전하는 엔지니어와 숲 관리인의 마네킹을 가져다놓으면 어울리겠다. 그들이 서 있는 앞에는 브러시 호그brush hog(칼날 회전식 잔디깎이 기계의 일종_옮긴이)의 굶주린 주둥이와 끝없이 이어진 관목버드나무shrub willow 농장이 있다. 갈대만큼 빽빽하고 별반 다양하지도 않다. 이들의 목표는 매우 특수한 목표에 맞는 구조—특히 기능—를 재정착시키는 것이다.

그런가 하면 이들의 의도는 식물을 수질 오염의 공학적 해결책으로 활용한다는 것이다. 빗물이 폐기물층으로 스며들면 고농도의 염분과 알칼리, 그 밖에 수많은 화합물을 빨아들여 호수로 곧장 실어 나른다. 버드나무는 물을 빨아들이는 능력이 뛰어난데, 이 물을 대기 중으로 발산한다. 요는 버드나무를 녹색 스펀지로 이용하여, 빗물이 슬러지에 닿기 전에 이 살아 있는 기계로 가로챈다는 것이다. 금상첨화로 버드나무는 주기적으로 베어 바이오매스 연료 생산을 위한 목질계 원료로 쓸 수 있다. '식물을 이용한 환경 정화phytoremediation'는 유망한 사업이지만, 버드나무를 산업적으로 홑짓기하는 것은 그 취지가 아무리 좋더라도 진정한 복원의 기준을 충족하지 못한다.

이런 식의 해결책은 땅이 기계이고 인간이 운전자라는 기계적 자연관의 핵심을 이룬다. 이 환원주의적이고 물질주의적인 틀에서는 공학적 해결책을 추진하는 것이 말이 된다. 하지만 토박이 세계관의 입장에 선다면 어떻게 될까? 생태계는 기계가 아니라 주권적 존재들의 공동체다. 대상이 아니라 주체다. 만일 이 존재들이 운전자라면 어떻게 될까?

건초 마차에 다시 올라타 다음 전시 장소로 가자. 그런데 이곳은 뚜렷한 표시가 없으며 폐기물층에서 가장 오래된 호수 쪽 부분을 가로질러 퍼져 누더기처럼 꾀죄죄한 식생을 이룬다. 이곳 네 번째 탐방지에 있는 복원생태학자들은 대학의 연구자나 기업의 공학자가 아니라 가장 오래되고 가장 효과적인 땅 치유자들이다. 그들은 바로 식물 자신으로, '어머니 대지' 디자인 회사와 '아버지 시간' 주식회사를 대표한다.

그 중요한 핼러윈 여행 시절이 지난 뒤에 나는 폐기물층에 대해 편하게 생각할 수 있었으며 복원이 진행되는 광경을 느긋하게 감상했다. 사체를 또 맞닥뜨린 적은 한 번도 없다. 하지만 그게 문제다. 물론 흙을 형성하고 생명의 원동력인 영양소 순환을 영속화하는 것은 사체다. 여기서 '흙'은 백지다.

이곳 폐기물층에는 생명이 하나도 없는 지대가 넓게 펼쳐져 있지만, 그럼에도 치유의 스승들이 있다. 그들의 이름은 자작나무님과 오리나무님, 참취님과 미국질경이님Plantain, 부들님, 이끼님, 큰개기장님Switchgrass이다. 가장 메마른 땅, 우리가 낸 흉터에서 이 식물들은 우리에게 등을 돌리지 않았다. 아니, 우리에게 왔다.

대담한 나무 몇 그루도 자리를 잡았다. 흙의 성질에 덜 구애받는 미루나무와 사시나무 aspen가 대부분이다. 덤불도 있는데, 참취와 미역취 군락도 있지만 주로 흔한 길가 잡초가 듬성듬성 자란 것들이다. 민들레, 돼지풀 ragweed, 치커리, 야생당근 Queen Anne's lace 의 씨앗이 이곳에 날아와 자리를 잡았다. 질소 고정 식물인 콩류가 풍부하며 온갖 토끼풀도 한몫하러 왔다. 분투하는 풀밭은 내겐 평화를 이루는 모습처럼 보인다. 식물은 최초의 복원생태학자다. 그들은 자신의 선물을 이용하여 땅을 치유하고 우리에게 길을 보여준다.

씨껍질에서 갓 나온 아기 식물이 자신의 오랜 식물학적 계보에서 아무도 경험하지 못한 폐기물층 서식처를 발견하고서 얼마나 놀랐을지 상상해보라. 대부분은 수분 부족이나 염분, 직사광선으로 죽거나 영양 결핍으로 시들었지만, 일부는 살아남아 힘껏 살아갔다. 가장 두드러진 것은 풀이었다. 모종삽으로 풀밭을 팠더니 흙이 다르다. 아래쪽 폐기물은 더는 새하얗고 미끌미끌하지 않으며 진회색에 손가락 사이에서 보슬보슬하다. 그리고 뿌리투성이다. 흙이 검어지는 것은 부식질이 섞인다는 뜻이다. 폐기물이 달라지고 있는 것이다. 물론 몇 센티미터 아래는 여전히 조밀하고 하얗지만 표층은 가망이 있다. 식물은 영양소 순환의 복구라는 임무를 제대로 해내고 있다.

무릎을 꿇으면 100원짜리 동전만 한 개미굴이 보인다. 개미가 구멍 주위에 쌓은 몽글몽글한 흙은 눈처럼 새하얗다. 개미들은 알갱이 하나하나를 작은 구기 口器에 물고서 아래쪽 폐기물을 실어 올리고 씨앗과 잎 조각들을 땅속으로 실어 내린다. 오르락내리락하면서. 풀은 씨앗으로 개미를 먹이고 개미는 흙으로 풀을 먹인다. 둘은 서로에게 생명을 전한다. 풀과 개미는 자신들이 서로 연결되어 있음을 안다. 한 생명이 모두의 생명에 의존함을 안다. 잎 하나하나, 뿌리 하나하나를 통해 나무와 베리와 풀은 힘을 합친다. 이윽고 새와 사슴과 벌레도 합류한다. 그렇게 세상이 만들어진다.

사시잎자작나무gray birch가 폐기물층 꼭대기에 점점이 박혀 있다. 바람을 타고 찾아와, 웅덩이에 몽글몽글 떠 있는 염주말(속)*Nostoc*의 젤리 같은 웅괴凝塊(액체 따위가 엉겨 있는 덩어리_옮긴이)에 운 좋게 내려앉은 것이 틀림없다. 사시잎자작나무는 이타적인 염주말 거품의 보호와 질소 공급을 받으면 무럭무럭 자랄 수 있다. 이제는 이곳에서 가장 큰 나무가 되었지만, 외롭지는 않다. 거의 모든 사시잎자작나무 아래에는 작은 떨기나무가 있다. 예사 떨기나무가 아니라 핀체리pin cherry, 인동honeysuckle, 갈매나무buckthorn, 블랙베리처럼 물열매를 내는 종류다. 이 떨기나무들은 사시잎자작나무 사이의 맨땅에서는 찾아보기 힘들다. 사시잎자작나무가 이런 물열매 나무 앞치마를 두른 것은 새들이 폐기물층 위를 날다 나무에 앉아 똥을 쌌는데 그 속에 들어 있는 씨앗이 나무 그늘에 떨어졌기 때문이다. 열매가 많아지자 찾아오는 새와 떨어뜨리는 씨앗도 많아졌으며 이 씨앗은 개미의 먹이가 되었다. 이와 같은 호혜성의 패턴이 이곳 전역에 아로새겨져 있다. 이것은 내가 이 장소를 존경하는 이유 중 하나다. 여기서는 시작을 볼 수 있다. 생태 공동체가 형성되는 작고 점진적인 과정을.

폐기물층은 '녹화緑化'되고 있다. 우리는 어찌할 바를 몰라도 땅은 안다. 하지만 폐기물층이 완전히 사라지지는 않았으면 좋겠다. 그래야 우리가 무엇을 할 수 있는지 깨우칠 수 있을 테니 말이다. 폐기물층은 그들에게서 교훈을 얻고 우리가 자연의 주인이 아니라 제자임을 깨달을 기회다. 제아무리 뛰어난 과학자라도 귀를 기울일 만큼은 겸손하니까.

이 탐방지에는 '스승으로서의 땅', '치유자로서의 땅'이라는 이름을 붙일 수 있을 것이다. 복원을 식물과 자연적 과정에만 맡겨두면 지식과 생태적 통찰의 재생 가능한 원천으로서 땅의 역할이 분명해진다. 인간이 생태계를 훼손하자 새로운 생태계가 생겨났으며 식물은 천천히 적응하면서 우리에게 상처를 치유하는 길을 보여주고 있다. 이것은 식물의 솜씨와 슬기를 보여주는 증거다. 사람들의 어떤 행위도 미치지 못할 만큼, 식물들이 자신의 일을 계속하도록 내버려둘 지혜가 우리에게 있었으면 좋겠다. 복원은 협력의 기회, 우리가 도울 기회다. 우리가 맡은 부분은 아직 끝나지 않았다.

고작 몇 년 만에 호수는 희망의 조짐을 나타냈다. 공장이 폐쇄되고 강 유역의 하수 처리장이 개선되면서 수질도 그 보살핌에 화답하듯 좋아졌다. 호수의 자연적 복원력은 용존 산소가 미량이나마 증가하고 물고기가 돌아오는 것으로 그 존재를 알리고 있다. 수문지질학자들이 진흙용천의 에너지를 다른 곳으로 돌린 덕에 과부하가 줄었다. 공학자, 과학자, 운동가 모두 물을 위해 인간 창의성이라는 선물을 발휘했다. 물도 제 몫을 했다. 투입이 줄자 호수와 하천은 물의 들고 남에 따라 스스로 정화하는 듯하다. 일부 지역에서는 밑바닥에서 식물이 자라기 시작했다. 송어가 호수에서 다시 발견되었으며 수질이 개선되기 시작했다는 소식이 신문에 대서특필되었다. 북쪽 호숫가에서는 독수리 한 쌍이 포착되었다. 물은 자신의 책임을 잊지 않았다. 물은 사람들에게 일깨운다. 우리가 우리 자신의 선물을 쓸 때 그들은 그들 자신이 가진 치유의 선물을 쓸 수 있음을.

물은 그 자체로 강력한 정화 능력이 있으며, 이는 우리 앞에 놓여 있는 일에 더더욱 큰 무게를 싣는다. 독수리가 있다는 것만 해도 그들이 사람들에게도 신뢰를 품는다는 증거이지만, 상처 입은 물에서 고기를 잡을 수 있다면 어떻게 되겠는가?

천천히 커지는 잡초 군락은 복원의 파트너가 될 수 있다. 그들은 영양소 순환, 생물 다양성, 토양 형성 같은 생태계 서비스를 아주 천천히 만들어내기 시작함으로써 생태계의 구조와 기능을 발전시키고 있다. 물론 자연계에서의 유일한 목표는 생명의 확산이다. 이에 반해 전문 복원생태학자들은 작업을 설계할 때 '표준 생태계reference ecosystem', 즉 훼손 이전의 자생적 조건을 추구한다.

폐기물층에 스스로 생겨나는 자발적 천이적 군락은 '자연화naturalized'된 것이지만 자생하는 것은 아니다. 오논다가 네이션이 조상의 때부터 알던 식물 군락이 생겨날 가능성은 희박하다. 복원의 결과는 얼라이드케미컬이 굴뚝 구멍의 희미한 빛이던 시절에 이곳에 살던 식물이 들어찬 자생 경관은 아닐 것이다. 산업적 오염으로 급격한 변화가 일어났음을 감안하면 외부의 도움 없이 개잎갈나무 늪과 줄풀 밭을 다시 만들어내는 것은 가능하지 않아 보인다. 우리는 식물이 제 몫을 하리라 신뢰할 수 있지만, 바람에 날려오는 자원자를 제외하면 고속도로와 드넓은 공업 지대를 가로질러 여기 올 수 있는 신종은 없다. 하지만 어머니 대지님과 아버지 시간님은 누군가를 시켜 손수레를 밀 수 있으며, 몇몇 용감무쌍한 자원자들이 나섰다.

이 환경에서 잘 자라는 식물 군락은 염분과 축축한 '흙'에 잘 견디는 것들로 이루어진다. 자생종의 표준 생태계가 살아남으리라 상상하기는 힘들다. 하지만 정착 이전presettlement 시기에는 호수 주변에 염천鹽泉이 있어서 희귀하디희귀한 자생 식물 군락인 내륙 염습지의 토대가 되었다. 돈 레오폴드 교수와 학생들은 빠진 자생 식물을 손수레에 가득 채워 가져와 시험 식재를 진행했으며 염습지 재창조의 산파 역할을 할 수 있으리라는 희망으로 식물의 생존과 생장을 지켜보았다. 나는 학생들을 찾아가 그들의 이야기를 듣고 식물을 살펴보았다. 몇몇은 죽었고 몇몇은 근근이 버티고 있었으며 몇몇은 무럭무럭 자라고 있었다.

초록이 가장 왕성해 보이는 곳으로 가자 기억 속에 남아 있는 향기가 코를 스치고는 사라졌다. 그래서 상상하는 수밖에 없었다. 나는 걸음을 멈추고, 무성하게 자라는 물가의 미역취와 몇몇 참취를 흐뭇하게 들여다보았다. 땅의 재생 능력을 목격하면 이곳에 복원력이 있음을 알 수 있다. 이것은 식물과 사람의 협력에서 생겨나는 가능성의 징표다. 돈의 작업은 복원의 학문적 정의—생태계의 구조와 기능을 추구하고 생태계 서비스를 제공한다—에 들어맞는다. 우리는 이

맹아적 자생 풀밭을 건초 마차 타기의 다음 정류장인 다섯 번째 탐방지로 삼고 '책임으로서의 땅'이라는 팻말을 세워야 한다. 이 작업은 재생이 무엇을 의미할 수 있는가를 제약하는 빗장을 들어올려 우리의 인간 아닌 친척들에게 서식처를 만들어준다.

이 생태계 복원 현장이 희망적이기는 하지만, 아주 온전하게 느껴지지는 않는다. 삽을 들고 있는 학생들에게 다가갔을 때 그들에게서는 식재에 대한 자부심이 뚜렷이 드러났다. 그들에게 작업의 동기를 물었더니 '적절한 데이터를 얻는 것', '해결책을 고안하는 것', '논문이 통과되는 것' 등의 대답이 돌아왔다. 사랑을 입에 올린 사람은 아무도 없었다. 어쩌면 두려웠는지도 모르겠다. 논문 심사 위원회에서 자신이 5년 동안 연구한 식물을 '아름답다' 같은 비과학적 용어로 묘사했다가 조롱당한 학생들을 얼마나 많이 봤던가. '사랑'이라는 단어를 들을 가능성은 별로 없지만, 나는 그곳에 사랑이 있음을 안다.

친숙한 향기가 다시 내 소맷자락을 잡아당겼다. 눈을 들자 그곳에 밝디밝은 초록색이 있었다. 매끄러운 풀잎이 햇살에 빛나며 오랫동안 못 만난 친구처럼 내게 미소 지었다. 그것은 바로 향모였다. 전혀 기대하지 않은 곳에서 향모가 자라고 있었다. 하지만 내 생각이 짧았다. 슬러지 속으로 시험 삼아 뿌리줄기를 내보내고 가느다란 순을 용감하게 진군시키는 향모는 치유의 스승이요 다정함과 공감의 상징이다. 그녀는 내게 일깨워주었다. 부서진 것은 땅이 아니라 우리가 땅과 맺고 있던 관계였음을.

복원은 대지를 치유하라는 명령이지만, 호혜성은 꾸준하고 성공적인 복원을 해내라는 명령이다. 어느 사려 깊은 행위와 마찬가지로 생태 복원은 인간이 자신을 지탱해주는 생태계에 돌봄의 책무를 다하는 호혜성의 행위로 간주할 수 있다. 우리는 땅을 복원하고 땅은 우리를 복원한다. 작가 프리먼 하우스Freeman House는 이렇게 경고한다. "과학의 통찰과 방법론은 앞으로도 계속 필요할 테지만, 복원 행위가 과학의 배타적 영역이 되도록 내버려둔다면 가장 커다란 약속을 잃게 될 것이다. 그것은 바로 인류 문화의 재정의라는 약속이다."

우리는 오논다가 유역을 산업화 이전 상태로 복원할 수 없을지도 모른다. 땅과 식물, 동물, 그리고 그들 편에 선 사람들은 작은 발걸음을 내디디고 있지만, 구조와 기능, 생태계 서비스를 궁극적으로 복원하는 것은 대지다. 우리는 바람직한 표준 생태계가 어떤 것이냐를 놓고 논쟁을 벌일 수 있지만, 결정은 땅의 몫이다. 우리에게는 결정권이 없다. 하지만 우리가 통제할 수 있는 것이 있는데, 그것은 바로 대지와의 관계다. 자연 자체는 움직이는 표적이다. 급격한 기후 변화의 시대에는 더더욱 그렇다. 종의 구성은 달라질 수 있어도 관계는 지속된다. 이것이야말로 복원의 가장 진정한 측면이다. 우리의 작업 중에서 가장 까다롭고 보람 있는 부분이 바로 이것이다. 존중과 책임감과 호혜성의 관계를 복원하는 것. 그리고 사랑도.

원주민환경네트워크Indigenous Environmental Network의 1994년 성명이 이를 잘 보여준다.

서구 과학과 기술은 현재 규모의 훼손에는 적절하지만 개념적·방법론적 수단으로서는 한계가 있다. 이것은 '머리와 손'을 짚고 물구나무선 복원이기 때문이다. 토착 영성이야말로 머리와 손을 인도하는 '심장'이다. … 문화적 생존은 건강한 땅과, 인간과 땅의 건강하고 미더운 관계에 달려 있다. 건강한 땅을 지켜온 전통적 돌봄의 책임은 복원을 아우르도록 확장되어야 한다. 생태 복원은 문화적·영적 복원 그리고 돌봄 및 세계 재생의 영적 책임과 불가분의 관계다.

우리가 땅의 여러 의미에 대한 이해로부터 자라난 복원 계획을 세울 수 있다면 어떨까? 생명을 먹여 살리는 존재로서의 땅. 정체성으로서의 땅. 식료품점이자 약국으로서의 땅. 우리를 조상과 연결해주는 매개체로서의 땅. 도덕적 책무로서의 땅. 신성한 존재로서의 땅. 자아로서의 땅.

학생으로 시러큐스에 처음 왔을 때 나는 그곳에 사는 사람과 첫—그리고 유일한—연애를 했다. 드라이브를 하기로 했는데, 나는 전설의 오논다가호에 가봐도 되겠느냐고 물었다. 한 번도 못 가봤으니까. 그는 마지못해 승락하며 오논다가호에 대한 농담을 건넸다. 하지만 목적지에 도착하자 차에서 나오지 않으려 들었다. 그는 "냄새가 너무 지독해"라고 말했다. 마치 자기 몸에서 악취가 나기라도 하는 듯 부끄러워하며. 자신의 고장을 그렇게 미워하는 사람은 처음 봤다. 내 친구 캐서린은 이곳에서 자랐다. 그녀는 매주 가족과 함께 호숫가를 따라 교회 학교에 갔는데, 크루서블스틸과 얼라이드케미컬을 지날 때면 주일인데도 검은 연기가 하늘을 메우고 슬러지 웅덩이가 도로 양편에 늘어서 있었다. 목사가 지옥의 불과 유황과 연기에 대해 설교할 때면 솔베이 얘기인 줄로만 알았다. 매주 교회에 올 때마다 '죽음의 골짜기'를 지난다고 생각했다.

두려움과 혐오, 우리 내면의 '유령의 집에서 건초 마차 타기.' 우리 본성의 가장 나쁜 부분이 모두 이곳 호숫가에 펼쳐져 있다. 절망은 사람들을 돌아서게 하고 오논다가호를 실패작으로 치부하게 했다.

폐기물층 위를 걸을 때 파괴의 손길이 보이는 것은 사실이지만, 작은 틈새에 씨앗이 내려앉아 뿌리를 뻗고 다시 흙을 만들기 시작하는 광경에서는 희망도 보인다. 식물은 오논다가 네이션의 우리 이웃을 떠올리게 한다. 이 원주민들이 직면한 것은 버거운 난관, 지독한 적의, 그리고 자신들을 먹여 살리던 풍요로운 땅으로부터 사뭇 달려져 버린 환경이었다. 하지만 식물과 사람은 살아남는다. 식물 사람과 인간 사람은 여전히 여기에 있으며 여전히 자신의 책무를 다하고 있다.

법적인 걸림돌이 수없이 많지만 오논다가가족은 호수에 등을 돌리지 않았으며 오히려 호수를 치유하는 새로운 접근법인 '맑은 오논다가호를 위한 오논다가 네이션 구상'을 천명했다. 이 복원의 꿈은 감사 연설의 옛 가르침을 따른다. 오논다가 네이션의 선언은 창조 세계의 각 구성원에게 차례로 인사하며 호수를 건강하게 하고 그와 더불어 호수와 사람이 서로를 치유할 수 있도록 구상과 지원을 제시한다. 이 것은 새로운 전체론적 접근법의 본보기로, '생물문화적biocultural 복원' 또는 '호혜적 복원'으로 불린다.

원주민의 세계관에서 말하는 건강한 경관은 구성원들을 지탱할 수 있을 만큼 온전하고 너그러운 경관이다. 이들의 관점에서 땅은 기계가 아니라 존중받는 인간 아닌 사람들의 공동체이며 우리 인간은 이에 대해 책임이 있다. 복원은 '생태계 서비스'의 능력뿐 아니라 '문화 서비스'의 능력도 회복시켜야 한다. 관계의 회복에는 우리가 헤엄칠 수 있고 두려움 없이 만질 수 있는 물이 포함된다. 관계를 복원한다는 것은 독수리가 돌아왔을 때 물고기를 먹어도 안전하다는 뜻이다. 이것은 사람들 자신을 위해서도 필요한 일이다. 생물문화적 복원은 표준 생태계의 환경적 수준을 제약하는 빗장을 들어올려, 우리가 땅을 보살필 때 땅도 다시 한번 우리를 보살필 수 있도록 한다.

관계를 복원하지 않은 채 땅을 복원해봐야 헛수고다. 남는 것은 관계이며 복원된 땅을 지탱하는 것 또한 관계이기 때문이다. 따라서 사람과 경관을 다시 연결하는 것은 올바른 수문**을 다시 확립하거나 오염 물질을 정화하는 것 못지않게 본질적이며 대지를 위한 치료약이다.

***

9월 하순 어느 날, 오논다가호 서호안에서 굴삭기가 오염된 흙을 준설하는 동안 흙을 옮기는 또 다른 존재들이 동호안에서 일하고—춤추고—있었다. 나는 그들의 발이 물의 북소리에 맞춰 원을 그리는 광경을 지켜보았다. 구슬 장식 모카신, 술 달린 로퍼, 발목까지 올라오는 스니커즈, 쪼리, 에나멜 펌프스(끈이나 고리가 없고 발등이 깊이 파져 있는 여성용 구두_옮긴이)가 일제히 땅을 구르며 물을 우러르는 제의적 춤을 췄다. 모든 참가자는 자신의 고장에서 맑은 물을 한 병씩 가져왔다. 오논다가호를 위한 그들의 바람이 물병에 담겨 있었다. 작업용 신발은 언덕 높은 곳에서 샘물을 가져왔고, 초록색 컨버스화는 도시의 수돗물을 가져왔으며, 분홍색 기모노 밑으로 빼꼼히 보이는 빨간색 나무 샌들은 후지산의 성스러운 물을 가져왔다. 이들은 자신들이 가져온 순수한 물을 오논다가호에 섞었다. 이 예식은 관계를 치유하고 물을 대신하여 정서와 정령을 깨운다는 점에서 복원생태학이기도 하다. 가수, 무용수, 연사가 호숫가 무대에 올라 복원을 촉구했다. 신앙 수호자 오렌 라이언스, 씨족 어머니 오드리 셰넌도어, 국제적 운동가 제인 구달이 오늘의 물 회합에 동참하여 호수의 성스러움을 찬미하고 사람과 물 사이에 새로운 언약을 선포했다. 평화의 나무가 서 있던 호숫가에서 우리는 호수와의 평화 이루기를 기념하여 또 다른 나무를 심었다. 이 또한 복원 탐방에 포함해야 한다. 여섯 번째 탐방지. 성스러운 존재로서의 땅, 공동체로서의 땅.

자연주의자 E. O. 윌슨은 이렇게 썼다. "복원의 시대를 열고 지금도 우리를 둘러싼 생명의 놀라운 다양성을 다시 짜는 것보다 더 가슴 뛰는 목표는 없다." 펄질화siltation(모래, 진흙 등이 물에 쓸려 와서 강어귀나 항구에 쌓이는 현상_옮긴이)로부터 복구된 송어 개울, 오염지에서 복구된 공동 텃밭, 콩밭에서 복구된 프레리, 옛 영토에서 노래하는 늑대, 도롱뇽이 도로를 건너도록 도와주는 아이들에 이르기까지, 복원되는 땅 곳곳에서 이야기들이 쌓이고 있다. 옛 비행길을 되찾은 미국흰두루미whooping crane 떼를 보고도 가슴이 두근거리지 않는다면 여러분은 심장이 뛰지 않는 사람이다. 이런 승리들이 종이학처럼 작고 연약한 것은 사실이지만, 이들의 힘은 영감으로 작용한다. 여러분의 손은 침입종을 뽑고 자생종 꽃을 다시 심고 싶어서 근질거린다. 여러분의 손가락은 폐물이 된 댐의 폭파 버튼을 눌러 연어가 돌아오도록 하고 싶어서 떨린다. 절망의 독을 치료하는 해독제는 있다.

조애너 메이시는 거대한 전환을 이야기한다. 그것은 "우리 시대의 본질적 모험, 산업적 성장 사회에서 생명을 지탱하는 문명으로의 전환"이다. 땅과 관계의 복원은 그 전환의 수레바퀴를 굴린다. "생명을 위한 행동은 변화를 가져온다. 자아와 세상의 관계가 호혜적이기에, 이것은 먼저 계몽되거나 구원받은 뒤에 행동하라는 얘기가 아니다. 우리는 대지를 치유하려고 노력하고 대지는 우리를 치유한다."

호수 탐방의 마지막 기착지는 아직 완성되지 않았으나, 설계도는 이미 나와 있다. 이 탐방지에서는 아이들이 헤엄치고 가족들이 피크닉을 즐길 것이다. 사람들은 이 호수를 사랑하고 보살핀다. 이곳은 제의와 축하의 장소다. 하우데노사우니 깃발이 성조기와 나란히 휘날린다. 주민들은 그늘에서 낚시를 하고 잡은 고기를 거둔다. 버드나무가 우아하게 구부러지고 가지에는 새들이 가득하다. 독수리가 평화의 나무 꼭대기에 앉아 있다. 호안 습지에는 사향뒤쥐와 물새가 바글바글하다. 프레리가 자생하여 호숫가는 초록으로 물들었다. 이 탐방지의 표지판에는 '보금자리로서의 땅'이라고 쓰여 있다.

옥수수 사람, 빛 사람

우리와 땅의 관계에 얽힌 이야기는 이 책보다는 땅에 더 진실되게 기록되어 있다. 그곳에서 관계는 계속된다. 땅은 우리가 말한 것과 행한 것을 기억한다. 이야기는 땅을, 우리와 땅의 관계를 복원하는 가장 효과적인 연장 중 하나다. 우리는 어떤 장소에 살아 있는 옛 이야기들을 발굴하고 새 이야기를 만들어야 한다. 우리는 그저 이야기꾼이 아니라 이야기를 짓는 사람이기 때문이다. 모든 이야기는 연결되어 있으며 옛 이야기의 실에서 새 이야기가 직조된다. 우리가 새 귀로 다시 듣기를 기다리는 옛 이야기 중 하나는 마야의 창조 설화다.

태초에는 아무것도 없었다고 전해진다. 거룩한 존재이자 위대한 사색가들은 이름을 읊기만 하면 세상을 창조할 수 있으리라 생각했다. 세상은 말에 의해 창조된 동식물로 가득했다. 하지만 거룩한 존재들은 흡족하지 않았다. 그들이 창조한 경이로운 것들 중에서 말을 할 줄 아는 것은 하나도 없었다. 노래하고 울고 으르렁거릴 수는 있었지만 창조 이야기를 하거나 찬미할 목소리를 가진 것은 아무도 없었다. 그래서 신들은 인간을 만들기로 했다.

첫 인간들은 진흙으로 빚었다. 하지만 신들은 결과가 만족스럽지 않았다. 사람들은 아름답지 않았다. 추하고 흉한 몰골이었다. 말도 할 수 없었다. 걷는 것도 힘겨웠으며 춤추거나 신을 찬미하며 노래하는 것은 엄두도 낼 수 없었다. 어찌나 푸석푸석하고 어설프고 조잡한지 번식도 하지 못한 채 빗속에서 허물어져버렸다.

그래서 신들은 자신들에게 존경과 찬미를 바치고 세상만물을 먹여 살리고 기를 수 있는 좋은 사람을 다시 만들기로 마음먹었다. 이를 위해 나무를 깎아 남자를 만들고 갈대 속으로 여자를 만들었다. 오, 이들은 유연하고 튼튼한 아름다운 사람들이었다. 말하고 춤추고 노래할 수도 있었다. 똑똑하기까지 하여 동식물을 자신의 목적에 맞게 활용하는 법을 배웠다. 이들은 논밭과 질그릇과 집과 고기잡이 그물에 이르기까지 많은 것을 만들었다. 이 사람들은 좋은 몸과 고운 마음과 고된 노동의 결과로 번식하여 세상을 가득 채웠다.

하지만 시간이 지난 뒤, 만물을 꿰뚫어 보는 신들은 이 사람들의 심장에 공감과 사랑이 없음을 알아차렸다. 노래하고 말할 수는 있었지만 그들의 말에는 자신이 받은 성스러운 선물에 대한 감사가 빠져 있었다. 이 똑똑한 사람들은 감사하거나 보살필 줄 몰라서 나머지 피조물을 위험에 빠뜨렸다. 신들은 실패한 인간 실험을 끝장내고 싶어서 세상에 거대한 재앙을 내렸다. 홍수와 지진을 내려보냈으며 무엇보다 종끼리 서로 복수하도록 내버려두었다. 지금까지 입 다물고 있던 나무와 물고기, 진흙이 목소리를 얻어 나무로 만든 인간이 자신들을 멸시했다며 슬픔과 분노를 토로했다. 나무는 인간의 날카로운 도끼에 분노했고 사슴은 화살에, 심지어 질그릇도 함부로 불살라지는 것에 분노하여 떨쳐 일어섰다. 지금껏 푸대접받은 창조 세계의 구성원들이 자기방어를 위해 일제히 궐기하여 나무로 만든 인간을 부쉈다.

신들은 다시 한번 인간 만들기에 도전했다. 하지만 이번에는 태양의 성스러운 기운인 빛으로만 만들었다. 이 인간은 눈부시게 아름다웠으며 태양보다 일곱 배나 밝았다. 아름답고 슬기롭고 힘이 아주아주 셌다. 그들은 아는 게 하도 많아서 자기네는 모르는 게 없다고 믿었다. 조물주의 선물에 감사하기는커녕 자신들이 신과 대등하다고 믿었다. 거룩한 존재들은 빛으로 만든 사람들이 위험하다는 것을 깨닫고 다시 한번 인간을 절멸시켰다.

그리하여 신들은 자신들이 창조한 아름다운 세계에서 존경과 감사와 겸손함을 품고서 올바로 살아갈 인간을 다시 만들고자 애썼다. 신들은 노란색과 흰색 두 바구니의 옥수수를 곱게 갈아 물과 섞어 사람을 만들었다. 그리고 옥수수술을 먹였더니, 아, 이들은 좋은 사람이 되었다. 춤추고 노래할 수 있었으며 말이 있어서 이야기를 전하고 기도를 올릴 수 있었다. 그들의 심장은 창조 세계의 나머지 구성원에 대한 공감으로 가득했다. 그들은 현명하기에 감사할 줄 알았다. 신들은 지난번의 창조에서 교훈을 얻었기에 선배인 빛 사람들처럼 거만해지지 않도록 옥수수 사람의 눈에 베일을 씌워 거울에 서린 입김처럼 그들의 시야를 흐릿하게 만들었다. 이 옥수수 사람들은 자신들을 먹여 살리는 세상을 존경하고 고마워했으며, 그렇기에 대지는 그들을 먹여 살렸다.*

왜 모든 재료 중에서 진흙이나 나무나 빛으로 만든 사람들이 아니라 옥수수로 만든 사람들이 대지를 물려받았을까? 옥수수로 만든 사람들은 변화된 존재였을까? 하긴 옥수수란 변하는 존재이니까. 하지만 빛도 관계에 의해 변하지 않던가? 옥수수는 흙, 공기, 불, 물 네 가지 성분 모두에 의탁한다. 옥수수는 물리적 세계와의 관계에서 비롯할 뿐 아니라 사람들과의 관계에서도 비롯한 산물이다. 우리의 기원이 된 성스러운 식물은 사람을 창조했고 사람은 옥수수를 창조했다. 옥수수가 조상인 테오신트에서 발전한 것은 위대한 농업 혁신이다. 옥수수는 우리가 씨를 뿌리고 생장을 돌보지 않으면 존재할 수 없으며 우리의 존재는 의무적 공생으로 하나가 된다. 이 호혜적 창조 행위로부터 나머지 인간에게서 찾아볼 수 없는 요소들이 생겨나 지속 가능한 인류를 창조한다. 그 요소는 감사와 보답하는 능력이다.

나는 이 이야기를, 앎의 경계인 태초에 사람들이 어떻게 옥수수로 만들어지고 그 뒤로 행복하게 살았는지를 되새기게 하는 일종의 역사로 읽고 음미했다. 하지만 많은 토착 지식 전통에서 시간은 강이

---

* 구비 전승을 다듬었다.

아니라 과거, 현재, 미래가 공존하는 호수다. 그렇다면 창조는 진행형의 과정이며 이야기는 역사만이 아니라 예언이기도 한 것이다. 우리는 이미 옥수수 사람이 되었을까? 아니면 우리는 여전히 나무로 만든 사람일까? 우리 인간은 빛으로 만들어져 스스로의 힘에 노예가 된 신세일까? 우리는 아직 대지와의 관계를 통해 탈바꿈하지 않은 걸까?

이 이야기는 우리가 어떻게 옥수수 사람이 되었는지 이해하는 사용 설명서가 될 수 있을지도 모르겠다. 이 이야기가 담긴 마야 경전 『포폴부Popul Vuh』는 단순한 연대기 그 이상으로 간주된다. 데이비드 스즈키가 『노인의 지혜The Wisdom of the Elders』에서 말하듯 마야의 이야기들은 '일발ilbal'—우리의 성스러운 관계를 들여다보는 귀중한 도구 또는 렌즈—로 이해할 수 있다. 스즈키는 이런 이야기들이 우리에게 시력 교정용 렌즈가 될 수도 있다고 지적한다. 그러나 전래 이야기에 지혜가 풍성하고 우리가 귀를 기울여야 하는 것은 사실이지만, 이런 이야기를 고스란히 받아들여야 한다고는 생각지 않는다. 세상은 변하므로, 이민자 문화는 장소와의 관계에 대한 제 나름의 새 이야기—새 '일발'—를 써야 한다. 하지만 이 이야기는 우리가 오기 오래 전에 이 땅에서 나이를 먹은 이들의 지혜로 다듬어져야 한다.

그렇다면 과학, 예술, 이야기는 옥수수로 만든 사람이 나타내는 관계를 이해할 수 있도록 어떻게 새 렌즈를 줄 수 있을까? 누군가 이렇게 말했다. 때로는 사실 하나만으로도 시가 된다고. 정말로, 화학의 언어로 쓴 아름다운 시에서 옥수수 사람을 볼 수 있다. 첫 번째 연은 아래와 같다.

생명의 아름다운 (막으로 둘러싸인) 기계 속에서 이산화탄소와 물이 결합되고 빛과 엽록소가 작용하면 당과 산소가 생성된다.

이것이 바로 광합성이다. 달리 말하자면 공기, 빛, 물이 어우러지면 무無에서 달짝지근한 당—레드우드와 민들레와 옥수수의 성분—이 생긴다. 짚을 짜서 황금을 만들고 물을 포도주로 바꾸듯 광합성은 무기물의 영역과 생명의 세계를 이어 무정물에 생명을 불어넣는 고리다. 그와 동시에 우리에게 산소를 내어준다. 식물은 우리를 먹게 하고 숨 쉬게 한다.

여기 두 번째 연이 있다. 첫 번째 연과 같지만 순서가 거꾸로다.

미토콘드리아로 불리는, 생명의 아름다운 (막으로 둘러싸인) 기계에서 당과 산소가 결합하면 우리를 처음 출발한 곳—이산화탄소와 물—으로 데려간다.

이것이 바로 호흡이다. 농사짓고 춤추고 말하는 에너지의 원천. 식물의 호흡은 동물에게 생명을 주고 동물의 호흡은 식물에게 생명을 준다. 나의 숨이 곧 너의 숨이고, 너의 숨이 곧 나의 숨이다. 이것은 주고받음의, 세상에 생명을 불어넣는 호혜성의 위대한 시다. 이런 이야기라면 전할 만하지 않을까? 자신을 지탱하는 공생 관계를 이해할 때 비로소 사람들은 옥수수 사람이 될 수 있으며 감사와 호혜성을 발휘할 수 있다.

세상의 사실들 자체가 바로 시다. 빛이 당으로 바뀌는 것. 도롱뇽이 대지에서 방출되는 자력선을 따라 옛 연못으로 가는 길을 찾는 것. 풀을 뜯는 버팔로의 침이 풀의 생장을 촉진하는 것. 연기 냄새를 맡고서 담배 씨앗이 싹을 틔우는 것. 산업 폐기물 속 미생물이 수은을 분해할 수 있는 것. 이것은 우리 모두가 알아야 할 이야기 아닐까?

이 이야기들을 간직한 사람은 누구일까? 오래전에는 연장자들이 이야기를 전했다. 21세기에는 과학자가 이야기를 처음 듣는 경우가 많다. 버팔로와 도롱뇽 이야기는 땅에 속하지만 과학자는 그들의 번역자 중 하나이며 그들의 이야기를 세상에 전할 막중한 책임이 있다.

그런데도 과학자들은 대부분 독자를 따돌리는 언어로 이야기를 전한다. 효율성과 정확성을 기하려는 관행 때문에 과학자 아닌 사람이 학술 논문을 읽기란 여간 힘들지 않다. 솔직히 말하면 우리 과학자도 마찬가지다. 이는 환경에 대한 공적 담론에, 따라서 진짜 민주주의, 특히 모든 종을 아우르는 민주주의에 심각한 결과를 가져온다. 돌봄 없는 앎이 무슨 소용이겠는가? 과학은 우리에게 앎을 줄 수 있지만, 돌봄은 과학이 아닌 다른 곳에서 온다.

서구 세계에 '일발'이 있다면 그것은 과학이라고 말해야 할 것이다. 과학은 우리로 하여금 염색체의 춤과 이끼의 잎과 머나먼 은하를 보게 해준다. 하지만 과학은 『포폴부』처럼 성스러운 렌즈일까? 과학은 우리가 세상 속의 성스러운 것을 인식하도록 해줄까, 아니면 빛을 굴절시켜 상을 흐릿하게 만들까? 물질적 세계에 초점을 맞추되 영적 세계를 흐릿하게 만드는 렌즈는 나무로 만든 사람의 렌즈다. 우리가 옥수수 사람으로 탈바꿈하기 위해 필요한 것은 더 많은 데이터가 아니라 더 많은 지혜다.

과학은 앎의 원천이자 저장고가 될 수 있지만, 과학적 세계관은 생태적 공감의 적敵인 경우가 비일비재하다. 이 렌즈에 대해 생각할 때는 대중의 마음속에서 곧잘 동의어로 통하는 두 개념을 분리하는 것이 중요하다. 그것은 과학 행위와 그로 인한 과학적 세계관이다. 과학은 합리적 탐구를 통해 세계를 드러내는 절차다. 진짜 과학을 하는 탐구자는 인간을 넘어선 세계의 신비를 이해하려 노력하는 과정에서 경이와 창의성으로 가득한 자연과 비할 데 없이 친밀해질 수 있다. 우리와 전혀 다른 존재나 시스템의 생명을 이해하려 애쓰다 보면 겸손해지기 마련이며, 많은 과학자들에게 이것은 깊은 영적 추구다.

이에 반해 과학적 세계관에서는 환원론적이고 유물론적인 경제적·정치적 의제를 강화하려고 과학과 기술을 동원하는 문화적 맥락에서 과학의 해석이라는 과정이 문화에 의해 이용된다. 내가 말하려는 바는 나무로 만든 사람의 파괴적 렌즈가 과학 자체가 아니라 과학적 세계관의 렌즈, 지배와 통제의 환각, 앎과 책임의 분리라는 것이다.

나는 과학의 '드러냄'에 뿌리 내리고 토박이 세계관에 기반한 이야기의 렌즈를 길잡이로 삼는 세상을 꿈꾼다. 물질과 영혼에 고루 목소리를 부여하는 이야기 말이다.

과학자들은 다른 종의 삶을 배우는 일에는 유난히 뛰어나다. 그들이 말하는 이야기는 다른 존재의 삶, 모든 면에서 호모 사피엔스의 삶만큼, 어쩌면 더 흥미로운 삶에 내재한 가치를 전한다. 하지만 과학자들은 다른 존재들에게 지성이 있음을 알면서도 자신이 접할 수 있는 지성은 오로지 자신의 지성뿐이라고 믿는 듯하다. 과학자들에게는 기본 성분이 빠져 있다. 그것은 겸손이다. 신들은 오만함의 실험을 끝낸 뒤에 옥수수 사람에게 겸손함을 주었다. 그리고, 다른 종에게서 배우려면 겸손이 필요하다.

토착적 관점에서 인간은 종 민주주의에서 다소 열등한 존재로 치부된다. 우리는 창조 세계의 동생으로 통하며, 동생답게 손위 형제들에게서 배워야 한다. 식물은 맨 먼저 이곳에 발을 디디고 오랫동안 세상을 파악했다. 그들은 땅의 위와 아래에서 두루 살며 대지를 단단히 붙든다. 식물은 빛과 물을 가지고 식량을 만드는 법을 안다. 그들은 스스로를 먹일 뿐 아니라 나머지 모두의 생명을 지탱하기에 충분한 식량을 만들어낸다. 식물은 공동체의 나머지 구성원을 위한 공급자이며 늘 식량을 내어주는 너그러움의 미덕을 잘 보여준다. 서구 과학자들이 식물을 대상이 아니라 스승으로 보았다면 어땠을까? 그 렌즈로 이야기를 했다면 어땠을까?

많은 원주민들은 우리 각자가 특별한 선물, 고유한 능력을 받았다고 생각한다. 이를테면 새는 노래하고 별은 빛난다. 하지만 이 선물에는 이중적 성격이 있으니 선물은 곧 책임이기도 하다. 새의 선물이 노래라면 새에게는 음악으로 하루를 맞이할 책임이 있다. 노래하는 것은 새의 임무이고 나머지 우리는 그 노래를 선물로 받는다.

자신의 책임이 무엇인지 묻는 것은 어쩌면 이렇게 묻는 것인지도 모른다. 우리의 선물은 무엇일까? 그 선물을 어떻게 써야 할까? 옥수수 사람 이야기와 같은 이야기들은 세상을 선물로 인식하고 우리가 어떻게 보답해야 할지 생각하는 지침이 된다. 진흙 사람과 나무 사람과 빛 사람에게는 감사하는 마음이 없었으며 그로부터 흘러나오는 호혜성의 감각이 결여되었다. 대지의 떠받침을 받은 사람은 옥수수 사람, 자신의 선물과 책임을 깨달아 변화된 사람뿐이었다. 감사가 우선이지만 감사만으로는 충분치 않다.

다른 존재들에게는 인간에게 없는 특별한 재능이 있다. 하늘을 날 수도 있고 밤에 볼 수도 있고 발톱으로 나무를 뜯어낼 수도 있고 메이플 시럽을 만들 수도 있다. 인간은 무엇을 할 수 있을까?

날개나 잎은 없을지 몰라도 우리 인간에게는 말이 있다. 언어는 우리의 선물이자 책임이다. 나는 글쓰기야말로 우리가 생명 세계와 나누는 호혜적 행위라고 생각하게 되었다. 그 말은 옛 이야기를 기억하는 말이요, 새로운 이야기—과학과 정신을 다시 합쳐 우리를 옥수수로 만든 사람으로 길러내는 이야기—를 만들어내는 말이다.

부수적 피해

차가 우리를 향해 방향을 꺾으면서 전조등이 멀리서 안개를 뚫고 빛줄기 두 개를 쏘아 보낸다. 불빛을 올렸다 내렸다 하는 것은 검은 물체 하나를 양손으로 잡고서 도로를 질주하겠다는 신호였다. 우리가 손전등으로 인도를 비추며 왔다 갔다 하는 동안 전조등이 요철과 굴곡마다 보였다 안 보였다 한다. 엔진 소리로 보건대 차가 언덕을 넘어 우리에게 돌진하기 전에 피하려면 지금 달음질해야 한다.

갓길에 서 있으니 차가 다가오면서 얼굴이 보인다. 계기판 조명에 초록으로 물든 얼굴들이 나를 정면으로 쳐다보고 타이어에서는 물보라가 날린다. 우리의 눈이 마주치고, 눈 깜박할 동안 브레이크등이 붉게 번쩍거린다. 마치 운전자의 뇌에서 순간적으로 시냅스가 켜진 듯. 불빛은 호젓한 시골길 한 편에서 비를 맞으며 서 있는 동료 인간들에게 생각의 실마리를 전달한다. 나는 그들이 창문을 내리고 우리에게 뭐 도와줄 것 없느냐고 묻기를 기다리지만, 그들은 멈추지 않는다. 운전자가 어깨 너머로 돌아보더니 희미해지는 브레이크등과 함께 쏜살같이 사라진다. 차들이 호모 사피엔스를 보고도 브레이크에 인색하다면, 밤중에 이 도로를 건너는 우리의 이웃 암비스토마 마스쿨라타*Ambystoma maculata* (점박이도롱뇽)에게는 무슨 희망이 있을까?

어스름이 깔리고 빗줄기가 부엌 창을 때린다. 밖에서 기러기가 낮은 대형으로 골짜기를 넘어가는 소리가 들린다. 겨울이 물러나고 있다. 비옷을 팔에 걸친 채 난롯가에서 잠시 쉬다가 완두콩 수프 냄비를 젓는다. 창문에 뿌옇게 김이 서린다. 오늘 밤 따뜻한 수프가 있어서 다행이다.

벽장에 머리를 처박고 손전등을 찾는데 여섯 시 뉴스가 시작된다. 결국 시작됐다. 오늘 밤 바그다드에 폭탄이 떨어지고 있다. 빨간색과 검은색 장화를 든 채 마루 한가운데 멈춰 서서 귀를 기울인다. 어딘가에서 또 다른 여인이 창밖을 내다보지만, 그녀의 하늘에 있는 까만 형체들의 대형은 돌아오는 봄 기러기 떼가 아니다. 하늘에는 연기가 피어오르고 집은 불타고 사이렌이 요란하다. CNN은 전투기와 대포의 수량을 야구 경기 점수 발표하듯 보도한다. 부수적 피해의 규모는 아직 알려지지 않았다고 그들은 말한다.

부수적 피해: 미사일이 엉뚱한 곳을 맞힌 결과를 얼버무리는 기만적 표현. 이 표현은 마치 인간이 일으킨 파괴가 불가피한 자연 현상

인 것마냥 우리에게 고개를 돌리라고 요구한다. 부수적 피해의 측정 단위는 뒤집힌 수프 냄비와 울부짖는 아이들이다. 무력감에 휩싸인 채 라디오를 끄고는 가족들에게 밥 먹자고 말한다. 식사가 끝나고 우리는 비옷을 걸친 채 밤길에 차를 몰고서 래브라도할로로 이어지는 뒷길을 달린다.

바그다드에 포탄이 비처럼 떨어지는 동안 우리 동네에는 첫 봄비가 내린다. 잔잔하고 꾸준하게 숲바닥을 꿰뚫고는 겨울에 지친 나뭇잎 담요 아래 마지막 얼음 결정을 녹인다. 오랜 눈의 침묵 뒤, 물방울 튀기는 소리가 반갑다. 통나무 밑의 도롱뇽에게 묵직한 첫 빗방울의 소리는 봄이 방문을 쾅쾅 두드리는 것처럼 들릴 것이다. 여섯 달 동안 동면하여 뻣뻣해진 다리를 느릿느릿 풀어주고 겨우내 꼼짝 못하던 꼬리를 흔들고 몇 분 지나지 않아 주둥이를 쳐들고 다리로 차가운 흙을 밀어내며 밤 속으로 기어 올라온다. 빗물이 매끈매끈한 검은색 살갗에 남은 흙을 씻어내자 윤기가 흐른다. 빗소리 자명종에 맞춰 땅이 잠을 깬다.

길가에 차를 대고 밖으로 나오니 와이퍼가 왔다 갔다 하는 소리와 제상기除霜機(따뜻한 바람으로 성에를 제거하는 장치_옮긴이)가 전속력으로 돌아가는 소리뿐 사방이 적막하다. 미지근한 비가 찬 땅에 닿으면서 땅안개가 피어올라 헐벗은 나무를 둘러싼다. 우리 목소리도 안개에 묻혀 들리지 않는다. 손전등 불빛은 따스한 후광으로 퍼진다.

이곳 뉴욕 교외에서는 기러기 떼가 계절의 변화를 알린다. 기러기들은 요란하게 꽥꽥 울며 겨울 안식처를 떠나 봄 번식처로 날아간다.

대개는 눈에 안 띄지만 기러기 떼 못지않게 극적인 것은 겨울철 굴에서 나와 임시 봄못^{vernal pool}(봄철에만 물이 고이고 이후에 마르는 연못_옮긴이)에서 짝을 만나는 도롱뇽의 이동이다. 첫 봄비가 내리면, 빗물이 땅을 적시는 동시에 기온이 5도를 넘으면, 숲바닥이 바스락바스락 들썩거린다. 도롱뇽은 숨은 장소에서 일제히 몸을 일으켜 허공에 눈 한번 깜박이고 제 갈 길을 간다. 이렇게 쏟아져 나오는 광경은 비 오는 봄밤 늪 옆에서만 볼 수 있다. 도롱뇽은 어두워서 포식자를 피할 수 있고 비가 와서 살갗이 축축할 때만 이동하기 때문이다. 굼뜬 버팔로 무리처럼 수천 마리가 움직이는데, 역시나 버팔로처럼 해마다 수가 줄고 있다.

근처의 사촌인 '손가락 호수들^{Finger Lakes}'과 마찬가지로 래브라도호도 마지막 빙하의 흔적인 가파른 비탈로 생긴 'V' 모양 골짜기 바닥에 있다. 숲을 이룬 경사지가 사발 옆면처럼 호수를 둘러싸 수역에 서식하는 도롱뇽이 모두 이곳으로 내려온다. 하지만 도롱뇽의 길은 분지를 구불구불 가로지르는 도로에 끊겨 있다. 호수와 주변 언덕은 주유림^{州有林}으로 보호받지만 도로는 아무나 드나들 수 있다.

우리는 황량한 도로로 내려가 포장로 앞뒤로 손전등을 비추면서 탐색한다. 오늘 밤 움직이는 것은 도롱뇽만이 아니다. 나무숲산개구리^{wood frog}, 청개구리, 표범개구리^{leopard frog}, 영원^{newt}도 자명종 소리를 듣고 올해의 여정을 시작한다. 두꺼비, 피퍼^{peeper}, 붉은영원^{red eft}, 그리고 청개구리 군단이 짝짓기의 일념으로 모여들었다. 도로는 서커스장이다. 손전등 불빛이 휙휙 지나갈 때마다 개구리들이 도약 쇼를 펼친다. 내 손전등 불빛이 반짝이는 황금빛 눈을 포착한다. 가까이 다가가자 피퍼가 얼어붙었다가 폴짝 뛰어 내뺀다. 우리 앞쪽으로는 도로가 살아 있다. 여기 내 불빛에 비친 두 마리, 저기 세 마리가 폴짝폴짝 도로를 건너 호수 쪽으로 간다. 엄청난 도약 실력으로 몇 초만에 도로를 횡단한다. 반면에 몸이 무거운 도롱뇽은 엉금엉금 기어간다. 그들은 도로를 건너는 데 2분가량 걸린다. 2분이면 무슨 일이든 일어날 수 있는 시간이다.

개구리들 가운데에서 어기적거리는 형체를 발견하고서 하나씩 집어 들어 조심스럽게 도로 건너편에 내려놓는다. 똑같은 좁은 길을 지나는 차들 사이로 왔다 갔다 할 때마다 녀석들의 수가 늘어난다. 늪에서 솟구치는 기러기처럼 헤아릴 수 없이 많은 도롱뇽을 땅이 토해놓는다.

손전등 불빛으로 도로를 가로지르는데, 비에 젖어 시커먼 아스팔트를 배경으로 중앙선이 샛노란색을 반사한다. 시야 한 구석에 어둠보다 더 어두운 무언가가 있다. 반사가 끊어진 그곳이 손전등 불빛을 끌어당긴다. 그림자는 알고보니 커다란 점박이도롱뇽*Ambystoma maculata*이다. 도로처럼 검은색 바탕에 노란색 무늬가 있다. 생김새가 어찌나 원시적인지, 몸통 옆면에서 수직으로 다리가 뻗어 나왔으며 뻣뻣하고 기계적인 몸놀림으로 도로를 건너는데 두꺼운 꼬리를 물결 모양으로 흔든다. 손전등 불빛을 받은 채 녀석이 멈추자 나는 손을 뻗어 마치 밤이 엉겨 붙은 듯한 파란색과 검은색의 살갗을 만진다. 몸은 불투명한 노란색 무늬로 얼룩얼룩한데, 젖은 표면에 페인트를 흩뿌린 듯 가장자리가 부옇다. 쐐기 모양 머리가 좌우로 흔들리고, 뭉툭한 주둥이 달린 눈은 하도 새까매서 얼굴과 구별되지 않는다. 크기가 18센티미터가량에 옆구리가 부푼 것으로 보건대 암컷인가보다. 저 연한 살갗을 질질 끌며 아스팔트를 건너는 것이 어떤 느낌일지 궁금하다. 매끈하고 연한 뱃살은 도로가 아니라 축축한 잎 위를 미끄러지기 위해 만들어진 것이니 말이다.

그녀를 집으려고 몸을 숙인 채 앞다리 바로 뒤쪽으로 손가락 두 개를 두른다. 놀랍게도 거의 반항하지 않는다. 너무 익은 바나나를 집는 듯, 차갑고 부드럽고 축축한 그녀의 몸으로 손가락 끝이 쑥 들어간다. 살살 갓길에 내려놓고 바지에 손을 닦는다. 그녀는 돌아보지 않은 채 턱을 넘어 호수로 내려간다.

제일 먼저 도착하는 것은 암컷들이다. 알이 배어 무거운 몸을 이끌고 얕은 물속으로 미끄러져 들어가 바닥에서 썩어가는 나뭇잎 사이로 몸을 감춘다. 부른 배와 굼뜬 몸으로 찬물에서 수컷을 기다린다. 하루이틀 뒤에 수컷들도 언덕바지에서 같은 여정을 걸을 것이다.

통나무 밑에서 나와 개울을 가로질러 향하는 목적지는 모두 같다. 자신이 태어난 호수. 이들의 길은 일직선이 아니라 에돌아가는데, 장애물을 넘지 못하기 때문이다. 통나무나 바위를 만나면 호수 방향으로 길이 트일 때까지 가장자리를 따라 돈다. 고향 호수가 월동지에서 1킬로미터나 떨어진 경우도 있지만, 그들은 어김없이 찾아간다. 도롱뇽의 유도 체계는 오늘 밤 이라크의 이웃들 사이를 에돌아 표적을 찾아간 '스마트 폭탄'만큼 복잡할 수도 있다. 도롱뇽은 위성이나 마이크로칩의 도움을 받지 않고서도 자력 신호와 화학 신호를 조합하여 길을 찾는데, 이에 대한 양서파충류학자들의 연구는 이제 시작 단계다.

도롱뇽의 길 찾기 비결 중 하나는 지구 자기장을 정확히 읽는 능력이다. 뇌에 있는 작은 기관이 자기 데이터를 처리하여 도롱뇽을 호수로 안내하는 것이다. 가는 도중에 호수와 임시 봄못을 많이 만나지만 고향에 이를 때까지 멈추지 않고 꾸역꾸역 꿋꿋이 기어간다. 목적지가 가까워지면 도롱뇽은 연어가 고향 강을 알아내는 것과 비슷하게 주둥이의 코샘으로 냄새를 맡아 위치를 알아내는 듯하다. 말하자면 지구 자기장 신호를 따라 근처까지 가면 냄새가 안내 임무를 이어받는 것이다. 이것은 비행기에서 내린 뒤에 일요일 만찬의 황홀한 냄새와 어머니의 향수 냄새를 따라 생가를 찾아가는 것과 같다.

※

지난해 이 분지에 왔을 때 우리 딸은 도롱뇽을 따라가면서 녀석들이 어디로 가는지 알아보자고 보챘다. 우리는 도롱뇽들이 노랑말채나무red osier의 주홍색 줄기 사이를 누비고 납작해진 사초 풀밭을 기어가는 광경을 손전등으로 좇았다. 호수는 아직 멀었는데 녀석들은 임시 봄못 가장자리에 멈췄다. 땅이 약간 파여 있어서 여름에는 눈에 안 띄지만 봄이면 어김없이 눈 녹은 물이 고여 물의 모자이크를 이룬다. 도롱뇽이 임시 봄못을 산란지로 고르는 이유는 물이 얕고 금방 사라지기에 도롱뇽 유생larvae을 잡아먹는 물고기가 없기 때문이다. 웅덩이의 덧없음이 새끼 도롱뇽을 물고기로부터 보호한다.

도롱뇽의 뒤를 따라 물가로 갔는데, 가장자리에는 아직 살얼음이 끼어 있었다. 녀석들은 망설이지 않고 물속으로 뚜벅뚜벅 들어가더니 모습을 감췄다. 우리 딸은 실망했다. 녀석들이 물가에서 어슬렁거리거나 배치기 다이빙으로 입수할 줄 알았기 때문이다. 아이는 다음에 일어날 사건을 기대하며 손전등으로 물 위를 훑었지만 보이는 것은 웅덩이 바닥에 얼룩덜룩한 나뭇잎들뿐이었다. 볼 것이 하나도 없다, 고 생각하다 문득 깨달았다. 얼룩덜룩한 무늬는 나뭇잎이 아니라 도롱뇽 수십 마리의 검은색과 노란색 반점이었다. 불빛을 비추는 곳마다 도롱뇽이 있었다. 웅덩이 바닥에 도롱뇽 깔개를 깔아놓은 듯했다. 게다가 녀석들은 무용수로 꽉 찬 방에서 서로 빙빙 돌듯 움직이고 있었다. 땅에서의 묵직한 몸놀림과 달리 물속에서는 날렵했다. 마치 물범처럼 우아하게 헤엄치고 있었다. 꼬리를 한번 파닥거리면 어느새 불빛 밖으로 사라지고 없었다.

유리 같던 웅덩이 표면이 갑자기 아래로부터 이지러졌다. 마치 샘물이 용솟음치는 듯했다. 녀석들이 노란 반점을 번득이며 우르르 몰려다니자 물이 휘돌기 시작했다. 우리는 도롱뇽의 짝짓기 예식을 경탄하며 바라보았다. 50마리는 되어 보이는 암수 도롱뇽이 함께 춤추고 빙글빙글 돌았다. 통나무 밑에서 벌레로 연명하며 오랫동안 외로이 독신 생활을 하다가 맞은 황홀한 축하연이었다. 웅덩이 바닥에서 샴페인처럼 거품이 올라왔다.

점박이도롱뇽은 여느 양서류와 달리 알과 정자를 물에 쏟아내어

마구잡이로 집단 수정受精시키지 않는다. 이 종은 알과 정자가 만날 가능성이 더 큰 방법을 진화시켰다. 수컷은 춤추는 무리에서 떨어져 나와 공기 한 모금 들이마시고는 웅덩이 바닥으로 헤엄쳐 들어가 반짝거리는 정포精包(젤라틴질 정자 주머니로, 자루가 있어서 잔가지나 나뭇잎에 달라붙을 수 있다_옮긴이)를 내놓는다. 그러면 암컷이 춤판을 떠나 5밀리미터 크기의 주머니를 찾는다. 주머니는 반짝이는 은박 풍선이 꿈틀거리듯 물속을 돌아다닌다. 암컷들은 알이 기다리는 체강體腔에 정포를 끌어들인다. 고이 몸속에 들어온 정자는 주머니에서 빠져나와 진주처럼 생긴 알을 수정시킨다.

며칠 뒤면 암컷 한 마리마다 100~200개씩 젤라틴질 덩어리째로 알을 낳을 것이다. 예비 엄마는 알이 부화할 때까지 곁에 머물겠지만, 그 뒤에는 혼자서 숲에 돌아간다. 갓 태어난 도롱뇽은 안전한 웅덩이에 몇 달 머물면서 뭍 생활이 가능해질 때까지 탈바꿈을 거친다. 웅덩이가 말라붙어 더는 머물 수 없을 즈음이면 아가미가 허파로 바뀌고 스스로 먹이를 찾아 나설 준비가 끝난다. 영원newt이라고도 하는 청소년 도롱뇽은 떠돌이이며, 4~5년 뒤에 성적으로 성숙하기 전에는 웅덩이로 돌아오지 않을 것이다. 도롱뇽은 아주 오래 살 수 있다. 성체는 길게는 18년 동안 평생에 걸쳐 짝짓기 이주를 할 테지만, 그것은 도로를 건널 수 있을 때 얘기다.

양서류는 지구상에서 가장 연약한 집단 중 하나다. 습지와 숲이 사라지면서 양서류가 서식처를 잃는 것은 부수적 피해이며 우리는 이것을 발전의 비용으로 무심히 받아들인다. 양서류는 피부 호흡을 하기 때문에 몸과 대기 사이의 축축한 막에서 독소를 제대로 걸러내지 못한다. 서식처가 산업으로부터 안전하더라도 대기는 그러지 않을 수 있다. 공기와 물의 독소, 산성비, 중금속, 환경 호르몬의 최종 행선지는 양서류가 수정하는 물이다. 산업 세계 곳곳에서 다리가 여섯 개 달린 개구리나 몸이 비틀린 도롱뇽 같은 기형 양서류가 발견된다.

✦

　오늘 밤 도롱뇽이 처한 최대의 위협은 쏜살같이 지나가는 자동차다. 차에 탄 사람들은 타이어 아래서 펼쳐지는 장관을 의식하지 못한다. 차 안에서 심야 라디오 방송을 듣고 있으면 알 턱이 없다. 하지만 길가에 서 있으면 퍽 하는 소리를 들을 수 있다. 그것은 자기력선을 따라 사랑을 찾아가던 반짝이는 몸뚱이가 도로 위의 붉은 자국으로 변하는 순간이다. 작업 속도를 끌어올리려 애쓰지만 도롱뇽은 너무 많고 우리는 너무 적다.

　초록색 닷지 픽업트럭이 쌩 하고 지나가고 우리는 갓길로 비킨다. 눈에 익은 차다. 도로 바로 위쪽에서 낙농장을 하는 이웃이다. 하지만 그는 우리를 쳐다보지도 않는다. 오늘 밤 그의 생각은 머나먼 바그다드에 쏠려 있을 것이다. 그의 아들 미치가 이라크에 파병중이다. 미치는 착한 친구다. 차들이 안전하게 지나갈 수 있도록 언제나 자신의 느린 트랙터를 길가에 대며 다정하게 손을 흔들어주던. 지금은 탱크를 몰고 있으려나. 그의 옛 고향에서 도로를 건너는 도롱뇽의 운명은 그가 맞닥뜨리는 장면과 아무 관계가 없을지도 모르겠다.

하지만 안개가 우리 모두를 똑같은 찬 담요로 에워싼 오늘 밤은 그 경계가 흐릿해 보인다. 이 캄캄한 시골길에서의 대학살과 바그다드 길거리에 널브러진 시신들은 정말로 연관성이 있는 듯하다. 도롱뇽, 아이들, 군복을 입은 젊은 농사꾼—이들은 적이나 문제가 아니다. 우리는 이 무고한 이들에게 전쟁을 선포한 것이 아니다. 그런데 마치 우리가 그러기라도 한 것처럼 그들은 틀림없는 죽음을 맞는다. 그들은 모두 부수적 피해다. 자식을 전장에 보내도록 하는 것이 석유라면, 이 분지를 질주하는 엔진의 연료가 석유라면, 우리는 모두 공모자다. 군인, 민간인, 도롱뇽이 죽음으로 엮인 것은 석유에 대한 우리의 애정 때문이다.

춥고 지쳐서 작업을 멈추고 보온병에서 수프를 한 컵 따른다. 김이 솟아올라 안개와 섞인다. 우리는 조용히 수프를 홀짝거리며 밤에 귀를 기울인다. 문득 목소리가 들린다. 하지만 근처에는 집이 하나도 없는데. 저 위 커브 근처에 손전등 불빛들이 보인다. 재빨리 내 불빛을 끄고 보온병을 닫는다. 우리는 그림자 속으로 물러나, 점점 다가오는 불빛들을 지켜본다. 한 줄로 나란히 선 불빛들을. 이 밤에 밖에 나올 사람들이 누가 있을까? 말썽거리를 찾는 사람밖에 더 있겠는가. 말썽거리가 되고 싶지는 않다.

이따금 아이들이 이 도로에서 술을 마시거나 맥주 캔을 사격하기는 한다. 젊은 남자 두 명이 두꺼비 한 마리를 제기차기하듯 차는 광경을 본 적도 있다. 저들이 왜 여기 왔을까 생각하니 소름이 돋는다.

불빛은 이제 바싹 다가왔다. 줄잡아 여남은 개가 순찰차처럼 도로에 흩어져 있다. 불빛이 도로를 앞뒤로 훑는다. 그들이 다가올수록 불빛의 패턴이 묘하게도 점점 친숙해진다. 우리가 밤새도록 그리던 패턴과 똑같다. 그때 안개를 뚫고 목소리가 들린다.

"이거 봐, 여기 또 있어. 암컷이야."

"헤이, 여기서 두 마리 잡았어."

"피퍼 세 마리 추가요."

어둠 속에서 미소 지으며 손전등을 다시 켜고 그림자 밖으로 나가 그들을 맞이한다. 허리를 숙인 채 도롱뇽을 안전한 곳으로 날라주는 사람들을. 서로를 만난 것이 어찌나 즐거운지 손을 크게 흔든다. 손전등으로 만든 가상 모닥불 둘레에서 웃음소리가 높아진다. 모두에게 수프를 부어준다. 다들 잠시나마 아찔한 안도감을 느낀다. 다가오던 불빛이 적이 아니라 친구여서, 우리가 혼자가 아니어서.

각자 자기소개를 하고 땀에 젖은 후드 아래로 얼굴들을 본다. 우리의 동료 여행자들은 대학에서 양서파충류학 수업을 듣는 학생들이다. 다들 관찰 결과를 기록할 클립보드와 방수 노트를 들고 있다. 이들을 말썽꾼으로 오해했다니 민망하다. 무지는 자신이 이해하지 못하는 것에 대해 섣불리 결론을 내리게 한다.

수업 내용은 도로가 양서류에 미치는 영향을 조사하는 것이다. 학생들은 개구리와 두꺼비가 도로를 건너는 데 걸리는 시간이 15초가량에 불과하며 대부분은 무사히 차를 피한다고 말한다. 도롱뇽은 평균 88초 걸렸다고 한다. 무수한 포식자를 피하고 여름 가뭄을 이겨내고 겨울에 동사하지 않고 버텼건만 이 88초에 모든 것이 달렸다.

점박이도롱뇽을 위한 학생들의 활동은 길가 구출 작전에 머물지 않는다. 고속도로 관리소에서 도롱뇽이 도로를 건너지 않아도 되도록 지하에 특수 터널을 뚫는 방법이 있지만, 비용이 많이 들고 당국에서 중요성을 인식하지 못하는 실정이다. 오늘 밤 수업 과제는 도로를 건너는 도롱뇽 개체 수를 조사하여 언덕에서 웅덩이까지 이동하는 총 개체 수와 중간에 목숨을 잃는 개체 수를 추정하는 것이다. 로드킬이 도롱뇽 개체군의 생존 가능성을 위협한다는 자료를 얻을 수 있다면 뉴욕주가 조치를 취하도록 설득할 수 있을지도 모른다. 그런데 한 가지 문제가 있다. 그것은 도롱뇽 사망률을 정확하게 추정하려면 도로를 건너는 개체의 수와 그러지 못하는 개체의 수를 둘 다 세어야 한다는 것이다.

사망을 집계하는 것은 쉬운 일이다. 학생들은 도로에 남은 얼룩의 크기로 동물의 종을 알아내는 방법을 개발했다. 그런 다음에는 이중으로 집계되지 않도록 얼룩을 지운다. 이따금 충돌하지 않았는데 죽는 경우도 있다. 도롱뇽은 몸이 하도 연약해서 차량이 지나가면서 일으키는 압력파만으로도 치명적일 수 있다. 남은 숫자는 죽음 방정식의 분모다. 무사히 건너는 개체의 수. 칠흑 같은 어둠 속에서 긴 도로를 무사히 건너는 동물의 수를 어떻게 셀 수 있을까?

도로를 따라 널찍하게 사이를 두고 모음담장drift fence(길고 연속적인 울타리로, 조사를 위해 동물을 모을 때 쓴다_옮긴이)을 설치했다. 모음담장은 한마디로 방설책(눈을 막기 위하여 둘러친 울타리_옮긴이)을 2.5미터 길이로 늘여놓은 것인데, 30센티미터 높이의 알루미늄 빗물막이 판 밑부분을 철사로 연결하여 벽처럼 만들었다. 도롱뇽은 그 사이를 비집고 들어가지 못한다. 이런 장애물을 만나면 녀석들은 통나무나 바위를 만났을 때처럼 모음담장 가장자리를 따라 돌아간다. 어둠 속에서 살갗에 닿는 담장의 감촉을 따라 스르르 기어서 담장 끝까지 이동한다. 그러다 별안간 땅이 꺼지면서 땅에 묻어둔 플라스틱 들통에 꼼짝없이 갇힌다. 학생들은 정기적으로 여기 와서 들통에 든 동물의 수를 세고 클립보드에 종명을 기록한 뒤에 담장 반대편에 살며시 놓아준다. 그러면 도롱뇽은 다시 웅덩이로 향한다. 동이 틀 때까지 모음담장으로 잡은 동물의 개체 수로 무사히 도로를 건넌 개체 수를 추정할 수 있다.

이번 조사로 도롱뇽을 구할 근거를 얻을 수 있을 테지만, 장기적 이익에는 단기적 비용이 따른다. 연구를 제대로 하려면 사람이 절대 개입해서는 안 된다. 차가 달려올 때마다 학생들은 뒤에 물러서서 이를 앙다문 채 벌어지는 광경을 지켜본다. 우리의 도롱뇽 구출 작전은 선의에서 비롯했지만 실은 오늘 밤 실험에 차질을 빚은 셈이었다. 정상적이었다면 차에 치었을 개체의 수를 줄임으로써 도롱뇽 사망의 심각성을 과소평가하게 했으니 말이다. 이것은 학생들로 하여금 윤리적 딜레마에 빠지게 한다. 모면될 수 있었던 죽음은 연구의 부수적 피해가 된다. 학생들은 미래에 종이 보전됨으로써 그 희생이 헛되지 않기를 희망한다.

이 로드킬 조사는 국제적으로 저명한 보전생물학자 제임스 깁스James Gibbs의 프로젝트다. 그는 갈라파고스땅거북Galapagos tortoise과 탄자니아두꺼비Tanzanian toad 보전을 주도하고 있지만 그의 관심사는 이곳 래브라도할로에도 있다. 그와 학생들은 모음담장을 설치하고 도로를 순찰하고 밤새 개체 수를 센다. 깁스는 이따금 비 오는 날 도롱뇽이 이동하고 있다고—또한 죽고 있다고—생각하면 잠을 이룰 수 없다고 털어놓는다. 그는 비옷을 입고 나가 도롱뇽을 도로 맞은편으로 건네준다. 앨도 레오폴드 말이 옳았다. 자연주의자들은 상처의 세상에서 살아간다. 그 상처는 그들만이 볼 수 있다.

밤이 깊어지면서, 분지를 누비는 전조등을 이젠 찾아볼 수 없다. 자정이 되면 아무리 느린 도롱뇽이라도 무사히 건널 수 있다. 우리는 터덜터덜 차로 돌아와 집으로 향한다. 우리의 바퀴가 우리의 수고를 헛수고로 만들지 않도록, 분지를 벗어날 때까진 거북이걸음으로 운전하면서. 지독히 조심하지만, 나는 우리도 여느 사람만큼 유죄임을 안다.

안개를 뚫고 집으로 돌아오는 길에 라디오에서 새로운 전쟁 뉴스가 흘러나온다. 이곳에서 우리를 둘러싼 안개만큼 빽빽한 모래 폭풍을 뚫고서 탱크와 브래들리 장갑차 대열이 이라크 외곽을 넘어 진격하고 있다. 그 밑에 깔려 으스러지는 것들이 무엇일지 궁금하다. 춥고 지쳐서 온풍기를 더 세게 틀자 차 안이 젖은 양털 냄새로 가득하다. 나는 우리의 밤일과 우리가 만난 착한 사람들을 떠올린다.

오늘 밤 우리를 분지로 이끈 것은 무엇일까? 어떤 정신 나간 종種이 비 오는 밤 따뜻한 집을 놔두고 도로 건너편으로 도롱뇽을 나를

까? 이타행이라고 부르고 싶지만, 그건 아니다. 여기에는 이타적이라고 할 만한 것이 전혀 없다. 이 밤은 받는 이 뿐만 아니라 주는 이에게도 보상을 쌓는다. 우리는 그곳에 나서 이 경이로운 의식을 목격하고 하룻밤 동안 다른 존재와, 상상할 수 없을 만큼 우리와 다른 존재와 관계를 맺는다.

현대인은 '종 고독species loneliness'이라는 크나큰 슬픔을 겪는다고들 한다. 이것은 창조 세계의 나머지 구성원으로부터 소외된 상태를 말한다. 우리가 이 고립을 만들어낸 재료는 우리의 두려움, 우리의 오만, 그리고 밤에도 환하게 불을 밝힌 우리의 주택이다. 이 도로를 걷는 잠깐 동안 이 장벽들이 녹았고 고독이 덜어지기 시작했으며 우리는 다시 한번 서로를 안다.

도롱뇽은 '타자'로 손색이 없다. 차갑고 미끌미끌하며, 온혈 동물 호모 사피엔스에게는 즉각적인 혐오감을 불러일으키니 말이다. 그들의 놀라운 타자성을 생각하면 우리가 오늘 밤 그들을 지키려고 찾아온 것이 더더욱 신기하다. 밤비의 간절한 눈망울로 우리를 돌아보는 카리스마 넘치는 포유류와 달리, 양서류는 우리의 보호 본능을 끄집어내는 따스하고 보송보송한 느낌이 거의 없다. 양서류는 우리의 타자혐오xenophobia를 폭로한다. 이 분지에서든, 지구 반대편 사막에서든 이 혐오는 다른 종을 겨냥할 때도 있고 우리 스스로를 겨냥할 때도 있다. 도롱뇽과 함께 있는 것은 타자성을 존중하는 것이며 타자혐오라는 독을 치료하는 해독제다. 미끌미끌한 점박이 존재를 구할 때마다 우리는 그들의 권리—존재할 권리와 제 나름의 영토에서 살아갈 권리—를 입증한다.

도롱뇽을 무사히 건네주는 것은 호혜성의 언약을, 우리가 서로에게 지는 상호적 책임을 떠올리는 데도 유익하다. 이 도로의 교전 당사자로서 우리는 스스로 가한 상처를 치유할 의무가 있지 않을까?

뉴스를 들으면 무력감이 든다. 나는 폭탄이 떨어지는 것을 막을 수 없다. 차가 이 도로를 질주하는 것을 막을 수 없다. 내 능력 밖이다. 하지만 도롱뇽을 집어들 수는 있다. 어느 날 밤 나의 오명을 씻고 싶다. 우리를 이 호젓한 분지로 이끄는 것은 무엇일까? 어쩌면 사랑인지도 모르겠다. 도롱뇽을 통나무 아래에서 이끌어 낸 바로 그것. 아니면, 우리가 오늘 밤 이 도로를 걸은 것은 사죄赦罪(기독교 신앙에서 참회자에게 내리는 죄의 용서 선언_옮긴이)를 찾아서였는지도.

기온이 내려가면서 맑고 그윽한 하나의 목소리들이 구슬픈 합창을 대신한다. 개구리들의 아주 오래된 연설이다. 마치 인간의 언어인 듯 한 단어가 점점 뚜렷해진다. "들으라! 들으라! 들으라! 세상은 그대의 무심한 통근보다 중요하다. 부수적 피해를 입는 우리는 그대의 부, 그대의 스승, 그대의 안전, 그대의 '가족'이다. 안락을 향한 그대의 뒤틀린 욕구가 창조 세계의 나머지 구성원들에게 사형 선고를 의미해서는 안 된다."

"들으라!" 전조등에 비친 피퍼가 외친다.

"들으라!" 머나먼 타향에서 탱크에 갇힌 젊은이가 외친다.

"들으라!" 불타 잿더미가 된 집 앞에서 누군가의 어머니가 외친다.

이 짓을 끝내야 한다.

집에 도착할 즈음에는 이미 늦어서 잠이 오지 않는다. 그래서 언덕을 걸어 올라 집 뒤편 연못으로 간다. 여기도 그들의 외침이 사방에 진동한다. 향모에 불을 피워 연기를 일으키고 싶다. 연기의 구름 속에 슬픔을 씻어내고 싶다. 하지만 안개가 너무 자욱하여 성냥은 성냥갑에 붉은 줄만 그을 뿐이다. 그게 마땅하다. 오늘 밤 씻어내서는 안 된다. 흠뻑 젖은 외투처럼 슬픔을 입는 게 낫다.

"통곡하라! 통곡하라!" 물가에서 두꺼비가 외친다. 나는 통곡한다. 슬픔이 사랑으로 통하는 입구가 될 수 있다면 우리 모두로 하여금 우리가 부수고 있는 세상을 위해 통곡하도록 하라. 세상을 다시 온전히 사랑할 수 있도록.

슈키타겐: 일곱 번째 불의 사람들

수많은 것들이 이 불의 빛에 의지한다. 차가운 땅에 단정히 놓인 채 돌로 둘러싸인 불. 말린 단풍나무 불쏘시개를 올린 단, 젓나무 밑부분에서 꺾은 잔가지를 깐 바닥, 숯을 놓으려고 나무껍질을 잘게 쪼개 만든 둥지가 있다. 숯 위에는 불길이 치솟도록 소나무 가지를 꺾어 올려 균형을 맞춘다. 연료도 풍부하고 산소도 풍부하다. 모든 요소가 제자리에 있다. 하지만 불씨가 없으면 죽은 나무토막 더미일 뿐이다. 수많은 것들이 불씨에 의지한다.

※

성냥개비 하나로 불 피우는 법을 배운 것은 우리 가족의 자랑이었다. 우리 아버지와 나무들이 선생이었다. 우리는 수업받지 않고 배웠다. 놀고, 구경하고, 야생에서 아버지의 능숙한 손놀림을 따라 하고 싫어 하면서. 아버지는 적당한 재료 찾는 법을 끈기 있게 보여주었다. 우리는 불의 먹이가 되는 구조물이 점점 커져가는 것을 관찰했다. 아버지는 장작더미가 좋아야 한다고 강조했는데, 우리가 숲에서 보낸 시간은 대부분 나무를 베고 나르고 장작을 패던 시간이었다. 우리가 후끈후끈 달아오른 채 땀을 뻘뻘 흘리며 숲에서 나오면 아버지는 늘 이렇게 말했다. "장작은 두 번 몸을 데워주지." 우리는 땔감을 준비하면서 껍질로 나무 종류를 알아맞히는 법을 배웠다. 그런데 나무마다 때는 목적이 달랐다. 송진으로 끈적끈적한 소나무는 빛을 내려고, 너도밤나무는 숯을 만들려고, 설탕단풍나무는 오븐에서 빵을 구우려고 땐다.

아버지가 대놓고 말한 적은 한 번도 없지만, 불 피우기는 단순한 나무 다루기 기술이 아니었다. 불을 잘 피우려면 공을 들여야 했다. 기준은 높았다. 반쯤 썩은 자작나무는 단 한 토막도 아버지의 장작더미에 들어갈 수 없었다. 아버지는 "형편없어"라며 나무토막을 옆으로 던졌다. 식물상을 아는 것은 나무를 정중히 다루는 것과 마찬가지로 기본이었다. 그래야 다치지 않고 땔감을 모을 수 있었다. 선 채로 죽은 나무는 얼마든지 있었다. 이미 잘 말라서 가져오기만 하면 됐다. 좋은 불에는 천연 재료만 들어갔으며―종이는 결코 넣지 않았으며 휘발유는 어림도 없었다―초록이 남아 있는 나무는 심미적으로도 윤리적으로도 용납되지 않았다. 라이터도 금지되었다. 우리는 성냥 하나로 불을 피우면 한껏 칭찬을 받았지만, 여남은 개를 쓰면 한껏 격려를 받았다. 어느 순간이 되자 불 피우기가 자연스럽고 수월해졌다. 전혀 대수롭지 않은 일이 되었다. 나는 늘 효과가 있던 비결을 하나 알아냈다. 그것은 성냥을 불쏘시개에 댈 때 불에게 노래를 불러주는 것이었다.

아버지의 불 피우기 가르침에 어우러져 있던 것은 나무가 우리에게 준 모든 것에 대한 감사, 그리고 호혜성의 책임감이었다. 우리는 야영지를 떠날 때 늘 다음 사람들을 위해 장작더미를 남겨두었다. 주의를 기울이고, 준비하고 끈기를 발휘하고, 처음에 제대로 하는 것 —기술과 가치가 어찌나 밀접하게 연관되었던지 불 피우기는 우리에게 어떤 미덕의 상징이 되었다.

성냥개비 하나로 불 피우기에 숙달하자 다음 도전 과제는 빗속에서 성냥개비 하나로 불 피우기였다. 그 다음은 눈 속에서. 알맞은 재료를 신중하게 모으고 공기와 나무의 길을 존중하면 언제나 불을 피울 수 있다. 그 단순한 행위에는 힘이 있다. 성냥개비 하나로 사람들에게 아늑함과 행복을 선사할 수도 있고, 흠뻑 젖은 사람들을 스튜와 노래 생각에 들뜬 집단으로 바꿀 수도 있다. 성냥개비 하나는 호주머니에 넣어 다니는 놀라운 선물이었으며, 그와 더불어 좋은 일에 써야 한다는 막중한 책임감이 따랐다.

불 피우기는 우리를 선조와 이어주는 중요한 고리였다. 포타와토미족, (더 정확하게는) 우리 말로 **보드웨와드미족**Bodwewadmi은 '불의 사람들'을 뜻한다. 불 피우기가 우리에게 숙달해야 할 기술이자 나눠야 할 선물인 것은 당연해 보였다. 불을 진정으로 이해하려면 활비비를 쓸 줄 알아야겠다는 생각이 들기 시작했다. 이제 나는 성냥 없이 불 피우기에 도전한다. 옛 방식으로 숯을 불러내기. 활과 송곳(드릴)을 가지고 나무토막 두 개를 비벼 마찰로 불을 일으키는 것이다.

웨웨네[wewene]라고 혼잣말을 한다. 알맞은 때에 알맞은 방법으로. 지름길은 없다. 모든 요소가 준비되고 몸과 마음이 하나가 되었을 때 올바른 방법으로 진행되어야 한다. 모든 연장을 제대로 만들고 모든 부속이 목적에 맞게 결합되었으면 불 피우기는 식은 죽 먹기다. 하지만 그러지 않았다면 아무리 시도해봐야 헛수고일 것이다. 힘들 사이에 균형과 완전한 호혜성이 생길 때까지 시행착오에 또 시행착오를 겪을 수도 있다. 나도 안다. 지금 당장 불을 지펴야 해도 조급함을 눌러 삼키고 숨을 골라야 한다. 에너지를 짜증이 아니라 불로 보내야 하기 때문이다.

우리가 모두 어른이 되고 불 피우기에 숙달한 뒤에 아버지는 손자녀에게도 성냥개비 하나로 불 피우기를 가르쳤다. 여든셋의 나이에도 원주민 어린이 과학 캠프에서 불 피우기를 가르치며 예전에 우리에게 전해준 바로 그 교훈을 전하고 있다. 아이들은 불 구덩이에 매어놓은 줄을 따라 작은 불을 놓는 경주를 한다. 어느 날 경주가 끝난 뒤에 아버지가 불 가 그루터기에 앉아 아이들에게 묻는다. "불에는 네 종류가 있는 거 아니?" 활엽수와 침엽수의 차이를 설명하시려니 예상해보지만, 당신이 염두에 두고 있는 것은 그게 아니다.

"첫 번째는 물론 너희가 만든 이 모닥불이야. 음식을 익힐 수도 있고 옆에서 몸을 녹일 수도 있지. 노래 부르기에도 좋은 장소이고 코요테가 접근하지 못하도록 할 수도 있어."

아이 하나가 소리 높여 외친다. "마시멜로도 구울 수 있고요!"

"그렇고말고. 감자도 굽고 배넉(스코틀랜드의 부풀리지 않은 납작한 빵_옮긴이)도 만들지. 모닥불에서는 뭐든 익힐 수 있단다. 또 다른 종류의 불로는 뭐가 있을까?"

학생 하나가 쭈뼛거리며 대답한다. "산불이요?"

아버지가 말한다. "물론이지. 사람들이 천둥새님^{Thunderbird}(북아메리카 인디언 신화에 나오는 새의 모습을 가진 강력한 정령_옮긴이)이라고 부르는 산불은 벼락에서 시작돼. 때로는 비를 맞아 꺼지기도 하지만, 이따금 대형 산불로 번지기도 하지. 엄청나게 뜨거워서 사방 수 킬로미터 이내의 모든 것을 집어삼킨단다. 산불을 좋아하는 사람은 아무도 없어. 하지만 우리 부족은 적당한 장소와 시기에 작은 불을 놓는 법을 배웠어. 그러면 실보다는 득이 많단다. 이 불은 땅을 돌보려고 일부러 놓는 불이야. 블루베리를 자라게 하거나 사슴을 위해 초원을 만드는 거지." 아버지가 자작나무 껍질을 하나 치켜들며 말을 잇는다. "불 지필 때 쓴 자작나무 껍질을 보렴. 어린 종이백자작나무^{paper birch}는 불이 난 뒤에만 자랄 수 있단다. 그래서 우리 조상들은 숲을 불살라 자작나무가 자랄 자리를 마련해줬지." 불 지필 재료를 만들려고 불을 이용하는 이 대칭성을 아이들은 결코 잊지 않을 것이다. "그분들은 자작나무 껍질이 필요해서 제 나름의 불 과학을 활용하여 자작나무 숲을 만들었어. 불은 많은 동식물을 도와준다. 조물주께서 사람들에게 불쏘시개를 주신 이유 알잖니. 그건 좋은 것들을 땅에 가져다주시기 위해서잖아. 사람들이 자연을 위해 할 수 있는 최선의 일은 멀찍이 떨어져서 그냥 내버려두는 것이라고들 말하지. 그 말이 절대적으로 옳은 장소들이 있어. 우리 부족도 그곳을 존중했고. 하지만 우리는 땅을 보살필 책임을 받았단다. 사람들은 잊어버렸어. 그게 참여를 의미한다는 걸. 자연이 우리에게, 우리가 행하는 좋은 일에 의지한다는 걸 말이야. 자신이 사랑하는 걸 담장 너머에 두는 건 사랑과 애정을 보여주는 게 아냐. 참여해야 해. 세상의 안녕에 이바지해야 해.

"땅은 우리에게 많고 많은 선물을 주지. 불은 우리가 보답하는 한 가지 방법이야. 현대인들은 불이 파괴적이라고만 생각해. 하지만 그들은 옛날 사람들이 불을 창조적 힘으로 썼다는 걸 잊었어. 아예 한 번도 몰랐을지도. 불쏘시개는 땅을 칠하는 붓과 같았어. 여기를 살짝 칠하면 엘크를 위한 푸른 초원이 됐고, 저기에 물감을 가볍게 흩뿌리면 덤불이 사라져 참나무가 도토리를 더 많이 맺지. 숲지붕 아래에 점점이 물감을 찍으면 간격이 넓어져 큰불을 예방할 수 있어. 불의 붓을 개울가에 칠하면 이듬해 봄에 노란버드나무yellow willow가 빽빽하게 자란단다. 무성한 풀밭을 물로 희석하면 카마스로 푸르게 물들지. 블루베리를 만들려면 몇 년간 물감을 말리고 또 칠해야 해. 우리 부족은 불을 이용하여 아름답고 요긴한 것을 만들 책임을 받았어. 그게 우리의 미술이자 과학이었단다."

원주민이 불을 지름으로써 유지되는 자작나무 숲은 선물 창고다. 껍질로는 카누를 만들고 잎집으로는 위그웜과 연장과 바구니를 만들고 속껍질에는 글을 쓰고, 물론 부싯깃으로는 불을 피운다. 하지만 선물은 눈에 보이는 게 전부가 아니다. 종이백자작나무와 노란자작나무 둘 다 자작나무시루뻔버섯*Inonotus obliquus*이라는 균류의 숙주인데, 이 균류는 껍질을 뚫고 나와 불임의 혹conk을 형성한다. 혹은 자실체로, 우툴두툴한 검은색 종양처럼 생겼으며 크기는 소프트볼만 하다. 표면은 딱딱한 껍질이 갈라져 있으며 불에라도 탄 듯 재 같은 것이 묻어 있다. 시베리아자작나무Siberian birch 숲에서는 이 버섯을 '차가버섯chaga'이라고 부르며 전통 약재로 귀하게 여긴다. 우리 부족은 **슈키타겐**shkitagen이라고 부른다.

슈키타겐의 검은색 혹을 찾아 나무에서 떼어내는 것은 쉬운 일이 아니다. 하지만 혹을 잘라서 벌리면, 황금빛과 구릿빛의 줄무늬가 광채를 발한다. 가느다란 실과 공기로 가득한 구멍으로만 이루어졌기에 질감은 연한 나무 같다. 우리 조상들은 이 존재의 놀라운 성질을 발견했다. 불에 탄 겉과 황금빛 심장을 통해 스스로 자신의 쓰임새를 알려줬다고 말하는 사람도 있지만. 슈키타겐은 부싯깃 균류이자, 불의 수호자이자, '불의 사람들'의 좋은 친구다. 잉걸이 슈키타겐을 만나면 꺼져버리는 게 아니라 균류의 모태 안에서 불꽃 없이 천천히 타며 열을 간직한다. 순식간에 스러지는 작디작은 불씨도 네모진 슈키타겐 덩어리에 내려앉으면 돌봄과 보호를 받는다. 하지만 숲이 벌목되고 산불이 억제되면서 불탄 땅에 의존하는 종들이 위험에 처하고 있기에 슈키타겐을 찾기가 점점 힘들어지고 있다.

우리 아버지가 발치의 불에 나무토막을 더 넣으며 묻는다. "좋았어. 또 다른 종류의 불은 뭐가 있을까?"

타이오토레케가 답을 맞힌다. "제의에 쓰는 것 같은 성스러운 불이요."

아버지가 말한다. "그렇고말고. 기도를 올릴 때나 치유할 때, 땀 움막sweat lodge(돔 지붕의 움막으로, 땀을 흘리는 정화 의식을 행하는 장소_옮긴이)에 불을 땔 때 쓰는 불이지. 그 불은 우리의 생명을, 태초부터 전해 내려온 영적 가르침을 나타낸단다. 성스러운 불은 생명과 영혼의 상징이기에 그 불을 보살피는 특별한 수호자가 있어.

"그런 불들은 흔히 볼 수 없지만, 너희들이 매일 돌봐야 하는 불이 있단다. 가장 돌보기 힘든 불은 바로 여기에 있지." 아버지가 손가락으로 당신 가슴을 두드리며 말한다. "그건 너희 자신의 불, 너희의 영혼이야. 우리는 저마다 성스러운 불을 내면에 하나씩 간직하고 있단다. 이 불을 우러러보고 보살펴야 해. '너희'가 바로 불의 수호자란다."

아버지가 다시 일깨운다. "이제 너희가 모든 종류의 불에 책임이 있다는 걸 명심하렴. 그게 우리, 특히 남자들의 임무야. 우리 식으로 하자면 남자와 여자 사이에는 균형이 필요해. 남자에게는 불을 보살 필 책임이 있고 여자에게는 물을 보살필 책임이 있지. 두 힘이 서로 균형을 이루는 거야. 살아가려면 두 힘이 다 필요하단다. 이제 결코 잊어서는 안 되는 걸 얘기해주마."

아버지가 아이들 앞에 서 있는데, 첫 가르침이 메아리처럼 내 귀에 울려퍼진다. 나나보조가 자신의 아버지에게 받은, 우리 아버지가 오늘 전하고 있는 바로 그 가르침. "불에는 두 측면이 있다는 걸 늘 명심해야 해. 둘 다 매우 강력하단다. 하나는 창조의 힘이야. 불은 난로를 때거나 제의에서처럼 선한 목적에 쓸 수 있어. 네 심장의 불도 선한 힘이지. 하지만 바로 그 힘이 파괴에 쓰일 수도 있단다. 불은 땅에 유익을 줄 수 있지만, 땅을 파괴할 수도 있어. 너 자신의 불도 나쁜 일에 쓰일 수 있지. 인간은 불이 가진 이 힘의 두 측면을 늘 이해하고 존중해야 해. 둘 다 우리보다 훨씬 강하니까. 조심하는 법을 배우지 않으면 불은 창조된 모든 것을 파괴할 수 있단다. 균형을 유지해야 해."

아니시나베 부족에게 불은 또 다른 의미가 있다. 이것은 우리 네이션의 삶에서 여러 시대에 해당한다. 이 '불'은 우리가 살아온 장소, 우리가 겪은 사건, 이를 둘러싼 가르침을 일컫는다.

아니시나베의 지식 수호자—우리의 역사가와 학자—는 '바다에서 온 사람들offshore people'인 **자가나슈**zaaganaash가 찾아오기도 전인 우리 부족의 첫 기원에서부터의 이야기를 간직하고 있다. 그들은 그 뒤의 일들도 전한다. 우리의 역사는 우리의 미래와 필연적으로 얽혀 있기 때문이다. 이 이야기는 '일곱 번째 불의 예언'으로 불리며 에디 벤턴-바나이를 비롯한 연장자들에 의해 널리 알려졌다.

첫 번째 불의 시대에 아니시나베 사람들은 대서양 연안 '여명의 땅dawn lands'에서 살았다. 그들은 강력한 영적 가르침을 받았으며, 사람들과 땅의 유익을 위해—둘은 하나이므로—이를 따라야 했다. 하지만 한 예언자가 아니시나베 부족이 서쪽으로 이주해야 하며 그러지 않으면 앞으로 닥칠 변화로 인해 파멸할 것이라고 말했다. "물에서 곡식이 자라는 곳"을 찾아야 하며 그곳에서 안전하게 새로운 보금자리를 만들 수 있으리라는 것이었다. 지도자들은 예언에 귀 기울여 부족을 이끌고 세인트로렌스 강을 따라 서쪽을 향하여 지금의 몬트리올 근처인 내륙 깊숙한 곳에 이르렀다. 그들은 이주하는 동안 슈키타겐 그릇에 불씨를 보관했으며 그곳에 도착하여 불꽃을 되살렸다.

그런데 부족 가운데 새 스승이 나와 더 서쪽으로 가라고 조언했다. 아주 큰 호수의 가장자리에 천막을 치라는 것이었다. 우리 부족은 예언을 믿고 따랐으며 지금의 디트로이트 근처인 휴런호 호안에 천막을 치면서 두 번째 불의 시대가 시작되었다. 하지만 얼마 안 가서 아니시나베족은 오지브와족, 오다와족, 포타와토미족의 세 집단으로 나뉘어 저마다 다른 길을 따라 오대호 주변에서 보금자리를 찾았다. 포타와토미족은 남쪽으로 향하여 미시간 남부에서 위스콘신까지 내려갔다. 하지만 예언자들이 말한 것처럼 부족들은 여러 세대 뒤에 매니툴린섬에서 재결합했으며, 이렇게 결성된 '세 불의 연맹Three Fires Confederacy'은 오늘날까지 계속되고 있다. 세 번째 불의 시대에 그들은 예언에서 말한바 "물에서 곡식이 자라는 곳"을 발견하여 줄풀의 땅에 새 보금자리를 마련했다. 우리 부족은 단풍나무와 자작나무, 철갑상어와 비버, 독수리와 아비의 보살핌을 받으며 오랫동안 잘 살았다. 그들은 영적 가르침의 인도를 받아 줄곧 강성했으며 인간 아닌 친척들의 품에서 더불어 번성했다.

네 번째 불의 시대에는 또 다른 부족의 역사가 우리와 얽혔다. 부족 가운데 두 예언자가 나와, 피부가 흰 사람들이 동쪽에서 배를 타고 오리라고 말했지만 그 뒤에 이어질 일에 대해서는 두 사람의 환상이 달랐다. 미래가 뚜렷할 수 없듯 길은 뚜렷하지 않았다. 첫 번째 예언자는 바다에서 온 사람들인 자가나슈와 형제가 된다면 그들이 위대한 지식을 가져다줄 것이라고 말했다. 이것을 아니시나베 지식에 접목하면 위대한 새 부족을 건설할 수 있을 터였다. 하지만 두 번째 예언자는 경고를 전했다. 그는 형제의 얼굴처럼 보이는 것이 실은 죽음의 얼굴이라고 말했다. 이 새로운 사람들이 형제애를 품고 찾아오는 것일 수도 있겠지만 우리 땅의 풍요에 눈독을 들이고 찾아오는 것인지도 모른다는 것이었다. 어느 얼굴이 진짜인지 어떻게 알 수 있을까? 예언에 따르면 물고기가 중독되고 물이 오염되면 그들이 어느 얼굴을 하고 있는지 알 수 있을 터였다. 또한 자가나슈는 자신들의 행위로 인해 **치모크만**^{chimokman}으로 알려졌다. 그것은 '긴 나이프를 가진 사람'이라는 뜻이다.

예언들은 결국 역사가 되었다. 예언자들은 치모크만 중에서 검은 예복과 검은 책을 가지고 기쁨과 구원을 약속하는 자들을 조심하라고 경고했다. 자신의 성스러운 길을 저버리고 검은 예복의 길을 따른다면 여러 세대 동안 고통을 겪을 것이라고 말했다. 실제로 다섯 번째 불의 시대에는 우리의 영적 가르침이 사장되어 부족의 연결 고리가 거의 끊어질 뻔했다. 사람들은 보금자리에서, 또한 서로에게서 떨어져 나가 보호구역에 강제로 이주당했다. 아이들은 부모의 품에서 억지로 떨어져 자가나슈의 방식을 배워야 했다. 전통적 종교 활동이 법으로 금지된 탓에 옛 세계관은 잊히다시피 했다. 토박이말도 금지되어 앎의 우주가 한 세대 만에 사라졌다. 땅은 조각나고 부족은 갈라졌으며 옛 방식들은 바람에 흩어졌다. 심지어 동식물조차 우리를 외면했다. 예언에 따르면 그 시대에는 아이들이 연장자에게서 고개를 돌릴 것이요 사람들이 자신의 길과 삶의 목적을 잃을 것이었다. 예언자들은 여섯 번째 불의 시대에 "생명의 잔이 근심의 잔으로 바뀌다시피 할 것"이라고 말했다.

그럼에도, 이 모든 시련 뒤에도 꺼지지 않은 숯처럼 남는 것이 있다. 오래전 첫 번째 불의 시대에 사람들은 영적 삶이 자신을 강건하게 하리라는 이야기를 들었다. 그들은 눈동자에서 낯설고 아득한 빛을 내는 예언자가 나타났다고 말한다. 그 젊은이는 일곱 번째 불의 시대에 성스러운 목적을 지닌 새로운 부족이 나타날 것이라는 메시지를 사람들에게 전했다. 쉬운 일은 아닐 터였다. 그들은 갈림길에 섰기에 강인하고 단호해야 했다.

조상들은 아득한 불의 깜박이는 빛으로부터 그들을 굽어보았다. 이 시대에 젊은이들은 다시 연장자에게 가르침을 청하나 대부분 아무것도 내어줄 게 없음을 발견한다. 그러나 일곱 번째 불의 사람들은 앞으로 나아가지 않는다. 오히려 뒤로 돌아 우리를 여기로 데려온 이들의 발자국을 되짚으라는 말을 듣는다. 그들의 성스러운 목적은 조상의 길인 붉은 길을 따라 되돌아가 길에 널브러져 있는 조각들을 모조리 모으는 것이다. 땅의 조각들, 언어의 넝마들, 노래와 이야기와 성스러운 가르침의 편린들—그 길에 떨어져 있는 모든 것을. 우리의 연장자들은 우리가 일곱 번째 불의 시대를 살아간다고 말한다. 조상들이 이야기한 사람들이 바로 우리다. 흩어진 것을 다시 모아 성스러운 불의 불씨를 다시 댕기고 부족의 재탄생을 시작할 사람들.

그리하여 인디언 거주지 전역에서 언어 및 문화 부흥 운동이 벌어진다. 이 운동은 용감하게도 제의에 생명을 불어넣고 언어를 다시 가르칠 교사를 모으고 옛 품종의 씨앗을 심고 자생 경관을 되살리고 젊은이들을 땅으로 돌려보내는 개인들의 헌신적인 노력에서 자라났다. 일곱 번째 불의 사람들은 우리 가운데서 걷는다. 그들은 첫 가르침을 불쏘시개 삼아 사람들의 건강을 회복시키고 사람들이 다시 한번 꽃을 피우고 열매를 맺게 한다.

일곱 번째 불 예언은 우리에게 닥친 시대에 대해 두 번째 환상을 보여준다. 그에 따르면 대지의 모든 사람은 앞에 놓인 길이 갈라진 것을 볼 것이다. 그들은 미래로 향하는 길을 선택해야 한다. 한 길은 풀이 새로 돋아서 보드랍고 푸르르다. 그곳에서는 맨발로 걸어도 된다. 다른 길은 검게 그을렸고 딱딱하다. 맨발로 걸었다가는 숯에 발이 상할 것이다. 사람들이 풀의 길을 선택하면 삶이 계속될 것이다. 하지만 재의 길을 선택하면 그들이 대지에 입힌 피해가 그들에게 등을 돌려 대지의 사람들에게 고통과 죽음을 가져다줄 것이다.

우리는 정말이지 갈림길에 서 있다. 과학적 증거에 따르면 기후 변화의 티핑 포인트(예상치 못한 일이 한꺼번에 몰아닥치는 극적인 변화의 순간_옮긴이), 화석 연료의 종말, 자원 고갈의 길목이 머지않았다. 생태학자들은 우리가 만들어낸 생활 양식을 유지하려면 지구가 일곱 개 필요하다고 추산한다. 그런데도 균형과 정의와 평화가 결여된 그 생활 방식은 우리에게 만족을 가져다주지 못했다. 멸종의 거대한 물결이 우리의 인간 아닌 친척들을 집어삼켰다. 받아들이고 싶든 그렇지 않든 우리 앞에는 선택이, 갈림길이 놓여 있다.

나는 예언을, 또한 예언과 역사의 관계를 온전히 이해하지는 못한다. 하지만 비유가 과학적 데이터보다 훨씬 커다란 진실을 말하는 방법임은 안다. 눈을 감고 우리 연장자들이 내다본 갈림길을 상상하면 머릿속에서 영화처럼 장면이 펼쳐짐을 안다.

갈림길은 언덕 꼭대기에 있다. 왼쪽 길은 보드랍고 푸르르고 이슬이 반짝인다. 맨발로 걷고 싶은 길이다.

오른쪽 길은 평범한 포장도로다. 처음에는 매끈해 보이지만 이내 까마득히 아래로 추락한다. 지평선 바로 너머는 열기에 휘고 조각조각 부서졌다.

언덕 아래 골짜기에서 일곱 번째 불의 사람들이 자기네가 모은 모든 것을 가지고 갈림길을 향해 걷는 광경이 보인다. 그들은 세계관을 변화시킬 귀중한 씨앗 꾸러미를 들고 있다. 그것은 과거의 어떤 유토피아로 돌아가기 위해서가 아니라 미래로 걸어 들어갈 수 있는 연장을 찾기 위해서다. 너무 많은 것이 잊혔지만 땅이 버티는 한 잃어버린 것은 아니다. 우리는 귀를 기울이고 배울 겸손과 능력을 가진 사람을 길러낸다. 게다가 인류는 외롭지 않다. 그 길의 끝까지 인간 아닌 사람들이 우리를 돕는다. 사람들이 잊어버린 지식이 무엇이든, 땅은 기억한다. 나머지 존재들도 살아가고 싶어 한다. 길에는 세상 모든 사람들이 늘어서 있다. 빨간색, 흰색, 검은색, 노란색의 '치유의 바퀴medicine wheel'(신성한 동그라미를 나타내는 미국 원주민의 의식 도구로서 신성한 생명의 고리_옮긴이) 안에 있는 그들은 자기 앞에 놓인 선택을 이해하며 존중과 호혜성의 이상을, 인간을 넘어선 세계와의 동료애를 공유한다. 남자는 불로, 여자는 물로, 균형을 다시 이루고 세상을 다시 새롭게 하리라. 친구와 동지가 모두 발을 맞춰 길고 거대한 줄을 이룬 채 맨발의 길을 향해 간다. 그들은 슈키타겐 랜턴을 들고서 발자국을 밝힌다.

하지만 그곳에는 물론 또 다른 길도 보인다. 높은 곳에 서 있으니 술에 취한 여행자들이 요란한 엔진음과 함께 내달리며 흙먼지를 흩뿌리는 광경이 보인다. 무턱대고 질주하느라 누굴 칠 뻔하는지도, 자기들이 통과하고 있는 선한 초록 세상도 보지 못한다. 불량배들이 휘발유 통과 횃불을 들고 도로를 어슬렁거린다. 누가 갈림길에 먼저 도착할지, 누가 우리 모두를 위해 선택을 할지 궁금하다. 녹아버린 도로, 재의 길이 낯익다. 전에 본 적이 있다.

✳

어느 날 밤 다섯 살배기 우리 딸이 우렛소리에 놀라 깬 기억이 난다. 잠이 완전히 달아난 채 딸을 끌어안고 나서야 1월에 웬 천둥이지 하는 생각이 들었다. 딸 방의 창밖을 비추는 빛은 별빛이 아니라 요동치는 오렌지빛이었으며 공기는 불의 맥박으로 고동치고 있었다.

나는 재빨리 요람에 달려가 아기를 꺼내서는 다같이 담요를 뒤집어쓴 채 밖으로 나왔다. 불이 난 곳은 집이 아니라 하늘이었다. 열파가 거대하게 부풀어 헐벗은 겨울 들판을 사막 폭풍처럼 휩쓸었다. 지평선을 메운 어마어마한 불길이 어둠을 살랐다. 별의별 생각이 들었다. 비행기가 추락했나? 핵폭발? 딸들을 픽업트럭에 태우고는 열쇠를 가지러 다시 집 안으로 달려갔다. 아이들을 피신시켜야겠다는, 강으로 가야겠다는, 달려야겠다는 생각뿐이었다. 잠옷 차림으로 대화재를 피해 달아나는 것이 전혀 두려운 일이 아니라는 듯 최대한 침착하게 담담한 어조로 아이들에게 말을 건넸다.

"엄마? 무서워요?"

내가 도로를 내달리는데 팔꿈치 쪽에서 작은 목소리가 물었다.

"아니란다, 얘야. 다 잘될 거야." 하지만 아이는 어수룩하지 않았다. "그런데 엄마, 왜 그렇게 차분하게 말해요?"

우리는 20킬로미터 떨어진 친구 집에 무사히 도착하여 한밤중에 피난처를 찾아 현관문을 두드렸다. 친구 집 뒷문 포치에서 보니 불길이 희미했지만 그래도 무시무시하게 깜박거리고 있었다. 우리는 아이들에게 코코아를 먹이고 잠자리에 들게 한 뒤에 위스키를 마시며 뉴스를 들었다. 우리 농장에서 1킬로미터 남짓 떨어진 천연가스 수송관이 폭발한 것이었다. 주민 대피가 진행중이었으며 직원들은 현장에 남아 있었다.

며칠 뒤 안전하겠다 싶어졌을 때 집으로 돌아왔다. 건초밭은 분화구로 변해 있었다. 마구간 두 곳은 전소되었다. 도로가 녹아 없어졌으며 맨땅에는 재로 된 바퀴 자국이 남았다.

내가 기후 난민이 된 것은 단 하룻밤이었지만 그걸로도 충분했다. 기후 변화의 결과로 지금 우리가 느끼고 있는 열파는 그날 밤 우리를 뒤흔든 것만큼 심각하진 않지만, 그래도 난데없기는 마찬가지다. 그날 밤 불타는 집에서 무엇을 챙길지는 전혀 생각해보지 않았지만, 이것은 기후 변화의 시대에 우리 모두가 맞닥뜨리는 물음이다. 너무 소중해서 잃을 수 없는 것은 무엇인가? 누구를, 무엇을 안전하게 피신시킬 것인가?

이제는 우리 딸에게 거짓말하지 않을 것이다. 나는 두렵다. 그때만큼 오늘도 두렵다. 우리 아이들과 선한 초록 세상이 어떻게 될지 모르니. 잘될 거라며 스스로를 위안할 수는 없다. 우리에게는 그 꾸러미에 들어 있는 것이 필요하다. 이웃집에 피신할 수는 없다. 차분하게 이야기할 여유도 없다.

우리 가족은 이튿날에 집에 돌아갈 수 있었다. 하지만 베링해가 상승하여 고스란히 수장되는 알래스카 마을들은 어떻게 되나? 논밭이 물에 잠기는 방글라데시 농부는? 페르시아만에서 불타는 석유는? 고개를 어디로 돌려도 그것이 다가오는 것을 볼 수 있다. 바다 수온이 올라가 사라지는 산호. 아마존의 산불. 러시아의 얼어붙은 타이가(유라시아 북부 극지방 주변 지역의 침엽수림_옮긴이)와, 그곳에 1만 년 동안 저장된 탄소를 뿜어내는 대화재. 이것들은 그을린 길의 불이다. 이것이 일곱 번째 불이 아니길. 우리가 갈림길을 이미 지난 것이 아니길 기도한다.

조상의 길을 되밟아 뒤에 남은 것을 줍는 것은 일곱 번째 불의 사람들에게 어떤 의미일까? 우리가 되찾아야 하는 것과 위험한 쓰레기인 것을 어떻게 알아볼 수 있을까? 살아 있는 대지를 위한 진짜 약은 무엇이고 기만적인 마약은 무엇일까? 우리 중 누구도 모든 것을 전수하는 것은 고사하고 하나하나 알아볼 수조차 없다. 우리에게는 서로가 필요하다. 노래와 말과 이야기와 연장을 챙겨 우리의 꾸러미에 넣어줄 사람이 있어야 한다. 이것은 우리 자신을 위한 것이 아니라 앞으로 태어날 후손과 우리의 모든 관계를 위한 것이다. 집단으로서 우리는 과거의 지혜로부터 미래의 전망을 취합한다. 이것은 상생으로 빚은 세계관이다.

우리의 영적 지도자들은 이 예언을 선택으로 해석한다. 한쪽에는 땅과 사람을 위협하는 물질주의라는 죽음의 길이 있고 다른 쪽에는 첫 불의 가르침을 간직하는 지혜, 존중, 호혜성의 보드라운 길이 있다. 우리는 둘 중 하나를 선택해야 한다. 예언에서는 사람들이 푸르른 길을 선택하면 모든 인종이 함께 앞으로 나아가 여덟 번째이자 마지막인 평화와 형제애의 불을 밝히고 오래전에 예언된 위대한 부족을 건설할 것이라고 한다.

우리가 파괴에서 돌아서 푸르른 길을 선택할 수 있다면 어떨까? 여덟 번째 불을 밝히려면 무엇이 필요할까? 나는 모르지만, 우리 부족은 오랫동안 불과 친숙했다. 손으로 불을 피우는 행위에는 지금 우리를 도울 교훈—일곱 번째 불에서 얻은 가르침들—이 있을지도 모른다. 불은 저절로 붙지 않는다. 대지는 재료와 열역학 법칙을 내어주며, 인간은 수고와, 지식과, 불의 힘을 좋은 곳에 쓰는 지혜를 발휘해야 한다. 불꽃 자체는 신비이지만, 우리는 불씨를 당길 수 있으려면 부싯깃과 생각과 (불을 키우는) 방법을 모아야 함을 안다.

✳

손으로 불을 피울 때는 수많은 것들이 식물에 의지한다. 개잎갈나무 토막이 두 개 필요한데, 하나는 나긋나긋한 널빤지이고 다른 하나는 곧은 막대다. 둘은 서로를 위해 제작되며 같은 나무에서 나온 암컷과 수컷이다. 낭창낭창한 벌나무 striped maple 활대에 수궁초

(속)dogbane 섬유를 꼬아 만든 시위를 맨다. 활을 앞뒤로 밀었다 당겼다 하면서 화살대를 회전시켜 나무의 홈에 마찰하도록 하여 불을 피운다.

수많은 것들이 몸에 의지한다. 각각의 관절이 직각이어야 하는데, 왼팔로 무릎을 둘러 정강이를 꽉 잡고 왼다리는 구부리고 등은 곧게 펴고 어깨를 고정하고 왼팔뚝으로 힘주어 누르고 정강이를 똑바로 세운 채 오른팔로 한 번의 매끄러운 동작에 밀었다 당긴다. 수많은 것들이 구조에 의지한다. 3차원의 안정성과 네 번째 차원의 유동성이 필요하다.

수많은 것들이 화살대를 널빤지에 비비는 움직임에 의지한다. 마찰을 일으켜 열을 점점 축적하고 송곳을 불판의 홈에 대고 일정한 압력으로 계속 돌려 나무를 태워 검고 윤기 나는 공간을 만든다. 나무가 데워져 생긴 고운 가루는 온기를 얻으려고 한데 모이는데, 그러다 덩어리가 되고 제 무게를 못 이겨 널빤지의 홈을 통해 밑에서 기다리는 부싯깃으로 떨어진다.

수많은 것들이 부싯깃에 의지한다. 부들 보푸라기의 하늘하늘한 덩어리, 개잎갈나무 껍질을 손으로 비벼 섬유를 연하게 만들어 그 가루와 섞어 만든 말랑말랑한 뭉치, 색종이 조각처럼 찢어 솔새 둥지처럼 공 모양으로 뭉친 노란자작나무 조각, 거칠고 성긴 짜임새, 탄화된 가루 덩어리가 놓일 불새 둥지—이 모든 것을 공기가 들고 날 수 있도록 한쪽이 뚫린 버느나무 껍질로 감싼다.

몇 번이고 그 순간에 도달한다. 열이 축적되어 향긋한 연기가 불

544

타는 개잎갈나무 널빤지에서 내 얼굴까지 피어오르기 시작하는 순간. 거의 다 됐어. 나는 거의 다 됐다고 생각한다. 그때 손이 삐끗하여 송곳이 빠져나가고 탄화 가루 덩어리가 부서지고 나는 불은 피우지 못한 채 팔만 욱신거린다. 활비비로 불을 피우려는 분투는 호혜성을 성취하려는 분투다. 앎, 몸, 마음, 영혼이 조화를 이루는 법을 찾으려는, 대지에게 선물을 만들어주려고 인간의 선물을 활용하려는 분투다. 연장이 없어서는 아니다. 필요한 것은 다 있다. 그런데 뭔가가 빠졌다. '나'에게는 없다. 일곱 번째 불의 가르침이 다시 들려온다. 길을 따라 되돌아가 길에 널브러져 있는 조각들을 모으라고.

슈키타겐, 꺼질 수 없는 불씨를 간직한 불의 수호자 균류를 떠올린다. 그 지혜가 살아 있는 곳으로, 숲으로 돌아가 공손하게 도움을 청한다. 주어진 모든 것에 대한 보답으로 나의 선물을 내려놓고 처음부터 시작한다.

수많은 것들이 불씨에 의지한다. 슈키타겐 황금이 불씨를 키우고 노래로 불을 댕긴다. 수많은 것들이 공기에 의지한다. 부싯깃 둥지를 지나는 공기는 불꽃을 일굴 만큼 강하되 불꽃을 꺼버릴 만큼 강해서는 안 된다. 사람의 숨이 아닌 바람의 숨이 조물주의 숨을 통해 오가며 불을 댕긴다. 나무껍질과 나무 가루를 붙들어 열을 전달하고 산소는 연료의 연료가 되어 향긋한 연기 기둥이 피어오르고 빛이 발산되고 내 손에는 불이 들려 있다.

일곱 번째 불의 사람들이 길을 걷듯 우리도 슈키타겐을 찾아야 한다. 꺼질 수 없는 불씨를 간직한 황금을. 불의 수호자를 찾아다니며 감사와 겸손으로 인사를 건넨다. 어떤 시련에도 굴하지 않고 잉걸을 간직하며 누군가 생명의 숨을 불어넣길 기다려줬으니. 숲의 슈키타겐과 정령의 슈키타겐을 찾을 때는 열린 눈과 열린 마음을 달라고 기도한다. 인간을 넘어선 우리 친척들을 보듬을 만큼 열린 가슴을, 우리 것이 아닌 지혜를 품을 여유를 달라고. 우리는 선한 초록 대지가 너그럽게 이 선물을 베풀리라 믿어야 할 것이며 인간 사람들이 보답하리라 믿어야 할 것이다.

여덟 번째 불이 어떻게 피어오를지는 모르겠다. 하지만 내가 아는 사실은 불꽃을 키우는 부싯깃을 우리가 모을 수 있다는 것, 우리가 불을 전하는 슈키타겐이 될 수 있다는 것이다. 우리에게 전해진 불을. 이것은 거룩한 일 아닐까? 이 불을 댕기는 것은? 수많은 것들이 불씨에 의지한다.

윈디고에게 이기다

봄이면 풀밭을 가로질러 나의 약초 숲으로 향한다. 그곳에서는 너그러운 식물들이 선물을 아낌없이 내어준다. 행위로 말미암지 않고 보살핌으로 말미암아 나의 것이 된 선물들. 식물과 함께하고 귀를 기울이고 배우고 모으려고 이곳에 온 지 수십 년째다.

숲에는 눈이 있던 자리에 흰연령초white trillium가 흩어져 있지만, 아직도 한기가 느껴진다. 빛이 왠지 다르다. 지난겨울 눈보라 속에서 정체 모를 발자국이 내 발자국을 따라오던 그 능선을 가로지른다. 그 발자국이 무엇을 의미하는지 왜 몰랐을까. 발자국이 있던 자리에는 들판을 누비는 트럭들의 움푹한 바큇자국만 남아 있다. 꽃은 기억 이전부터 그랬듯 그대로 있지만 나무는 간 곳 없다. 우리 이웃이 겨우내 벌목꾼을 들였다.

받드는 거둠의 방법은 수없이 많지만 그는 다른 방법을 선택했다. 남은 것은 제재소에서 받아주지 않는 병든 너도밤나무와 늙은 솔송나무 몇 그루뿐. 연령초, 혈근초, 노루귀, 풍령초bellwort, 얼레지, 생강, 야생리크는 모두 봄 태양을 향해 마지막 미소를 짓고 있다. 나무 없는 숲에 여름이 찾아오면 모두 타서 없어질 것이다. 그들은 단풍나무가 곁에 있을 거라 믿었지만 단풍나무는 사라졌다. 그들은 나를 믿었지만. 이듬해에는 이 자리에 덤불이 우거질 것이다. 윈디고의 발자국을 따르는 마늘냉이와 갈매나무 같은 침입종이.

선물로 이루어진 세상이 상품으로 이루어진 세상과 공존할 수 없을까봐 두렵다. 윈디고에 맞서 내가 사랑하는 것을 지켜낼 힘이 없을까봐 두렵다.

※

전설의 시대에 사람들은 윈디고 귀신이 어찌나 무서웠던지 퇴치법을 열심히 궁리했다. 현대인의 윈디고 마음이 걷잡을 수 없는 파괴를 저지르는 지금, 우리의 옛 이야기에 오늘의 우리를 인도할 수 있는 지혜가 담겨 있지 않을까 궁금했다.

우리가 따라 할 수 있는 추방의 이야기들이 있다. 이 이야기에서 우리는 파괴자를 쫓아내고 더는 그들의 계략에 공모하지 않는다. 윈디고를 물에 빠뜨려 죽이고 불에 태워 죽이고 온갖 방식으로 죽이려고 시도하는 이야기들이 있다. 하지만 윈디고는 언제나 돌아온다. 윈디고가 다시 사냥을 나서기 전에 녀석을 죽이려고 용감한 사람들이 설피를 신고 눈보라를 뚫고 발자국을 추적하는 이야기들은 끝이 없다. 하지만 저 짐승은 늘 폭풍 속으로 자취를 감춘다.

어떤 이들은 아무것도 할 필요 없다고 말한다. 탐욕과 성장과 탄소의 부정不淨한 결합으로 세상이 뜨거워지면 윈디고의 심장이 영영 녹아버릴 테니 말이다. 기후 변화는 갚지 않고 끊임없이 받기만 하는 경제 형태를 여지없이 무너뜨릴 것이다. 하지만 윈디고는 죽기 전에 우리가 사랑하는 것들을 앗아 갈 것이다. 우리는 기후 변화가 세상과 윈디고를 검붉은 눈 녹은 물웅덩이에 처넣기를 기다릴 수도 있고 설피 끈을 매고 녀석을 잡으러 갈 수도 있다.

우리의 이야기에 따르면 혼자 힘으로 윈디고를 이길 수 없음을 알게 되자 사람들은 자신들의 수호자 나나보조에게 어둠에 맞서는 빛이 되어주기를, 윈디고의 비명에 맞서는 노래가 되어주기를 간청했다. 배질 존스턴은 전사 군단이 자신들의 영웅 나나보조의 지휘하에 여러 날 동안 싸운 전설적 전투 이야기를 들려준다. 그들은 저 괴물이 숨은 소굴을 에워싸려고 많은 무기와 술수와 용기를 동원하여 치열하게 싸웠다. 하지만 이 이야기의 배경에는 지금껏 들었던 윈디고 이야기와 다른 점이 있었다. 그것은 꽃향기였다. 윈디고의 심장에는 눈도, 눈보라도 없었다. 오로지 얼음뿐이었다. 나나보조는 여름에 윈디고를 사냥하기로 했다. 전사들은 얼지 않은 호수를 카누로 건너 윈디고의 여름 피난처가 있는 섬에 갔다. 윈디고는 굶주림의 계절인 겨울에 힘이 가장 세다. 따스한 산들바람이 불면 약해진다.

'여름'은 우리 말로 **니빈**niibin —풍요의 때—이라고 한다. 나나보조가 윈디고를 제압하고 물리친 때는 니빈이었다. 과소비 괴물의 기세를 꺾는 화살, 병을 치료하는 약이 여기 있다. 그 약의 이름은 '풍요'다. 빈궁이 극에 이르는 겨울에는 윈디고가 걷잡을 수 없이 기승을 부리지만, 풍요가 퍼지면 굶주림이 사그라들고 그와 더불어 괴물의 힘도 약해진다.

거의 아무것도 소유하지 않는 ('풍요한 사회'의 원조격인) 수렵·채집인을 묘사한 글에서 인류학자 마셜 살린스Marshall Sahlins는 우리에게 이렇게 상기시킨다. "현대 자본주의 사회는 아무리 풍요롭더라도 희소성의 문제에 집착한다. 경제적 수단의 부족이야말로 세계에서 가장 부유한 국민들의 제일 원리다." 부족은 물질적 부가 실제로 얼마나 있느냐가 아니라 이 부가 어떻게 교환되고 순환되느냐에 달렸다. 시장 체제는 부의 원천과 소비자 사이의 흐름을 가로막음으로써 인위적으로 희소성을 만들어낸다. 곡물이 창고에서 썩어가는 동안 굶주린 사람들은 쌀값이 없어 죽어간다. 그래서 누군가는 기아에 시달리고 누군가는 과식으로 인한 질병에 시달린다. 우리를 지탱하는 대지 자체도 연료 부정의 때문에 파괴되고 있다. 기업에 인격을 부여하면서 인간을 넘어선 존재들에게는 그런 자격을 부정하는 경제—이것이 바로 윈디고 경제다.

대안은 뭘까? 어떻게 해야 할까? 확실히는 모르겠지만, '그릇 하나와 숟가락 하나'의 가르침에 답이 들어 있다고 믿는다. 이것은 대지의 선물이 그릇 하나에 모두 담겨 있으며 모든 선물을 숟가락 하나로 나눠야 한다는 뜻이다. 물과 땅, 숲처럼 우리의 안녕에 기본적인 자원을 상품화하지 않고 공동으로 보유하는 공유재 경제의 이상이 바로 이것이다. 공유재 접근법은 올바르게 관리한다면 희소성이 아니라 풍요를 유지한다. 이런 현대의 경제적 대안은 대지가 사유 재산으로서가 아니라 공유재로서 존재하며 모두의 유익을 위해 존중과 호혜성을 품고 돌봐야 한다는 토착 세계관을 뚜렷이 반영한다.

그렇지만, 파괴적 경제 구조에 맞서는 대안을 만들어내는 것이 시급한 과제이기는 하나 이것으로는 충분치 않다. 우리에게 필요한 것은 정책 변화만이 아니다. 가슴도 변화해야 한다. 희소성과 풍요는 경제적 성질인 것 못지않게 정신과 영혼의 성질이다. 감사는 풍요의 씨앗을 심는다.

세대를 거슬러 올라가면 누구나 한때는 토박이였다. 우리는 살아 있는 대지와 오랜 관계를 형성한 감사의 문화에 대해 구성원 자격을 되찾을 수 있다. 감사는 윈디고 정신병을 치료하는 강력한 해독제다. 대지와 서로의 선물을 깊이 자각하는 것이야말로 치료약이다. 감사를 실천하면 장사꾼 호객하는 소리가 윈디고의 배 꼬르륵하는 소리처럼 들린다. 감사는 만물을 재생하는 호혜성의 문화를 찬미한다. 이 문화에서 부는 나눌 수 있을 만큼 가진 것이고 부자는 서로에게 이로운 관계를 많이 맺은 사람이다. 게다가 감사는 우리를 행복하게 한다.

대지가 우리에게 내어준 모든 것에 감사하면 우리를 따라다니는 윈디고에 맞설 용기가 생긴다. 우리가 사랑하는 대지를 파괴하여 탐욕스러운 자들의 주머니를 불리는 경제에 참여하기를 거부할 용기, 생명에 반하는 게 아니라 생명과 한편이 되는 경제를 요구할 용기가 생긴다. 하지만 글로 쓰기는 쉬워도 실천하기는 힘들다.

땅바닥에 엎어져 주먹으로 두드리며 나의 약초 숲에 자행된 공격에 비통해한다. 괴물을 어떻게 물리쳐야 할지 모르겠다. 내게는 무기도, 나나보조를 따라 전장에 나선 전사 군단도 없다. 나는 전사가 아니다. 나를 키운 것은 딸기님이다. 지금도 발치에서 싹을 틔우고 있는. 제비꽃님 사이에서. 그리고 톱풀님Yarrow도. 갓 모습을 드러낸 참취님과 미역취님도 있다. 햇살 아래 빛나는 향모님의 잎도. 그 순간 나는 혼자가 아님을 안다. 나는 풀숲에 누워 있다. 나와 한편인 군단에 둘러싸인 채. 나는 어떻게 해야 할지 몰라도 그들은 안다. 늘 그러듯 세상을 떠받치는 치료 선물을 내어줄 것이다. 우리는 원디고 앞에서 무력하지 않다고 그들이 말한다. 우리에게 필요한 모든 것을 이미 가지고 있음을 명심하라고. 그렇게 우리는 공모한다.

풀밭에서 일어서자 나나보조가 내 옆에 나타난다. 결의에 찬 눈빛과 짓궂은 웃음을 띤 채. 그가 말한다. "괴물을 물리치려면 괴물처럼 생각해야 해. 유유상용類類相溶이라고, 비슷한 것끼리 서로 녹이는 법이니까." 그가 숲 가장자리에 늘어선 빽빽한 덤불을 눈으로 가리킨다. 그는 히죽히죽 웃으며 말한다. "녀석이 제 약에 맛들이게 하라구." 그는 회색 덤불 속으로 걸어 들어간다. 그가 떠난 자리엔 웃음소리만 남았다.

갈매나무는 채집해본 적이 한 번도 없다. 검푸른 베리가 손가락을 물들인다. 떨어져 있으려 해도 자꾸 따라다닌다. 빈 땅에서 극성스럽게 자라는 침입종이다. 숲을 점령하고 빛과 공간을 독차지하여 다른 식물을 굶겨 죽인다. 갈매나무는 흙에도 독을 풀어 나머지 모든 종의 생장을 방해하여 무성한 사막을 만들어낸다. 갈매나무가 자유 시장의 승자요 효율성과 독점과 희소성 창조에 기반한 성공 스토리임은 인정해야 한다. 갈매나무는 토종 식물에게서 땅을 빼앗는 식물계의 제국주의자다.

여름내 나는 치유라는 대의에 헌신하는 각 종의 곁에 앉아 귀를 기울이고 그들의 선물을 배웠다. 늘 감기에 마시는 차와 피부에 바르는 연고를 만들었지만 갈매나무만은 아무짝에도 쓸모가 없었다. 약을 만드는 것은 가볍게 여길 일이 아니라 성스러운 책무다. 우리 집 대들보에는 말린 식물을 널어뒀고 선반에는 뿌리와 잎이 담긴 병이 가득하다. 겨울을 기다리면서.

겨울이 되자 설피를 신고 숲에 간다. 집으로 향하는 발자국을 뚜렷이 남기면서. 우리 집 현관문에는 향모 드림이 걸려 있다. 윤기 나는 세 가닥은 우리를 온전하게 하는 마음과 몸과 영혼의 합일을 나타낸다. 윈디고에게서는 그 드림이 풀려 있다. 그것이 그를 파멸로 몰아가는 질병이다. 향모 드림을 보면 우리가 어머니 대지님의 머리카락을 땋을 때 우리에게 주어진 모든 것을 기억하고 그 선물에 대한 보답으로 그들을 돌볼 책임을 떠올리게 된다. 이렇게 해서 선물은 유지되고 모두가 배를 채운다. 누구도 굶주리지 않는다.

지난밤 우리 집은 음식과 친구로 가득했다. 웃음소리와 불빛이 눈밭까지 번져 나갔다. 그가 주린 눈빛으로 쳐다보며 창밖을 지나가는 모습을 본 것 같았다. 하지만 오늘 밤은 나 혼자이고 바람이 거세다.

내가 가진 가장 큰 솥인 주물 주전자를 난로에 올리고 물을 끓인다. 거기다 말린 베리를 한 줌 듬뿍 넣는다. 그러고 한 줌 더. 베리가 녹아 검푸르고 거무죽죽한 걸쭉한 액체가 된다. 나나보조의 조언을 되새기며 기도를 올리고 나머지 베리를 전부 집어넣는다.

두 번째 냄비에는 가장 순수한 샘물을 한 주전자 붓고 병 하나에서 꽃잎을 한 자밤, 다른 병에서 나무껍질 조각을 한 자밤 꺼내 뿌린다. 모두 목적에 맞춰 신중하게 고른 것들이다. 긴 뿌리 하나, 잎 한 줌, 베리 한 숟가락을 넣으니 황금색 차가 장밋빛 분홍색으로 물든다. 차가 끓는 동안 불 옆에서 기다린다.

눈은 쉭쉭거리며 창문에 부딪치고 바람은 나무 사이에서 신음한다. 그가 왔다. 예상한 그대로 집까지 난 발자국을 따라 왔다. 주머니에 향모를 넣고 숨을 깊이 들이쉰 뒤에 문을 연다. 두렵긴 하지만, 이렇게 하지 않았을 때 벌어질 일이 더 두렵다.

그가 나를 내려다본다. 얼굴에는 서리가 허옇게 앉았고 새빨간 눈이 사납게 이글거린다. 누런 송곳니를 드러내며 앙상한 손을 내 쪽으로 뻗는다. 나는 덜덜 떨리는 손으로 뜨거운 갈매나무 차를 그의 피투성이 손에 내민다. 그는 차를 단숨에 들이켜고는 더 달라고 소리 지르기 시작한다. 공허의 고통이 그를 집어삼켜 그는 늘 더 많은 것을 원한다. 아예 무쇠 주전자를 내게서 낚아채어 벌컥벌컥 마신다. 시럽이 그의 턱에서 얼어붙어 검은색 고드름이 달린다. 그가 빈 주전자를 내팽개치고 다시 내게 손을 뻗지만, 손가락으로 내 목을 움켜쥐려다 문밖으로 돌아서 비틀비틀 눈밭으로 나간다.

지독한 욕지기가 나서 웅크리는 모습이 보인다. 그의 입에서 나오는 썩은 내에 똥 냄새가 섞인다. 갈매나무가 그의 장을 헐겁게 했다. 소량의 갈매나무는 완하제緩下劑(준하제보다 약한 변비 치료 약_옮긴이)다. 많이 섭취하면 준하제峻下劑(적은 양으로도 강한 작용을 하는 식물성 설사제_옮긴이)이며 주전자째 들이켜면 구토제다. 그게 윈디고의 본성이다. 마지막 한 방울도 남기지 않는 것. 그리하여 지금 그는 동전과 석탄 슬러리, 우리 숲에서 나온 톱밥 뭉치, 역청사암 덩어리, 새들의 작은 뼈를 토해낸다. 솔베이 폐기물을 뿜어내고 유막油膜을 모조리 게운다. 다 쏟아내고도 여전히 배를 들썩거리지만 올라오는 것은 외로움의 묽은 액체뿐.

그는 기진맥진한 채 눈밭에 눕는다. 악취 나는 시체. 하지만 새로 얻은 공허를 메우려고 굶주림이 솟구치면 여전히 위험하다. 나는 집으로 달려가 두 번째 냄비를 가져와서는 그의 곁 눈 녹은 자리에 내려놓는다. 그가 눈을 부라리지만, 배에서 꼬르륵 소리가 들리기에 컵을 그의 입가에 내민다. 그는 차가 독약이라도 되는 듯 고개를 돌린다. 나는 그를 안심시키려고 한 모금 마신다. 그에게만 필요한 것이 아니니까. 약들이 내게 힘을 주는 게 느껴진다. 그도 마신다. 황금빛 분홍색 차를 한 번에 한 모금씩. 갈망의 신열을 가라앉히는 버드나무님 차와 심장을 고치는 딸기님 차를 마신다. 원기를 회복시키는 세 자매님 죽에 야생 리크를 곁들여 먹으면서 약들이 — 합일의 스트로브잣나무님, 정의의 피칸님, 겸손의 가문비나무님 뿌리가 — 그의 혈류에 스며든다. 그는 풍년화님의 공감, 개잎갈나무님의 존중, 은종나무님의 축복을 들이켠다. 전부 단풍나무님의 감사로 단맛을 더했다. 선물을 알기 전에는 호혜성을 알 수 없다. 그 힘 앞에서 윈디고는 무력하다.

그가 고개를 떨군다. 컵은 여전히 가득 차 있다. 그가 눈을 감는다. 이제 약은 하나만 남았다. 나는 더는 두렵지 않다. 그의 옆 파릇파릇한 풀밭에 앉는다. 얼음이 녹는 것을 보며 내가 말한다. "들려드릴 얘기가 있어요. 여인은 단풍나무 씨앗처럼, 가을바람을 타고 빙글빙글 돌면서 떨어졌지요."

후기: 선물에 보답하다

빨강이 초록을 덮었다. 여름 날 오후 나무딸기가 덤불을 장식한다. 덤불 반대편에서 열매를 쪼는 큰어치blue jay의 부리도 내 손가락만큼 붉게 물들었다. 손가락은 나무딸기를 통에 담는 것만큼이나 입에 넣느라 분주하다. 달랑거리는 나무딸기 송이를 잡으려고 가시덤불 아래로 손을 뻗었는데 얼룩덜룩한 그늘에서 거북 한 마리가 씩 웃고 있다. 떨어진 열매에 다리를 묻은 채 더 먹으려고 목을 쭉 뺀다. 녀석의 베리는 건드리지 말아야지. 대지는 풍요롭고 우리에게 넉넉히 베푼다. 딸기, 나무딸기, 블루베리, 체리, 커런트currant에 이르기까지 우리의 그릇을 가득 채울 선물을 초록 위에 펼쳐놓는다.

니빈, 풍요의 때. 포타와토미어로 여름을 일컫는 말이다. 니빈은 우리 부족이 모이는 때, 파우와우와 제의가 열리는 때이기도 하다.

초록 위의 빨강. 나무 아래 풀밭에 펼쳐놓은 담요에는 선물이 높이 쌓여 있다. 야구공과 접은 우산, 페요테선인장 무늬 열쇠고리, 고미가 담긴 지퍼락 봉지. 다들 줄을 서서 선물을 고르고 주최측은 옆에 서서 활짝 웃고 있다. 둘러앉은 연장자들은 허약해서 군중 속을 비집고 들어갈 수 없기에, 그들이 고른 물건을 가져다주려고 십 대들이 파견된다. **메그웨치, 메그웨치**—고맙다는 인사가 우리를 에워싼다. 내 앞의 젖먹이는 풍요에 넋을 잃은 채 물건을 한 아름 집어든다. 아이 어머니가 허리를 숙여 아이에게 귓속말을 한다. 아이는 잠깐 머뭇거리더니 형광색 노랑 물총만 빼고 전부 내려놓는다.

그런 다음 우리는 춤을 춘다. 북으로 베풂giveaway의 노래를 연주하자 다들 예복 차림으로—달랑거리는 술, 까딱거리는 깃털, 무지개색 숄, 티셔츠, 청바지—둥글게 선다. 모카신 신은 발을 구르니 땅이 진동한다. 노래가 받듦의 장단honor beat을 둘러쌀 때마다 우리는 제자리에서 춤을 추며 목걸이, 바구니, 박제 동물 같은 선물을 머리 위로 쳐들고 선물과 기부자에게 함성을 보낸다. 웃음과 노래 속에서 모두가 하나가 된다.

이것이 우리의 전통적 베풂 행사인 **미니데와크**minidewak로, 우리 부족이 아끼는 옛 제의이자 파우와우의 단골 이벤트다. 바깥 세상에서는 경사를 치르는 주인공이 선물을 받고 영예를 누린다. 하지만 포타와토미 방식에서는 정반대다. 영예를 누리는 것은 선물을 주는 사람이다. 그는 자신의 행운을 모인 사람들 모두와 나누기 위해 담요 위에 선물을 높이 쌓아둔다.

베풂이 소규모이고 개인적이면 모든 선물을 손수 만드는 경우도 많다. 이따금 자신들이 알지도 못하는 손님들에게 선물을 만들어주려고 공동체 전체가 1년 내내 일하기도 한다. 수백 명이 모이는 대규모의 부족 간 회합이 열리면 담요 대신 파란색 비닐 방수포를 깔고 월마트 특가 코너에서 쓸어 담은 물건을 펼쳐놓는다. 선물이 무엇이든—검은물푸레나무 바구니이든 냄비 받침이든—느끼는 감정은 똑같다. 제의적 베풂에는 우리의 가장 오래된 가르침이 담겨 있다.

너그러움은 도덕적 명령인 동시에 물질적 명령이다. 땅 가까이서 살며 풍요와 희소성의 오고 감을 아는 사람들에게는 더더욱 그렇다. 이곳에서는 한 사람의 안녕이 모두의 안녕과 연결되어 있다. 전통 부족들에게 부의 척도는 베풀 수 있을 만큼 가진 것이다. 선물을 쌓아 두는 사람은 부로 인해 변비에 걸리고 소유로 인해 소화 불량에 걸린 사람이다. 그는 몸이 무거워 춤에 끼지 못한다.

이따금 이것을 이해하지 못하고 너무 많이 가지는 사람이 있다. 심지어 온 가족이 그러기도 한다. 그들은 자기네 야외용 의자 옆에 획득물을 쌓아둔다. 어쩌면 필요해서인지도 모른다. 어쩌면 아닐지도. 그들은 춤추지 않고 홀로 앉아서 자기 물건을 지킨다.

감사의 문화에서는 선물이 호혜성의 고리를 따라 자신에게 돌아올 것임을 모두가 안다. 이번에 주면 다음번에는 받는다. 주는 영예와 받는 겸손 둘 다 방정식을 완성하는 데 필요한 절반이다. 둥글게 풀을 밟으며 감사에서 호혜성으로 가는 길을 걷는다. 우리가 추는 춤은 직선이 아니라 원이다.

춤이 끝난 뒤에, 풀의 춤 복장을 한 어린 소년이 새 장난감 트럭을 팽개친다. 벌써 싫증이 났나보다. 아버지가 아이에게 트럭을 들게 하고 자리에 앉힌다. 선물은 돈 주고 사는 것과 달라서, 그 의미가 물질적 경계 바깥에 있다. 선물은 푸대접할 수 없다. 선물은 내게 무언가를 요구한다. 보살필 것을. 그 이상을.

베풂의 기원은 모르겠지만, 식물을 보면서―특히, 모든 선물을 빨간색과 파란색으로 감싸 내어주는 베리에게서―배우지 않았을까 싶다. 우리는 스승을 잊을지 몰라도 우리의 언어는 잊지 않는다. 베풂을 일컫는 단어인 **미니데와크**는 '그들이 심장으로부터 준다'라는 뜻이다. 이 단어의 한가운데에 '민^{min}'이라는 단어가 있다. '민'은 '선물'을 뜻하는 어근이지만, '베리'를 뜻하는 단어이기도 하다. 우리 언어로 시를 지으면 '미니데와크'라는 말은 베리로서 살아갈 것을 일깨우지 않을까?

베리는 우리의 제의에 빠지는 법이 없다. 나무 그릇에 담긴 채 우리와 함께한다. 커다란 그릇 하나와 커다란 숟가락 하나가 손에서 손으로 전해진다. 모두가 단맛을 맛보고 선물을 기억하고 고맙다고 말할 수 있도록. 그들은 조상에게서 전해진 가르침을 전한다. 땅의 너그러움은 그릇 하나와 숟가락 하나로 우리에게 주어진다는 가르침을. 우리는 모두 어머니 대지님이 우리를 위해 채워준 같은 그릇으로 먹는다. 베리뿐 아니라 그릇에도 의미가 있다. 대지의 선물은 나누라고 있는 것이지만, 선물에도 한계가 있다. 대지의 너그러움은 몽땅 싹쓸이하라는 초대장이 아니다. 그릇마다 바닥이 있다. 그릇이 비면 빈 그릇이 된다. 숟가락은 하나뿐이며 누구에게나 같은 크기다.

빈 그릇을 어떻게 채울까? 감사만으로 충분하려나? 베리는 그렇지 않다고 가르친다. 베리가 베풂의 담요를 펼쳐 새와 곰과 아이에게 자신의 단맛을 내어주는 것은 거래의 끝이 아니다. 감사를 넘어선 무언가가 우리에게 요구된다. 베리는 우리가 계약의 의무를 이행하여 자신의 씨앗이 새로운 장소에서 자랄 수 있도록 퍼뜨려줄 것이라 믿는다. 이것은 베리에게도 아이에게도 좋은 일이며 모든 번영이 상호적임을 일깨운다. 우리에게는 베리가 필요하고 베리에게는 우리가 필요하다. 그들의 선물은 우리가 보살피면 커지고 외면하면 작아진다. 우리는 호혜성의 언약에 매여 있다. 이것은 우리를 떠받치는 이들을 떠받치겠다는 상호 책임의 맹세다. 이렇게, 빈 그릇이 채워진다.

하지만 어느 시점엔가 사람들은 베리의 가르침을 저버렸다. 우리는 풍요의 씨를 뿌리지 않으며 미래의 가능성을 매번 갉아먹는다. 하지만 미래로 가는 불확실한 길을 언어로 밝힐 수 있다. 포타와토미어로 '땅'은 **에밍고야크**emingoyak라고 하는데, '우리에게 주어진 것'이라는 뜻이다. 그런데 영어로 말할 때는 다른 존재들의 생명이 마치 우리의 소유물인양 '땅'을 일컬어 '천연자원'이나 '생태계 서비스'라고 한다. 대지는 베리가 담긴 그릇이 아니라 노천광이 되고 숟가락은 마구 휘두르는 삽이 된다.

우리의 이웃들이 베풂을 고수하는 동안 누군가 그들의 집에 들어가 물건을 마구잡이로 가져간다고 상상해보라. 우리는 부도덕한 침탈이라며 격분할 것이다. 대지에 대해서도 마찬가지다. 대지는 바람과 태양과 물의 힘을 공짜로 내어주지만, 우리는 배은망덕하게도 대지를 찢어발겨 화석 연료를 빼앗는다. 우리가 주어진 것만 취했다면, 선물에 보답했다면, 오늘날 대기 오염을 두려워할 필요가 없을 것이다.

우리는 모두 호혜성의 언약에 묶여 있다. 식물의 숨과 동물의 숨이, 겨울과 여름이, 포식자와 피식자가, 풀과 불이, 밤과 낮이, 살아 있는 것과 죽어가는 것이 연결되어 있다. 물은 안다. 구름도 안다. 흙과 바위는 대지를 만들고 부수고 다시 만들며 끊임없는 베풂의 춤을 춘다.

우리의 연장자들은 제의가 '기억하기를 기억하는 방법'이라고 말한다. 베풂의 춤에서는 대지가 그저 우리에게 주어진 것이 아니라 우리가 전해야 하는 선물임을 명심하라. 이 사실을 잊으면 우리가 추어야 할 춤은 애도의 춤일 것이다. 우리는 북극곰의 멸종을, 두루미의 침묵을, 강의 죽음을, 눈의 기억을 애도해야 할 것이다.

눈을 감고 심장 박동이 북소리에 맞아들기를 기다리면서, 사람들이 실패의 목전에서 아마도 처음으로 세상의 눈부신 선물을 알아차리고 새로운 눈으로 보게 되는 장면을 머릿속에 그린다. 어쩌면 간신히. 어쩌면 너무 늦었는지도. 갈색을 덮은 초록의 풀밭에 담요를 펼쳐, 그들은 마침내 어머니 대지님의 베풂을 존중할 것이다. 이끼 담요, 깃털 예복, 옥수수 바구니, 약초 병. 은연어, 마노 해변, 모래 언덕. 소나기구름과 눈 더미, 장작더미, 엘크 떼. 튤립. 감자. 신꼬리산누에 나방luna moth과 흰기러기snow goose. 그리고 베리. 무엇보다 위대한 감사의 노래가 바람에 실려 울려퍼지는 것을 듣고 싶다. 그 노래가 우리를 구원할지도 모른다. 그리고 북소리가 시작되면 우리는 살아 있는 대지를 찬미하는 예복을 입고서 춤출 것이다. 장경초원의 물결치는 밑자락, 빙글빙글 도는 나비 무늬 숄, 까딱거리는 백로 깃털을 달고서. 빛나는 인광燐光 파도의 보석으로 장식한 채. 노래가 멈추고 받듦의 장단이 울리면 우리는 반짝이는 물고기, 꽃 핀 가지, 별이 빛나는 밤 같은 선물을 높이 치켜들고 찬미의 함성을 지를 것이다.

호혜성의 도덕적 언약은 우리에게 주어진 모든 것, 우리가 받은 모든 것에 대해 책임을 존중할 것을 요구한다. 이제 우리 차례다. 이제서야. 어머니 대지님을 위해 베풂을 열자. 그녀를 위해 담요를 펴고 우리가 손수 만든 선물을 높이 쌓자. 책, 그림, 시, 기발한 기계, 공감의 행위, 초월적 생각, 완벽한 연장을 상상하라. 주어진 모든 것을 치열하게 지켜내라. 마음, 손, 심장, 목소리, 환상의 선물이 모두 대지를 위해 차려진다. 선물이 무엇이든 우리는 내어줘야 하며 세상을 다시 새롭게 하기 위해 춤을 춰야 한다.

숨이라는 특권의 대가로.

출처

Allen, Paula Gunn. *Grandmothers of the Light: A Medicine Woman's Sourcebook*. Boston: Beacon Press, 1991.

Awiakta, Marilou. *Selu: Seeking the Corn-Mother's Wisdom*. Golden: Fulcrum, 1993.

Benton-Banai, Edward. *The Mishomis Book: The Voice of the Ojibway*. Red School House, 1988.

Berkes, Fikret. *Sacred Ecology*, 2nd ed. New York: Routledge, 2008.

Caduto, Michael J. and Joseph Bruchac. *Keepers of Life: Discovering Plants through Native American Stories and Earth Activities for Children*. Golden: Fulcrum, 1995.

Cajete, Gregory. *Look to the Mountain: An Ecology of Indigenous Education*. Asheville: Kivaki Press, 1994.

Hyde, Lewis. *The Gift: Imagination and the Erotic Life of Property*. New York: Random House, 1979.

Johnston, Basil. *The Manitous: The Spiritual World of the Ojibway*. Saint Paul: Minnesota Historical Society, 2001.

LaDuke, Winona. *Recovering the Sacred: The Power of Naming and Claiming*. Cambridge: South End Press, 2005.

Macy, Joanna. *World as Lover, World as Self: Courage for Global Justice and Ecological Renewal*. Berkeley: Parallax Press, 2007.

Moore, Kathleen Dean and Michael P. Nelson, eds. *Moral Ground: Ethical Action for a Planet in Peril*. San Antonio: Trinity University Press, 2011.

Nelson, Melissa K., ed. *Original Instructions: Indigenous Teachings for a Sustainable Future*. Rochester: Bear and Company, 2008.

Porter, Tom. *Kanatsiohareke: Traditional Mohawk Indians Return to Their Ancestral Homeland*. Greenfield Center: Bowman Books, 1998.

Ritzenthaler, R. E. and P. Ritzenthaler. *The Woodland Indians of the Western Great Lakes.* Prospect Heights, IL: Waveland Press, 1983.

Shenandoah, Joanne and Douglas M. George. *Skywoman: Legends of the Iroquois.* Santa Fe: Clear Light Publishers, 1988.

Stewart, Hilary and Bill Reid. *Cedar: Tree of Life to the Northwest Coast Indians.* Douglas and MacIntyre, Ltd., 2003.

Stokes, John and Kanawahienton. *Thanksgiving Address: Greetings to the Natural World.* Six Nations Indian Museum and The Tracking Project, 1993.

Suzuki, David and Peter Knudtson. *Wisdom of the Elders: Sacred Native Stories of Nature.* New York: Bantam Books, 1992.

Treuer, Anton S. *Living Our Language: Ojibwe Tales and Oral Histories: A Bilingual Anthology.* Saint Paul: Minnesota Historical Society, 2001.

감사의 글

저는 우리 시트카가문비나무 할머니의 무릎, 흰버드나무님White Willow의 쉼터, 내 침낭 밑의 발삼전나무님Balsam Fir, 캐서린만™의 블루베리님 군락에 감사의 빚을 지고 있어요. 노래로 저를 재우고 깨우는 스트로브잣나무님, 황련님 차, 유월의 딸기님June Strawberry, 하늘 나는 새 난초님Bird on the Wing Orchids, 우리 집 문틀이 되어준 단풍나무님, 가을의 마지막 나무딸기님과 봄의 첫 리크님, 부들님, 종이백자작나무님, 저의 몸과 영혼을 보살피는 가문비나무님 뿌리와 제 생각을 붙들어주는 검은물푸레나무님, 수선화님과 이슬 맺힌 제비꽃님과 아직도 제 가슴을 뛰게 하는 참취님과 미역취님께도 고마워요.

제가 아는 최고의 사람들께 감사해요. 우리 부모님 로버트 와사이 앙크와트 월과 퍼트리샤 와와스코네센 월은 저를 평생 사랑하고 격려했으며 불씨를 간직하고 불꽃을 키워주었어요. 우리 딸 라킨 리 키머러와 린든 리 레인은 존재 자체로 제게 영감이 되었고 자신의 이야기를 제 이야기에 엮어도 된다며 고맙게도 허락해주었어요. 제가 받은 사랑, 이 모든 것을 가능하게 하는 사랑에는 어떤 말도 충분히 감사할 수 없어요. **메그웨치 키네 게고**Megwech kine gego.

566

저는 이 이야기들에 큰 몫을 한—그분들은 알든 모르든—지혜롭고 너그러운 스승님들의 가르침 덕을 많이 입었어요. 우리 아니시나베족 친척 스튜어트 킹, 바버라 월, 윌리 메시고드, 짐 선더, 저스틴 닐리, 케빈 피니, 큰곰 존슨, 딕 존슨, 피전 집안을 비롯하여 자신의 가르침과 삶의 본보기로 제게 말하고 가르친 분들에게 **치 메그웨치**라고 말씀드려요. 우리 하우데노사우니 이웃과 친구, 동료인 오렌 라이언스, 어빙 파울리스, 진 셰넌도어, 오드리 셰넌도어, 프리다 자크, 톰 포터, 댄 롱보트, 데이브 아르케트, 노아 포인트, 닐 패터슨, 밥 스티븐슨, 테리사 번스, 라이어널 라크루아, 딘 조지에게는 **니야 웬하**^{Nya wenha}라고 말할게요. 학회와 문화 행사, 모닥불, 밥상에서 저를 가르친 수많은 스승들, 이름은 잊었지만 가르침은 여전히 남아 있는 그들에게 감사해요. **이그위엔**^{igwien}. 여러분의 말과 행동이 기름진 땅에 씨앗처럼 떨어졌으니 제가 애정과 존중으로 키울게요. 저의 무지로 인해 무심코 저질렀을 오류는 전적으로 제 책임이에요.

글쓰기는 고독한 작업이지만, 저는 혼자서 쓰지 않아요. 영감을 주고 지지하고 깊이 귀 기울여주는 작가 공동체의 연대는 귀중한 선물이에요. 캐슬린 딘 무어, 리비 로더릭, 찰스 굿리치, 앨리슨 호손 데밍, 캐럴린 서비드, 로버트 마이클 파일, 제시 포드, 마이클 넬슨, 재닌 드베이시, 낸 가트너, 조이스 호먼, 딕 피어슨, 베브 애덤스, 리처드 와이스코프, 하시 레너드를 비롯하여 격려와 비평을 해준 사람들에게 감사해요. 제가 포기하지 않게 힘을 준 친구와 가족에게 감사해요. 이 책의 매 쪽마다 여러분의 온기가 담겨 있어요. 그동안 저를 거쳐 간

사랑하는 학생들에게 특별히 감사해요. 여러분은 종종 저의 스승이
며 제게 미래에 대한 믿음을 줘요.

이 책의 상당 부분은 블루마운틴 센터, 시트카 미술·생태 센터,
메사 쉼터의 작가 레지던시에서 환대받으면서 썼어요. 스프링크리크
프로젝트와 H. J. 앤드루스 시험림의 장기적 생태 전망Long Term Ecological
Reflections 레지던시에서 보낸 시간도 제 글에 녹아 있어요. 외로우면서
도 든든한 시간을 보낼 수 있게 해주는 많은 이들에게 감사해요.

저를 환영해준 메노미니 네이션 대학의 마이크 도크리, 멀리사 쿡,
제프 그리그넌, 그리고 이 책을 마무리할 수 있도록 격려와 동기를
불어넣어준 멋진 학생들에게 **와에와에넨**waewaenen, 특별히 감사해요.

저의 집필 작업을 신뢰하고 원고가 책이 되기까지 애정과 솜씨와
인내로 저를 이끈 편집자 패트릭 토머스에게도 특별히 감사해요.

찾아보기

향모를 땋으며(보급판)

2021년 1월 11일 1판 1쇄 발행
2024년 5월 1일 1판 5쇄 발행

지은이   로빈 월 키머러
옮긴이   노승영
펴낸이   박래선
펴낸곳   에이도스출판사
출판신고   제2023-000068호
주소   서울시 은평구 수색로 200
팩스   0303-3444-4479
이메일   eidospub.co@gmail.com
페이스북   facebook.com/eidospublishing
인스타그램   instagram.com/eidos_book
블로그   https://eidospub.blog.me/
표지 디자인   공중정원
본문 디자인   개밥바라기

ISBN   979-11-85415-41-3   03470